站在巨人的肩上
Standing on Shoulders of Giants
TURING
图灵教育
iTuring.cn
U0341628

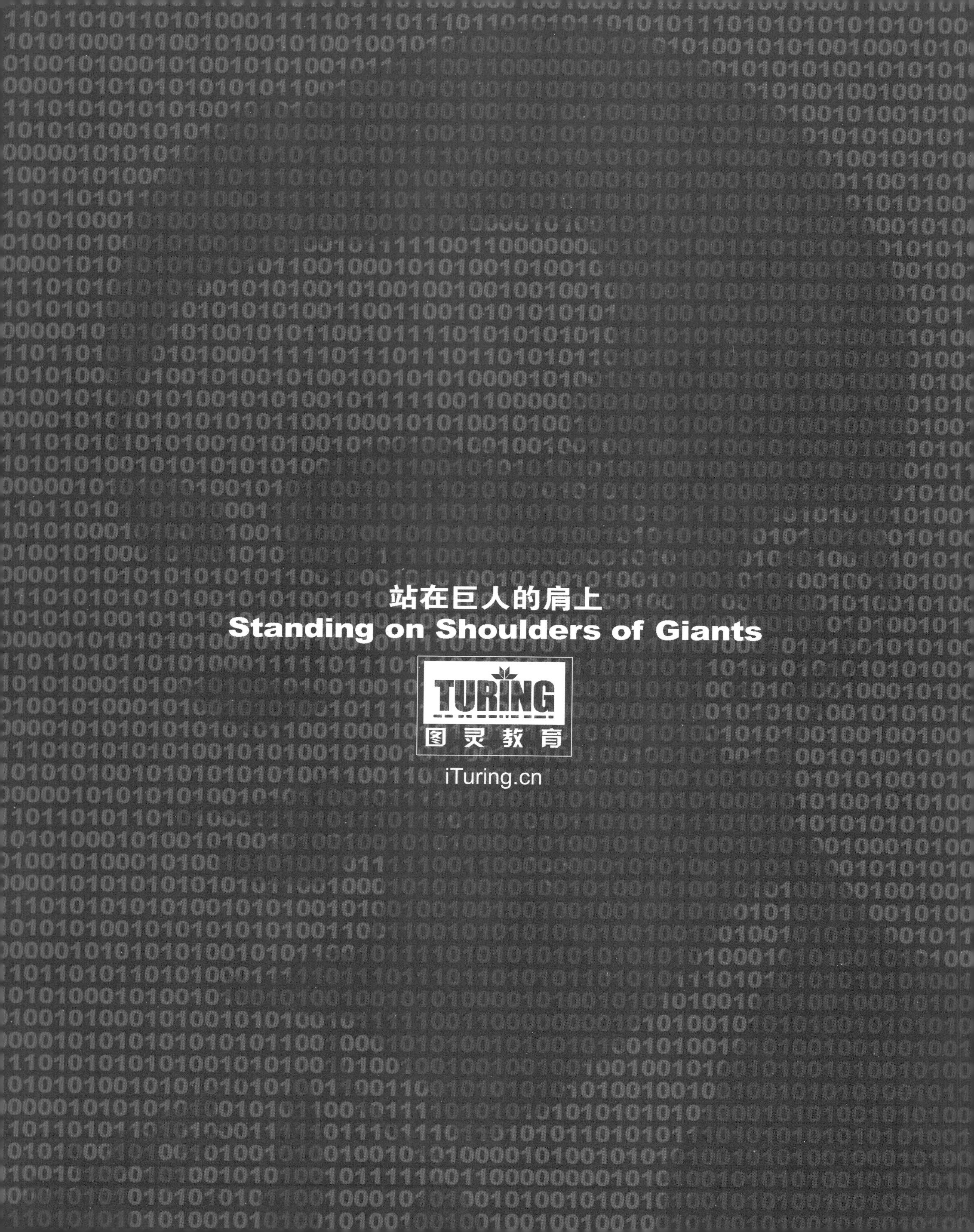

站在巨人的肩上
Standing on Shoulders of Giants
TURING
图灵教育
iTuring.cn

TURING 图灵程序设计丛书

[美] John David Dionisio　Ray Toal　著
贾洪峰　李松峰　译

JavaScript 程序设计

Programming with JavaScript
Algorithms and Applications for Desktop and Mobile Browsers

人民邮电出版社
北　京

图书在版编目（CIP）数据

JavaScript程序设计 / (美) 迪奥尼西奥
(Dionisio,J.D.), (美) 托尔 (Toal,R.) 著 ; 贾洪峰,
李松峰译. -- 北京 : 人民邮电出版社, 2016.4
(图灵程序设计丛书)
ISBN 978-7-115-41816-6

Ⅰ. ①J… Ⅱ. ①迪… ②托… ③贾… ④李… Ⅲ. ①
JAVA语言—程序设计 Ⅳ. ①TP312

中国版本图书馆CIP数据核字(2016)第038958号

内容提要

本书旨在通过从零开始介绍JavaScript编程让读者理解计算机科学的基本思想和原理。书中内容丰富全面，阐述由浅入深。主要内容有：计算的相关知识、编程的基本概念、数据、语句、函数、事件、软件架构、分布式计算、图形与动画，此外还探讨了正则表达式、递归、缓存等高级主题。

本书为计算机科学或软件工程专业大学一年级学生设计，高年级学生或新接触JavaScript的专业程序设计人员也可以从本书中获益。

◆ 著　[美] John David Dionisio　Ray Toal
译　贾洪峰　李松峰
责任编辑　岳新欣
执行编辑　牛现云
责任印制　彭志环

◆ 人民邮电出版社出版发行　北京市丰台区成寿寺路11号
邮编　100164　电子邮件　315@ptpress.com.cn
网址　http://www.ptpress.com.cn
三河市海波印务有限公司印刷

◆ 开本：880×1230　1/16
印张：23.75
字数：785千字　2016年4月第1版
印数：1－2 500册　2016年4月河北第1次印刷

著作权合同登记号　图字：01-2014-4184号

定价：89.00元

读者服务热线：(010)51095186转600　印装质量热线：(010)81055316

反盗版热线：(010)81055315

广告经营许可证：京东工商广字第8052号

版 权 声 明

感谢 Mei Lyn、Aidan、 Anton 和 Aila 一直以来对我的支持。我永远爱你们。

——JDND

前　言

听到编程和计算机科学这两个词，你脑子里会想到什么？爱玩游戏、不善交际的极客？或者计算机？这些当然都是自然而然会产生的意象。但实际上，任何人都可以编程[①]，而计算机科学涉及的内容也远不止计算机。除了给计算机编程序之外，你很可能还见过人们给手机、机器人、导航系统和工厂的机器编写程序。

本书主要介绍计算机科学的基本思想和原理，会涉及软件工程和信息技术的相关学科。我们希望你在掌握基本编程技能的基础上，来理解这些原理。计算机科学涉及面很广，包括计算、算法、软件系统、数据组织、知识表示、语言、智能和学习等。然而，只有通过实际编程，才能更好地理解这些概念和研究它们的工具。

本书目标

本书的目标如下。

- 介绍计算这门自然科学，包括计算机科学、软件工程、计算机工程、信息系统以及信息技术。
- 澄清关于计算的诸多误解，告诉大家计算是诸多领域职业发展的基础，包括医药、法律、商业、金融、娱乐、艺术、教育、经济、生物、纳米技术和游戏。
- 尽早培养大家对编程审美、标准、风格约定和审慎注释的意识，旨在把坏习惯扼杀在萌芽中。
- 通过讲解过去那些不会让初学者接触的难点，告诉大家 JavaScript（相对其他语言）的巨大威力。本书中某些这样的高级内容都加了星号（*），有的包含在附录里。
- 澄清一个问题，即编程并不是简单地把程序写得能运行、不出错，还要考虑如何编排更容易让人看懂，更容易修改，并且运行效率更高。
- 给出几个研究案例，包括分布式计算、手机或平板电脑等触摸界面，以及图形方面。让学生可以找到工作，让专业人士与时俱进。

本书内容

本书内容由浅入深，可以从头到尾依次阅读。我们其实是在讲一个关于计算和编程的故事，特别是 JavaScript 编程，主要内容简介如下。

- 第 1 章介绍计算这个领域的知识。
- 第 2 章到第 8 章介绍（JavaScript）编程的理论和实践。

  第 2 章讲解编程的基本概念。

  第 3 章讲数据。

  第 4 章是微观编程之一：语句。

  第 5 章是微观编程之二：函数。

  第 6 章是微观编程之三：事件。

  第 7 章讲宏观编程之一：构建软件系统。

① “任何人都可以”的意思是优秀的程序员不受背景和经历限制，而不是说不用努力就可以[Bra07]。

第 8 章讲宏观编程之二：分布式计算。

- 第 9 章和第 10 章探讨高级主题。

虽然读者并不需要从头到尾依次阅读各章，但还是有必要告诉大家章与章之间的依赖关系，如下图所示。

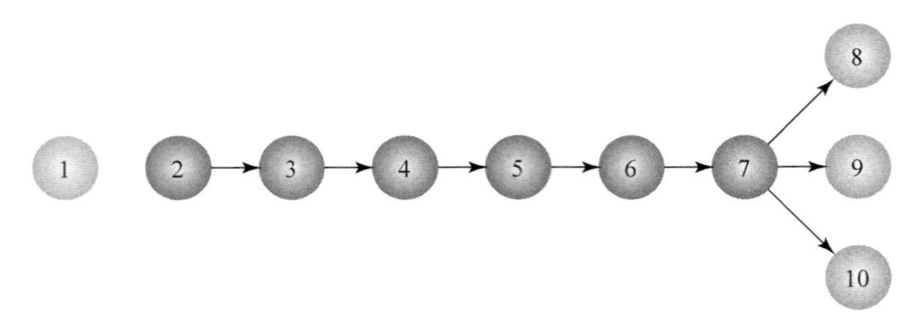

注意，第 1 章是独立的。如果读者想直接看关于编程的内容，可以跳过第 1 章。

读者对象

本书是以计算机科学或软件工程专业大学一年级教材或主要参考书为目标设计的。要学习本书内容，不需要有编程经验。不过，它对初次接触 JavaScript 的高年级学生和专业程序员也是有价值的，因为本书并没有回避这门语言的难点或“高级”内容。事实上，我们相信本书中大量的思考题和随处可见的练习，以及关于 ECMAScript、HTML、Ajax、jQuery、图形与动画等现代 JavaScript 主题的讲解，即使对专业程序员也是大有裨益的。

JavaScript

这里要跟老师说两句：我们满怀信心地选择 JavaScript 作为培养新一代计算机科学家的语言。以前，JavaScript 很少被选为大学计算机科学课程的入门语言。这或许是由于各方面的误解吧[Cro01]。但我们认为，JavaScript 是这个层次课程的理想之选。

首先，由于 Web 浏览器无处不在，几乎每个学生都可以轻而易举地找到 JavaScript 解释器，无须下载和安装。其次，有些教授认为学生不应该上来就动手写代码，而是应该先通过伪代码来学习抽象的算法，但另一些教授又认为只有通过真正手写代码，才能让学生牢固地掌握这些概念，那么 JavaScript 恰好是这两种意见的一个折中。JavaScript 的语法清晰、简单，学生几乎可以立即上手，而不必先搞清楚类、public static 方法、神秘的 `void`、控制台、包等概念。我们发现很多学校为计算机科学大一学生选择的“简单语言”是 ML、Scheme、Ruby 或 Python。但随着 Web 作为应用运行平台的兴起（包括桌面和移动端），这些语言的流行程度没有任何一个可以与 JavaScript 比肩。

最后，函数式编程在过去很长一段时间只有学院派计算机科学家才感兴趣，但到了如今的多核和大数据时代，这种编程方式正变得日益重要。此时，把 JavaScript 选为教学语言意义非凡。JavaScript 中的函数式编程对刚刚入门的学生而言相对容易理解，特别是与那些“括号套括号”或依靠块、连续体（continuation）、生成器等特殊构造的语言相比，简直容易理解太多了。

随书资源

访问 go.jblearning.com/Dionisio 可以找到本书每章末尾练习的答案、源代码、PPT 教学讲义、勘误，以及本书未收录在内的其他有用资料。

致谢

我们想感谢 Turn Media公司的 Loren Abrams、克莱蒙研究大学的 B. J. Johnson、洛约拉马利蒙特大学的 Philip Dorin、罗彻斯特理工学院的 Daniel Bogaard、俄勒冈大学的 Michael Hennessy 和韦尔斯利学院的 Laurence Toal，感谢他们认真审读前期书稿并提出建设性意见。感谢 Kira Toal 和 Masao Kitamura 提供图片，感谢 Jasmine Dahilig、Tyler Nichols 和 Andrew Fornery 帮忙收集配套资料。当然，对于出版方 Jones & Bartlett Learning 员工给予的大力支持，我们同样心怀感激，包括高级策划编辑 Tim Anderson、项目编辑 Amy Bloom、产品总监 Amy Rose，没有他们专业又敬业的工作，本书不可能问世。此外，我们还想感谢 Caskey Dickson 和 Technocage 公司为我们的跨端脚本提供托管服务，没有他们则无站可跨。

目　录

第 1 章
计算的概念

计算是一门处理信息的学问。它解决的问题包括“什么是信息”以及“怎么编码、处理、存储和传输信息”等。计算科学家本质上研究的是信息处理，并通过实验来更好地理解这个处理过程。计算科学中的实验部分，包括人造计算设备的构建与程序设计。

本章概述计算概念，介绍这个领域中的各个学科，研究它的人可能会从事什么职业，以及关于这个领域的一些流传甚广（也让人很遗憾）的误解。学完本章，希望你能理解什么是计算，并产生继续学习下一章的的兴趣，我们将从第 2 章开始学习 JavaScript 编程。

1.1 计算是一门自然科学

近 20 年来，人们已经意识到计算并不仅仅局限于人造的计算机器，并且已经从自然和社会的角度，对计算过程，即系统运行时遵循的一系列规则进行了考察[Den07]。

- 生物的信息在其 DNA 中被编码，以及复制、转录、翻译这些信息的生物学过程，被称为分子生物学的中心法则（见图 1-1）。
- 化学反应遵循不同的规则进行。比如氢和氧的混合，就有 $2H_2+O_2 \rightarrow 2H_2O+E$。
- 社会结构和社区的演进会受到环境、政府及其他因素的共同作用。
- 可以把金融市场看成一个计算系统，这个系统会对买卖指令、恐惧惊慌和市场调控措施作出反应。
- 神经过程也是计算性的。在生物神经网络中，神经元（从其他神经元）接收输入信号，然后根据这些输入（向其他神经元）发送输出信号。

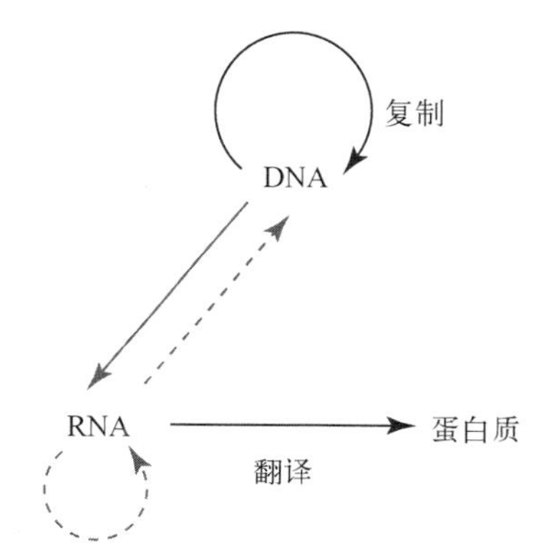

图 1-1 分子生物学的中心法则[Cri70]

研究自然界中的这种信息处理过程， 可以帮助我们更好地理解身边的这个世界。我们观察这些过程，记录下自己的发现。我们建造计算设备来辅助对这些发现建模。我们基于这些模型做实验，换句话说就是编写计算机程序，以期得到一系列“假如……”问题的答案。我们通过为企业、组织、政府和个人构建信息系统，来应用对计算的研究成果。

1.2　计算的五大学科

今天，很多人都认同计算研究领域有五大学科。

1.2.1　计算机科学

计算机科学涵盖一系列理论与实践，包括计算问题、算法、软件系统、数据组织、知识表示、语言、智能和学习。计算机科学家寻找如下问题的答案，并将其付诸实践。

- 什么可以计算，什么不可以计算？
- 某些计算可以用多快的速度完成？
- 要完成某些计算，需要保存多少信息？
- 如何高效、安全地编码、存储和检索信息？
- 如何设计信息处理过程（程序）？
- 我们怎么知道自己的程序没有问题？
- 计算理论怎么帮助解释智能和意识？

计算机科学关注计算本质及其在其他研究领域的应用。与哲学和数学类似，与教育某种程度上也类似，计算机科学把知识本身当作研究对象，而不仅仅把它当成研究手段。信息处理过程是通过编程语言表达的，而编程语言由语言学领域的概念来定义。计算方法可用于研究生物、社会和经济体系。人工智能作为计算机科学的一个分支甚至包含心理学的要素：解决问题的计算机给出的回答要想让人信服，必须展示其推理过程，而且这个过程人类必须认同。

1.2.2　软件工程

软件工程涉及设计、组织和构建软件系统（通常是大规模、至关重要的软件系统），重点关注生产效率、可靠性、健壮性、测试、维护和投入产出（见表 1-1）。软件工程分析业务需求，并通过设计软件来满足这些需求。设计软件既包括编写小段的代码，也包括把多个子系统集成起来形成一个大系统。软件工程师，也被称作开发者，在一个协作的团队环境下工作。

表 1-1　设计良好的软件应具备的特点

所谓软件……	意思是……
正确	能够完全按指令行事
可靠	不崩溃（就是不会意外停止运行）
高效	在合理的时间内完成任务，而且占用的空间也不多
可理解	用户和开发者能明白它为什么能自己干活
可重用	基于组件构建，这些组件又可以用在其他系统中
可扩展	可以扩展到处理更大规模的数据，而因此增加的成本有限
可维护	可以很快隔离和修复 bug（错误）
可用	能按照用户的想法和期望行事
经济	按时完工且在预算之内上线运行

1.2.3　计算机工程

计算机工程旨在设计数字系统，比如通信网络、计算机、智能手机、数字音视频播放器和录音机、显示器、汽车和飞机导航系统、警报系统、X 光机，以及激光外科手术工具等自动化器械。很多计算机工程师都是电子工程师出身，但专注于电子和数字系统，而且通常倾向于研究计算机硬件和软件。

1.2.4 信息技术

信息技术（Information Technology，IT）这个行当里的人会负责某个组织中的计算设施的建设、维护与故障排除，这些计算设施可能是计算机、网络、电子邮件系统、网站、数据库、电话及类似系统。除了编程，IT专业人员经常要完成复杂的配置、定制和升级任务。

1.2.5 信息系统

信息系统（Information System，IS）主要关注“计算方案”的设计，比如为公司、非营利组织、教育机构和政府部门更好地完成工作和提高效率设计信息化的解决方案。与其他四个学科不同，很多教育机构都会在商学院里开设信息系统这门课。

信息系统对数据库、通信工具等计算技术的使用研究较多。虽然编程也很重要，但与其他学科中的编程相比，重要性还是略逊一筹。信息系统专家更多的是使用电子表格，即通过嵌入在数据表中的公式来完成计算。图 1-2 中的单元格 E8 中保存的值就是一个公式：`=SUM(B8:D8)`，意思是要显示单元格 B8 到 D8 中各数值的和。

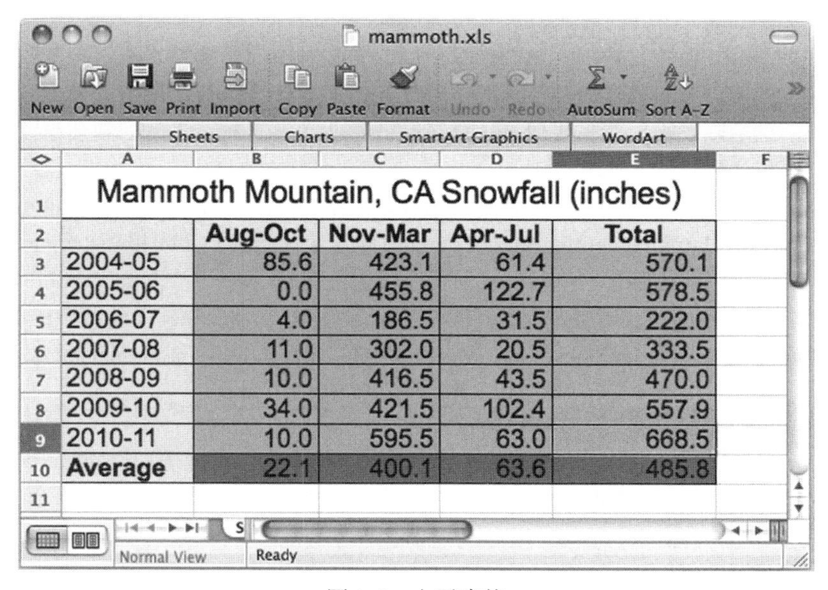

	A	B	C	D	E
1	Mammoth Mountain, CA Snowfall (inches)				
2		Aug-Oct	Nov-Mar	Apr-Jul	Total
3	2004-05	85.6	423.1	61.4	570.1
4	2005-06	0.0	455.8	122.7	578.5
5	2006-07	4.0	186.5	31.5	222.0
6	2007-08	11.0	302.0	20.5	333.5
7	2008-09	10.0	416.5	43.5	470.0
8	2009-10	34.0	421.5	102.4	557.9
9	2010-11	10.0	595.5	63.0	668.5
10	Average	22.1	400.1	63.6	485.8
11					

图 1-2 电子表格

1.3 与计算相关的职业

计算是一个宽泛的研究领域，因此掌握其中某个或某几个学科的知识，可以在以下行业找到工作。

- 生物。随着遗传学和计算生物学越来越重要，生物科学领域越来越有数字的味道了。很多生命过程都可以建模为信息处理。计算机科学家和生物学家为研究生物数据库和其他目标，经常需要合作。
- 搜索、数据挖掘和信息检索。很多人希望只通过模糊的搜索条件，就能很快从海量（且很大程度上并不相关的）数据中提取出自己想要的信息，而且愿意为此付钱。从大数据中快速提取信息一直都是计算机科学研究的重点。
- 娱乐。除了动画片，计算机在电影和电视领域也一直扮演着重要角色。大多数娱乐形式的制作过程，哪怕是现场演出，都要涉及很多硬件和软件。懂计算技术的人在这个领域非常有前途。
- 数字媒体。开车上图书馆或商店借阅或购买影片、音乐的人越来越少了。拥有计算背景的专业人士正在研究如何通过日益拥挤的互联网可靠、安全地交付流媒体数据，研究与版权和版税相关的问题。

- 游戏。游戏是产值数十亿美元的行业。很多玩家都喜欢追新游戏，因此也有很多程序员以开发和制作游戏为生。开发一款受欢迎的游戏并不容易，它是计算机图形、建模、算法，甚至数学、物理学、心理学和创意文案等多种技能结合的产物。
- 移动应用。很多过去安装在计算机硬盘上的应用，现在都可以从远程服务器随需下载。与此同时，移动应用的时代也已经到来，这些应用基本上都需要利用设备的位置信息（通过 GPS 系统获取）。而与这些移动设备和移动应用交互的新方式，需要计算专业人士来创造。
- 纳米技术。纳米技术就是设计和使用（数量巨大的）原子大小的设备，达成一种人类能够看得见的效果。这些原子大小的设备都需要复杂的编程。计算机科学在纳米技术领域应用的文章层出不穷[MS03，Mac09]。
- 网络安全与防护。机构（甚至国家）信息基础设施的巨大价值，意味着在可见的将来，对懂安全和加密技术的专业工作者的需求会一直存在。要具备这些专业知识，拥有计算背景非常重要。毕竟，加密和解密可都是计算过程啊。
- 航空航天。现代飞行器、卫星、空间站和太空探索机器人，每纳秒都要执行很多计算任务。这些任务非常复杂，可能需要传输数十亿字节的数据，而且对时间要求很高，甚至要求实时处理。这些大型复杂系统的设计正是软件工程领域的一个方向。
- 商业、法律和医药。这些领域的专业院校希望毕业生拥有不同的背景，尤其喜欢具有很强逻辑和分析能力的学生。医药影像学和商业信息系统从很早开始就与计算机科学密不可分了，保健服务提供商及保险公司的信息基础设施，都需要拥有计算技能的专业人员。而关于专利和知识产权的问题，则必须同时利用法律和计算知识来解决。

关于更多计算相关职业方向的信息，可以参考美国计算机学会（Association for Computing Machinery，ACM）的 Computing Careers 网站：http://computingcareers.acm.org/。这个站点提供了海报和小册子，主修计算的 10 大理由，各计算领域介绍，FAQ 专栏，还有一些职业相关网站的链接。此外，美国劳工统计局（Bureau of Labor Statistics）还发表了美国数百个不同行业的职业展望，包括教育和培训需求、收入情况和就业前景。其中，关于软件工程师和计算机科学家的数据，可以参考 http://www.bls.gov/oco/ocos303.htm 和 http://www.bls.gov/oco/ocos304.htm。

1.4　关于计算的误解

下面介绍几个常见的对计算领域的误解，这些误解导致了很多人对计算存有偏见，也将很多天才拒之门外。

- 误解：“研究计算的人都是内向的、书呆子式的极客。”
  事实：20 世纪 40 年代程序员的形象（见图 1-3）早已被颠覆了。今天，计算特别是编程，已经成为一个高度协作的职业。一个程序员有时候也可以写出一个规模很大的程序，但如今的大多数软件系统，无论其规模还是复杂性，都远不止是一两个人所能创造和控制的。计算领域是一个拼智商的领域，这里需要具有各种不同兴趣爱好的天才。遗憾的是，沉闷的媒体形象还是影响了很多本来很适合搞计算的年轻人。
- 误解：“所有与计算相关的工作都会外包。”
  事实：“所有”显然是一种夸大的说法，但除此之外，相当比例的外包工作是由于本地程序员供不应求，而不光是出于成本考虑。不是所有工作都适合外包：本地的拥有丰富技能的信息从业者具有天然优势。
- 误解：“计算就是在桌面电脑或笔记本电脑上写代码。”
  事实：如今，嵌入设备中微处理器的数量已经超过个人电脑。机器人、智能武器、未来汽车、工业机械、（智能）手机和数字助理等，都是可以编程的对象，需要计算技能来制造和生产。
- 误解：“.com 泡沫破灭之后，计算的好日子就到头了。”
  事实：.com 泡沫破灭是 21 世纪最初几年经济危机之后的事。在此之后，搜索、视频共享、社交网络、新闻传播和移动计算，可谓遍地开花。计算机越来越小、越来越快，也越来越便宜。几乎所有公司都有自己的官方网站，而人们也希望他们能够提供在线服务，并且能够通过自己的移动设备来使用。

图 1-3 1947 年前后的程序员

- 误解：“不必专门研究计算，艺术课或经济课老师会告诉我们怎么成为一个伟大的程序员。”
  事实：软件系统是迄今为止人类创造的最复杂的东西之一。通过构建这些系统得来的知识和经验，特别是从系统失败中得来的教训，都融汇到了计算机科学和软件工程的著作和训练中。经济和艺术怎么可能？

1.5 本章小结

- 计算机是一门自然科学，而不是人为的科学。信息处理的研究提供了生物系统、物质和能量、社会和经济系统中行为的模型。
- 计算领域的五大学科是计算机科学、软件工程、计算机工程、信息技术和信息系统。
- 计算人才适合很多行业，包括但不限于生物技术、航空航天、娱乐、信息检索、法律、商业、医药、媒体、游戏和网络安全。
- 很多关于计算的误解导致了这个领域人才（特别是年轻人才）的流失。

1.6 练习

本章的所有练习都需要读者做一些研究和搜索，仅阅读本章内容可能找不到答案。

1. 看一看 Peter Denning 的“Computing Is a Natural Science”[Den07]，然后写一篇读后感，两三段即可。
2. 找一些关于 DNA 的资料读一读。搞明白什么是“编码链”（coding strand）和“mRNA 合成”（mRNA synthesis）。这两个概念与你想象中的计算机程序有什么异同？
3. 本章前面列出的计算的五大学科，源自 ACM Computing Careers，网址是 http://computingcareers.acm.org/?page_id=6。这种分类十分宽泛，对编程感兴趣的人可能更多关注计算机科学和软件工程。请做一番研究，尝试给出计算机科学和软件工程的 20 个子学科。
4. 计算机科学还是一门新学科。搜集关于你现在就读的学校、毕业的学校，或者想去就读的学校的计算机科学老师的信息，看看他们本科的学位是哪个领域的。
5. 了解一下你中意的大学计算机科学系都开设了哪些跨学科的课程，列出个单子来。
6. 尝试寻找可靠的数据来回答下列两个问题：今天，世界上最流行的编程语言是什么？大一计算机科学课中最常讲授的编程语言是什么？

7. 如果你认识一些有编程经验的人，请做个访问调查，针对每个人分别记录，看他们最喜欢哪三种编程语言。再问问他们最不喜欢什么语言。随机应变：假如你的受访者非常激动，使用了刻薄的话来贬低某个语言，那么追问他们到底是该语言的设计者没有那个能力，还是受访者使用的语言与设计者当初的目的不相符。
8. 研究下列语言：JavaScript、Ruby、Io、Lua、Self、Java、Python、C、ActionScript、Smalltalk、LISP、Ada、bash、SQL 和 Go，找出与它们相关的一两个有趣的事实。
9. 自己动手做一个表 1-2 所示的电子表格。如果你从没用过电子表格软件，使用各种方法求助。
10. 如果你可以做出上一个练习要求的电子表格，那么插入过去（或将来）几个滑雪季的数据（表格行）。
11. 调查几种现在常用的加密方法，比如 Blowfish、AES 或 RSA。RSA 的应用范围有多广？为什么说 RSA 加密尚不知是否可证明安全（provably secure）？
12. 阅读或浏览与下列主题相关的文章各一篇：计算生物学、计算神经科学、计算社会科学、计算语言学。
13. 浏览 ACM TechNews：http://technews.acm.org/。不要只看当前这一周的文章，还要翻阅存档的文章（地址是：http://technews.acm.org/archives.cfm）。找出 10 到 20 篇能代表计算在当今世界应用范围的新闻报道来。
14. 关于人类的大脑相当于计算机的说法，有什么支持和反对的理由？
15. 读一读阿兰・图灵的传记。说出几个他被人们尊为当今计算机学科奠基者的原因。
16. 关于“谁是第一台机械计算机”这个问题的回答，可能要取决于人们对机械计算设备的定义。但对于第一台通用的、电子计算机倒是有共识的。这台计算机的名字叫什么？当初设计它的目的何在？谁是这台计算机的第一个程序员？
17. 今天，我们会自然而然地认为可以为任何设备编写程序。但原先可不是这样，早期计算机也可以编程，但是由人工使用计算机自己的机器语言编码指令。要想让为一台计算机编写的程序在另一台计算机上运行，必须把它编译（翻译）为另一台计算机的机器语言。Grace Murry Hopper 写的编译器可能是世界上最早的一个编译器。读一读海军上将 Hopper 的传记，看看她还为计算机科学做出过什么贡献？
18. 调查一下你中意的大学的商学院都开什么课。看看商学院会不会开设几何和微积分课程，或者要求学生必须去数学系选修这些课？看看商学院有没有编程课，或者要求学生必须去计算机系选修这类课程？
19. 哪种特许权能带来更多收入？《星球大战》电影的特许权，还是《疯狂橄榄球》的特许权？谁的利润更高？要把所有原始收入和延伸收入都计算在内。绝对准确的数据可能不容易获得，所以可以适当估算。注意在你的研究结论中给出引用的出处。
20. 找一篇严肃的研究论文，或者由权威机构发布的新闻报道，看看关于计算领域的负面宣传在多大程度上影响了人们进入这个领域（或在大学阶段没有选择这个方向）。媒体报道的准确性有多高？失真度又有多高？
21. 至少说出一个本章没有提到的社会公众对于编程或计算的误解。

第2章 编　程

写程序可以解决很多问题，比如播放音乐和视频、组织个人数据以及求解用纸笔会花很多时间的难题。写程序让人有成就感（创造了有用的东西）和权力感（看着一台机器在你的控制下执行命令）。

本章，我们介绍什么是编程，以及使用 JavaScript 语言编写和运行程序的方式。我们还会讲几个示例程序，建议大家边看书边照着做，以此讲解程序的构成要素。最后，本章将简单讨论怎么把程序写好，而不仅仅满足于程序可以运行。学完这一章，读者将能够自己动手编写和运行简单的程序。

2.1 学习编程

*编程*是为*执行者*执行而编写指令的过程。通过这个定义，我们可以联想到作曲家作曲、厨师烹调、建筑师绘制蓝图。可能有人会说，只有机器人、计算机、媒体播放器、电子设备、制导系统、智能机械以及其他机械设备才需要“编程”。其实不然，作曲家、厨师和建筑师跟写代码的程序员一样：都需要把自己头脑中的想法转换成实现的具体步骤。

*程序*或者*脚本*，就是以某种语言编写的表示计算过程的代码。*编程语言*已有数千种之多。这些语言与人类语言的根本区别在于，它们有精确的语法和语义，不会像“你叫他下水”这句话一样让人联想到各种可能的意思。程序的文本叫作*代码*或*软件*，而运行软件的执行者叫作*硬件*。

编程是一种技能，它就像武术、音乐、制图、木工、足球、网球等一样，需要长时间的练习，真正精通则需要数年时间[Nor01]。要学习编程，一要练习基本的技能，二要理解大的概念。但是，这个学习过程既不是自上而下的（先学概念），也不是自下而上的（先学代码），而是从中间向两端拓展的。就像一个学徒一样，一开始先观察和试验已有的程序，进而理解概念。本章将展示一系列示例，让大家知道什么是 JavaScript 程序，怎么运行这些程序。随后几章，我们再陆续讲解技术细节。

回顾与练习

1. 用你自己的话描述一下*程序*和*编程语言*。
2. 说出对“你叫他下水”这句话的四种理解。

2.2 基本概念

可用来编程的语言不下几千种，而可进行编程的设备同样不下几千种。本书要介绍的编程语言绝对是你早就已经可以使用的——JavaScript！不管是在家里、学校、办公室的计算机中，还是在手机或平板电脑中，JavaScript 都是可以开机即用的，因为 JavaScript 程序在你上网的浏览器中运行。无需下载，无需安装，也不用设置。JavaScript 内置在浏览器中，支持目标拖放、地图滚动、动画和实时特效以及 3D 渲染，这些都让浏览器省去了安装插件或扩展的麻烦。JavaScript 不仅是一门强大的语言[Cro08a]，而且基本上可以说是当今最流行的一门语言[Cro08b]。

要编写和运行 JavaScript 程序，只需要一个能上网的浏览器。

仅此而已！虽然严格来讲，还需要给“能上网的浏览器”加上各种定语（比如，必须是“现代”浏览器；必须“启用了 JavaScript”；这个浏览器必须“支持现代 JavaScript”）。但本书在此作出一个乐观（可能性也很大）的假设，即你的浏览器达到了所有要求，能够无障碍地运行 JavaScript。好了，现在就打开浏览器，体验一下编写和运行 JavaScript 程序的最简单方式：浏览器地址栏。

2.2.1　浏览器地址栏

在浏览器地址栏里输入以下内容（见图 2-2）：

```
javascript:alert("Hello World!")
```

按回车键，浏览器会弹出一个窗口，显示“Hello World!”，好玩吧？

图 2-1 展示了这个程序在特定操作系统（Ubuntu）中的特定浏览器（Firefox）中运行的情况；在其他平台和浏览器中的样子也都类似。

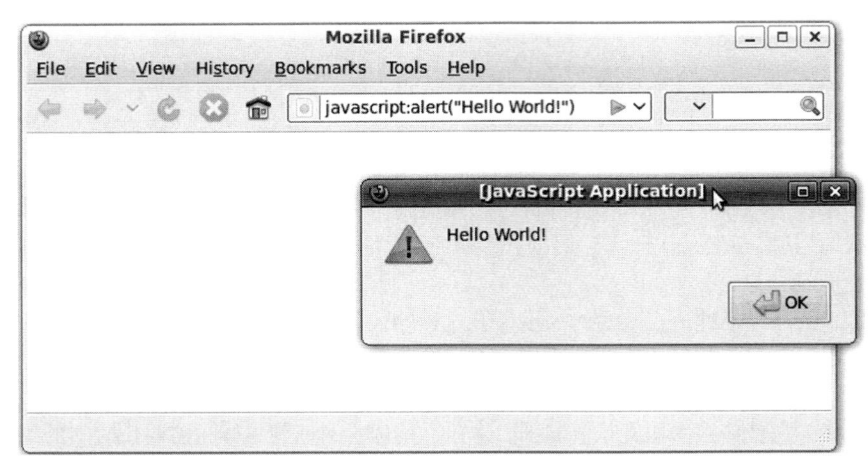

图 2-1　“Hello World!”脚本运行情况

图 2-2　在浏览器地址栏中输入脚本

回顾与练习

1. 在地址栏中输入并运行：`javascript:alert(1 + 2 + 3 + 4)`。
2. 在地址栏中输入并运行：`javascript:alert("1" + "2" + "3" + "4")`。

2.2.2　运行器页面

估计你也猜到了，要想在浏览器地址栏里写出一个地图服务、图片共享网站或者一个社交网络，恐怕不可能。为了有更多空间来容纳脚本，可以使用 JavaScript“运行器”，比如这个网页：http://javascript.cs.lmu.edu/runner（结果见图 2-3）。

图 2-3 可以运行 JavaScript 程序的简单页面

打开这个网页后，在文本区里输入脚本，然后单击 Run 按钮。比如上一节中的那个简单的例子：

```
alert("Hello World!");
```

除了不用输入 `javascript:`前缀之外，和前面在浏览器地址栏里输入的效果一样。这个前缀并不是 JavaScript 语言规定的，它只是一个标志，用于告诉浏览器怎么解释地址栏里的文本内容。[①]所以，也没有什么新东西，单击 Run 能得到跟之前相同的结果（赶快试试吧！）。因为浏览器运行的是同一段代码，唯一的区别在于代码输入浏览器的方式。

为了让大家尽快适应环境，本书特意提供了一些短小脚本，供你输入和运行。至于这些脚本的细节，本书稍后解释。现在的关键是让你熟悉运行程序的感觉。注意，一定要严格按照代码的样子输入。如果程序没有像描述的那样运行，首先要检查一下输入是否正确。虽然这里没有解释脚本原理，但仅通过代码本身以及运行后的结果，应该也能发现一些蛛丝马迹。好了，花点时间试验一下吧，也可以作一些简单的修改，看看改后运行结果什么样。

- 这是一个“疯狂填词”的小游戏，有 20 世纪 40 年代的风格。

```
alert("I like " +
    prompt("Please enter a city:") + " in " +
    prompt("Please enter a month:") + ", how about you?");
```

- 这是一个模拟掷一个骰子的程序，每次运行它都会给出 1~6 中的一个数字。

```
alert("You rolled a " +
    (Math.floor(Math.random() * 6) + 1) + "!");
```

- 这段脚本演示了怎么通过 JavaScript 操作数字。

```
var message = prompt("Enter a sentence:");
alert("Shouted: " + message.toUpperCase());
alert("Toned down: " + message.toLowerCase());
```

- 这段代码告诉你距离下一个元旦还有多少天。至于到底准不准，取决于你计算机的时间和日期设置对不对。

---

① 严格来讲，这个前缀的名字叫作“协议”。类似地，你肯定见过其他协议，比如 `http`。

```
var now = new Date();
var newYear = new Date(now.getFullYear() + 1, 0, 1);
var days = (newYear - now) / 86400000;
alert("From " + now + ", " + days + " days until the New Year!");
```

- 这段脚本可以运行你输入的另一个脚本。你觉得哪一点更有趣：这样做在 JavaScript 里居然也行，还是这个脚本居然这么短？

```
eval(prompt("Type ina script:"));
```

  当在提示框中输入程序本身时，你觉得会发生什么？
- 因为执行器里的脚本是在浏览器中运行的，所以脚本可以访问页面中的元素。比如，下面这行脚本可以把页面背景改成绿色。

```
document.body.style.backgroundColor="green";
```

  要恢复原来的颜色，刷新页面即可。

为了让大家对程序运行的初次体验更刺激，我们使用 John Resig 的 jQuery 库扩展了运行器页面，这样就可以很快地实现一些特效。①好了，现在输入并运行下列脚本试试看。

- 这个脚本可以让页面中的“JavaScript Runner”变红变大，同时也为脚本输入区加上一个很粗的边框。

```
$("h1").css("color", "red").css("font-size", "4em");
$("textarea").css("border-width", "5px");
```

  要撤销以上修改，刷新页面。
- 这个脚本将标题文本向右移动 1000 像素，而且会在 3 秒（3000 毫秒）之内，慢慢地移过去。

```
$("h1").animate({"margin-left": "+=1000"}, 3000);
```

- 最后，输入并运行这个脚本，让整个页面在 5 秒钟内“自毁”（实际上是淡出）。

```
$("body").fadeOut(5000);
```

  刷新页面，让它起死回生。

回顾与练习

1. 如果你没有照前面说的做，赶快尝试输入并运行一遍前面的脚本。
2. 输入下面这个有错误的脚本：

```
alertt("Hello");
```

   注意多了一字母“t”。你会看到什么错误提示？

2.2.3　交互式命令行

交互式命令行是一种很高效且很好玩的编程方式。在命令行里，你输入很短的命令，确认后会立即执行，给出结果。举例如下。

输入：5+3

输出：8

输入：15>3

输出：true

输入：Math.sqrt(100)

① 本书 7.5 节将介绍如何使用 jQuery，届时我们将在运行器页面之外使用它。

输出：`10`

输入：`"deliver".split("").reverse().join("")`

输出：`reviled`

图 2-4 展示了一个使用 squarefree.com 上的 JavaScript shell 的屏幕截图。大家可以在这个命令行工具中练习一下前面的命令。

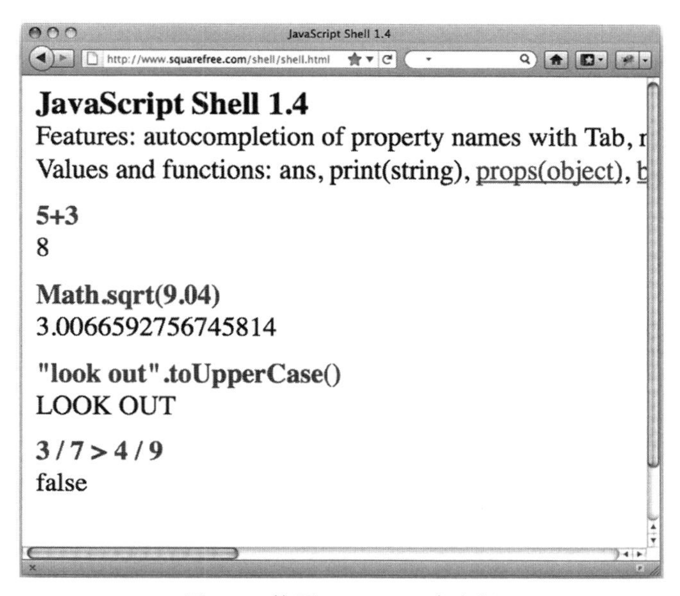

图 2-4　使用 JavaScript 命令行

关于这个在线命令行的全部功能，大家可以参考其文档：http://www.squarefree.com/shell/，另外命令行页面也有一些提示信息，本书就不详细介绍了。但有两个功能很重要，在此还要提醒一下大家。

- 使用上箭头（方向）键可以自动输入之前的命令。也就是说，按上箭头键就可以加载最近一次的输入，这对于修改输入错误是非常方便的。
- 如果需要输入多行代码，按 Shift+Enter 组合键（按住 Shift 键不放，同时再按下 Enter 键）就可以切换到下一行。

这个交互式命令行工具很方便，可以用来试验本书中的示例代码，也可以用来试验你自己编写的代码，或者在开发自己的脚本时验证一些想法。

当然，除了 squarefree.com 这个命令行工具之外，还有很多其他的选择。比如，现代浏览器都会内置命令行。可以通过菜单项（一般在“工具”菜单中）中的“JavaScript 控制台”或“开发者工具”调出来。

回顾与练习

1. 在命令行中计算 `Math.exp(Math.PI) - Math.PI`。
2. 在命令行中输入 2.2.2 节中随机掷骰子及其后面的一个脚本。（需要输入多行时，按 Shift+Enter 组合键。）
3. 在命令行中输入下面一行错误脚本：

   ```
   alertt("Hello");
   ```

   注意多了一字母“t”，你会发现命令行本身会给出错误提示。你觉得是这种错误提示好，还是上一节中测试页面给出错误提示的方式好？

2.2.4 文件

刚才我们讲了三种运行 JavaScript 程序的方式：浏览器地址栏、运行器和命令行。这三种方式适合自编自用，不适合给别人分享。你不能指望别人在想运行你的程序时，也像你一样每次都先在运行器或命令行里输入（或粘贴）代码。想想看，你在使用浏览器、电子邮件客户端、即时通信软件、Word 或视频播放器的时候，用不用先输入它们的代码？

当然不用！所以我们也要像分发文档、电子表格、照片、视频和音乐一样，通过文件来分发程序。本书的目的是教给大家怎么编程，因此我们假设大家都会使用文本编辑器新建文件，能在计算机中查找文件，可以把文件拖到桌面上。至少你可以找到这么一个人把这些都教给你。

我们就以 2.2.2 节掷骰子的脚本为例，看看怎么把它放到一个文件里。JavaScript 程序是在浏览器中运行的，因此我们的目标就是把包含掷骰子脚本的网页加载到浏览器中，让它运行。不过有一个小改动，之前的脚本是通过一个警告框显示结果的，这里我们把结果写到页面中。好啦，新建一个名为 roll.html 的文件，包含如下内容：

```
<!doctype html>
<html>
  <head>
    <meta charset="UTF-8"/>
    <title>A single die roll</title>
  </head>
  <body>
    <p>You rolled a <script>document.write(1 +
    Math.floor(6 * Math.random()))</script>.</p>
  </body>
</html>
```

把这个文件拖到浏览器中，或者在浏览器中执行打开文件命令（一般来讲是选择菜单中的“文件→打开”）并选择这个文件。然后你应该看到如图 2-5 所示的效果。可以多刷新几次页面，每次刷新，脚本都会生成一个随机数。

图 2-5　在浏览器中运行掷骰子脚本

下面我们就来讲讲这个文件。你可能知道，网页是使用 HTML 标记语言编写的文档。关于 HTML，我们只会粗略地讲解一下[①]。HTML 文档由很多元素构成。就我们的文件而言，有 `html`、`head`、`meta`、`title`、`body`、`p`（即“paragraph”，段落）和 `script` 等元素。有些元素由开始标签（如`<html>`）和结束标签（如`</html>`）定义，有些元素则是自包含标签（如`<meta/>`）。元素可以包含（也可以不包含）属性，如 `charset = "UTF-8"`。

HTML 称作标记语言，是因为它用标签给文本打上“标记”，从而搭建起底层结构。在 HTML 文档中，这个结构表现为一棵节点树。顶部节点（或根节点）就是文档自身，其他节点是文档中元素、文本及其他东西（如第 6 章会介绍的文档类型）。图 2-6 展示了示例文档的结构。虽然学习 HTML 不需要会画这样的树形图，但把 HTML 理解成这种图是非常重要的。特别是到了第 6 章要编写复杂脚本时，头脑中能想象这样一

① 如果你觉得这里的讲解太粗略了，第 6 章中会进行详细全面的介绍。此外，也可以到 W3C 官方网站看一看他们的培训资料：http://www.w3.org/wiki/HTML/Training，或者看一看 HTML Dog 中的教程：http://htmldog.com。

张图至关重要。

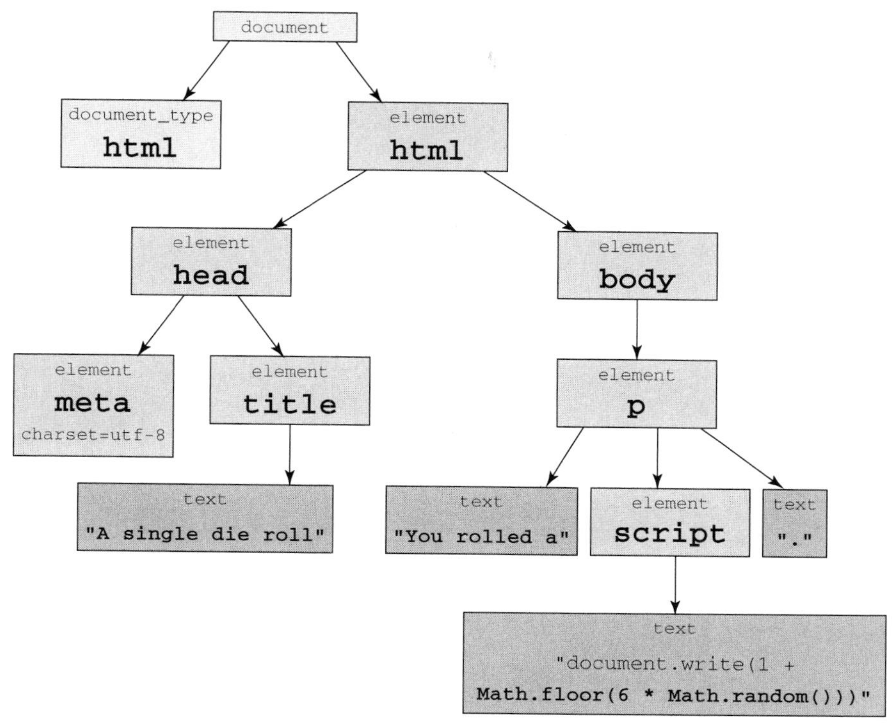

图 2-6 第一个 HTML 页面（roll.html）的文档模型

文档的 head 部分（头部）包含文档的基本信息，比如编写文档所用字符集[①]、文档标题（会出现在浏览器标题栏中），而文档的 body 部分（主体）包含页面中可以显示的内容。在我们的例子中，文档主体内只有一个段落（p），这个段落由三部分组成，其中第二部分是一个包含 JavaScript 脚本的 script 元素。脚本中的 document.write 操作会把一个随机数放到包含它的文档的文本内。

虽然像这样直接在 HTML 页面中嵌入脚本简单易行，但随着页面变得越来越大，混在一起的 HTML 和 JavaScript 也会越来越难以看懂。解决这个问题的方案如下：

- 把文档和脚本（也可能是多个）分别放在单独的文件中；
- 脚本通过操作 HTML 元素来处理输入和输出。

按照这个方案，我们的 HTML 文件（可以叫它 singleroll.html）就变成了这样：

```
<!doctype html>
<html>
  <head>
    <meta charset="UTF-8"/>
    <title>A single die roll</title>
  </head>
  <body>
    <p id="message"></p>
    <script src="singleroll.js"></script>
  </body>
</html>
```

如图 2-7 所示，这样一来情况就复杂了。因为与以往相比，HTML 和 JavaScript 代码相互隔开了。而且，我们还为 p 元素添加了一个 id 属性，以便脚本能找到它并向其中插入文本。请注意，现在脚本位于一个名叫

① meta 是可选元素，但是实践中建议包含该元素。要理解具体原因需要一些技术背景，所以我们将在第 6 章再解释。

singleroll.js 的文件中，我们通过 script 元素的 src 属性在文档中引用了它。这个文件中的内容如下：

```
document.getElementById("message").innerHTML =
    "You rolled a " + (1 + Math.floor(6 * Math.random())) +
    ".";
```

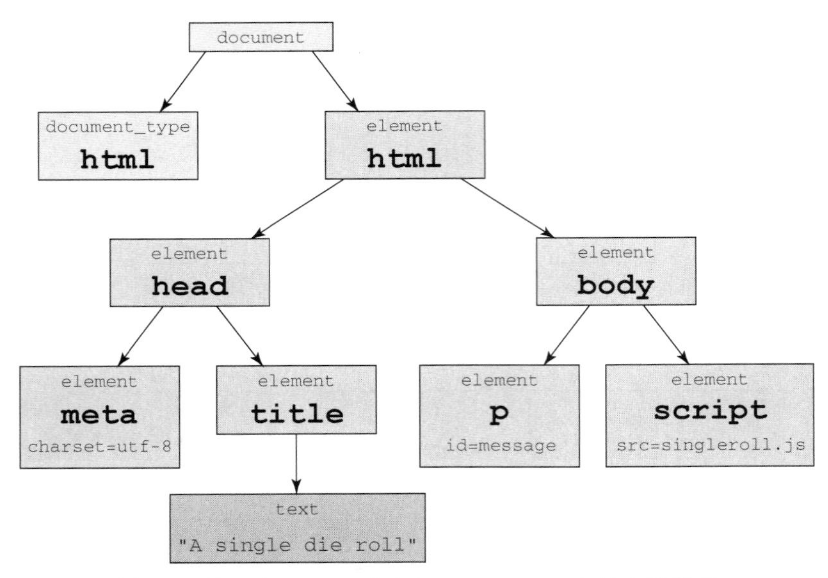

图 2-7　第二个 HTML 页面（singleroll.html）的文档模型

其中的 document.getElementById("message").innerHTML 引用的是 ID 为 message 的元素中的内容。而等号（=）告诉 JavaScript 把右边的值赋值到左边去。这里右边是一条文本消息，告诉用户掷出的数字是几。这段消息由三部分组成，其中第二部分是一个算术表达式，用于从 1~6 中随机取得一个数。明白了？

好，下面我们就来看一个大点儿的程序。这个程序通过网页中的文本框和按钮与用户实现良好交互，而不再使用 alert 和 prompt。这个程序中包含一些后几章才会讲到的高级功能，但通过它们才可以真正理解 JavaScript 在 Web 开发中的角色。

这个程序的文档中有一个表单字段，用于让用户输入温度值，还有两个按钮用于实现摄氏度（Celsius）和华氏度（Fahrenheit）之间的转换。先从这个名叫 temperature.html 的文档开始，它包含以下内容：

```
<!doctype html>
<html>
  <head>
    <meta charset="UTF-8"/>
    <title>JavaScript Temperature Converter</title>
  </head>
  <body>
    <h1>Temperature Conversion</h1>
    <p>
      <input type="text" id="temperature" />
      <input type="button" id="f_to_c" value="F to C" />
      <input type="button" id="c_to_f" value="C to F" />
    </p>
    <p id="result"></p>
    <script src="temperature.js"></script>
  </body>
</html>
```

图 2-8 展示了用户在文本框里输入 40 并按下按钮“C to F”之后的结果。

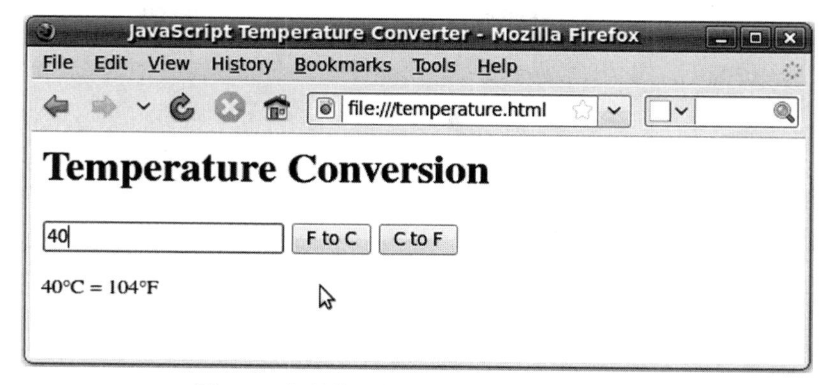

图 2-8 在浏览器中运行的温度转换器脚本

这个 HTML 文档的主体中一开始是一个 `h1`（1 级标题）元素。这个元素很常见，其中的文本正常情况下会被渲染成比较大号的粗体。接下来是包含以下三个 `input` 元素的 `p` 元素。

- 第一个 `input` 元素的类型（`type`）为 `text`，也就是一个文本输入框。它的 `id` 属性为 `temperature`，脚本通过这个 ID 可以读写它的值。
- 第二个 `input` 元素的类型为 `button`，即按钮，按钮显示的文字（`value`）为“F to C”。为了让脚本可以访问它，我们给它的 `id` 赋值为 `f_to_c`。
- 第二个 `input` 元素的类型为 `button`，即按钮，按钮显示的文字（`value`）为“C to F”。为了让脚本可以访问它，我们给它的 `id` 赋值为 `c_to_f`。

还有一个可显示的元素是 ID 为 `result` 的段落，用于显示脚本写入的温度转换结果。最后，是一个不可见的 `script` 元素，它通过 `src` 属性告诉浏览器，脚本保存在一个外部文件里，名叫 temperature.js。这个脚本文件的内容如下：

```
var report = function (celsius, fahrenheit) {
    document.getElementById("result").innerHTML =
        celsius + "\xb0C = " + fahrenheit + "\xb0F";
};
document.getElementById("f_to_c").onclick = function () {
    var f = document.getElementById("temperature").value;
    report((f - 32) / 1.8, f);
};

document.getElementById("c_to_f").onclick = function () {
    var c = document.getElementById("temperature").value;
    report(c, 1.8 * c + 32);
};
```

下面来分析一下这个脚本。

- 首先是一个名为 `report` 的函数，它负责把诸如“40°C = 104°F”这样的内容插入当前 HTML 文档，而实际的摄氏度和华氏度值由外部传入这个函数（第 5 章将介绍函数）。其中的字符序列`\xb0` 会产生度的符号（第 3 章会介绍为什么写成这样）。
- 然后是单击两个按钮时触发的事件处理程序。在单击了 `f_to_c` 按钮后，第一个脚本会把华氏度转换为摄氏度（公式为：$c=(f-32)/1.8$），然后将计算结果和华氏度的值（`f`）传给 `report` 函数，以便把结果显示到页面上。类似地，第二个事件处理程序的计算公式为：$f=1.8c+32$，与单击 `c_to_f` 按钮对应。第 6 章将介绍事件处理程序。

现在不需要完全理解这些代码。正如本章开头所说的，这一章的目的只是让大家通过示例对 JavaScript 代码长什么样有一个了解。至于这些示例中涉及的技术细节将在后续几章介绍，到时候你也可以写出同样复杂的脚本来。

回顾与练习

1. 找一找图 2-5 中文档的标题何在。
2. 说明如下显示消息的方式有什么区别：(1) `alert`；(2) `document.write`；(3) 修改 HTML 元素的值。

2.3　程序的构成

熟悉了 JavaScript 程序如何运行之后，接下来我们看看 JavaScript 要怎么写。毕竟本书的目标是让你成为一个会编程的人。

要想写程序，必须知道程序由哪些部分构成。换句话说，我们得介绍几个技术术语啦。总的来说，构成程序的最重要的三个部分分别是：

- 表达式，用于计算并得到值；
- 变量，用于保存数据，以便将来使用；
- 语句，用于执行脚本的操作。

2.3.1　表达式

表达式是包含着值和运算的代码片段，通过表达式可以计算并生成一个新值。与大多数编程语言一样，JavaScript 也提供了很多构造表达式的方式。下面给出了一些表达式的例子，以及它们的计算结果。其中大部分表达式的含义可以一目了然，当然也有几个不太常见。

```
2                                  ⇒ 2
2 + 8.1 * 5                        ⇒ 42.5
(2 + 8.1) * 5                      ⇒ 50.5
9 > 4                              ⇒ true
9 > 4 && 1 === 2                   ⇒ false
"dog" + "house"                    ⇒ "doghouse"
"Hello".length                     ⇒ 5
"Hello".replace("e", "u")          ⇒ "Hullo"
[2,3,5,7,11].join("+")             ⇒ "2+3+5+7+11"
(function(x) {returnx * 5;}(8))    ⇒ 40
```

所谓值，有数值、文本和真值（`true` 和 `false`）。发现文本两侧的引号了吗？这就是区分文本值与数值的关键。JavaScript 中的文本值都要放到一对引号里，而数值不用。所以 `42` 是数值，表示“四十二”，而`"42"`则是文本值，包含两个字符。除了值，表达式中还会包含运算符，比如`+`（加）、`-`（减）、`*`（乘）、`===`（等于）、`>`（大于）。表达式的含义取决于其中圆括号的位置，以及运算符的优先级和结合性。优先级高的运算符必须先计算，比如：

- `5 + 2 * 4` 的计算顺序是`(5 + (2 * 4))`，不是`((5 + 2) * 4)`，因为乘号相对于加号拥有高优先级；
- `1 < 10 && 2 >= 5` 的计算顺序是`((1 < 10) && (2 >= 5))`，而不是`((1 < (10 && 2)) >= 5)`，因为大于、小于等关系运算符比逻辑运算符`&&`（与）、`||`（或）的优先级高。

下表给出了 JavaScript 中常见运算符的优先级，从高到低排列，位于同一行的优先级相同。

优先级	运算符	说　明
最高	`!`	非
	`* / %`	乘、除、取模
	`+ -`	加、减
	`< <= > >=`	小于、小于等于、大于、大于等于
	`=== !==`	等于、不等于

（续）

优先级	运算符	说　明
	&&	与
最低	||	或

结合性规则用于在运算符的优先级相同时消除歧义。举例如下。

- `5 - 2 - 4` 的意思是`((5 - 2) - 4)`而非`(5 - (2 - 4))`，因为减号向左结合，通俗地说，向左结合就是“先算最左边的减法”。
- `6 * 5 / 2 * 8` 的意思是`(((6 * 5) / 2) * 8)`，同样因为具有相同优先级的乘和除法运算是向左结合的。

在所有 JavaScript 运算符中，除极个别向右结合，绝大多数都向左结合。附录 A 中的表 A-2 列出了全部 52 个运算符，以及它们的优先级和结合性。这个表看起来有点吓人，但其实我们不必担心，不用记住它们的结合性！只要记住下面这条建议，就能保你安心。

> 如果优先级有歧义，就使用括号。

要试验 JavaScript 运算符和表达式，最好是使用 JavaScript 命令行（见 2.2.3 节）。建议大家采用一种行之有效的方法，即在命令行中输入表达式的同时，口中说出表达式的含义，然后看看命令行的执行结果，确保理解该结果。为了鼓励大家练习，下面给出几个表达式，以及它们的口头描述。

- `2 * 4 < 100 / Math.sqrt(11)`：2 乘以 4 小于 100 除以根号下 11 吗？
- `17 % 3`：17 除以 3 的余数。
- `22 * (16.5 + Math.PI)`：16.5 与 π 的和的 22 倍。
- `"capybara".length === 2 || Math.pow(3, 5) < Math.pow(5, 3)`：单词“capybara”中包含两个字符吗？如果不是，那 3^5 小于 5^3 吗？

回顾与练习

1. 按运算符的优先级和结合性给表达式`!x && y || z + 5 * 4 >= 3 == y && z`加上圆括号。
2. 口头解释一下这个表达式的含义：`x < y || x < z`。

2.3.2 变量

对表达式求值得到的结果可能在将来需要重用，JavaScript 允许通过*变量*把这些结果保存起来。下面我们通过一个计算体重指数的脚本来介绍变量。大家可以在运行器页面或命令行里自己试验一下。

```
var KILOGRAMS_PER_POUND = 0.45359237;
var METERS_PER_INCH = 0.0254;
var pounds = prompt("Enter your weight in pounds");
var inches = prompt("Enter your height in inches");
var kilos = pounds * KILOGRAMS_PER_POUND;
var meters = inches * METERS_PER_INCH;
alert("Your body mass index is " + kilos / (meters * meters));
```

这段脚本一开始就*声明*（或*新建*）了变量 `KILOGRAMS_PER_POUND`，并给它赋值 0.45359237。然后又声明了变量 `METERS_PER_INCH`，并为其赋值 0.0254。接下来，我们用一个弹出窗口要求用户输入自己的体重（磅）和身高（英寸），这两个输入的值分别保存在变量 `pounds` 和 `inches` 中。随后脚本就取得保存在变量 `KILOGRAMS_PER_POUND` 和 `pounds` 中的值，将它们相乘，再把乘积保存在一个新变量 `kilos` 中。接着又计算并保存了以米为单位的用户身高，最后计算出用户的体重指数并弹出消息框显示结果。

变量就是一个带名字的容器，里面存放着值。那么，像图 2-9 一样把这些变量画成带标签的小盒子，理解起来可能更形象生动。这张图展示的是脚本一次运行中，用户输入体重 155 磅、身高 72 英寸时的情况。（注意，pounds 和 inches 的值来自提示输入框，这个输入框永远返回文本，而非数值。如前所述，JavaScript 中的文本值必须用引号引起来。）

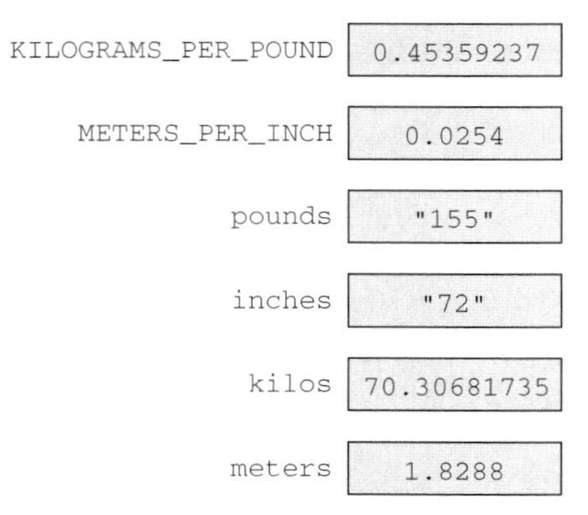

图 2-9　变量就是包含值的容器

这里命名变量也遵循了最佳的编程实践：变量的名字能够反映各自的用途，那些保存固定不变值的变量全部使用大写字母，而通过输入获得值或者可能会改变的变量则使用小写字母[①]。另外，变量的名字也不完全是随便起的，这里有两个限制。第一，变量名必须以字母、$（美元符号）或_（下划线）开始，而且只能包含字母、数字、下划线和美元符号。因此，下列变量名都没有问题。

```
name      año     ORIGIN        last_known_value    lastKnownValue
$         $1      ButtonType    employee$name       $_$
x1        x2      comhábhar     _chromosome         __audioStream
```

但下面这些就不行（有的以数字开头，有的则包含禁用的字符）。

```
9times  give&take  root@whitehouse.gov  %0ff <=>
```

第二，不能使用 JavaScript 中的保留字。所谓保留字，就是像 if、while 和 var 这样在脚本中具有特殊含义的词[②]。还有，由于 JavaScript 变量区分大小写，所以 pounds、Pounds、POuNdS 和 POUNDS 是四个不同的变量（尽管字符相同，但大小写不同）。

体重指数脚本为它定义的变量提供了*初始值*。实践中，并不是所有变量都需要有一个初始值。如果只声明变量但不给变量赋值，则该变量默认会取得一个特殊的值：undefined。而且，虽然我们的脚本只给每个变量写入了一次值，但之后也可以用其他值替换这个值，这个过程叫*赋值*。比如：

```
var minutes = 2;
var seconds = minutes * 60;
alert(seconds);
minutes = 5;
alert(seconds);
seconds = 10;
var hours;
alert(hours === undefined);
```

读者可以发现图 2-10 对更形象地理解以上脚本的执行过程很有帮助，这张图里包含脚本在不同时刻的“快照”。一开始只有一个 minutes 变量，然后又出现了一个 seconds 变量。第三张快照显示的是，脚本通过赋值操作用一个新值替换了*原来保存在变量中的值*。接下来的快照显示的是又一次赋值过程。最后一个快照显示的

① 全部大写表示“常量”，全部小写表示变量是编程惯例。虽然 JavaScript 并不强制如此，但不遵循这个约定可能导致他人误解。
② 要了解所有保留字，请查看附录 A。

是声明变量但不给它赋值的结果：JavaScript 会为这个变量赋一个特殊的值 undefined。

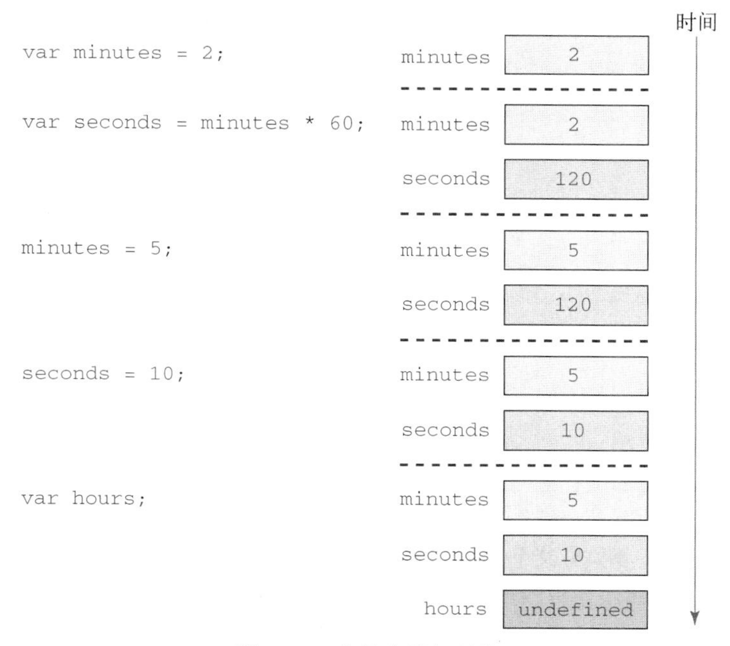

图 2-10　变量声明与赋值

那么，直接使用一个未声明的变量会怎么样呢？假设下面这个脚本中的变量 next_song 是没有定义过的：

```
alert(next_song);
```

这行代码会导致错误。到底是什么样的错误，取决于你以什么方式来运行 JavaScript。如果是 2.2.2 节的 JavaScript 运行器，就会弹出一条错误消息（如图 2-11 所示）；如果是在网页中运行这个脚本，那浏览器通常会通过一个窗口来替你记录这些错误信息[①]。

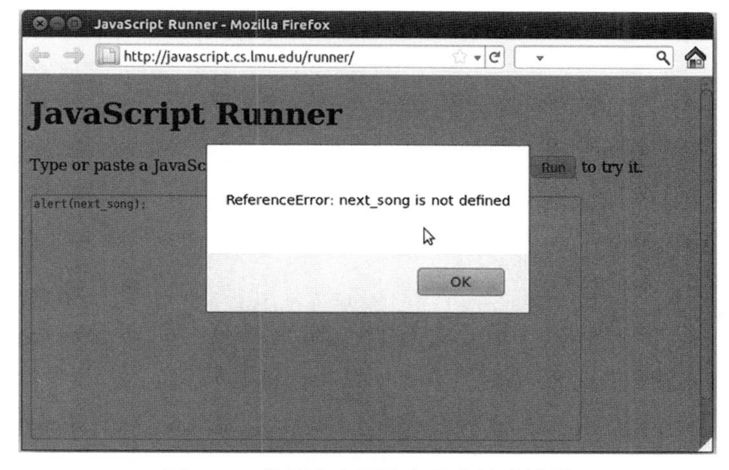

图 2-11　使用未声明的变量会导致错误

① 一般来说，通过浏览器的菜单可以找到这个窗口。

回顾与练习

1. 改写计算体重指数的脚本，向用户询问千克和厘米作为输入条件。
2. 变量 `first-guess` 在 JavaScript 是合法的吗？说明你的理由。
3. 脚本 `var size = 6; alert(Size);`运行后出现什么结果？（提示：注意变量名的大小写。）请说明理由。

2.3.3　语句

要构成完整的脚本，必须将表达式和变量连在一起组成*语句*。表达式产生一个值，而语句代表一个操作。脚本实际上就是一*连串语句*，这些语句在脚本运行时依次执行。JavaScript 与其他编程语言一样，也包含执行下列操作的语句。

- 声明变量；
- 调用预定义的操作，比如 `alert` 和 `prompt`；
- 用新值替换变量中原有的值；
- 在条件为真的情况下执行某个操作；
- 在条件为真的情况下反复执行某个操作。

到现在为止，我们见到的脚本中只涉及前三种语句。下面我们就简单地看一看后两种语句。下面这个脚本会在你输入负数时表达高兴的情绪，否则就会礼节性地表示一下感谢。

```
var n = prompt("Enter a number:");
if (n < 0) {
    alert("Cool, a negative number!");
} else {
    alert("Okay, thanks.");
}
```

下面这个脚本会显示如果投资的年利率为 5%，从 1000 块钱到 5000 块钱的增长过程。你得在 JavaScript 运行器中运行这个脚本，在命令行里不行，因为它用到了我们在运行器页面中已经加载的 jQuery，还有一个 ID 为 `footer` 的 `div` 元素。

```
var total = 1000;
var year = 0;
while (total < 5000) {
    year = year + 1;
    total = total * 1.05;
    $("#footer").append("<div>After year " + year +
        " you have $" + total.toFixed(2) + "</div>");
}
```

这个脚本先把数值 1000 保存在变量 `total` 中，然后连续用这个变量中的值乘以 1.05（1000 → 1050 → 1102.50 → 1157.625 →……），直到该值大于 5000 为止。变量 `year` 的值也会依次递增，从 0 到 1 到 2 到……。每递增一次，脚本就向页面的底部追加一个 HTML 的 `div` 元素，显示每前进一步的年数和总金额。金额还使用 JavaScript 的 `toFixed` 运算符格式化为保留两位小数，如图 2-12 所示。

关于 JavaScript 语句，本书后面还会详细讲解。第 4 章将用整整一章的篇幅把语句的方方面面讲深讲透。不过现在，但愿这些小例子能让大家对什么是程序有了一定的感性认识。

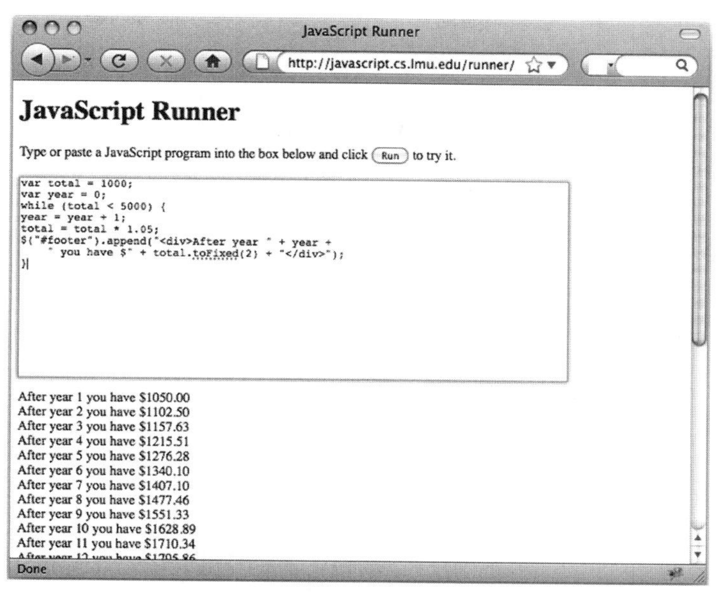

图 2-12 在运行器中运行复利计算脚本的结果

回顾与练习

1. 填空：（ ）产生一个值，而语句表示（ ）。
2. 修改并运行示例脚本，计算出值 2%和 35%增长到自身的 5 倍需要多少步？

2.4 编程惯例

大家知道，如果你在写简历、报告、宣传册、广告方案或者学术论文的时候，拼写、语法、结构和或版式很差劲，那结果很可能是灾难性的。口头和书面表达能力，会直接影响别人如何评价和看待你，编程也一样。草率编写的代码会损害编码者的形象，会让人以为编码者不值得信任，难堪大用，甚至连入门级的工作都无法胜任。

要大家认认真真地写代码并非只出于审美的考虑。试想，一栋大楼、一艘船、一件电器，如果制造工艺粗劣，那即便能用也很难用得长久。而开发重要的软件，如果没有严明的规范，最终结果也将很难维护，甚至根本没法使用。正因为如此，才有了各种书、文章和网站专门讨论编程的艺术、编程的科学、软件技艺和软件工程。

当然，我们现在只对编程有了一个大概的了解，讨论关系代码质量的全部规范还为时过早。事实上，我们还有很多 JavaScript 的知识都没有介绍呢，就算了解编码规范也不知道怎么用啊！不过，我们可以先了解一些保证脚本可读性的基本规则，以及一些可以用来检验代码质量的手段。在本书后面，我们还会陆续给出编写优秀（乃至优雅）代码的提示，同时对不良习惯和做法也会给出警告。

2.4.1 注释

优秀的软件应该具备哪些特点？正确、可靠、健壮、高效，这些是肯定的。可是，大多数软件系统都会涉及几十甚至上百位程序员，他们共同参与、协作，随着时间推移不断对程序作出改进，而且改进的很可能是别人编写的代码。为此，代码容易看懂，容易让人理解，容易让别人维护，就显得格外重要。

下面这段脚本包含了 JavaScript 的一个功能，前面从来没有提到过。这个功能如果用好的话，就可以保证你的脚本易懂、易理解。

```
/*
* 这个脚本要求用户输入四个词：一个名词、一个动词、一个形容词和一个副词。
* 然后使用这四个词组成一句话，并通过提示框显示出来。而句子的模板设计得即使用户
* 四个词都输入“dog”，最终结果还是有意义。
*/

// 提示用户输入四个词
var noun = prompt("Enter a noun");
var verb = prompt("Enter a verb");
var adjective = prompt("Enter an adjective");
var adverb = prompt("Enter an adverb");

// 显示拼成的句子
alert("If you " + verb + " a " + noun + " during the " +
    adjective + " days of summer, you'll be " + adverb +
    " tired.");
```

脚本开头位于`/*`和`*/`之间的部分，以及位于`//`之后的内容明显不是代码。这些内容叫作注释，可用于写下程序员的意图和想法，以便其他人更好地理解脚本。JavaScript 在看到`/*`时，就知道要跳过其后的到`*/`之前的所有内容；而对于`//`，JavaScript 会忽略其后的一整行内容。

实际上，任何编程语言都有自己注释的标记方法。在 HTML 中，注释以`<!--`开头，以`-->`结尾[①]。

```
<!-- 注释内容 -->
```

实践中，都是大力提倡在代码中直接嵌入注释的。无论一个人编程有多熟练，看人类的文字还是比看代码轻松，尤其是在代码并非出自你手，或者出自你手但很长时间你都没看过的情况下。

不过，要写好注释也没那么简单。首先，注释的内容应该是“高层次的”。一般来说，注释应该说明代码的意图，而不要简单地重复代码，比如“//计算 x 加 3”，这样只会浪费别人的时间。其次，保证注释本身正确无误。注释与代码意图不一致会导致误解，因为别人都是通过看注释来了解怎么整合你的代码的。

回顾与练习

1. 给本章的两三个脚本添加注释。
2. 为什么注释应该说明代码意图而非简单描述代码？

2.4.2　编码约定

很多时候，个性化和自由的表达都会得到尊崇，非主流常常令人觉得自豪。然而，编程却不同。

因为程序要让人读，让人理解，让人维护，而且一旦出现故障，很可能造成无法挽回的损失，所以编程应该遵循既定的惯例。编写的脚本必须层次分明，大小写、标点、空格和样式完全一致。任何一方面做不到统一，不仅让人看起来刺眼，很可能也说明写代码的人懒惰，能力不够。总之，你的脚本体现了你的编程功底和专业水准，就像你的写作和说话一样。

遵循编程风格指南（比如这个：http://javascript.crockford.com/code.html）可以让自己更容易写出专业、高质量的代码。当然，要完全理解编程风格指南，必须先全面理解 JavaScript。不过，对于刚刚走上编程之路的你而言，或许只要知道优秀程序员应该遵循什么编程惯例就够了。很多公司都会就编程惯例和最佳实践出台一些文档，比如：http://na.isobar.com/standards/。

有很多编码约定仅限于风格，比如“缩进四格”“使用空格而不要使用制表符”“函数之间空一行”“算术

① HTML 注释内容的开头不能是>或->，也不能包含两个连续的短划线（--），也不能以一个-结尾。详细说明请参考官方文档：http://www.w3.org/TR/html5/syntax.html#comments。

运算符两边各空一格”“值不变的变量名全部大写”“不使用 `with` 语句”“在函数的开始处声明所有变量”，等等。而有些规则更加实在一点，比如“一定记住注释不要重复代码”。本书后面随时会提醒大家类似的编码约定。

回顾与练习

1. 为什么遵循清晰的编码约定非常重要？
2. 这个编码标准：http://na.isobar.com/standards/对空格作出了什么约定？

2.4.3　代码质量检查工具

专业程序员经常会使用一些工具来辅助发现自己代码中的风格及其他问题。这些工具包括验证器、检验器或代码质量检查器。初学者当然可以使用这些工具，但真正用好它们，还是需要一定的编程能力。

JSLint 是一个很流行的代码质量检查工具，网址为：http://www.jslint.com。打开网页后，输入或粘贴进你的代码，然后单击“JSLint”按钮。JSLint 就会在粉色的文本框里显示出代码中的风格及其他潜在问题。通过设置相应的选项可以定制 JSLint 的行为。我们建议大家选中“Assume console, alert...”和“Assume a browser”。因为作者经常改进 JSLint，所以确切的选项可能会稍有变化，但结果还是应该跟图 2-13 所示差不太多。

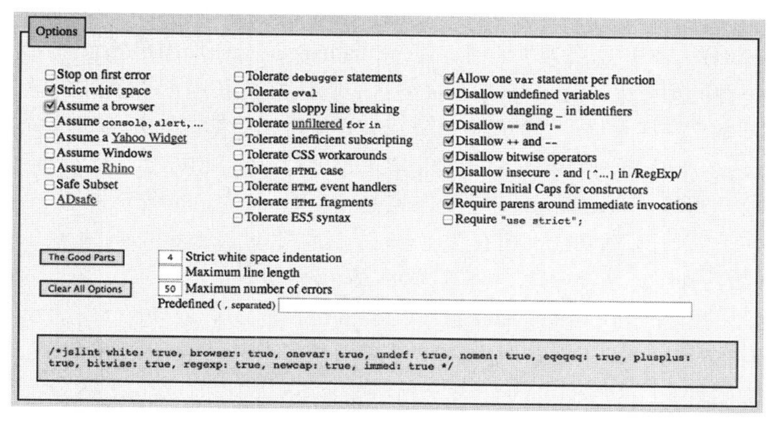

图 2-13　JSLint 的设置

基于以上设置，检查下面这个有点问题的脚本。

```
// 我们将在下面这个有点问题的程序中运行 JSLint
var sum, i;
for(i = 1; i != 1000; j+= 1) {
    total += i;
}
alert(sum);
```

JSLint 会给出如下错误报告：

```
Missing space between 'for' and '('.
for(i = 1; i != 1000; j+= i) {
line 2 character 14Expected '!==' and instead saw '!='.
for(i = 1; i != 1000; j+= i) {
line 2 character 23'j' was used before it was defined.
for(i = 1; i != 1000; j+= i) {
line 2 character 24Missing space between 'j' and '+='.
for(i = 1; i != 1000; j+= i) {
line 3 character 5'total' was used before it was defined.
    total += i;
```

其中有的错误消息必须有较多的 JavaScript 编程经验才能理解。假如你不明白某条消息，可以请教一下周围有经验的程序员，或者把错误消息放到搜索引擎里搜一下。这样你学习 JavaScript 的进度会快很多。别忘了有空再看看 JSLint 的文档：http://www.jslint.com/lint.html。

代码检查是软件开发过程中非常重要的一环，很多公司都要求程序员使用自动检查程序。不过要记住，通过检查的代码只能说明它符合一定的标准，却不一定意味着代码的功能没有问题。要知道代码的功能正确与否，还需要编写测试套件，或者通过其他方式进行验证。验证代码正确性超出了本书范围，但我们将在 7.7 节讨论测试。

回顾与练习

1. 把前面的“问题脚本”放到 JSLint 中进行检查。然后（在工具里）纠正问题，反复运行验证器，直至把所有问题都消除。
2. 在选中所有“Tolerate”（容忍）框的情况下，前面的“问题脚本”是否能通过 JSLint 的检查？

2.5　JavaScript 编程语言

每一种编程语言都是为了一定目的才发明的。比如，LISP 是为了研究人工智能而开发的，Fortran 专注于数值处理，C 用于系统编程，ML 主要为了证明定理，Smalltalk 适合图形用户界面，TeX 用于排版，Java（最初）是为了开发可以下载的小应用。设计 JavaScript 的目的则是为了让程序员能够访问和操作 Web 浏览器、图片编辑器、文字处理器和交互式文档。因为所有计算机和智能手机中都安装有 Web 浏览器，而每个浏览器中几乎都在运行 JavaScript，所以 JavaScript 已经成为世界上最流行的编程语言。

说来可能会让你觉得奇怪，“JavaScript”这个词其实是一个商标，它只是名为 ECMAScript[ECM99，ECM09] 的国际语言标准的一种方言。ECMAScript 还有其他方言，比如驱动 Adobe Flash 的 ActionScript，还有 Internet Explorer 浏览器中运行的 JScript，尽管大家也称其为 JavaScript。

今天浏览器中运行的 JavaScript 基本都兼容 ECMAScript 第 3 版或 ES3（老手都这么说）。2009 年，ECMAScript 第 5 版或 ES5 已经标准化，几乎所有浏览器都升级了自己的 JavaScript 引擎，以支持这个新版本（至少支持新版本中的主要特性）。ES5 是 ES3 的超集，所有兼容 ES3 的程序也都是 ES5 程序，ES5 只是在 ES3 基础上添加了新特性。本书会在使用 ES3 特性时给出说明，以防你使用的浏览器没有运行支持 ES5 的 JavaScript。

要了解自己的浏览器支持 ECMAScript 5 的哪些特性，可以在浏览器中打开这个检查表：http://kangax.github.com/es5-compat-table/。

回顾与练习

1. 除了浏览器，还有什么应用可以运行 JavaScript？
2. ECMAScript 的哪两个版本是现代 JavaScript 的基础？

2.6　本章小结

- 可以把编程理解为给某个机器编写它要执行的指令。
- JavaScript 程序（脚本）可以在脚本运行器或命令行中执行，也可以保存为一个文件加载到浏览器中执行。可以把脚本嵌入在 HTML 文件中，但更常见的还是把脚本保存在独立的文件中。
- 程序由表达式（用于计算值）、变量（用于保存将来使用的值）和语句（连接表达式以产生操作）构成。

- JavaScript 中的变量名由字母、数字、美元符号和下划线组成，但不能以数字开头。变量名不能是保留字。变量名区分大小写。
- 注释（如果写得好）能增进脚本的可读性。
- 程序不能仅仅满足于可以运行，它反映了编写者的专业水准和性格，风格应该前后一致。
- 代码质量检查工具可以帮我们检查代码的风格和潜在问题。JSLint 是流行的 JavaScript 代码质量检查工具。
- 今天所有的 JavaScript 引擎都兼容 ECMAScript 3，比较新的已经兼容 ECMAScript 5 了。

2.7 练习

1. 有这样一种说法：写出比如“五香鸡块”或“油焖大虾”的制作过程实际上就是编程。请论证或反驳这一说法。
2. 虽然在 JavaScript 中*程序*和*脚本*的含义相同，但很多软件行业从业人员都认为这是两个不同的概念。请研究一下这两个概念，以及*编程语言*和*脚本语言*的不同定义。脚本语言与编程语言的主要差别在哪里？有人说“脚本是从编写者角度说的，而程序是从用户角度说的”，这种说法对吗？
3. 请说出对下列几句话的各种不同的理解。
   (a) 他的车没有锁；
   (b) 他背着校长和副校长把钱分别存到了两家银行；
   (c) 我哥哥姐姐的同学；
   (d) 他走了一个多钟头了。
4. 举出 10 个与上一题中类似的歧义句。如果有困难，可以上网搜索。
5. 除了本章开头列举的那些，请再给出几个可编程设备的例子。
6. 写篇短文，论证或反驳“大脑是硬件，思维是软件”的说法。先研究一下有没有其他人写过类似的东西。
7. 请给出一个（`javascript:`前缀的）浏览器地址，该地址可以计算并显示出数值 1、4、8、16 和 25 的和。
8. 请给出一个（`javascript:`前缀的）浏览器地址，该地址可以计算并显示出 100 万分钟合多少年，假设 1 年 365.25 天，1 天 24 小时，1 小时 60 分钟。
9. 通过学习本章，我们知道 `javascript:`前缀可以用来在浏览器地址栏运行 JavaScript 程序。你的浏览器还能接受其他什么前缀？（搜索“URL 协议”可以找到答案。）
10. 在 JavaScript 运行器中运行以下脚本，描述一下发生了什么。

```
document.getElementById("scriptArea").style.backgroundColor=
    "yellow";
```

11. 在 JavaScript 运行器中运行以下脚本，描述一下发生了什么。

```
document.getElementById("footer").innerHTML="blue";
```

12. 在 JavaScript 运行器中运行以下脚本，描述一下发生了什么。

```
document.body.style.textAlign="right";
```

13. 在 JavaScript 运行器中多运行几次以下脚本，描述一下发生了什么。

```
var number = Math.floor(Math.random() * 100) + 1;
for (var i = 1; i <= 10; i++) {
    var guess = prompt("Enter guess #" + i + " (1..100)");
    if (guess < number) {
        alert("Too small");
    } else if (guess > number) {
```

```
        alert("Too big");
    } else {
        alert("Got it");
        break;
    }
    if (i === 10) {
        alert("That's enough guessing");
    }
}
```

14. 在命令行里对下列表达式求值。

    (a) `Math.atan(1) + Math.atan(2) + Math.atan(3)`
    (b) `Math.PI`
    (c) `1 < 5 < 10`
    (d) `-10 < -5 < -1`
    (e) `(function (x,y) {return 2 * x + y;}(3, 7))`

    不用知道这些表达式的含义，这个练习主要是为了让你熟悉命令行。
15. 修改 2.2.4 节的掷骰子脚本，让它每次能掷出两个骰子。
16. 修改上一个练习中的脚本，让它扔出两个 20 面的骰子。
17. 扩展下面的脚本：

```
alert("The " + prompt("Improper noun:")
    + " used to " + prompt("Adverb:")
    + " " + prompt("Verb:") + ".");
```

    把句子扩充得更有意思。然后在运行器中多运行几次。
18. 为 2.2.4 节介绍的温度转换程序的 HTML 文档画一个结构图（类似图 2-7）。
19. 修改本章的温度转换文档和脚本，实现华氏度与开氏度之间的转换。
20. 修改本章的温度转换文档和脚本，实现千克与磅之间的转换。
21. 创建一个 HTML 页面和相应的脚本，页面中包含两个文本字段和一个按钮。用户单击按钮，脚本把两个文本字段中数值之和写到页面上。可以参考温度转换的页面和脚本。虽然到现在为止只介绍了很少的 Web 编程知识，但通过将温度转换程序改编成一个新程序，可以迫使你搞清楚其中的很多细节。
22. 为下面的表达式加上等价的括号。

    (a) `2 * 5 - 7 / - 6 + 4`
    (b) `2 < 4 || true && false`
    (c) `1 < 2 < 3`
    (d) `! x || ! y && z`
    (e) `- - 4`

23. 用自己的话描述上一题中的每个表达式。
24. 对于前面计算体重指数的脚本而言，如果把前 4 行代码删除，把原来的变量替换成各自的初始值，那么会得到一个比较短的版本：
    考虑一下，能不能用同样的方式把变量 `kilos` 和 `meters` 也删除？为什么，或者说为什么不能？

```
var kilos = prompt("Enter your weight in pounds") * 0.45359237;
var meters = prompt("Enter your height in inches") * 0.0254;
alert("Your body mass index is " + kilos / (meters * meters));
```

25. 比较体重指数脚本的缩短版和本章的原始版，你觉得哪个版本更好，为什么？
26. 在新打开的运行器页面或命令行中运行以下脚本：

```
alert(location);
```

    猜猜会显示什么内容？为什么你根本没有定义 `location` 变量，这个变量也存在？

27. 编写一个脚本，请用户以米为单位输入一段距离，然后脚本给出以千米为单位的距离。
28. 据估计，宇宙宽度为 1560 亿光年，又知光速每秒 299 792 458 米，请写一个脚本计算出宇宙宽多少尧米（Ym）。1 尧米等于 10^{24} 米。
29. 浏览一些博客或文章，回答软件开发更像工业设计，还是更像手工艺？两方都有什么见解？
30. 在 JSLint 中检查下面一段脚本：

```
var x=0;var y=1;var sequence=[];
    while(y<1000){sequence.push(y);z=x+y;x=y;y= z;}
alert (sequence);
```

    按照 JSLint 的建议修改脚本。
31. 高德纳曾写道："我们有必要改变以往对编程的认识。不要总想着告诉计算机去干什么，而要想着跟其他人描述清楚我们想让计算机去干什么。"请对这句话发表你的见解，也可以查一查别人就这个问题都有什么观点。
32. JavaScript 是谁设计的？它最初叫什么？为什么后来改成了 JavaScript？JavaScript 是哪一年发布的？
33. JavaScript 曾被认为是世界上最被误解的语言。为什么会这样？
34. 为什么 IE 开发团队把它们的脚本语言命名为 JScript？JScript 与 JavaScript 有什么不一样？如果有差别，那要紧吗？
35. JavaScript 可以在浏览器、Adobe Acrobat 和 OpenOffice 中运行。你还知道它可以在什么环境中运行？
36. 网址 http://jsfiddle.net 也是一个 JavaScript"运行器"，在里面运行一下本章的示例。
37. 虽然本书主要把 JavaScript 作为一门对浏览器编程的脚本语言来介绍，但 JavaScript 其实也可以在服务器端使用。在网上找一些关于服务器端 JavaScript 的资料，如果你很感兴趣，可以安装 node.js（下载地址：http://nodejs.org）。不要着急用 node.js 写东西，先试试 node.js 的命令行工具。说说这个命令行与本章讨论的 squarefree.com 中的命令行（http://squarefree.com/shell）有何不同？

第 3 章 数据

程序由数据和处理数据的指令组成。比如，很多游戏会跟踪玩家的移动并绘制图形。文字处理程序会保存文字内容，并对文字内容进行拼写检查、控制英文的接合词，同时让文字能够环绕图片、表格、脚注以及其他文本块。搜索引擎能够解释查询，查找匹配的内容，最后以有用的方式呈现结果。图片编辑器可以剪切、锐化、旋转和缩放图片。

本章就来介绍程序操作的各种不同信息。你不仅可以看到数值、文本等原始形态的数据，也可以看到能够模仿现实中对象的结构化数据。学习完这一章，你将能够表达非常复杂的信息结构，而这些结构是编写复杂脚本的基础。

3.1 数据类型

JavaScript 实际上有 6 种数据类型：

1. 布尔值，只有 `true` 和 `false` 两个值；
2. 数值，比如 81 和 4.21；
3. 文本，JavaScript 称之为字符串；
4. 特殊值 `undefined`；
5. 特殊值 `null`；
6. 对象。

要了解一种数据类型，不仅要看它包含什么值，还要知道能对这种数据类型的值执行什么操作。比如，对数值可以执行乘、除、加、减、求幂操作，对字符串可以执行去空格、切分、反序和大写首字母操作。本章将介绍 JavaScript 的所有数据类型，以及与这些类型相关的各种操作。

上一章主要是为了让你对运行脚本有一个感性的认识，并不关注细节。本章不同，有时候会有意介绍很多相关的技术细节。为此，我们也设计了很多示例脚本，可以在你喜欢的 JavaScript 环境下运行。希望读者在照搬示例试验的同时，也积极地对它们进行修改，然后再运行修改后的脚本，看看会有什么结果。

3.2 真值

在编程中，`true` 和 `false` 是经常出现的两个值。比如，下面这些就是你可能会遇到的情况：

```
var open = true;
var ready = false;
var gameOver = false;
var friendly = true;
var enabled = true;
```

这两个值有时候也会以比较结果的形式出现。所谓比较，就是计算一个值是等于（`===`）、不等于（`!==`）、小于（`<`）、小于等于（`<=`）、大于（`>`），还是大于等于（`>=`）另一个值。

```
alert(137 === 5);    // 137 等于 5? 不等于，结果是 false
alert(8 !== 3.0);    // 8 不等于 3.0? 是的，结果是 true
alert(2 <= 2);       // 2 小于等于 2? 是的，结果是 true
var x = 16 > 8;      // 真值可以存储在变量中
alert(x);            // 结果是 true
```

这些值叫作布尔值[①]。对布尔值可以执行`&&`（与）、`||`（或）及`!`（非）操作。假如 *x* 和 *y* 是布尔值：

- `x && y` 只有在 *x* 与 *y* 都为真的情况下才为真；
- `x || y` 在 *x* 或 *y* 有一个为真的情况下即为真；
- `!x` 只有在 *x* 非真的情况下才为真。

关于`&&`和`||`为什么叫“与”和“或”，我们在 4.3.5 节会详细介绍。

下面就来看看这几个操作符的实际应用：

```
alert(4 < 5 && 15 === 6) ;    // 结果是 false
alert(1 === 2 || 15 > -5);    // 结果是 true
alert(!(3 <= 10));            // 结果是 false
```

可见，布尔操作符的用法与数值操作符的用法没有什么不同：

```
var x = 42;
var y = -1;
var bothPositive = x > 0 && y > 0;
var atLeastOneNegative = x < 0 || y < 0;
var exactlyOneNegative = x < 0 !== y < 0;
var atLeastOneNonPositive = !bothPositive;
```

表 3-1 列出了这三种操作符针对各种布尔运算组合的结果。

表 3-1 布尔运算符

x	y	x && y	x || y	!x
true	true	true	true	false
true	false	false	true	false
false	true	false	true	true
false	false	false	false	true

回顾与练习

1. 计算表达式的值：`!(true && !false && true) || false`。
2. 计算表达式的值：`false || true && false`。
3. 证实或证否如下表述：如果 *x* 和 *y* 保存的都是布尔值，那么`!(x && y)`一定等于`(!x || !y)`。
4. 写一个表达式，当且仅当变量 *x* 中的值介于 0 和 10（包含）之间时，这个表达式的值为真。

3.3 数值

接下来我们要介绍数值类型。在 JavaScript 中，数值就跟你想象的一样，该怎么写就怎么写：1729、3.141592 或者 299792458。如果两个数值之间有一个 `E`（或 `e`），那么整个数就等于前面那个数乘以 10 的后面那个数次幂：

`3.6288E6` ⇒ 3.6288×10^{6} ⇒ 3628800
`5.390E-44` ⇒ 5.390×10^{-44}
`4.63e170` ⇒ 4.63×10^{170}

① 以 19 世纪的数学家和哲学家 George Boole 的名字命名。

3.3.1 数值运算

适用于数值的操作符包括+（加）、-（减）、*（乘）、/（除）和%（模）。其中，模操作符计算的是两个数相除后的余数：

```
alert(48 % 5);          // 结果是3
alert(31.5 % 2.125);    // 结果是1.75
```

针对数值可以执行的其他运算还有Math.floor(x)，得到的是小于等于x的最大整数①；Math.ceil(x)，得到的是大于等于x的最小整数；Math.sqrt(x)，得到的是$\sqrt{x}$；Math.pow(x,y)，得到的是x^y（x的y次方）；Math.random()，得到的是介于0（含）和1（不含）之间的一个随机数。

```
alert(Math.floor(2.8));     // 结果是2
alert(Math.floor(-2.8));    // 结果是-3
alert(Math.ceil(2.8));      // 结果是3
alert(Math.ceil(-2.8));     // 结果是-2
alert(Math.ceil(-5));       // 结果是-5
alert(Math.sqrt(100));      // 结果是10
alert(Math.pow(2.5, 4));    // 结果是39.0625
alert(Math.random());       // 结果是介于0和1之间的一个数
```

附录A有关于Math所有操作的说明。

JavaScript还有一些针对整数的"内部表示"的操作符，包括~、&、|、^、<<、>>和>>>。这些操作符在日常编程中很少用到，这里就不讲了。

回顾与练习

1. 计算下列表达式的值：`1 / 8253E-2 * 1036 % 7 + 5`和`4 - 3 * 10 + 2`。
2. 表达式`Math.floor(Math.random() * 6) + 1`会产生什么结果？（使用测试页面或命令行，一定要多计算几次。）
3. 计算下面这个表达式的值：`Math.atan(1) + Math.atan(2) + Math.atan(3)`。

3.3.2 大小和精度的限制

JavaScript的数值与大多数编程语言的数值一样，不同于我们日常所见的理想化数值。首先，它们受到计算设备固定大小的物理元件的限制。因此，存在一个最大的数值（在JavaScript中这个值大约为1.79×10^{308}）②和一个最小的数值（大约为-1.79×10^{308}）。任何计算得到超过最大数值（或小于最小数值）的值，都会转化成一个特殊值Infinity（或-Infinity）。

```
alert(2E200 * 73.987E150);   // 结果是Infinity
alert(-1e309);               // 结果是-Infinity
```

数值除了存在大小的限制，还存在精度限制。计算得到无法精确表示的数值时，会转换成最接近的可表示的数值。这种情况有时候可能会让人感到不好理解：

```
alert(12157692622039623539);       // 结果是12157692622039624000
alert(12157692622039623539 + 1);   // 结果是12157692622039624000
alert(1e200 === 1e200 + 1) ;       // 结果是true.
alert(4.18e-1000);                 // 结果是0
alert(0.1 + 0.2);                  // 结果是0.30000000000000004
alert(0.3 === 0.1 + 0.2);          // 结果是false
```

---

① 这里的整数指…-3、-2、-1、0、1、2、3…。

② 准确地说，是$2^{1024}-2^{971}$。

很多脚本不会涉及这类近似性问题，有的即便涉及也可以容忍。但在某些情况下，精度达不到要求真的会导致问题（比如金融方面的数值）。因此，我们应该对什么情况下可能出现精度不够的问题有个心理预期。尤其要关注下列几点。

- 可表示的数值密集集中在 0 的左右，事实上有一多半都介于 1 和–1 之间；离 0 越远，就越稀疏。
- 所有介于–9 007 199 254 740 992 和 9 007 199 254 740 992 之间的整数（包括这两个整数）都可以精确地表示。（不用确切地记住这两个数，只要大致知道在±900 万亿，即$\pm 9\times 10^{15}$之间的即可。）在这个范围之外，只有部分整数可以精确地表示。
- 涉及（或产生）非常大的数值、非常小的数值或者非整数的计算，经常会导致不准确的结果。

如果需要用到最大可表示的值，可以调用表达式 `Number.MAX_VALUE`。至于最小可表示的值，用 `-Number.MAX_VALUE`。表达式 `Number.MIN_VALUE` 保存着大于 0 的最小可表示值，即 2^{-1074}。

回顾与练习

1. 计算这个表达式的值：`152376357 * 349982379`。为什么结果最后的数字不是 3？
2. 计算这两个表达式的值：`(1E200 * 1E200) / 1E200` 和 `1E200 * (1E200 / 1E200)`，解释为什么结果不一样。

3.3.3 NaN

`NaN` 这个特殊值代表的是“Not a Number”（非数值），它会在数学计算得到了非数学意义上的结果时出现：

```
alert(0 / 0) ;                 // 结果是 NaN
alert(Infinity * Infinity);    // 结果是 Infinity
alert(Infinity - Infinity);    // 结果是 NaN
alert(NaN + 16);               // 结果是 NaN
alert(NaN === NaN);            // 结果是 false
```

最后一个结果有点出乎意料：`NaN` 不等于任何值，甚至不等于 `NaN`！要检测某个值是不是数值，可以使用 `isNaN`：

```
alert(0 / 0 === NaN);          // 结果是 false
alert(isNaN(0 / 0));           // 结果是 true
alert(isNaN(2.718281828));     // 结果是 false
alert(isNaN(NaN));             // 结果是 true
alert(isNaN(Infinity));        // 结果是 false
```

3.8 节将介绍更多关于 `NaN` 和 `isNaN` 的内容。

回顾与练习

1. 请尝试解释为什么 `Infinity + Infinity` 的值是∞，而 `Infinity - Infinity` 的值是 `NaN`。（提示：想一想$(\infty+\infty)-\infty$）和$\infty+(\infty-\infty)$这两种情况。）
2. 计算表达式的值：`-2 === Math.sqrt(-2 * -2)`。
3. 计算表达式的值：`isNaN(Math.sqrt(-1))`。

3.3.4 十六进制数值

JavaScript 中的非负整数也可以用十六进制记号表示。十六进制数值的计数规则是：0、1、2、3、4、5、6、7、8、9、A、B、C、D、E、F、10、11、…、19、1A、1B、…、1F、20、…、9F、A0、…、FF、100、101、…、

FFF、1000、…。如果想用十六进制表示整数，要在十六进制数值前面加上 0x，比如：

```
alert(0x9);        // 结果是 9
alert(0x9FA);      // 结果是 2554
alert(-0xCafe);    // 结果是-51966
alert(0xbad);      // 结果是 2989
```

采用十六进制记号不能表示分数，也不能使用科学记数法。

某些版本的 JavaScript 实现把以 0 开头的整数当作八进制数值。八进制数值的计数规则是：0、1、2、3、4、5、6、7、10、11、…、17、20、…、27、30、…、77、100、101、…、777、1000、…。在这些实现中，可以看到如下情况：

```
alert(07);         // 结果是 7
alert(011);        // 结果是 9
alert(-02773);     // 结果是-1531
```

建议大家不要使用八进制数值。之所以在这里介绍，是为了让大家避免意外在数值前面加上多余的 0，以及因此造成的不必要的问题。

回顾与练习

1. 不用命令行界面，直接说出下面 JavaScript 表达式的数值：0x10。
2. 试一试，看你的 JavaScript 解释器会不会把前面带 0 的数值当成八进制值。

3.4 文本

所谓字符串，就是一串字符。在 JavaScript 中，字符串值要写在一对双引号（如"hello"）或单引号（如'hello'）中，而且必须写在一行之中。

3.4.1 字符、符号与字符集

字符就是有名字的符号，比如：

加号
斯拉夫文字小型字母 TSE
黑色的象棋骑士
梵文字母 OM
MUSICAL SYMBOL DERMATA BELOW

不要混淆字符和符号，符号是字符的表现形式。比如，符号

K

可以表示拉丁字母大写的 K，希腊大写字母 K（KAPPA），也可以表示梵文大写字母 K（KA）。类似地，符号

Σ

可以表示希腊大写字母 Σ（SIGMA），也可以表示求和号。而符号

Ø

可以表示空集、带斜线的拉丁大写字母 O 或直径。

字符集由一组特定的字符组成，其中每个字符都有唯一的编号，叫码点（codepoint）。与大多数语言一样，JavaScript 使用 Unicode 字符集。Unicode 字符集一般用十六进制数值为每个字符编码。表 3-2 展示了某些 Unicode 字符的码点。

表 3-2 部分 Unicode 字符的码点

码 点	字 符
F1	带波浪线的拉丁字母 N
3B8	希腊字母 Θ
95A	梵文 ग़
F0A	藏文 ༊
11F4	韩文 ᇴ
13C9	彻罗基文Ꮙ
21B7	顺时针上半圆箭头↷
265B	黑棋皇后♛
2678	针对 TYPE-6 PLASTICS 的垃圾回收符号
FE7C	阿拉伯文ﹼ
1D122	低音谱号（F 谱号）𝄢

要了解全部码点，请访问 http://www.unicode.org/charts。

为什么要知道码点呢，因为在 JavaScript 中可以通过它们输出键盘上没有的字符。比如，下面的码点可以输出字符串“Привет”：

```
"\u041f\u0440\u0438\u0432\u0435\u0442"
```

每个字符以\u 开头，后跟代表该字符码点的四位十六进制数字。此外，也可以用\x 开头后跟两位十六进制数字表示字符。比如，字符串“Olé”可以有以下两种表示法：

```
"Ol\xc9"
"Ol\u00c9"
```

有些字符不会显示出来，所以必须使用码点表示法。比如“从左到右标记”（\u200e）、“从右到左标记”（\u200f）和“零宽度非中断空白”（\ufeff）。其中，前两个字符会出现在混合了从左到右阅读的文字（如英语和西班牙语）与从右到左阅读的文字（如希伯来语和阿拉伯语）的文档中。

表 3-3 JavaScript 转义序列

转义序列	含 义
\'	单引号（用于在单引号引住的字符串里表示单引号）
\"	双引号（用于在双引号引住的字符串里表示双引号）
\x*hh*	*hh* 是两位十六进制值，即相应字符的码点
\u*hhhh*	*hhhh* 是四位十六进制值，即相应字符的码点
\n、\t、\b、\f、\r、\v	换行符、制表符、退格符、进纸符、回车符、制表位
\\	反斜杠本身

如表 3-3 所示，反斜杠\不仅用于通过码点来表示字符，而且也用于与后续字符组织构成所谓的*转义序列*。

换行符\n 会导致后面的字符串出现在下一行，而制表符\t 则用于按列对齐文本。下面这行脚本会使得弹出的警告框里包含制表符和换行符，结果如图 3-1 所示。

```
alert("1.\tf3\te5\n2.\tg4\t\u265bh4++");
```

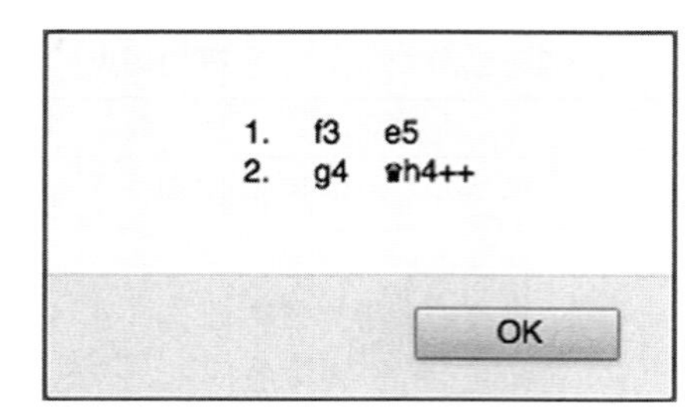

图 3-1　包含制表符和换行符的字符串

`\u` 加码点的方式只在 JavaScript 代码中有效。如果想在 HTML 文档中显示字符，则需要在码点两侧分别加上`&#x` 和分号`;`。下面是几个例子：

字　符	JavaScript 表示法	HTML 表示法
黑棋皇后	\u265b	♛
骰子 1	\u2680	⚀
骰子 2	\u2681	⚁
骰子 6	\u2685	⚅
藏文	\u0f5c	ཛྷ

下面我们写一个掷骰子的程序，实现在 HTML 页面中随机显示骰子六面中一面。这个页面里要使用一个按钮“Roll”，单击它就会随机生成{0,1,2,3,4,5}中的一个数。因为骰子六面的字符在 Unicode 中的码点为 2680 到 2685，所以在 HTML 中显示它们很容易。以下就是一种简单的实现：

```
<!doctype html>
<html>
  <head>
    <meta charset="utf-8" />
    <title>Die Rolling</title>
    <style>div#die { font-size: 800% }</style>
  </head>
  <body>
    <div><input id="roller" type="button" value="Roll" /></div>
    <div id="die"></div>
    <script>
      document.getElementById("roller").onclick = function () {
          document.getElementById("die").innerHTML =
              "&#x268" + Math.floor(Math.random()* 6)+ ";";
      }
    </script>
  </body>
</html>
```

这段脚本搭配了第 6 章将会详细介绍的 HTML 的 `style` 元素，用于指定字符大小。只有一条样式规则，其含义是：“对于 `id` 值为 `die` 的 `div` 元素，将其中文本显示为正常时候的 8 倍那么大。”图 3-2 展示了掷出 3 时的情景，你可能会掷出其他结果。不过要注意，虽然某些字符在 Unicode 中有定义，也不一定所有浏览器都能显示它们。你（或你的用户）能否看到某个字符，取决于系统中安装的字体。

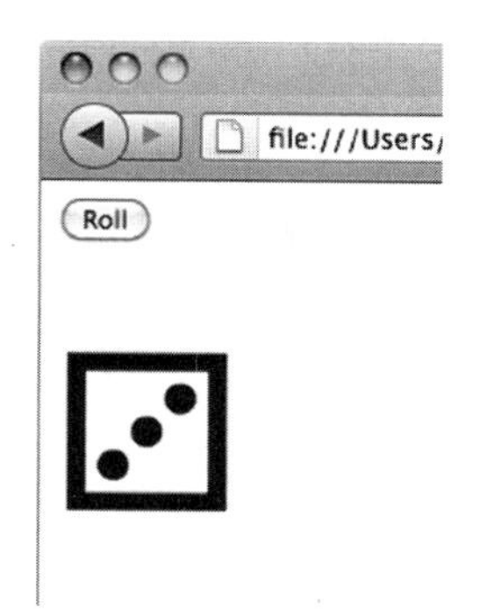

图 3-2 掷骰子脚本运行后的结果截图

提醒大家一下，由于程序非常短，所以我们才把程序嵌入到了 HTML 文档中。如果代码比较长，请把它们转移到单独的文件中（参见 2.2.4 节）。样式规则也一样，因为这里只有一条规则，我们才把它放到了文档的头部。在大型页面中，所有样式规则也应该保存在一个单独的文件中。这样，文档结构（HTML）、文档表现（样式）和文档行为（JavaScript）才能各安其位，相互分离。在软件工程中，*关注点分离*（separation of concerns）是一个非常重要的思想。

回顾与练习

1. 在 Unicode 手册或在线参考中，查找下列字符的码点[①]：COMMA（英文逗号）、ORIYA DIGIT SEVEN（奥利亚语数字 7）、CANADIAN SYLLABICS LWII（加拿大音节 LWII）、APPROACHES THE LIMIT（趋近极限）、BRAILLE PATTERN DOTS-456（盲文点 456）、COFFIN（棺材）、TETRAGRAM FOR RITUAL（《太玄经》第四十八首“禮”）[②]和 CJK STROKE HZG（中日韩笔画中的“横”“折”“钩”）[③]。
2. 写一行脚本，显示“Такого как Путин”（歌名）。
3. 输入并运行本章的掷骰子脚本。你的浏览器能显示骰子面的字符吗？如果不能，那显示的是什么？

3.4.2 字符串操作

JavaScript 支持很多种字符串操作，比如查询字符串长度（即字符数）[④]、字母的大小写转换以及替换字符串中的某一部分，等等。

```
alert("Hello, there".length);                // 结果是 12
alert("Hello, there".toLowerCase());         // "hello, there"
alert("Hello, there".toUpperCase());         // "HELLO, THERE"
alert("Hello, there".replace("ello", "i"));  // "Hi, there"
```

有时候，你可能想知道某个字符在字符串的哪个位置，或者某个位置上是哪个字符。JavaScript 字符串的第一个字符索引为 0，第二个字符的索引为 1，第三个为 2，以此类推。要知道字符串 *s* 中位置为 *p* 的字符，可以使用表达式 `s.charAt(p)`。要定位字符串中文本的位置，可以使用 `indexOf` 和 `lastIndexOf`。表达式 `s.substring(x, y)` 会得到字符串 *s* 中，从位置 *x* 开始直到（但不包含）位置 *y* 的所有字符。

```
"Some text".charAt(7)         ⇒    "x"
"Some text".indexOf("me")     ⇒    2
"Some text".lastIndexOf("e")  ⇒    6
```

① 查询地址：http://www.fileformat.info/info/unicode/char/search.htm。——译者注
② 参见：http://t.cn/Rhyb2pl。——译者注
③ 参见：http://ja.wikipedia.org/wiki/%E7%AD%86%E7%94%BB。——译者注
④ 诚实点说，这里应该加上“大概”二字，因为码点大于 FFFF 的字符会被当成两个字符。详细信息请参考附录 C。

```
"Some text".substring(3, 7)    ⇒    "e te"
```

操作符+用于拼接两个字符串：

```
"dog" + "house"    ⇒    "doghouse"
"2" + "2"          ⇒    "22"
```

下面这个例子使用 substring 和字符串拼接操作符，基于给定的电话号码生成了新的格式。

```
var phone = "(800)555-1212" ;
var area = phone.substring(1, 4);
var prefix = phone.substring(6, 9);
var suffix = phone.substring(10, 14);
alert(area + "." + prefix + "." + suffix); // 800.555.1212
```

JavaScript 字符串很重要的一个特性就是不可变，意思就是不能修改字符串中的字符，当然也不能改变字符串的长度。举个例子吧，你认为以下代码会得到什么结果？

```
var s = "Hello";
s.toUpperCase();
alert(s);
```

结果还是显示 Hello，因为第二行代码只是对原字符串执行了一次转换操作，对结果没有任何影响。如果你想显示全部大写的字符串，那么可以把转换后的字符串赋值给一个新变量，或者直接显示 s.toUpperCase() 表达式。试试吧！

回顾与练习

1. "abcdef".substring(3, 4)的结果是什么？
2. 写一行脚本，显示如下文本内容：“The backslash character (\) is cool.”
3. 求表达式"dog".charAt(2).charAt(0)的值，解释结果。

3.5　undefined 与 null

一般来说，我们都希望通过编程得到一些实际结果，比如某个东西的成本多少（一个数值），游戏中某个玩家是否处于活动状态（布尔值）或者你辅导员的名字（字符串）。不过，在某些情况下，我们也需要知道某个数据不存在，或者某个数据不可靠。就以辅导员为例吧，下面这些问题你会怎么表示？

1. 我有个辅导员，她名叫 Alice。
2. 我压根就没有辅导员。
3. 我可能有也可能没有辅导员，我真的不知道。
4. 我不知道自己有没有辅导员，不过我不介意让别人知道这件事。

JavaScript 为表示第 2 种情况提供了 null，为第 3 种和第 4 种情况提供了 undefined。

```
var supervisor = "Alice";     // 辅导员是 Alice
var chief = null;             // 肯定没有长官
var assistant = undefined;    // 可能有助理
```

回顾与练习

1. 用你自己的话来解释 undefined 与 null 的区别。
2. 为什么用字符串"NONE"和"UNKNOWN"分别代替 null 和 undefined 不是什么好主意？

3.6 对象

3.6.1 对象基础

在 JavaScript 中，所有不是布尔值、数值、字符串、null 和 undefined 的值，都是对象。对象有属性，属性有值。属性名可以是字符串（位于引号内），也可是非负整数（0、1、2…）。属性值也可以是对象，可以定义复杂的数据结构。对象字面量是一种定义新对象的表达式，如下面的例子所示：

```
var dress = {
    size: 4,
    color: "green",
    brand: "DKNY",
    price: 834.95
};

var location = {
    latitude: 31.131013,
    longitude: 29.976977
};

var part = {
    "serial number": "367DRT2219873X-785-11P",
    description: "air intake manifold",
    "unit cost": 29.95
};

var p = {
    name: { first: "Seán", last: "O'Brien" },
    country: "Ireland",
    birth: { year: 1981, month: 2, day: 17 },
    kidNames: { 1: "Ciara", 2: "Bearach", 3: "Máiréad", 4: "Aisling" }
};
```

定义对象之后，可以使用点或方括号读取属性的值。

```
p.country              ⇒  "Ireland"
p["country"]           ⇒  "Ireland"
p.birth.year           ⇒  1981
p.birth["year"]        ⇒  1981
p["birth"].year        ⇒  1981
p["birth"]["year"]     ⇒  1981
p.kidNames[4]          ⇒  "Aisling"
p["kidNames"][4]       ⇒  "Aisling"
```

用点号访问属性的方式虽然简洁，却不能用于读取以整数命名的属性（比如不能用“a.1”），在 ES3[①]中也不能用于读取以 JavaScript 保留字命名的属性（参见附录 A）。这时候，就要使用方括号表示法（如 a[10]、a["var"]）。方括号表示法还适用于包含空格及其他非字母字符的属性（如 part["serial number"]）。

对象的属性不是一成不变的，可以随时给对象添加或删除属性，如下面的例子所示：

```
var dog = {};                  // 一个没有属性的对象
dog.name = "Kärl";             // 现在对象有一个属性
dog.breed = "Rottweiler";      // 现在对象有两个属性
delete dog.name;               // 现在又只有一个属性了
```

在使用 JavaScript 开发 Web 应用时，构成网页的元素就是带有属性的对象。下面这个小 Web 程序演示了这一点，它通过每两秒钟随机变换一次笑脸的位置来实现笑脸在浏览器中的跳跃。

① 2.5 节介绍过，ES3 是 JavaScript 的旧规范。

```
<!doctype html>
<html>
  <head>
    <meta charset="utf-8" />
    <title>Jumping Happy Face</title>
    <style>
      div#face {font-size: 500%; position: absolute;}
    </style>
  </head>
  <body>
    <div id="face">&#x263a;</div>
    <script>
      var style = document.getElementById("face").style;
      var move = function (){
        style.left = Math.floor(Math.random()* 500)+ 'px';
        style.top = Math.floor(Math.random()* 400)+ 'px';
      }
      setInterval(move, 2000);
    </script>
  </body>
</html>
```

这里的笑脸就是字符 U+263a，嵌在了 ID 为 face 的 div 元素中。作为对象，这个元素有一个 style 属性，而这个属性本身也是一个对象，又有 position、left 和 top 等属性。这段脚本通过 setInterval 每 2000 毫秒（2 秒）运行一次 move 函数①。样式属性 left 和 top 的值都是字符串，有几种格式，其中一种就是 288px 这样的像素值，表示相对于窗口的偏移量。这个脚本每次运行 move 函数都会给重新设定样式的值。JavaScript 检测到样式变化就会刷新浏览器窗口。除非你关闭浏览器窗口或打开了其他网页，否则这个程序会一直运行。

回顾与练习

1. 什么情况下必须使用方括号表示法访问对象的属性？
2. 下面的脚本：

```
var pet = {name: "Oreo", type: "Rat"};
alert(pet[name]);
```

会输出什么？为什么？

3.6.2　理解对象引用

对象与其他五种值是不同的，其他五种值统称基本类型值，对象与它们的区别主要表现在两方面。虽然说起来有点严肃，但明白这两点区别对于正确高效地使用对象至关重要，必须牢记。第一点：

> 对象表达式的值并非对象本身，而是一个指向对象的引用。

这一点只能通过图示来说明。图 3-3 表明，基本类型值直接存储在变量中（见图中变量 a），而对象不是。对象的值中存储的是指向对象的引用（见图中变量 b）。

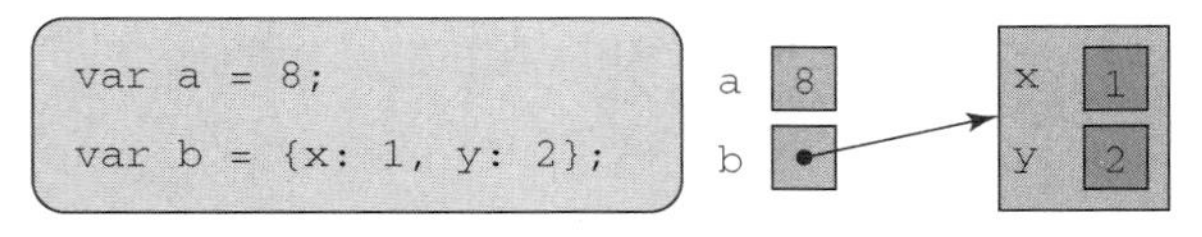

图 3-3　对象的值中存储的是引用

① 虽然第 5 章才会正式介绍函数，但我们希望你在此能理解其代码背景的思想。

由于对象的值其实是引用，所以把一个对象赋值给一个变量，实际上会产生该对象引用的一个副本，而不会复制对象本身。换句话说，*对象赋值不会产生新对象*。想想看，对象的赋值与基本类型值的赋值过程并没有不同。变量间的赋值就是把保存一个盒子里的东西复制一份再保存到另一个盒子中，而该盒子中存储的可能是数值，也可能是一个引用。图 3-4 演示了基本类型赋值和对象赋值，请大家务必仔细研究。

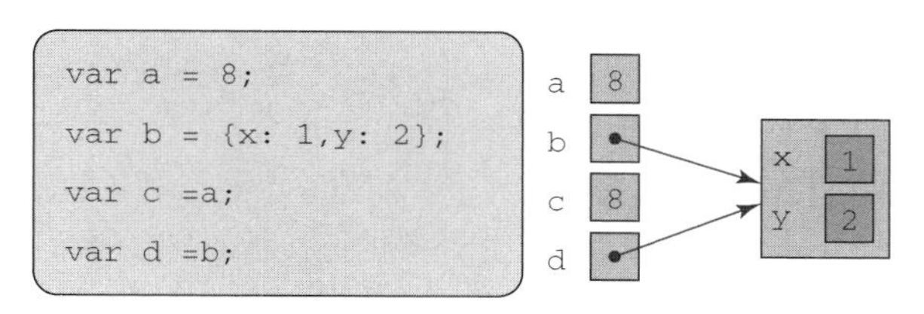

图 3-4 赋值

对象与其他类型值的第二个重要的区别是：

> *对同一个对象字面量的每次求值，都会产生一个新对象。*

这个区别可以通过图 3-5 说明：这里有个脚本声明了三个变量，创建了两个对象。虽然两个对象拥有相同的属性，每个属性的值也相同，但它们却是两个不同的对象，因此这个脚本会创建两个对象。

关于变量只保存对象的引用而非对象这一点，不仅在赋值的时候有所体现，在等同性测试的时候也会有所体现。这两种情况下，我们都必须搞明白。对于测试表达式 `x === y`，我们想知道"`x` 和 `y` 中的值是否相同"。如果这两个变量引用的都是对象，那么就是想问两个引用是否都指向同一个对象。在图 3-5 中，`a === b`，但 `a !== c`。因为后一种情况下，两个对象虽然相似，但它们却是两个不同的对象。

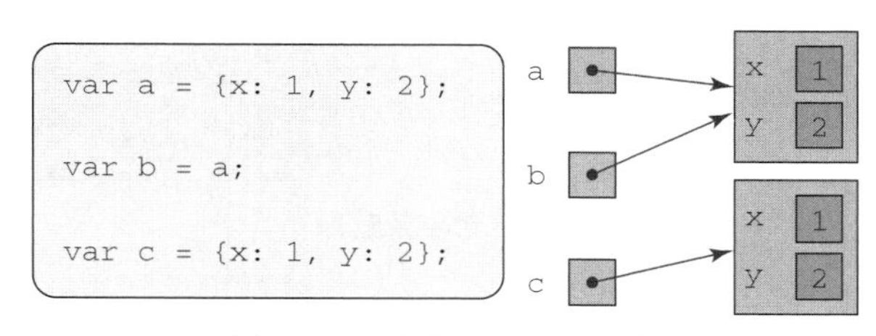

图 3-5 三个变量，两个对象

一个对象可以同时被多个变量引用，因此通过其中任何一个变量都可以修改对象的属性，也都可以查看修改后的结果。参见图 3-6。

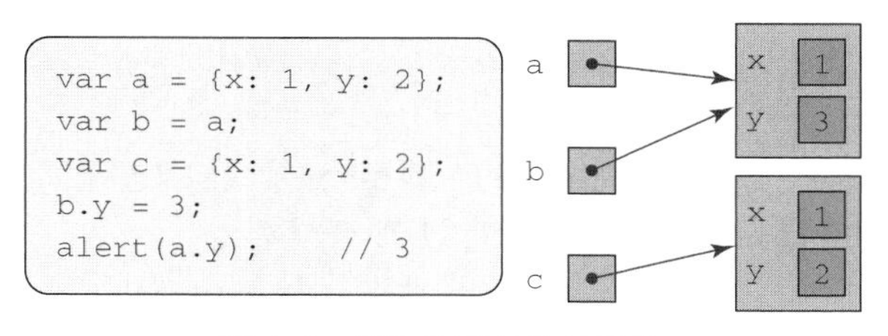

图 3-6 修改共享对象的属性

回顾与练习

1. 画一张图，说明 3.6.1 节开始时给出的变量 `dress`、`location`、`part` 和 `p` 以及它们的值。
2. 基本类型值与引用类型值的赋值过程有区别吗？
3. 对表达式`{x:1, y:2} === {x:1, y:2}`求值，解释结果。

3.6.3 对象原型

在 3.6.1 节，我们创建了一个 dress、一个 location、一个 part 和一个 p 对象。假如我们想创建很多相似的对象怎么办？当然可以一个一个地定义，比如像下面这样创建三个彩色的圆形：

```
var c1 = {x: 4, y: 0, radius: 1, color: "green"};
var c2 = {x: 4, y: 0, radius: 15, color: "black"};
var c3 = {x: 0, y: 0, radius: 1, color: "black"};
```

不过，JavaScript 可以让你以更酷的方式来做这件事：创建一个圆形对象的原型（prototype），然后再基于这个原型创建其他对象。每个 JavaScript 对象都有一个暗藏的链接指向自己的原型对象。如果你读取的属性不在对象本身上，那么 JavaScript 就会进一步查询这个对象的原型对象。如果在这个原型对象上也没找到，还会进一步查询原型对象的原型对象，以此类推。这个原型链中最后一个对象的暗藏链接，应该指向 null 值。如果整个原型链都没有你想读取的属性，那么你会看到一个错误[①]。图 3-7 展示了一个圆形对象的原型（protoCircle），它的坐标是(0, 0)，半径为 1，颜色是黑色。另一个以之为原型的对象（c1）的坐标是(4, 0)，颜色为绿色。暗藏的原型链接保证了新圆形（c1）与其原型对象具有相同的 *y* 坐标和半径。对于 c1 的 4 个属性而言，x 和 color 是它的自有属性，y 和 radius 是它的继承属性。

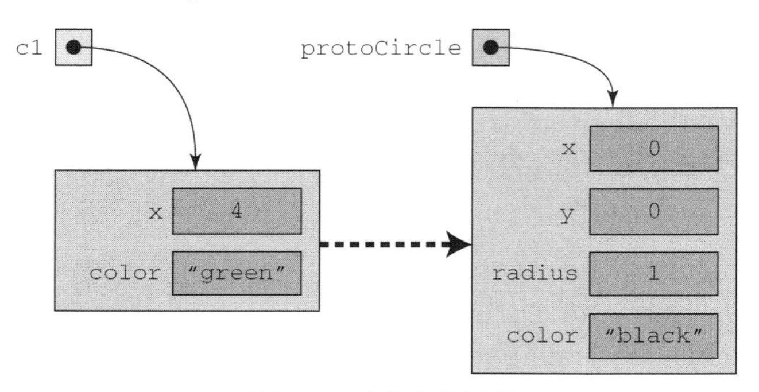

图 3-7　对象及其原型

实际上，这里基于原型创建 c1 对象使用的是 Object.create。这是 ES5 定义的操作，在老版本（ES3）JavaScript 引擎中，还有另一种基于原型创建对象的技术，我们会在第 5 章再讨论。以下就是创建图 3-7 中两个对象的 ES5 代码：

```
var protoCircle = {x: 0, y: 0, radius: 1, color: "black"};
var c1 = Object.create(protoCircle);
c1.x = 4;
c1.color = "green";
// 注意 c1.y === 0 , c1.radius === 1 （继承的属性）
```

在需要定义大量相似对象时，原型是非常有用的。图 3-8 显示我们又基于同一个原型创建了两个新对象。其中一个完全没有自己的属性，因而它的属性完全继承自原型对象。

回顾与练习

1. 用你自己的话说说什么是自有属性，什么是继承属性。
2. 写出创建图 3-8 中对象 c2 和 c3 的代码。
3. 在图 3-8 中，如果运行了 protoCircle.radius = 5，那么访问 c1.radius 和 c2.radius 结果会发生什么？

① 技术上讲，此时会抛出 ReferenceError 错误，相关内容将在 4.5.2 节讨论。

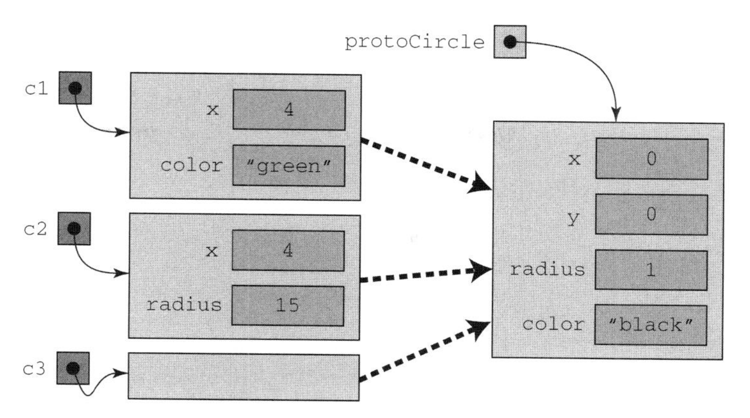

图 3-8 多个对象共享一个原型

3.6.4 自引用对象

对象的属性可以引用自身，两个对象也可以通过属性相互引用，如图 3-9 所示。但这两种情况下，光靠对象字面量就无法描述了。（可以试试看！）

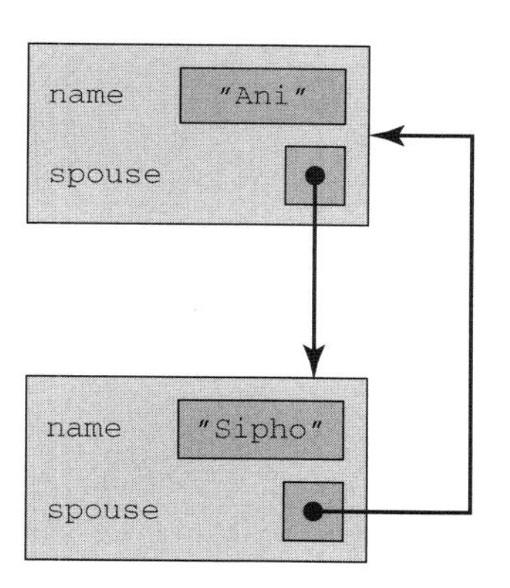

图 3-9 相互引用的对象

那怎么办呢？可以使用对象字面量创建对象的部分属性，然后再通过赋值方式定义其他属性。

```
var mom = {name: "Ani"};
var dad = {name: "Sipho", spouse: mom};
mom.spouse = dad;
```

回顾与练习

1. 画一张图，把如下代码中的对象关系画出来。

```
var p1 = {name: "Alice"};
var p2 = {name: "Bob", manager: p1};
p1.manager = p1;
```

2. 在上一道题中，`p2.manager.manager.manager.name` 的值是什么？

3.7 数组

数组是一种特殊的对象，它的属性是从 0 开始的连续非负整数，而且有一个名为 `length` 的对应属性。之所以说数组特殊，主要是因为不能使用常规的对象字面量来创建它，必须使用另一种专用语法：

```
var a = [];
var b = [8, false, [[null, 9]];
var days = ["p\u014d\u02bbakahi", "p\u014d\u02bbalua",
    "p\u014d\u02bbakolu", "p\u014d\u02bbah\u0101",
    "p\u014d\u02bbalima", "p\u014d\u02bbaono",
    "l\u0101pule"];
```

这些数组可以参考图 3-10 来理解。

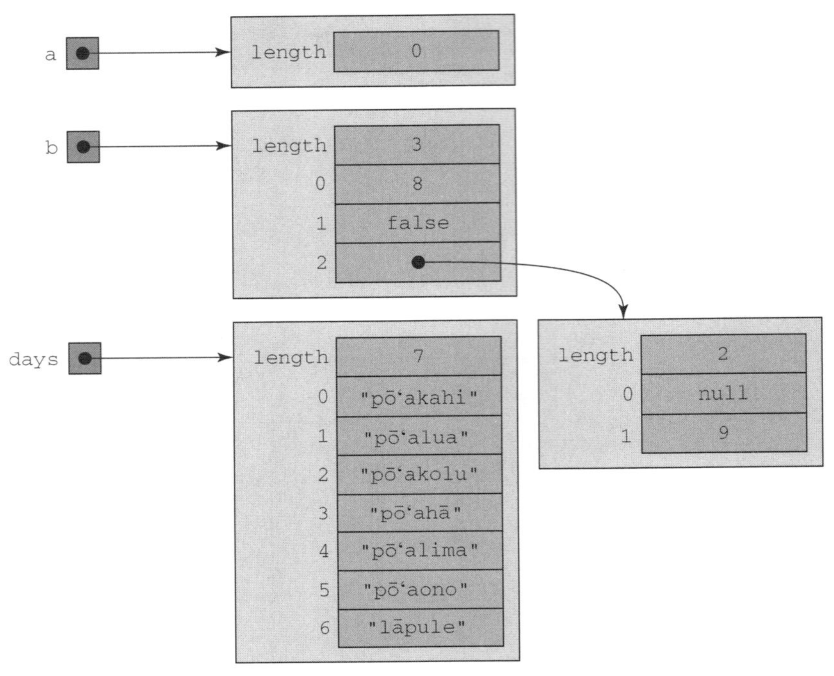

图 3-10　数组图示

这种专用语法实际上是用来创建属性 0、1、2…，还有 length 的。当然，length 属性也很特殊：为它赋值可以扩大或缩小数组；如果扩大数组，那么新增属性的值都会被设定为 undefined。另外，在超过数组长度的某个位置上赋值也可以扩大数组。

```
var a = [9, 3, 2, 1, 3]; // a[0]值为 9，a.length 等于 5
a[20] = 6;               // a[5]到 a[19]的值都是 undefined
alert(a.length);         // 结果为 21
a.length = 50;           // a[21]到 a[49]的值都是 undefined
a.length = 3;            // a 现在是[9, 3, 2]
```

基于某个分隔符拆分（split）字符串、切割（slice）现有数组都可以创建新数组，另外把两个数组拼接（concat）起来也可以创建新数组。反之，把数组元素连接（join）起来可以创建一个由同一个分隔符分隔的字符串：

```
var s = "A red boat";
var a = s.split(" ");      // a 是["A", "red", "boat"]
var b = [9, 3, 2, 1, 3, 7];
var c = b.slice(2, 5);     // c 是[2, 1, 3]
var d = c.concat(a);       // d 是[2, 1, 3, "A", "red", "boat"]
alert(d.join("**"));       // 结果是 2**1**3**A**red**boat
```

注意，使用 slice 切割数组 b 中从位置 2 到位置 5 的元素，返回的数组是[b[2], b[3], b[4]]。换句话说，切割得到的数组包含位于切割起点的元素，不包含位于切割终点的元素；这与 3.4.2 节介绍的 substring 截取字符串的操作相同。概括一下：a.slice(x,y)会创建一个由元素 a[x]到 a[y-1]构成的数组。还有另外两种 slice 操作：

```
var a = [9, 4, 1, 7, 8];
var b = a.slice(2);        // 从索引 2 到最后（[1, 7, 8]）
var c = a.slice();         // 所有索引，得到 a 的副本
```

拆分字符串的 split 操作不会修改原字符串，切割、拼接和连接数组元素的 slice、concat 和 join 操作也不会修改原数组。不过，确实有一些操作会修改数组对象本身。比如，可以使用 push 在数组末尾、使用 unshift 在数组开头添加元素；反之，可以使用 pop 在数组末尾、使用 shift 在数组开头删除元素。另外，还可使用 reverse 反转数组元素的顺序，使用 sort 对数组元素进行排序。这些会修改数组本身的操作称为可变操作（mutator）。

```
var a = [];                // a 是长度（length）为 0 的数组
var b = [3, 5];            // b 的长度为 2
b.push(2);                 // b 现在是[3, 5, 2]
b.unshift(7);              // b 现在是[7, 3, 5, 2]
a.push(3, 10, 5);          // a 现在是[3, 10, 5]
a.reverse();               // a 现在是[5, 10, 3]
alert(a.pop());            // 结果是 3，a 变成了[5, 10]
alert(a.shift());          // 结果是 5，a 变成了[10]
b.push(a[0], 1);           // b 现在是[7, 3, 5, 2, 10, 1]
b.sort();                  // b 现在是[1, 10, 2, 3, 5, 7]
```

怎么回事？10 怎么排到了 1 和 2 中间了？JavaScript 默认是将所有数组元素都当成字符串来排序的，就算数组中包含数值、布尔值、对象或别的数据也一样。既然是按字符串排序，那排序标准就是字母表，因此字符串"1"小于"10"，后者又小于"2"（就如同"foot"小于"football"，后者又小于"goal"一样）。实际上也可以按照数值进行排序，具体我们在本书后面会讲到。

把数组放到对象字面量中，或者反之，可以创造出任何复杂的数组结构。比如：

```
var song = {
    title: "In My Head",
    track_number: 10,
    album: "Rock Steady",
    artist: "No Doubt",
    authors: ["Gwen Stefani", "Tony Kanal", "Tom Dumont"],
    duration: 205
};

var triangle = [{x: 0, y: 0}, {x: 3, y: -6}, {x: -4, y: -1.5}];
```

实践中，我们会使用对象（单独）描述一种具体的事物，如裙子、人、歌曲和坐标点，会用数组描述一组事物，如一张专辑中的歌曲或一个多边形的顶点。数组也不是构造数据集合的唯一方式，本章最后的练习会让大家尝试把多个对象嵌套起来，构造各种数据集合。

回顾与练习

1. 请把本节最后的变量 song 和 triangle 用图示形式画出来，包括它们引用的那些对象。
2. 请把变量 a 引用的数组在执行下列操作之后的结果用图示形式画出来：var a = [1, 2, 3, 4]; a.unshift(a.pop());。
3. 请把变量 a 引用的数组在执行下列操作之后的结果用图示形式画出来：var a = [1, 2, 3, 4]; a.push(a.shift());。
4. 用你自己的话描述一下 split 和 join 操作。

3.8 类型转换

3.8.1 弱类型

学习了 JavaScript 的 6 种数据类型之后，本节我们看一下对这些类型的操作。到目前为止，我们知道的操作符有如下几个：

- 布尔值 && 布尔值
- 布尔值 || 布尔值
- ! 布尔值
- -数值
- 数值 + 数值
- 数值 - 数值
- 数值 * 数值
- 数值 / 数值
- 数值 % 数值
- Math.sqrt(数值)
- 字符串 + 字符串
- 字符串.toUpperCase()
- 字符串.indexOf(数值)
- 对象[字符串]

如果让操作符搭配一个或多个“错误的”类型会怎么样？下面我们就来实验一下。这里应该需要一个数值：

```
7 * false       ⇒   0
7 * true        ⇒   7
7 * "5"         ⇒   35
7 * " 5 "       ⇒   35
7 * " "         ⇒   0
7 * "dog"       ⇒   NaN
7 * null        ⇒   0
7 * undefined   ⇒   NaN
7 * {x: 1}      ⇒   NaN
```

这里应该需要一个布尔值：

```
! 5           ⇒   false
! 0           ⇒   true
! "dog"       ⇒   false
! ""          ⇒   true
! " "         ⇒   false
! null        ⇒   true
! undefined   ⇒   true
! {x: 1}      ⇒   false
```

最后，这里应该需要一个字符串：

```
"xyz" + false       ⇒   "xyzfalse"
"xyz" + true        ⇒   "xyztrue"
"xyz" + 7           ⇒   "xyz7"
"xyz" + null        ⇒   "xyznull"
"xyz" + undefined   ⇒   "xyzundefined"
"xyz" + {x: 1}      ⇒   xyz[object Object]
"xyz" + [1, 2, 3]   ⇒   xyz1,2,3
```

通过以上实验，我们发现 JavaScript 不仅没有抱怨操作符搭配了错误的类型，还会尽其所能地包容程序员：通过*类型转换*以有意义的方式处理了错误类型的值。下面就来总结一下类型转换的实验结果。

- 在需要数值的时候：`false` 被转换成 0，`true` 被转换成 1，字符串被转换成最可能的数值，`null` 被转换成 0，`undefined` 被转换成 `NaN`。字符串首尾的空格被忽略，空字符串或完全由空白符构成的字符串被转换成 0；如果无法把字符串转换成数值，则转换成 `NaN`。对象 `x` 会调用 `x.valueOf()`。
- 在需要布尔值的时候：0、空字符串（`""`）、`null`、`undefined` 和 `NaN` 都被转换成 `false`，其他值都被转换成 `true`。属于前一种情况的值称为*假值*，属于后一种情况的值称为*真值*。
- 在需要字符串的时候：JavaScript 会按常理处置，如前面例子所示。只是对象 `x` 会调用 `x.toString()`。

关于 `valueOf` 和 `toString` 的详细解释，请参考 7.3.1 节。关于`&&`和`||`，其实它们也不是真的需要比较布尔值，具体细节将在 4.3.5 节讨论。

由于存在隐式类型转换，JavaScript 被称为*弱类型编程语言*。在强类型编程语言中，由错误类型值构成的表达式会导致错误。如果脚本里含有这种“病句”，要么不会被允许执行，要么干脆直接停止工作，要么会在问题表达式被求值时抛出异常[①]。

有时候，这种自动类型转换会造成一些意外。比如 `isNaN` 有时会产生一些难以理解的行为，我们知道它的作用是判断某个值是不是非数值（Not a Number）。一般来说，我们会觉得布尔值、字符串、`null` 会被判定为非数值，但实验表明并非如此。

```
alert(isNaN(true));      // false，因为 true 转换成了 1
alert(isNaN(null));      // false，因为 null 转换成了 0
alert(isNaN("water"));  // true，明显应该如此
alert(isNaN("100"));    // false，因为"100"转换成了 100
```

看来，我们应该把 `isNaN` 的作用解读为“不能被转换成数值”。再比如下列数值与字符串间的转换，也是每一个 JavaScript 初学者都不可避免会碰到的：

```
var x = prompt("Enter a number");
var y = prompt("Enter another number");
alert(x + y); // 结果是拼接后的字符串，而非加法之和
```

每次提示都输入 2，结果是 22，因为对 `prompt` 求值的结果总是字符串，而`+`操作符（恰好）又同时适用于数值和字符串[②]。如果提示框显示 `x - y`，执行的还真将是数值减法。因为`-`在 JavaScript 中只能用于数值，所以得到的字符串都会先被转换成数值。当然，乘法和除法也是“安全的”。但不管怎样，在数值和字符串相遇的时候，你总得自己多加小心才是。

3.8.2 显式转换

鉴于字符串与数值间的转换容易出问题，很多 JavaScript 程序员倾向于在代码中*显式地*实现字符串到数值的转换。

显式转换的方式有如下几种：

```
"3.14" - 0          ⇒   3.14
"3.14" * 1          ⇒   3.14
"3.14" / 1          ⇒   3.14
+"3.14"             ⇒   3.14 [速度最快]
Number("3.14")      ⇒   3.14 [清楚，但速度慢]
parseFloat("3.14")  ⇒   3.14
```

前三个表达式使用了`-`、`*`和`/`，作为数值操作符，它们会在执行计算（在这里都是无效计算）之前把字符

① 关于异常，将在 4.5.2 节介绍。

② 很多人都认为这是 JavaScript 的设计缺陷。事实上，其他很多编程语言都不允许对字符串使用`+`，如 PHP 和 Perl 对字符串拼接使用`.`，ML 使用`^`，而 SQL 使用`||`。

串转换成数值。第四个表达式也使用了一个数值操作符，叫作*一元加*。把它放到数值前面，不会产生任何操作，而与之对应的一元减操作符就不一样了。

```
+4  ⇒  4 [一元加]
-4  ⇒  -4 [一元减]
```

由于一元加需要一个数值参与运算，因此如果它后面是一个字符串，JavaScript 就会把这个字符串转换成数值。使用+把字符串转换成数值的做法显得有点神秘，但这种技术很方便，而且也并不少见。类似这种的编程方法被称为*习语*：对“外人”并不显见，必须习而得之（就像我们人类语言的习语一样）。

前面数值加法的脚本现在可以写成：

```
var x = +prompt("Enter a number");
var y = +prompt("Enter another number");
alert(x + y); // 算术加法（2+2=4）
```

请大家亲手试一试这个脚本，与之前的那个做一下比较。看看输入非数值的时候会出现什么情况。

那么 Number(s)和 parseFloat(s)中的 s 如果是字符串，结果又会怎样呢？前一种情况比我们习语式的做法要明了许多。

```
var x = Number(prompt("Enter a number"));
var y = Number(prompt("Enter another number"));
alert(x + y); // 算术加法（2+2=4）
```

不过，很多程序员都不使用这种方式，因为*效率低*：JavaScript 引擎在运行以上代码时会额外多做一些工作，导致脚本执行速度降低，内存占用增多。究其原因，就是 Number 生成的并非基本类型值，而是一个包装着数值的对象，这个对象在被当成数值使用时会把数值拿出来（弱类型嘛）。对象比基本类型值更让 JavaScript 引擎费劲，一方面创建对象时需要分配空间，而在不需要对象时，还要销毁对象。然而，有时候可读性确实比效率更重要，也可以使用 Number，具体将在 7.6.1 节讨论。

还可以使用 parseFloat 及 parseInt 显式把字符串转换成数值。转换从字符串开头开始，但不一定转换整个字符串，而且首尾的空格会被忽略。

```
alert(parseFloat("23.9"));         // 结果是 23.9
alert(parseFloat("5.663E2"));      // 结果是 566.3
alert(parseFloat("    8.11 "));    // 结果是 8.11
alert(parseFloat("52.3xyz"));      // 结果是 52.3
alert(parseFloat("xyz52.3"));      // 结果是 NaN
alert(parseFloat("3 .5 .6"));      // 结果是 3
```

parseInt 得到的数值没有小数部分，其实 parseInt 中的 Int 就是“integer”，即整数的意思。数值中含有小数的叫*浮点数*[①]。

```
alert(parseInt("23.9"));        // 结果是 23
alert(parseInt("5.663E2"));     // 结果是 5
alert(parseInt("5.663E7"));     // 结果是 5
alert(parseInt("    8.11 "));   // 结果是 8
alert(parseInt("52.3xyz"));     // 结果是 52
alert(parseInt("xyz52.3"));     // 结果是 NaN
```

使用 parseInt 可以转换基数为 2 到 36 的任何数值，下面只简单展示几个例子（关于数值基数的内容，详见附录 B）：

```
alert(parseInt("75EF2", 16));   // 结果是 483058
alert(parseInt("50", 8));       // 结果是 40
alert(parseInt("110101", 2));   // 结果是 53
alert(parseInt("hello", 30));   // 结果是 14167554
alert(parseInt("36", 2));       // 结果是 NaN
```

① 为什么叫浮点数？因为小数点可能出现在数值的任何部分，就像它会“浮动”一样。

本书后面几乎不会再用到 `parseInt` 和 `parseFloat`。

回顾与练习

1. 计算下列表达式的值：`"5" + 5`、`5 + "5"`、`"5" * 5`、`5 * "5"`、`"5" * "5"`、`3 + null`、`"3" + null`、`"dog" + "house"`、`"dog" - "house"`。
2. 根据上一题的计算结果，总结 JavaScript 在什么情况下将+视为加法操作符，什么情况下又将其视为字符串拼接操作符。

3.8.3 松散相等操作符

因为 JavaScript 是弱类型的，所以在执行+、-、*、/、<等计算时，要确保数据的类型匹配，就算是相等操作符，也会发生同样的类型转换。换句话说，如果你想知道 x 与 y 是否相等，JavaScript 首先会把它们转换成匹配的类型，之后再进行比较。为此，JavaScript 提供了两种相等测试机制，一种会执行隐式类型转换，一种不会。

相等操作符===当且仅当两个表达式的值相同，而且类型也相同时才会返回 `true`[①]。而!==的结果自然与===截然相反。这两种相等操作符叫作*严格相等操作符*。另一种相等测试机制==和!=被人喻为严格操作符的“邪恶表亲”[Cro08a, p. 109]。==在测试之前会不顾一切地转换表达式类型，因此尽量不要使用它。

不过，==的转换规则是有明确定义的，只是要记住比较难。JavaScript 官方规范对此有详细描述[ECM09, P. 80]，但我们这里可以进行简短的归纳。如果 *x* 和 *y* 类型不同，要确定 *x* == *y* 的结果，JavaScript 会尝试对它们进行类型转换，以便比较。

1. 如果 *x* 和 *y* 中有一个字符串，有一个数值，JavaScript 会把字符串转换成数值。
2. 如果一个是布尔值，另一个不同，JavaScript 会把布尔值转换成数值。
3. 如果一个是对象，另一个是字符串或数值，JavaScript 会把对象转换成字符串或数值（本书后面会介绍转换过程）。
4. 最后，`undefined == null`、`null == undefined`，原因未知。

由于上述规则有点复杂，我们一般更倾向于使用严格相等操作符===和!==。虽然松散相等操作符==和!==可以像前面讨论的那样在代码提供一些快捷操作，即自动帮我们实现字符串到数值的转换，但转换结果很多情况下仍然无法预见，规则也很难牢记。

> 使用===和!==，不要使用==和!=。

回顾与练习

1. 使用命令行界面计算下列表达式，然后解释结果。`"7" == 7`、`"7" === 7`、`0 == " "`、`0 === " "`、`"0" == " "`、`"0" === " "`、`null == undefined`、`null === undefined`、`null == false`、`null === false`、`1 == true`、`4 == true`、`" " == false`。

3.9 typeof 操作符*

有时候，你可能必须知道某个值的类型。JavaScript 有一个古怪的 `typeof` 操作符，能够返回关于表达式类型的字符串描述。说它古怪，是因为它的返回值有时候可信，有时候又不可信。

① 唯一的例外是 `NaN`，它与任何值都不相等，包括 `NaN`。

```
typeof 101.3          ⇒  "number"
typeof false          ⇒  "boolean"
typeof "dog"          ⇒  "string"
typeof {x:1, y:2}     ⇒  "object"
typeof undefined      ⇒  "undefined"
typeof null           ⇒  "object"
typeof [1, 2, 3]      ⇒  "object"
typeof alert          ⇒  "function"
```

null 的类型没有理由是"object"。数组的类型返回"object"倒可以理解，毕竟数组也是对象嘛。可为什么函数的类型又不是了呢？函数也是一种对象啊（第 5 章将会介绍），为什么它倒受到了这个操作符的优待？奇怪。

回顾与练习

1. 解释以下代码的输出：

```
var x = 2;
alert(typeof x + typeof "x");
```

2. 在测试页面或命令行界面中求值 typeof Infinity 和 typeof NaN。

3.10　本章小结

- 表达式是小段代码，通过对它求值可以得到一个值。
- JavaScript 中值的类型有 undefined、null、数值、布尔值、字符串和对象。
- JavaScript 数值有大小和精度限制，因此很多计算只能得到近似的结果。
- 表达式 x === y 用于判断 x 和 y 是否相等，而表达式 x = y 则用于把 y 的值赋给 x。x == y 也是一个测试相等性的表达式，尽管官方规范对其行为有明确规定，但鉴于其结果有时候会出人意料，还是不建议使用它。
- JavaScript 对象包含零或多个属性。对象的值其实是一个指向对象的引用，两个或多个变量引用同一个对象很正常。
- 数组是一种特殊的对象，包含一组值，从索引 0 开始。数组还有一个特殊的 length 属性。更新数组会自动改变 length 属性的值，而更新 length 属性也会导致数组扩张或收缩。
- JavaScript 是弱类型语言，即操作符在碰到错误的类型时，多数情况下都会先将其转换成与相应运算匹配的类型。
- 如果运算需要一个布尔值，那么 0、NaN、null、undefined 和空字符串（""）会被转换成 false。这些值连同 false 被称为*假值*，其他所有值被称为*真值*。
- JavaScript 中字符串到数值的转换方式很多，包括一元加的习语和 parseFloat、parseInt 操作。
- JavaScript 有 52 种操作符，但大多很少用。

3.11　练习

1. 阅读一篇介绍乔治·布尔（George Boole）的文章。再阅读一篇介绍克劳德·香农（Claude Shannon）的文章。讨论一下如果没有他们的思想，我们的世界会有什么不一样。
2. 设 $x = 10$，$y = 4$，b = false，求下列表达式的值：

   (a) `x * y > 25 && !b || y % -3 !== 22`

   (b) `y * 4 === 2 || (b !== true)`

3. 证明如果 a 和 b 均为布尔值，则`!a && !b || a && b`与`a === b`结果一样。
4. 在本章中，我们看到`Math.sqrt(100)`等于 10。点号的使用意味着`Math`是一个对象，`sqrt`是它的一个属性。是这样吗？在你习惯的 JavaScript 环境下计算`Math["sqrt"](100)`，看结果是支持还是否定你的推断。
5. 使用命令行界面计算`~22`、`~105`、`~(-28)`和其他一些对整个数值应用`~`的表达式。然后尝试总结这个操作符有什么作用。
6. 运行下列脚本：输入 0、37、-40 和 100。然后再试试输入`dog`、`2e600`、`3ffc`和`Infinity`。每次运行后，请说出你观察到的结果是否有意义，如果没有，请解释为什么结果与预期的不符。

```
var celsius = prompt("Enter a temperature in \u00b0C");
var fahrenheit = 1.8 * celsius + 32;
alert(celsius + "\u00b0C = " + fahrenheit + "\u00b0F");
```

7. 编写一个类似上一题中的脚本，但是把用户输入的华氏度转换为摄氏度。暂时不用考虑处理无意义的输入值，我们会在下一章介绍怎么办。
8. 计算下列表达式：(a) `5 / 0`；(b) `0 / 0`；(c) `Infinity + Infinity`；(d) `Infinity - Infinity`；(e) `Infinity * Infinity`；(f) `Infinity / Infinity`；(g) `Math.sqrt(Infinity)`。计算结果都有意义吗？为什么有，为什么没有？
9. 编写一行脚本，在提示框里用 Unicode 编码显示英语、阿拉伯语、希伯来语、北印度语、汉语或其他语言的问候语。
10. 写出表示公式`∀P. P0 ∧ (∀k. Pk ⇒ P(k + 1)) ⇒ ∀n. Pn`的 JavaScript 字符串，同时给出它们在 HTML 中如何表示。
11. 修改本章掷骰子的网页，改成掷五个骰子。
12. 重新组织本章掷骰子的网页，做到 HTML 文档与脚本分离。
13. 写一个 HTML 文档，内嵌一段脚本，网页中包含一个文本框和几个按钮，按钮的标签分别为“向下舍入”“向上舍入”“平方根”“正弦”“余弦”“正切”“绝对值”和“对数”。单击这些按钮应该对文本框中的值执行相应计算，并在网页中某个地方显示结果。因为我们并没有讲太多关于 JavaScript 的知识，所以大家可以在本章掷骰子网页的基础上来完成这道题，只是要分别为每个按钮编写`onclick`函数。本书后面会讲解怎么更有效率地编写这样一个应用。
14. 对下列表达式求值：

    (a) `"one two three".split(" ");`

    (b) `"abracadabra".split("a");`
15. 编写一个 JavaScript 表达式，该表达式在字符串`s`包含逗号时返回`true`，否则返回`false`。
16. 编写一个脚本，提示用户输入一个字符串，之后再通过提示框显示该字符串中是否包含反斜杠字符或者泰卢固语字母 ddha（`U+0C22`）。
17. 研究一下 JavaScript 的`substring`操作，如果其第一个参数比字符串的长度还大会怎么样？如果第一个参数大小没问题，但第二个参数太大又会怎样？如果两个参数中的一个是负数呢？
18. 设`p = { x: 1, y: [ 4, {z: 2} ] }`，那`p.y[1]`的值是多少？
19. `({ x: 1, y: 2 }).y`的值是什么？你写过类似的表达式吗？
20. `p["dog"]`与`p[dog]`有什么区别？写个脚本演示它们的区别。
21. 解释下面脚本的输出结果。

```
var employee = {
    name: "Kaela",
    department: "Technology"
};
alert(employee.salary === undefined);
```

根据 null 和 undefined 的含义，你觉得这样比较有意义吗？

22. 在 3.6.1 节的笑脸脚本中，用下列内容替换其 script 元素：

```
var style = document.getElementById("face").style;
setInterval(function (){
    style.left = Math.floor(Math.random()* 500)+ 'px';
    style.top = Math.floor(Math.random()* 400)+ 'px';
}, 2000);
```

你是不是觉得这样写更容易看懂？为什么？

23. 画出如下对象的示意图，不要忘记用箭头代表引用关系。

```
{call: "mark", next: {call: "ready", next: {call: "set", next: {call: "go", next: null}}}}
```

24. 画出如下对象的示意图，不要忘记用箭头代表引用关系。你认为这个对象表示的是什么意思？

```
{op: "+", l: {op: "*", l: {op: "-", l: 3, r: 9}, r: 7}, r: {op: "/", l: 9, r: {op: "+", l: 8,
r: 2}}}
```

25. 编写一个脚本，提示用户输入美国州名的简写，然后弹出提示框显示该州的首府。脚本第一行应该类似这样：

```
var capitals = {ME: "Augusta", NH: "Concord", VT: "Montpelier", MA: "Boston", CT: "Hartford",
RI: "Providence"};
```

比如，如果用户输入 NH，则提示框显示 Concord。

26. 根据如下描述编写变量声明：
    - 一名员工，名为 María，工资 1000 美元，入职日期是 2008-01-05，没有主管。
    - 一个前 10 个素数的数组。
    - 一首歌，名为“Johnny Tarr”，演唱者 Gaelic Storm，收录在专辑 Tree 中。此外，尽可能再多收集一些与这首歌相关的信息。

27. 画出以下对象的示意图：

```
[42, true, null, NaN, "nil", {}, undefined]
```

28. 想一想本章中的这一段脚本：

```
var mom = {name: "Ani"};
var dad = {name: "Sipho", spouse: mom};
mom.spouse = dad;
```

说出 mom.spouse.spouse.spouse.spouse 的值是什么？

29. 这里试着重新创建上一题中的对象：

```
var mom = {name: "Ani", spouse: {name: "Sipho", spouse: mom}};
```

假设变量 mom 此前并没有定义过，请画出最终的对象示意图来。（提示：可以使用命令行或运行器页面。）

30. 画出下列脚本创建的对象的示意图：

```
var players = {name: "Moe"};
players.next = {name: "Larry"};
players.next.next = {name: "Curly", next: players};
```

你能否写一个能够创建相同对象但更清晰的语句？

31. 写一段脚本，创建几个人：Ani、Sipho、Tuulia、‘Aolani、Hiro 和 Xue，他们的关系如下：
    - Tuulia 是 Sipho 的妈妈；
    - Ani 和 Sipho 是夫妻；

❑ Ani 和 Sipho 的孩子从大到小是‘Aolani、Hiro 和 Xue。

定义每个对象时，可以考虑充分使用下列属性：name、mother、father、spouse 和 children，其中 children 的值应该是数组。

32. 画出执行如下脚本之后变量 a 所引用数组的示意图。

```
var a = [1, 2, 3, 4]; a.unshift(a.pop());
```

33. 数学中的二维矩阵就是像下面这样的一系列行、列值：

$$\begin{pmatrix} 9 & 8 & 2 & -5 \\ \pi & 7 & 2.8 & 6 \\ -22 & 4 & 0 & 100 \end{pmatrix}$$

JavaScript 可以用数组的数组表示矩阵，请写出表示这个矩阵的数组表达式。要求数组有 3 个元素，每个元素分别又是包含 4 个元素的数组。

34. 设 x 表示任意 JavaScript 表达式，那表达式 !!x 可以用来干什么？
35. 求值下列表达式并解释结果。（提示：请参考 3.8 节中有关类型转换的内容。）

(a) `5 < 10 < 20`

(b) `-20 < -10 < -5`

36. 写一段脚本，请用户输入一个字符串，然后显示一个由 3 个输入值构成的字符串。比如，用户输入"ho"显示"hohoho"，而用户输入"888"则显示"888888888"。
37. 解释 parseInt("250", 3)得到的结果。
38. 给出下列表达式的数值（十进制）：791、0x2e5、2e5、0791。
39. 写一个脚本，输入十六进制值，显示相等的十进制值。
40. 通过在命令行中试验来确定 typeof 操作符相对于加、乘及一元负操作符的优先级。
41. 在数学中，如果 A=B，B=C，则 A=C。这种性质叫作相等性传递。由于 JavaScript 中隐含的约定，其==操作符不具备传递性。请示范该操作确实不具备传递性。（提示：找一个字符串 A，一个数值 B，以及一个字符串 C，它们 A == B，B == C，但 A != C。）===具有传递性吗，为什么有或为什么没有？
42. 如果想让 typeof x === x 成立，x 应该是什么值？

语　句

前一章，我们学习了编写简单的表达式，表达式的结果是一个值。但脚本要想真正做点有意义的事，仅仅对表达式求值还是不够的，还要能够执行操作（运算），在 JavaScript 中，操作是通过执行*语句*来实现的。JavaScript 中有声明变量的语句、对表达式求值的语句、根据条件执行或者重复执行操作的语句，还有用于中断正常控制流的语句。综合运用所有这些语句，可以实现极具创造性的计算。

本章将介绍最常用的 JavaScript 语句，并通过一些脚本演示它们的用法。本章中的每一段脚本都可以独立运行，因此希望大家在阅读的同时能积极尝试运行它们。学完本章，大家将能够使用脚本处理文本、执行简单的数值计算，以及操纵简单的数据结构。

4.1　声明语句

我们的 JavaScript 语句之旅从之前接触过的*声明语句*开始。声明语句也叫*变量语句*，这种语句会创建新变量。如果愿意，可以在声明变量时给出初始值；如果没有明确给出，变量的值就是 undefined。

```
var count = 0;
var dogs = ["Sparky", "Spot", "Spike"];
var response;
var malta = {latitude: 35.8, longitude: 14.6};
var finished = false;
var winner = null;
```

这段脚本明确给出了几个变量的初始值——事实上，除 response 之外都有了初始值。这时候，变量 reponse 的值就是 undefined。

可以在一个语句中声明多个变量，可以给部分变量赋初始值。

```
var start = 0, finish = 72, input, output = [];
```

这个语句会将 input 初始化为 undefined 值。

回顾与练习

1. 请说出以下 4 个变量的初始值。

```
var x, y = 10;
var z = x, p = 10 * y + z;
```

2. 写一个声明语句，同时声明两个变量 die1 和 die2，并将它们的值初始化为 1 到 6（含）之间的一个随机整数（两个值可以不同）。

4.2　表达式语句

*表达式语句*对表达式求值但忽略得到的值。这听起来有点傻，因为这样可以编写出类似于下面的无用脚本：

```
2 + 2;                  // 计算 2 加 2，但忽略结果
"Hello";                // 也有效，但完全没有用
```

```
Math.sqrt(100);      // 完成计算，但忽略结果
"a".toLowerCase();   // 得到一个新字符串，但忽略它
```

但是，我们可以借助表达式的副作用来创建有用的语句，所谓“副作用”，就是一些操作，可以生成可见结果、改变变量或对象属性中保存的值，或者修改对象的结构等。3.6.1 节中的 `delete` 运算符与 `alert` 和赋值一样，都会产生副作用。

```
var x = 2;         // 声明x，将其初始化为2
alert(x);          // 显示2
alert(10 * x);     // 显示20
var y;             // 声明y，但不明确赋值
alert(y);          // 显示undefined
y = x * 5;         // 将10赋给y，因为x还是2
var z = y;         // 声明z，将其初始化为10
y = "dog";         // 将"dog"赋给y，覆盖原来的值10
alert(y + z);      // 显示"dog10"，因为z还是10
```

记住，变量声明和赋值就是简单地把一个值放到一个变量里，仅此而已。除此之外，没有任何其他后果，比如不会设定变量与变量之间的关系。在前面的脚本中，声明 `var z = y;` 不会让 `z` 和 `y` 成为同一个变量，也不会要求它们在之后始终保存相同的值。这个语句的意思仅仅是“新建一个变量 `z`，让它的初始值等于 `y` 的当前值”。之后再给 `y` 重新赋一个新值时，`z` 的值不会变。

除了=，JavaScript 还有其他赋值运算符，包括：

```
var x = 5;
x += 30;     // 相当于x = x + 30， x现在是35
x -= 2;      // 相当于x = x - 2，x现在是33
x *= -4;     // 相当于x = x * -4，x现在是-132
```

附录 A 包含了所有赋值运算符。

下面让我们把这些声明语句与表达式语句一同放到一个有用的脚本中。

```
/*
* 这是第一次尝试编写一个脚本，
* 用于将给定数目的便士转换成美元和美分
*/
var pennies = prompt("Enter a number of (U.S.) pennies");
var dollars = Math.floor(pennies / 100);
var cents = pennies % 100;
alert("That's " + dollars + " dollars and " + cents + " cents");
```

这个脚本对 46 588 和 46 都给出了不错的转换结果（分别是“465 dollars and 88 cents”和“0 dollars and 46 cents”），对 109 给出的结果虽然在英文语法上有些笨拙，但还算能接受（“1 dollars and 9 cents”）。甚至输入 897.5 这样的小数也可以，结果是“8 dollars and 97.5 cents”。但对于某些输入来说，最好的答案也显得很丑陋，而在最糟糕的情况下，则完全是错误的答案。

dog ⇒ NaN dollars and NaN cents

Infinity ⇒ Infinity dollars and NaN cents

−872 ⇒ −9 dollars and −72 cents

75q ⇒ NaN dollars and NaN cents

899.22 ⇒ 89 dollars and 99.22000000000003 cents

12345678901234567890 ⇒ 123456789012345660 dollars and 68 cents

我们从这些试验中了解到了什么？

1. 对于像 `dog` 和 `75q` 这样的非数值输入，这个脚本能正确地计算出 `NaN`，但生成的英文句子显得有些可笑。

2. 当输入值为负数时，会得到错误的答案！你感到惊讶？毕竟，你可能觉得这个脚本“看起来是正确的”。显然，看着正确还不够。

3. JavaScript 对数值结果的近似表示（在 3.3 节讨论了这一问题）即使在看起来最为简单的代码中也可能会让程序员感到困扰。

我们希望仅当用户输入一个很好的非负值时（既不太大，也不会产生精度问题），我们的脚本会计算美元与美分数，否则会显示一条错误消息。下一节将会看到如何做到这一点。

回顾与练习

1. 在执行 `var x = 1; var y = x; y = 2;`之后，`x` 的值为多少？
2. 在 JavaScript shell 中输入以下语句，并解释你看到的结果。

```
alert(next_song);
next_song = "Incident on 57th Street";
alert(next_song);
```

3. 试解释，在上面的美元与美分脚本中，为什么负的输入值给出了出乎意料的答案。

4.3 条件执行

JavaScript 提供了一些语句和几个运算符，可以让我们编写的脚本在特定条件下执行一组操作，在不同条件下则执行另一组操作。

4.3.1 `if` 语句

`if` 语句会根据你提供的条件，最多执行许多候选操作中的一种。这个语句的最一般形式是有一个 `if` 部分，0 个或多个 `else if` 部分，还可根据需要带有 `else` 部分。每个候选项都是大括号中的语句序列。这些条件会自上而下依次评估。只要一个条件为真，就会执行它对应的候选操作，然后结束整个 `if` 语句。

下面的脚本演示了一种具有五个候选项的 `if` 语句。

```
var score = Math.round(Math.random() * 100);
if (score >= 90) {
    grade = "A";
} else if (score >= 80) {
    grade = "B";
} else if (score >= 70) {
    grade = "C";
} else if (score >= 60) {
    grade = "D";
} else {
    grade = "F";
}
alert(score + " is a " + grade);
```

图 4-1 用一种 UML（Unified Modeling Language，统一建模语言）活动图解读了上述语句。UML 是一种非常流行的软件系统可视化语言。[①]本书不会详细介绍 UML，[Fow03]中提供了很好的介绍和指南。幸运的是，它的符号对于普通大众来说很容易理解；你可能已经猜到，这张图传达的事实就是：会逐个检测每个条件，一旦发现一个条件成立，就不再进行测试。

① 事实上，它是当今软件开发中建模语言的混合语。UML 本身很大，它最显著的内容是它的 13 个图形类型。除了活动图之外，UML 还有用于描述以下信息的图形：类型与对象的结构、对象的状态转移、对象的交互方式、组件的组织与部署、对象结构与行为的其他几个方面。

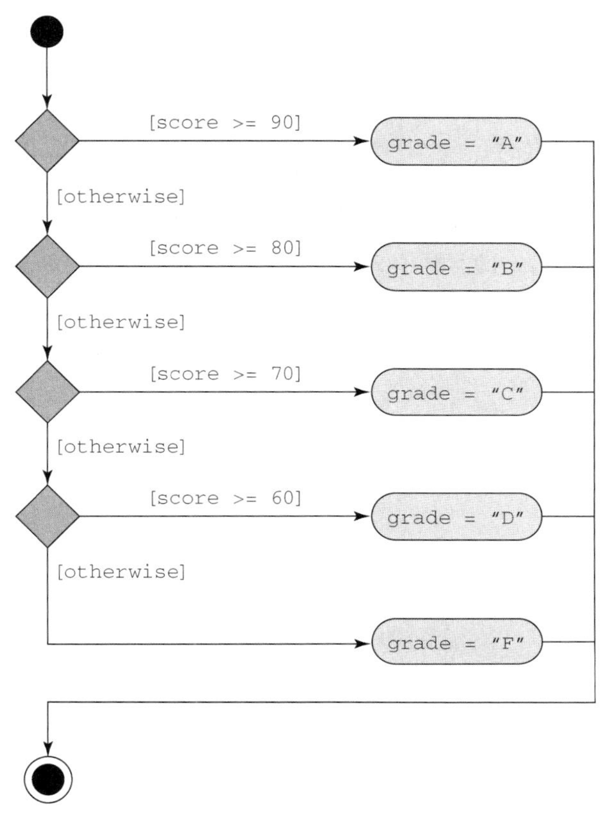

图 4-1 if 语句的活动图

if 语句可以帮助我们改进前面的美元与美分脚本。

```
/*
* 这是第二次尝试编写一个脚本，
* 用于将给定数目的便士转换成美元和美分
*/
var pennies = prompt("Enter a number of cents");
if (isNaN(pennies)) {
    alert("That's not a number");
} else if (pennies < 0) {
    alert("That number is too small");
} else if (pennies >= 9E15) {
    alert("That number is too large");
} else if (pennies % 1 !== 0) {
    alert("I can only handle whole numbers");
} else {
    var dollars = Math.floor(pennies / 100);
    var cents = pennies % 100;
    alert("That's " + dollars + " dollars and " + cents + " cents");
}
```

这个脚本接受用户的输入，然后执行一系列验证检查。第一个检查确保输入看起来像是一个数字（可以复习 3.3.3 节的 isNaN），第二个检查确保它是非负数，第三个检查确保它不会太大。这一检查非常重要，因为我们希望仅处理精确的整数量，在超过 9 007 199 254 740 992 之后，JavaScript 就无法精确表示所有整数了。这是一个相当混乱的数字，不过，你根本不用关心它的确切值。我们只是希望选取某个上限，所以就使用一个较为简单的 9×10^{15}。

最后一个检查求得数值在除以 1 之后的余数，通过这种方法来拒绝非整数。对于整数，这个余数应当是 0；

如果不是，就会提示一条错误消息。最后，如果没有检测出任何错误，JavaScript 引擎将会计算美元和美分。

回顾与练习

1. 编写一个 `if` 语句，当变量 `s` 没有包含长度为 16 的字符串时，提示一条消息。（注意，这个语句没有 `else if` 或 `else` 部分。）
2. 编写一个 `if` 语句，检查变量 `x` 的值，（1）如果 *x*>0，则将它加到数组变量 `values` 的末尾；（2）如果 *x*<0，则将它加到 `values` 的前面；（3）如果 *x*===0，则递增变量 `zeroCount`；（4）否则，什么也不做。

4.3.2　条件表达式

有时你可能更喜欢使用条件表达式，而不是 `if` 语句。条件表达式就是"*x* ? *y* : *z*"，当 *x* 为真时，表达式的结果为 *y*，当 *x* 为假时，表达式的结果为 *z*。例如，可以将以下语句：

```
if (latitude >= 0) {
    hemisphere = "north";
} else {
    hemisphere = "south";
}
```

写为：

```
hemisphere = (latitude >= 0) ? "north" : "south";
```

条件表达式有时会用在构建字符串的表达式中，如下所示（这里的 `present` 假定是一个保存布尔值的变量）：

```
var notice = "She is" + (present ? "" : "n't") + " here.";
```

回顾与练习

1. 对表达式 `25 > -7 ? null : "next"`求值。
2. 重写美元和美分脚本，使用条件表达式来判断英文单词 dollar 和 cent 的单复数。
3. 重写涉及半球的条件表达式，表达"赤道既不在北半球，也不在南半球的"这一事实。

4.3.3　`switch` 语句

另一种条件语句——`switch` 语句，将一个值与一系列 case 进行比较，直到找出一个与它的值相等（`===`）的 case，然后从该处开始执行语句。可以根据需要包含一个 `default` case，它会匹配所有值。

```
switch (direction.toLowerCase()) {
    case "north": row -= 1; break;
    case "south": row += 1; break;
    case "east": column += 1; break;
    case "west": column -= 1; break;
    default: alert("Illegal direction");
}
```

`break` 语句会终止整个 `switch` 语句。每种 case 都以一个 `break` 结束，这是一种很好的做法；[①]否则，执行会"直落"到下一个 case（不会再与剩下的 case 表达式进行比较）。例如，如果我们省略了前面脚本中的 `break`，

---

① 也可以是 `return`、`throw` 或 `continue` 语句，后面将会看到。

而且方向是"east"，会发生什么情况呢？column 中的值会被递增，然后递减，然后弹出一个提示框，告诉你"east"不是一个合法方向。

有时，“直落”正是我们想要的。假定在一群参加竞赛的人中，每个人都获得一个证书，但达到一级奖励的人还会得到一个背包，达到二级奖励的人还会得到一次滑雪度假，而达到三级奖励的人还会获得一辆汽车。这种情况就可以使用没有 break 语句的编码（见图 4-2）。

```
/*
 * 这个脚本会为一个给定奖励级别生成一组奖励。
 * 每个奖励级别的参赛者会得到该级奖励和所有
 * 低级奖励。它使用了一种很丑陋的 switch 语句
 * 形式，其中的各个 case 之间没有相互隔离。
 */
var level = +prompt("Enter your prize level, 1-3");
var prizes = [];
switch (level) {
    case 3: prizes.push("car");
    case 2: prizes.push("ski vacation");
    case 1: prizes.push("backpack");
    default: prizes.push("certificate");
}
alert(prizes);
```

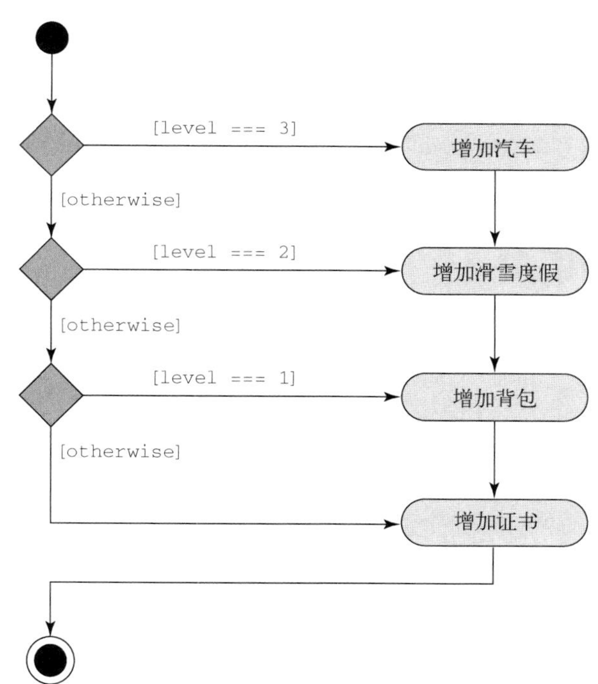

图 4-2 一个具有直落效果的 switch 语句的活动图

像这样的计算很少会在现实中发生，所以一般来说，还是避免使用那些不以 break（或其他某一中断语句）结束的 case，以防与 switch 更常见的形式混淆。事实上，2.4.3 节介绍的 JSLint 代码质量检查工具就是将“直落”看作错误！我们总能为直落 switch 找出替代方法，章末的练习会提出几个问题，让你练习这一方式。

回顾与练习

1. 扩展本节的方向示例，包含西北、西南、东北、东南等情景。
2. 对 4.3.1 节的分数和成绩示例使用 switch 语句，为什么没有意义？

4.3.4　用查询避免条件代码

来看一种情景，至少对许多程序员新手来说，这种情景似乎是需要使用 if 语句、?:运算符或 switch 语句。假定有一个变量 state，声称是要保存德国的一个州名，我们希望将这个州的首府名赋值给变量 capitcal，如果不能识别州名，则为其赋值 undefined。我们可以写出以下代码：

```
// 丑陋的代码——不要使用这一代码
if (state === "Baden-Württemberg") {
    capital = "Stuttgart";
} else if (state === "Bayern") {
    capital = "Munchen";
} else if (state === "Berlin") {
    capital = "Berlin";
} else if (state === "Brandenburg") {
    capital = "Potsdam";
} else if (state === "Bremen") {
    capital = "Bremen";
} else if (state === "Hamburg") {
    capital = "Hamburg";
} else if (state === "Hessen") {
    capital = "Wiesbaden";
} else if (state === "Mecklenburg-Vorpommern") {
    capital = "Schwerin";
} else if (state === "Niedersachsen") {
    capital = "Hannover";
} else if (state === "Nordrhein-Westfalen") {
    capital = "Düsseldorf";
} else if (state === "Rheinland-Pfalz") {
    capital = "Mainz";
} else if (state === "Saarland") {
    capital = "Saarbrücken";
} else if (state === "Sachsen") {
    capital = "Dresden";
} else if (state === "Sachsen-Anhalt") {
    capital = "Magdeburg";
} else if (state === "Schleswig-Holstein") {
    capital = "Kiel";
} else if (state === "Thüringen") {
    capital = "Erfurt"
} else {
    capital = undefined;
}
```

此代码对每个州都重复两段内容：state ===和 capital =。（我们接下来将要尝试的）switch 语句可以消除前者，但必须为每个州都增加一个 break——没有实质性的改进。

```
// 丑陋的代码——不要使用这一代码
switch (state) {
    case "Baden-Württemberg": capital = "Stuttgart"; break;
    case "Bayern": capital = "Munchen"; break;
    case "Berlin": capital = "Berlin"; break;
    case "Brandenburg": capital = "Potsdam"; break;
    case "Bremen": capital = "Bremen"; break;
    case "Hamburg": capital = "Hamburg"; break;
    case "Hessen": capital = "Wiesbaden"; break;
    case "Mecklenburg-Vorpommern": capital = "Schwerin"; break;
    case "Niedersachsen": capital = "Hannover"; break;
    case "Nordrhein-Westfalen": capital = "Düsseldorf"; break;
```

```
    case "Rheinland-Pfalz": capital = "Mainz"; break;
    case "Saarland": capital = "Saarbrücken"; break;
    case "Sachsen": capital = "Dresden"; break;
    case "Sachsen-Anhalt": capital = "Magdeburg"; break;
    case "Schleswig-Holstein": capital = "Kiel"; break;
    case "Thüringen": capital = "Erfurt"; break;
    default: capital = undefined;
}
```

我们将在第三次尝试中使用的条件表达式可以消除赋值的重复使用，但无法消除相等检测中的重复。

```
// 丑陋的代码——不要使用这一代码
capital =
      (state === "Baden-Württemberg") ? "Stuttgart"
    : (state === "Bayern") ? "Munchen"
    : (state === "Berlin") ? "Berlin",
    : (state === "Brandenburg") ? "Potsdam",
    : (state === "Bremen") ? "Bremen",
    : (state === "Hamburg") ? "Hamburg",
    : (state === "Hessen") ? "Wiesbaden",
    : (state === "Mecklenburg-Vorpommern") ? "Schwerin",
    : (state === "Niedersachsen") ? "Hannover",
    : (state === "Nordrhein-Westfalen") ? "Düsseldorf",
    : (state === "Rheinland-Pfalz") ? "Mainz",
    : (state === "Saarland") ? "Saarbrücken",
    : (state === "Sachsen") ? "Dresden",
    : (state === "Sachsen-Anhalt") ? "Magdeburg",
    : (state === "Schleswig-Holstein") ? "Kiel",
    : (state === "Thüringen") ? "Erfurt"
    : undefined;
```

这时可以进行一点哲学探讨，我们不能将所有重复片段排除在外，这一定意味着存在一种更好的方法来查找首府，事实上也的确存在。如果剔除了所有关于测试与赋值的内容，还剩下什么呢？就是州和首府！我们并不需要什么精确的计算来将州和首府关联在一起，可以在数据而非代码中定义这种关系。我们所需要的就是一个简单对象。

```
var CAPITALS = {
    "Baden-Württemberg": "Stuttgart",
    "Bayern": "Munchen",
    "Berlin": "Berlin",
    "Brandenburg": "Potsdam",
    "Bremen": "Bremen",
    "Hamburg": "Hamburg",
    "Hessen": "Wiesbaden",
    "Mecklenburg-Vorpommern": "Schwerin",
    "Niedersachsen": "Hannover",
    "Nordrhein-Westfalen": "Düsseldorf",
    "Rheinland-Pfalz": "Mainz",
    "Saarland": "Saarbrücken",
    "Sachsen": "Dresden",
    "Sachsen-Anhalt": "Magdeburg",
    "Schleswig-Holstein": "Kiel",
    "Thüringen": "Erfurt"
};
```

现在，只需写出：

```
capital = CAPITALS[state];
```

就能获得变量 `state` 中所包含州的首府。[1]可以认为这一代码是在一个由州及其首府组成的表格中查询首府。在这样使用一个对象时，就说它是一个查询表、一个词典、一个映射、一个关联数组，或一个散列。查询表通常是将键映射到值，这里的州是键，首府是值。在适用时，查询代码要优于条件代码，原因有如下几个。

- 没有冗余的代码片段，使脚本更短、更易于理解。
- 州和首府的显示位置紧挨在一起，更容易“看出”它们之间的关联。
- 代码（查询）和数据（查询表）在本质上是不同的东西，不应当混放在一起。
- JavaScript 引擎执行查询的速度要远快于条件代码。[2]

下面再给一个例子。我们使用词典来关联手机键盘上的数字和字母，如图 4-3 所示。

图 4-3　手机键盘

为了将带有字母的电话号码转换为号码，我们可以使用：

```
var LETTER_TO_NUMBER = { A: 2, B: 2, C: 2, D: 3, E: 3, F: 3, G: 4,
    H: 4, I: 4, J: 5, K: 5, L: 5, M: 6, N: 6, O: 6, P: 7, Q: 7,
    R: 7, S: 7, T: 8, U: 8, V: 8, W: 9, X: 9, Y: 9, Z: 9 };
```

比如 `LETTER_TO_NUMBER["C"] === 2`。能不能在另一个方向上使用这个映射呢？单个数字可以映射为多个字母，所以我们将使用字符串：

```
var NUMBER_TO_LETTER = {
    2: "ABC", 3: "DEF", 4: "GHI", 5: "JKL",
    6: "MNO", 7: "PQRS", 8: "TUV", 9: "WXYZ"
};
```

这里，我们说：“给定一个数字 *n*，`NUMBER_TO_LETTER[n]`的值是一个字符串，其中包含了与键盘上的 n 相关联的所有字母（而且也只有这些字母）。”在 4.4.2 节介绍处理整个手机号码的脚本时，将会用到这些词典中的第一个。

回顾与练习

1. 用你自己的语言，说明可以用查询代替条件代码结构的情景。（提示：你能否为 4.3.1 节的分数与成绩示例使用查询策略？）
2. 试解释为什么本节引入的结构被称为映射。试解释它们为什么被称为词典。
3. 假定你注意到某一代码中存在表达式 `CAPITALS[Saarland]`。几乎可以肯定它有什么错误？
4. 考虑“现实生活”中的四五个词典示例。

---

① 如果 `state` 中不包含州的名字，则是 `undefined`。

② 其具体细节超出了本书范围，但基本思想是，JavaScript 引擎通常只需要查看键的形式就能立即“找出”键的值，而在使用条件语句和表达式时，必须依次查看每个可能存在的键，直到找到正确的键为止。

4.3.5 短路执行

回想一下 3.2 节，如果 *x* 和 *y* 都是布尔值，则 AND-ALSO 和 OR-ELSE 运算符具有以下特性：

- 当且仅当 *x* 或 *y* 为真（或均为真）时，x || y 为真
- 当且仅当 *x* 和 *y* 均为真时，x && y 为真

现在，如果正在计算 x||y 的值，而且发现 x 为真，则不需要计算 y 的值，因为无论 y 取何值，x || y 的值都为真。同理，在计算 x && y 的值时，发现 x 为假，就意味着整个&&表达式也为假，所以就不再需要计算 y 的值。事实上，JavaScript 就是这样对这些表达式求值的：如果通过第一部分的求值已经获得了足够多的信息，那就将第二部分的求值短路，也就是跳过。

例如，下面的代码片段：

```
if (t < 0 && t > 100) {
    /* 在这里执行某些操作  */
}
```

与下面代码的含义完全相同。

```
if (t < 0) {
    if (t > 100) {
        /* 在这里执行某些操作 */
    }
}
```

我们现在明白 AND-ALSO 和 OR-ELSE 名字的缘由了。说“*x* and also *y*”就是说“若（if）*x* 为真，则（then）（且仅在此时）去查看 *y* 是否也（also）为真”。同样，如果说“*x* or else *y*”就是说“若（if）*x* 为真，那很好；否则（else）必须去查看 *y* 是否为真。”第二部分根据条件决定是否求值。

短路运算符有一个很重要的功能，如果我们没有指出的话，那就是我们的失职：它们并不真的需要布尔值操作数！注意：

```
alert(27 && 52);    // 输出 52
alert(0 && 52);     // 输出 0
alert(27 || 52);    // 输出 27
alert(0 || 52);     // 输出 52
```

换句话说，JavaScript 不会将数字转换为布尔值。这门语言的官方规范表明如下两点。

- 为计算 x && y 的值，JavaScript 首先对 *x* 求值。如果 *x* 为假（false 或可以转换为 false[①]），则整个表达式得出 *x* 的值（不再计算 *y*）。否则，整个表达式得出 *y* 的值。
- 为计算 x || y 的值，JavaScript 首先对 *x* 求值。如果 *x* 为真（true 或可以转换为 true），则整个表达式得出 *x* 的值（不再计算 *y*）。否则，整个表达式得出 *y* 的值。

利用这一行为，可以编写一些看起来很聪明的代码。假定有一个变量 favoriteColor，我们知道，如果你有最喜爱的颜色，这个变量中就包含了这种颜色的名称，如果没有最喜爱的颜色，那它的值就是 undefined。如果有最喜欢的颜色，就用这种颜色为汽车喷漆，如果没有，则喷为黑色：

```
car.color = favoriteColor || "black";
```

这一代码是有效的，因为 favoriteColor 中包含了一个非空字符串，它为真，所以会为其指定 car 的颜色。如果 favoriteColor 为 undefined（为假），则根据定义，||表达式的值就是它的第二个（右侧）操作数，也就是黑色。

在使用&&运算符时也有一些技巧，但它们不是特别常用，所以将它们留在本章最后的练习中。

① 回想第 3 章，undefined、null、0、" "和 NaN 都可以转换为 false。

回顾与练习

1. 对表达式 3 && "xyz" || null 求值。
2. 对表达式 3 && "" || null 求值。
3. 判断正误：对于变量 x 和 y，x && y 总是等同于 x ? y : x。
4. 判断正误：对于变量 x 和 y，x || y 总是等同于 x ? x : y。

4.4 迭代

上一节研究了在不同情况下做不同事情的方法。现在来看看一遍又一遍地重复同一事情的方法。

4.4.1 while 和 do-while 语句

JavaScript 的 while 语句会在条件为真时重复执行代码。下面的例子要求用户输入一个恰有五个字符的字符串，并一直询问，直到用户遵循指令为止。当用户输入不满足要求时，脚本会计算尝试次数（并重复提示）。只有在输入了可接受的字符串时，while 语句才会结束。

```
var numberOfTries = 1;
while (prompt("Enter a 5-character string").length !== 5) {
    numberOfTries += 1;
}
if (numberOfTries > 1) {
    alert("Took you " + numberOfTries + " tries to get this right");
}
```

while 语句的一般形式为：

```
while (test) { stmts }
```

首先执行第一个 test，如果它为真，则执行循环体，重复整个语句。这就是说，条件测试出现在循环体之前，循环体可能一次也不会执行。而在 do-while 语句中，循环体至少会执行一次。它的一般形式为：

```
do { stmts } while (test) ;
```

可以用 do-while 语句重写以上脚本：

```
var numberOfTries = 0;
do {
    var input = prompt("Enter a 5-character string");
    numberOfTries += 1;
} while (input.length !== 5);
if (numberOfTries > 1) {
    alert("Took you " + numberOfTries + " tries to get this right");
}
```

图 4-4 给出了使用 do-while 语句的示例脚本的活动图。迭代过程的图形显示为一个循环，经历了读取、递增和检测活动。事实上，迭代语句常称为循环，从现在开始，我们经常会用到这个术语。

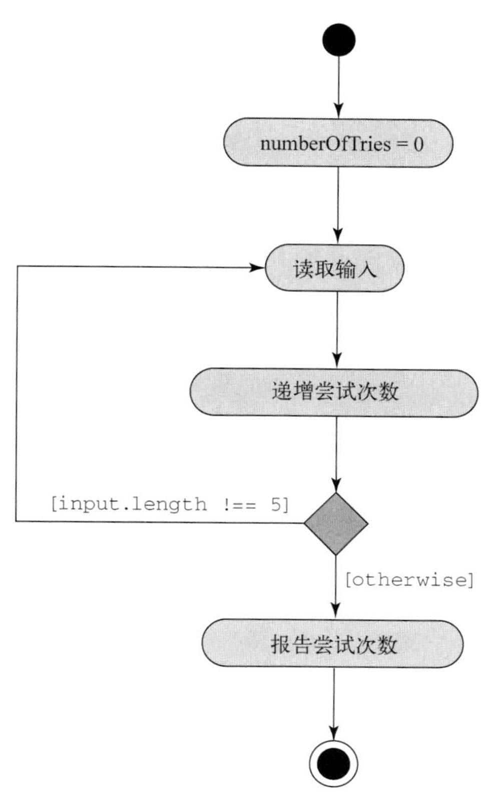

图 4-4 do-while 语句的活动图

4.4.2 for 语句

第二种循环——for 语句，也是在条件为真时一直循环，但它通常用于迭代遍历一个固定的项目集，比如一个数值范围、一个字符串中的字符、一个数组的索引、一个对象链，等等。这个语句的一般形式是：

```
for (init ; test ; each) { stmts }
```

JavaScript 引擎首先运行 init 代码，然后，只要 test 为真，则运行循环体，然后运行 each。init 部分通常会声明一或多个变量（但并非总是如此）。下面是我们的第一个例子：

```
// 显示 4、6、8、10、12、14、16、18 和 20 为偶数
for (var number = 4; number <= 20; number += 2) {
    alert(number + " is even");
}
```

这里的 number 被初始化为 4，而且因为它小于等于 20，所以将提示"4 is even"，然后将 number 直接设置为 6。现在，因为 6 小于等于 20，接下来将显示"6 is even"，number 变为 8。最后显示的值为 20，因为 number 随后将跳到 22，测试条件变为 false，循环结束。

我们的第二个例子给出一个脚本，它绘制嵌套正方形——第一个的边长为 10 个像素，第二个为 20 像素，第三个为 30 像素，以此类推，直到 300 像素。这个脚本是我们首次引入 HMTL canvas 元素，它是相对较新的 HTML5 标准的组成部分，在大多数（但并非全部）浏览器上都会出现。运行以下应用程序（包括一个 HTML 文件和一个 JavaScript 文件）。现在还不用担心 canvas 的细节，我们将在第 9 章介绍它，但一定要留意 for 语句是如何生成大小递增的正方形的。你应当看到类似于图 4-5 中的图形。

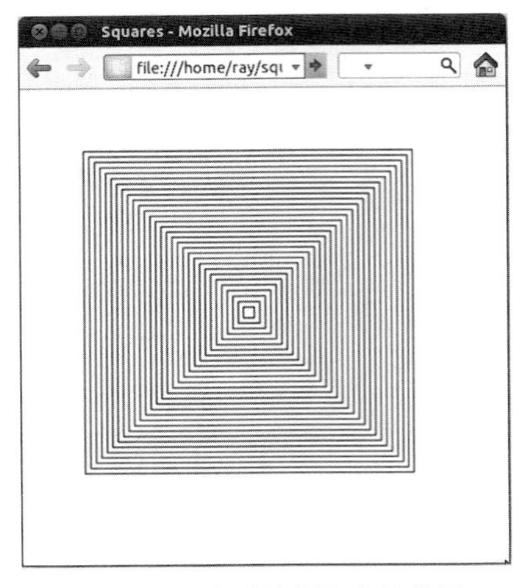

图 4-5　正方形绘制脚本的截图

```
<!doctype html>
<html>
  <head>
    <meta charset="UTF-8" />
    <title>Squares</title>
  </head>
  <body>
    <canvas id="squares" width="400" height="400">
      Your browser does not support the canvas element, sorry.
    </canvas>
    <script src="squares.js"></script>
  </body>
</html>
```

```
/*
 * 此脚本绘制嵌套正方形，其边长为 10, 20, 30, 40, …, 300,
 * 位于文档 id 为"squares"的 canvase 的中心。
 */
var canvas = document.getElementById("squares");
var ctx = canvas.getContext("2d");
var centerX = canvas.width / 2;
var centerY = canvas.height / 2;
for (var side = 10; side <= 300; side += 10) {
    ctx.strokeRect(centerX - side / 2, centerY - side / 2, side, side);
}
```

在处理数组时经常会使用 for 语句。在下面的例子中，需要处理一个单词列表，也就是字符串 words[0]、words[1]、words[2]，等等。如何“逐步遍历”这个列表呢？可以创建一个变量（称之为 i），它会在每次迭代中递增 1。[①]

```
// 显示一个字符串，由每个数组项目的首个字母组成
var words = ["as", "far", "as", "i", "know"];
var result = "";
for (var i = 0; i < words.length; i += 1) {
    result += words[i].charAt(0).toUpperCase();
}
alert(result);
```

① 我们为什么在 for 语句中选择变量 i 呢？回答：传统！这里的 i 扮演着数组元素索引（index）的角色，而 index 的首字母是 i。因为这个原因，程序员们在几十年前就开始使用 i，而且今天还在使用。

下面是另一个与数组有关的例子，它演示了一种常见模式，用于检查每个数组元素，看它是否满足某一条件。

```
// 显示一个数组中 0 的个数
var a = [7, 3, 0, 0, 9, -5, 2, 1, 0, 1, 7];
var numberOfZeros = 0;
for (var i = 0, n = a.length; i < n; i += 1) {
    if (a[i] === 0) {
        numberOfZeros += 1;
    }
}
alert(numberOfZeros);
```

注意这个示例还演示了如何在 for 循环的初始化部分声明两个变量。将 n 初始化为数组的长度，循环的终止检测变得简单了一点。[①]

除了迭代数值范围和数组元素之外，for 语句还经常用于迭代一个字符串中的各个字符。下面这个脚本要求用户输入一个包含字母的电话号码，然后给出对应的数字。我们将逐步遍历用户输入中的每个字符，并执行以下操作。

1. 如果字符是数字，则直接"将它传送"给结果字符串。
2. 如果字符在 A~Z 之间，则查找对应的手机键盘数字，并传送该数字。
3. 如果字符是其他内容，则忽略它。

```
var LETTER_TO_NUMBER = { A: 2, B: 2, C: 2, D: 3, E: 3, F: 3, G: 4,
    H: 4, I: 4, J: 5, K: 5, L: 5, M: 6, N: 6, O: 6, P: 7, Q: 7,
    R: 7, S: 7, T: 8, U: 8, V: 8, W: 9, X: 9, Y: 9, Z: 9 };
var phoneText = prompt("Enter a phone number (letters permitted)");
var result = "";
for (var i = 0; i < phoneText.length; i += 1) {
    var c = phoneText.charAt(i);
    if (/\d/.test(c)) {
        result += c;
    } else if (c in LETTER_TO_NUMBER) {
        result += LETTER_TO_NUMBER[c];
    }
}
alert("The phone number is: " + result);
```

在这个脚本中，输入 1-800-GO-2-UTAH 时生成的结果为 The phonenumber is: 18004628824，数字得以保留，大写字母被转换，破折号被忽略。

你有没有注意到我们在这个例子中添加的两个新功能?

- 如果 c 是一个包含数字（0~9 中的一个字符）的字符串，则/\d/.test(c)的求值结果为 true。
- 如果给定对象有一个名为 *x* 的属性，则 *x* in *object* 的求值结果为 true。

如果不需要排除非数字、非字母字符，可以缩短这一脚本。for 循环直接变为：

```
for (var i = 0; i < phoneText.length; i += 1) {
    var c = phoneText.charAt(i);
    result += LETTER_TO_NUMBER[c] || c;
}
```

这就是说，对于原字符串中的每个字符，如果 LETTER_TO_NUMBER 映射中有一个对应的字符，则使用这个映射值。否则，使用原字符本身。

在迭代另一类序列时也经常看到 for 循环：对象的链接结构。下面的代码片段对图 4-6 对象链中的所有分数求和。

① 因为这个初始化部分仅运行一次，而终止条件检测会运行多次，所以简化终止条件检测可能会在某些 JavaScript 引擎中获得较为快速的代码。虽然现在不需要关心为什么这种"优化"有效或无效的细节，但这种模式在 JavaScript 领域并不罕见，所以了解一点还是有好处的。

scores → score 29 / next → score 99 / next → score 47 / next null

图 4-6　对象链

```
var total = 0;
for (var p = scores; p != null; p = p.next) {
    total += p.score;
}
alert(total);
```

我们关于 for 语句的最后一个例子将演示嵌套循环，将生成图 4-7 中所示的乘法表。

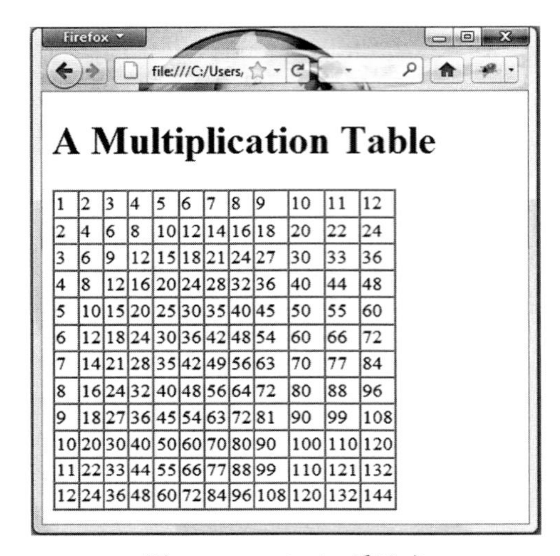

A Multiplication Table

1	2	3	4	5	6	7	8	9	10	11	12
2	4	6	8	10	12	14	16	18	20	22	24
3	6	9	12	15	18	21	24	27	30	33	36
4	8	12	16	20	24	28	32	36	40	44	48
5	10	15	20	25	30	35	40	45	50	55	60
6	12	18	24	30	36	42	48	54	60	66	72
7	14	21	28	35	42	49	56	63	70	77	84
8	16	24	32	40	48	56	64	72	80	88	96
9	18	27	36	45	54	63	72	81	90	99	108
10	20	30	40	50	60	70	80	90	100	110	120
11	22	33	44	55	66	77	88	99	110	121	132
12	24	36	48	60	72	84	96	108	120	132	144

图 4-7　JavaScript 乘法表

我们直接将题目和标题放在 HTML 中，让脚本以 document.write 操作生成实际表格。我们的 HTML 文件（multiplicationtable.html）就是：

```
<!doctype html>
<html>
  <head>
    <meta charset="UTF-8"/>
    <title>Multiplication Table</title>
  </head>
  <body>
    <h1>A Multiplication Table</h1>
    <script src="multiplicationtable.js"></script>
  </body>
</html>
```

现在让我们开发一个脚本，以程序方式写出这个表格的 HTML。需要介绍的 HTML 元素有：<table>，表示整个表格；<tr>，表示表格行；<td>，表示“表格数据”，当然，也可以把它看作表格单元格。表格包含行的列表，每一行又包含单元格的列表。得到的 HTML 为：[①]

```
<table border="1" cellspacing="0">
    <tr><td>1</td><td>2</td>...<td>12</td></tr>
    <tr><td>2</td><td>4</td>...<td>24</td></tr>
    .
    .
    .
```

① table 元素的 border 和 cellspacing 属性的含义可以在任一 HTML 参考资料中找到。

```
    <tr><td>12</td><td>24</td>...<td>144</td></tr>
</table>
```

我们的脚本写出起始的<table>标签，接下来是 12 个表格行（通过 for 循环定出），每一行都由<tr>元素包含，最后是结尾的</table>标签。每一行都需要一个辅助循环来生成表格单元格。由于这个循环嵌套在另一个循环内部，所以称之为*内层循环*。

```
var SIZE = 12;
document.write("<table border='1' cellspacing='0'>");
for (var i = 1; i <= SIZE; i += 1) {
    document.write("<tr>");
    for (var j = 1; j <= SIZE; j += 1) {
        document.write("<td>" + (i * j) + "</td>");
    }
    document.write("</tr>");
}
document.write("</table>");
```

毋庸多说，我们当然喜欢读者对这一脚本进行研究和实际练习。

回顾与练习

1. 编写一个 for 语句，显示 10，然后显示 9，以此类推，直到最后显示 0。
2. 编写一个小脚本，计算从 1 至 20（含）的整数乘积值。使用 for 语句。
3. 在图 4-6 中，如果最后一个对象的 next 属性不是 null，而是对链中第一个对象的引用，会发生什么情况？
4. 在乘法表脚本中，内层循环使用变量 j 来迭代各列，如果程序员意外地为内外两个循环索引都使用了变量 i，这个脚本会输出什么？

4.4.3 for-in 语句

JavaScript 包含一个用于迭代对象*属性名*的语句。这门语言将这一操作称为属性名的*枚举*。我们用一个例子来演示：

```
var dog = {name: 'Lisichka', breed: 'G-SHEP', birthday: '2011-12-01'};
for (var p in dog) {
    alert(p);
}
```

这个脚本将生成三条提示：一个给出 name，一个给出 breed，一个给出 birthday。这些属性的出现顺序是任意的。试试另一个对象：

```
var colors = ['red', 'amber', 'green'];
for (var c in colors) {
    alert(c);
}
```

在运行此脚本之前，考虑一下你预计这一代码会提示什么内容。别忘了，枚举是对*属性名*进行的，不是针对值。[①]变量 color 引用的对象的属性名是 0、1、2 和 length。但是，在运行这一代码时，你只会看到显示了 0、1 和 2。为什么没有看到 length 呢？

理由与如下事实有关：一个对象的每个属性，除了拥有值之外，还有几个*特性*（attribute）。

① 你是否认为这个脚本会显示红色、棕黄色和绿色？不要沮丧：除了 JavaScript 之外，大多数其他语言的确会显示这些信息。

特性	在为真时的含义
writable	属性的值可以修改
enumerable	这个属性将出现在属性的 for-in 枚举中
configurable	可以从其对象中删除这个属性，它的特性值是可以改变的

凑巧，数组的 length 属性的 enumerable 特性被设置为 false。由前面的例子知道，它的 writable 特性为 true。那 configurable 呢？拿出你喜欢的 JavaScript 环境，试一试！怎么试？可以创建 color 数组，然后求值。

```
delete colors.length;
```

看看会发生什么情况。如果有一个支持 ECMAScript 5 标准的 JavaScript 环境[①]，可以尝试。

```
Object.getOwnPropertyDescriptor(colors, "length").configurable
```

通过 JSLint 运行上述任一示例，都会注意到，除非选择了 Tolerate unfiltered for in 框，否则它们都无法通过。for-in 语句实际上会迭代一个对象的所有可枚举属性，既包括自己的属性，也包括继承来的属性。[②]JSLint 直接提醒你，你可能不是要遍历属性链中的每个属性。例如，如果你只对一个对象 x 的自有属性感兴趣，可以这样写：

```
for (var p in x) {
    if (x.hasOwnProperty(p)) {
        // 做些事情……
    }
}
```

关于迭代语句主题的最后一段话：

> 在迭代一个确定的值集时使用 for 或 for-in 语句，比如，一个数值范围、一个字符串的字符、一个数组的索引、一个对象的属性，等等。当退出循环的条件不是非常明显时，使用 while 或 do-while 语句。

回顾与练习

1. 修改与狗有关的小脚本，提示以下内容：必须用 for-in 语句生成这些提示，并用 object[property]符号提示属性值。

```
The dog's name is Lisichka
The dog's breed is G-SHEP
The dog's birthday is 2011-12-01
```

2. 在一个 shell 或运行器页面中，通过测试找出一个数组的 length 属性是否为 configurable。

4.5　中断

通常，语句都是按顺序一次执行一条。条件语句和迭代语句会稍微偏离这种有时被称作直线式代码的形式，但这种偏离是语句结构本身决定的，很容易识别。但还有四种语句的结构化不是这么强，它们对控制流的效果是中断性的。这些语句是：

---

① 如果忘了有关 JavaScript 不同版本的内容，可以复习 2.5 节。

② 3.6.3 节讨论了自有属性和继承属性。

- ❑ break，立即放弃执行当前正在执行的 switch 或迭代语句；
- ❑ continue，立即放弃一个迭代语句中当前迭代的剩余部分；
- ❑ return，立即放弃当前执行的函数（函数将在第 5 章介绍）；
- ❑ throw，将在 4.5.2 节介绍。

4.5.1 break 和 continue

break 语句将立即终止整个循环。在搜索数组（或对象链）时，这一语句特别有用，它会在你找到正在查找的内容之后立即停止搜索。

```
// 查找数组中第一个偶数的索引位置
for (var i = 0; i < array.length; i += 1) {
    if (array[i] % 2 === 0) {
        alert("Even number found at position " + i);
        break;
    }
}
```

continue 语句立即开始循环的下一次迭代，而不再完成当前迭代。当循环中的一些（而非全部）迭代生成有用信息时，这一语句非常有用。continue 语句就是说"嗨，这次迭代里没有什么要做的事情了，我马上要开始下一次迭代了"。下面给出一个例子：

```
// 计算一个数组中所有正数值之和
var sum = 0;
for (var i = 0; i < array.length; i += 1) {
    if (array[i] <= 0) {
        continue;     // 跳过非正数
    }
    sum += array[i]; // 累加正数
}
alert("Sumof positives is " + sum);
```

现在准备开始研究一个使用了 break 语句的更复杂的脚本，这个脚本判断用户的输入是否为*质数*。质数就是一个大于 1 且除了 1 和自己本身之外没有其他正约数的整数。质数在现代加密学中扮演着非常重要的角色。今天，通过互联网进行的安全数据传送严重依赖于质数的某些特定属性。

我们的脚本将要求用户输入一个数字，但因为用户可以输入任何内容，所以必须检查输入的内容确实是一个数字。事实上，要检查的不止这些：对于负数、非整数和超过 JavaScript 连续整数范围的数字，我们无法准确地测试其约数。你可能还记得，JavaScript 能够连接表示的最大整数大约为 9×10^{15}。

在这些检查之后，就来寻找能够整除用户输入值的整数。应当检测哪些数字呢？例如，如果想知道 107 是不是质数，就需要确保它没有除 1 和 107 之外的约数，这意味着需要验证，2, 3, 4, …, 106 中的任何一个数都不能整除 107。好在我们只需要检查最大为 $\sqrt{107}$ 的值（见本章末的第 24 题）。可以依次检查这些值，但只要找到一个约数，就可以停止查找了（break），并报告这个值不是质数：

```
var SMALLEST = 2;
var BIGGEST = 9E15;
var n = prompt("Enter a number and I'll check if it is prime");
if (isNaN(n) || n < SMALLEST || n > BIGGEST || n % 1 !== 0) {
    alert("I can only test integers between " + SMALLEST +
        " and " + BIGGEST);
} else {
    var foundDivisor = false;
    for (var k = 2, last = Math.sqrt(n); k <= last; k += 1) {
        if (n % k === 0) {
        foundDivisor = true;
        break;
    }
```

```
}
alert(n + " is " + (foundDivisor "not " : "") + "prime");
```

最后一个关于 break 和 continue 的示例要研究这样一个问题：如何中断“外层”循环？一种方法是对循环进行标记，然后在 break 语句中提及这个标记。让我们看看如何做到，假定有一个对象，记录了一组人选择的彩票信息。比如：

```
var picks = {
    Alice: [4, 52, 9, 1, 30, 2],
    Boris: [14, 9, 3, 6, 22, 40],
    Chi: [51, 53, 48, 21, 17, 8],
    Dinh: [1, 2, 3, 4, 5, 6],
};
```

另外，假定我们希望知道是否有人选择了数字 53。可以依次查看每个人选择的数字，但只要找到 53，就希望停止整个搜索，而不只是终止对当前人员选择数字的扫描。

```
var found = false;
Search: for (var person in picks) {
    var choices = picks[person];
    for (var i = 0; i < choices.length; i += 1) {
        if (choices[i] === 53) {
            found = true;
            break Search;
        }
    }
}
alert(found);
```

重要的是，可以随意标记脚本中的任意语句，不过，很少会为外层循环之外的语句使用标记，而且这种情况在实际中也非常罕见。

回顾与练习

1. 重写本节使用 continue 语句的例子，改为使用 break 语句。
2. 重写质数脚本，避免使用 break 语句。换句话说，将 for 循环代以 while 循环，用于检查是找到了合适的除数，还是已经检查了所有除数。

4.5.2 异常

有时，在运行脚本时会出一些问题，可能是因为编码错误导致的，比如编写的代码是计算 $E=mc^3$，而不是 $E=mc^2$，或者在希望用乘法时，却编写了加法代码。在这些情况下，脚本会一直运行，但可能会给出错误的结果。我们说这种脚本带有 bug。如果幸运的话，还是能看到输出结果，并会想到“这个结果不可能正确”，然后再去复查脚本，纠正错误。

但有时在运行脚本时，JavaScript 引擎会遇到一个不能执行的语句，或者不能求值的表达式。这时，脚本就不能继续运行了。引擎会抛出一个异常。如果没有捕获这个异常（稍后会看到如何做到），脚本就会立即停止运行。我们将这种情况称为崩溃。

为了更好地理解这一情况，考虑以下脚本：

```
alert("Welcome to my script");
var message = printer + 1;
alert("The script is now ending");
```

在脚本运行时，出现第一次提示，但由于第二条语句需要一个未声明变量 printer 的值（JavaScript 的一个错误），所以引擎会抛出异常。因为这一异常未被捕获，所以整个脚本都将被放弃，最后一条提示永远不被执行。如果是在一个已经打开的 JavaScript shell 中运行这一脚本，会看到一条未捕获异常的报告，如图 4-8 所示。

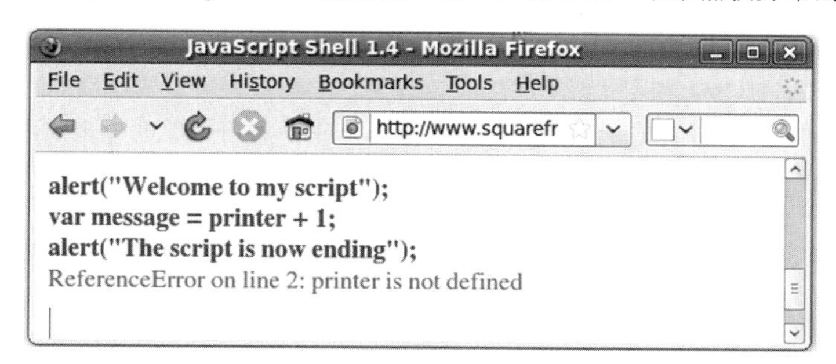

图 4-8 JavaScript shell 中的异常提示

除了使用未声明变量这种情况外，还有哪些操作会被看作错误，并导致 JavaScript 抛出异常呢？图 4-9 给出了三种情况：

- 将数组长度设置为负数（`RangeError`）；
- 从 `null` 值中读取属性（`TypeError`，因为只有对象拥有属性，JavaScript 不能将 `null` 转换为对象）；
- 执行不合乎 JavaScript 语法的代码，或对其求值（`SyntaxError`）。

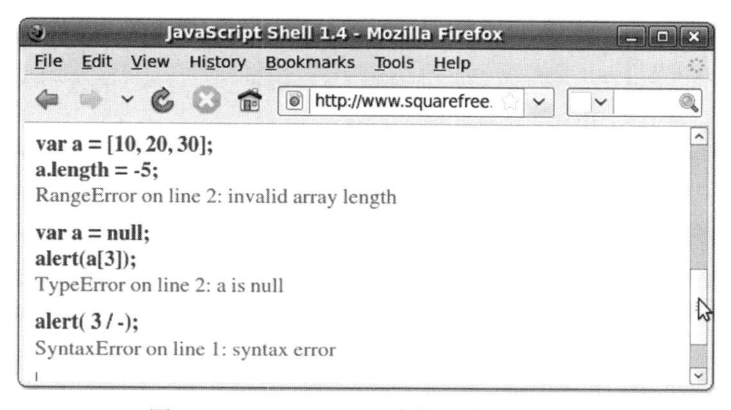

图 4-9 JavaScript shell 中的更多异常提示

我们可以使用 JavaScript 的 `throw` 语句在自己的代码中显式抛出异常。可以抛出自己想要的任何值；在下面的例子中，将抛出一个字符串：

```
alert("Welcome to my script");
throw "Ha ha ha";
alert("You will never see this message");
```

我们提到，未捕获的异常会导致脚本崩溃。要捕获异常，可以使用 `try-catch` 语句。这个语句的基本形式在另一个人为设计的示例中说明。

```
try {
    // 这是一个人为设计的示例，只说明了一个点
    alert("Welcome to my script");
    throw "Ha ha ha";
    alert("You will never see this message");
} catch (e) {
    alert("Caught : " + e);
}
```

`catch` 子句将一个变量（在本例中是 `e`，这是一个相当常见的选择）初始化为被抛出的值。在实践中，许多 JavaScript 程序员都需要抛出带有各种属性的对象，用以提供一些信息，来为其描述抛出此异常的问题。

例如：

```
throw {reason: "class full", limit: 20, date: "2012-12-22"};
```

当你拥有一些 JavaScript 经验之后，会发现在许多情况下，异常为特定的编程问题提供了非常自然的解决方案。只要你意识到，利用你当前拥有的数据，一个计算不能正常进行，那就应当抛出异常。例如，可能有人让你计算一项贷款的余额，但指定每年应当计算–5 次复利；或者你可能发现自己要处理一年中的第 64 周；或者要处理一个作为空字符串的密钥。有时，我们可以通过捕获这些异常从中恢复过来。

和大多数程序设计特性一样，异常也可能会被滥用。下面这个脚本要求用户从三扇分别标有 1、2、3 的门中选择一扇，并赢得藏在这扇门之后的奖励。

```
// 如果没有异常这将是更好的一个脚本
try {
    var PRIZES = ["a new car", "a broken stapler", "a refrigerator"];
    var door = prompt("Choose a door number (1, 2, or 3)");
    var prize = PRIZES[door - 1];
    alert("You have won " + prize.toUpperCase() + "!!");
} catch (e) {
     alert("Sorry, no such door.");
}
```

如果用户输入除 1、2、3 之外的任何值，`prize` 的值都将是 `undefined`，对 `undefined` 调用 `toUpperCase` 将会抛出一个异常。这个异常被捕获，并报告一条错误。这一点很难通过研究代码来发现，因此，我们说这一脚本的逻辑有些费解。它依赖于我们调用 `toUpperCase` 这一事实，它与输入无效门牌号的“问题”没有什么关系！我们最后用一个简单的 `if` 语句立即核实输入。

回顾与练习

1. 在 JavaScript 中除以零是否会抛出异常？
2. 如果在编写奖励脚本时没有使用 `toUpperCase` 调用，是否会抛出异常？为什么？
3. 重写关于三个奖项的例子，不使用异常。

4.6　应该避免的编码风格

因为 JavaScript 是一种功能强大的工业级程序设计语言，所以它提供了很大的灵活性，可供程序员用来表达计算。这门语言有几个语句我们还没有介绍，但却介绍了这些语句的许多变体。将每一种语句和每一种语句变体都塞在这一章里，并不一定有什么帮助；毕竟，我们在学习自己的母语时，也不是一下子就学习整门语言。

但关于语句，我们已经给出了足够的有用信息，可以用来生成专业级的脚本了。事实上，我们省去的许多东西也就那样被省去了，因为这些 JavaScript 功能不仅不必要，而且在我们看来，通常还会降低代码的可读性，或者增加引入编码错误的机会。不过，我们现在将介绍其中一些项目，因为你可能会在别人的代码中看到它们，还是需要知道它们的含义的。

4.6.1　不分块的复合语句

我们已经给出了以下一般形式的 `if`、`while`、`do-while`、`for` 和 `for-in` 语句。

```
if (test) { stmts }
if (test) { stmts } else { stmts }
if (test) { stmts } else if (test) { stmts }
if (test) { stmts } else if (test) { stmts } else { stmts }
while (test) { stmts }
do { stmts } while (test) ;
```

```
for (init ; test ; each) { stmts }
for (var variable in object) { stmts }
```

但事实上，上面使用语句序列（放在大括号）的位置，JavaScript 都允许使用单个语句。下面这两种写法是完全合法的：

```
if (count === 0) break;
```

或者

```
if (count === 0)
    break;
```

而不一定是优选的：

```
if (count === 0) {
    break;
}
```

从技术角度来说，任何一个放在大括号中的语句序列，其本身就是单条语句，称为*块语句*。因此，在任何需要使用单条语句的地方都可以使用块语句，但在实践中，如果只是为了使用块语句而使用块语句的话，看起来会很傻。下面的脚本虽然有点傻，却是合法的。

```
{{{{alert("Hello");}}}}
```

强烈建议遵循现代编码约定，仅在 `if` 语句和迭代语句中使用块语句。我们还强烈建议，应当*始终*使用块语句来构建这两种语句，哪怕简短形式可以减少键入工作。下面是这一建议的两个主要理由。

- 如果代码中有些语句使用大括号，有些不使用，从视觉上会显得有些不协调。当在同一条 `if` 语句中，有些候选项带有大括号，而另一些没有时，看起来尤其糟糕。缺乏一致性会让代码显得不平衡、不整洁，需要花费大量不必要的精力来领会其意图。
- 如果缺少大括号，在修改代码时更容易引入错误。这里给出一个经典示例。下面的脚本显示数字 0 至 9 的平方。

  ```
  for (var i = 0; i < 10; i += 1)
      alert(i + " squared is " + (i * i));
  ```

  程序员决定向循环体中添加一条语句，定义一个新变量，用来保存计算所得的平方，但他却忘了添加大括号。

  ```
  for (var i = 0; i < 10; i += 1)
      var square = i * i;
      alert(i + " squared is " + square);
  ```

因为 `for` 循环体总是跟在控制表达式（放在小括号内）之后的单条语句，所以这个脚本声明了变量 `square`，并重复为它赋值，最后一次为 81。在 `for` 语句完成之后将出现提示。这时，`i` 的值为 10，所以整个脚本给出单条提示“10 squared is 81”（10 的平方为 81）。如果养成了在复合语句中使用大括号的习惯，就永远不会犯这种错误。

仅在 `if` 语句和迭代语句中使用块语句，而且在这两种语句中也总要使用块语句。

4.6.2 隐式分号

官方的 JavaScript 定义表明，以下语句应当以分号（;）结束：变量声明语句、表达式语句（包括赋值）、`do-while` 语句、`continue` 语句、`break` 语句、`return` 语句（下一章将会看到这一语句）和 `throw` 语句。但是，这门语言的设计者允许程序员根据自己的意愿省略语句末尾的分号，依靠 JavaScript 引擎来指出哪个地方应当有分号。遗憾的是，这一规则降低了我们将长语句分跨在多行代码中的灵活性。关于处理缺失分号的技巧细节，可在[ECM09，7.9 节]找到，其中包含了一些建议，说明如何设置语句格式，以避免加大分号自动插入策略的负担。

4.6.3 隐式声明

我们曾经提到过，当你尝试使用一个尚未声明的变量时，JavaScript 引擎会抛出一个异常。但是，如果尝试为一个未声明的变量赋值，JavaScript 会自动为你声明这个变量。①

```
// 假定变量 next_song 从来没有声明过
next_song = "Purple Haze";
```

这个脚本不会抛出异常！许多人可能会说它应该抛出异常的，许多专家认为这个隐式声明是语言设计缺陷。在赋值中意外地错误拼写一个变量名，会导致一个新变量的声明，它不同于你本来想要赋值的变量。这个脚本将一直运行，直到发生了某些“跑偏道路”的事情，使错误很难查找。如果引擎在赋值时抛出异常，那会更好一些，因为这个错误的侦测就很容易了。②

我们绝对不应当依赖 JavaScript 的这一“功能”。JSLint 很明智地将它的应用报告为错误。

4.6.4 递增和递减运算符

回想一下，要更新变量的值，可以在表达式语句或 for 语句中使用一个赋值运算符，比如=或+=。还可以用++（递增）和--（递减）运算符更新变量。这些运算符可能需要一些技巧！当放在变量前面时，这个运算符会在对表达式求值之前更新变量；如果这个运算符放在变量之后，则在求值之后更新变量。

```
var x = 5;
x++;                // 现在 x 为 6
var y = x++;        // y 得到 6，然后 x 变为 7
var z = ++x;        // 首先 x 变为 8，然后 z 得到 8
var w = ++y + z++;  // y 首先得到 7，所以 w 得到 15，z 随后得到 9
```

这个脚本的最后一行不是非常完美。阅读此代码的人必须花费很大的力气才能想明白它要做什么。后面的注释对理解有所帮助，但并不能因此就原谅这段丑陋的代码。避免使用这些运算符，可以避免人们过度追求代码的简短而使其变得难以理解[Cro08, 112 页]。

4.6.5 with 语句

有时，我们会遇到一些包含 with 的语句。尽管在设计这门语言时，它似乎很像是一个有用的功能，但现在很多人都认为包含这一功能是个错误。我们基本不会在本书中介绍它，而是建议你参考[Cro08，110 页]，了解关于这一语句的描述及避免使用它的原因。

回顾与练习

1. 记下所有应当以分号结尾的语句。
2. 向 JSLint 提供一份包含隐式声明的脚本，并记下给出的错误。

4.7 本章小结

- 一个脚本就是一个语句序列，其中每条语句都会生成某一操作。JavaScript 语句包含声明、表达式语句、条件语句、循环语句和中断语句。

① 技术提示：自动声明的变量总是全局变量。全局变量将在下一章讨论。

② 的确存在一些程序设计语言，它们将这种“尽早错误检测”的思想又进一步，干脆拒绝运行那些使用未声明变量的程序。

- 我们可以将表达式的求值结果存储在变量中，在将来提取它们。变量在使用之前应当声明。如果在声明中没有指定初始值，则该变量的初始值为 undefined。
- 条件代码通常用 if 语句、switch 语句、?:运算符和短路运算符编写。但是，程序员也可以使用词典来代替条件代码的一些初级使用。
- while 语句在循环的顶端有一个检测，它的循环体可能一次都不会执行。do-while 语句的检测在其末端，因此其循环体至少会运行一次。
- 基本的 for 语句是极为灵活的，允许任意初始化、测试和“每次”代码（each-time code）。对于一个 enumerable 属性为 false 的对象，for-in 语句可以迭代其属性名。
- JavaScript 引擎在遇到它不能执行的语句或者不能求值的表达式时，会抛出异常。程序员可以用 throw 语句显式抛出异常。异常由 try-catch 语句捕获。
- 代码块是放在大括号中的语句序列，可以当作单个语句使用。在 if 语句和迭代语句的主体中使用代码块来表示操作，被认为是一种很好的编程实践。
- JavaScript 将在它认为你遗漏了分号的地方插入分号。程序员需要保护自己：总是明确使用分号来终结声明、表达式、do-while、throw、return、break 和 continue 语句。

4.8 练习

1. 给出以下脚本中变量 die1 和 die2 的初始值。

```
var die1, die2 = Math.floor(Math.random() * 6) + 1;
```

2. 假定你的朋友告诉你，一个表达式语句仅包含 prompt，但没有将结果指定给变量，那这个表达式就没有用。你是否同意他的观点？用下面的脚本来解释你的答案（模拟一个只说不听的人）。

```
prompt("Hi, how are you today?");
alert("Gee, that's great!")
```

3. 用你自己的语言解释以下两种做法的区别：尝试使用取值为 undefined 的变量；使用未定义的变量。
4. 以下脚本会显示什么？请解释。

```
s = "Kunjalo!";
s.toUpperCase();
alert(s);
```

5. 假设你的妹妹问你，为什么她在官方的 JavaScript 定义中找不到“删除语句”，尽管她一直在写出类似下面这样的语句：

```
delete player.winnings;
```

   你知道她是那种非常喜欢严格、准确的语言解释的孩子，你该告诉她什么呢？（注意：你不能就说一句“删除是一个运算符，小姑娘”。）
6. 以下表达式表示什么？

```
Math.random() < 0.75 ? "Heads" : "Tails"
```

7. 到目前为止，在这本书中，我们检查数字 *n* 是不是整数的方法就是对表达式 n % 1 === 0 求值。为什么可以这样做呢？一种替代方法是对表达式 Math.floor(n) === Math.ceil(n)求值。你更喜欢哪种方法呢？为什么？这些表达式在 n = 9876543219876543.25 时会给出什么结果？为什么？如果与你的预期不一样，你可以想出什么替代方法来检测整数？
8. 表达式 x < y ? x : y 适合做什么？
9. 回想本章的以下代码行：

```
var notice = "She is" + (present ? "" : "n't") + " here.";
```

如果省略括号，会发生什么情况？换句话说，解释以下语句的含义。

```
var notice = "She is" + present ? "" : "n't" + " here.";
```

10. 重写奖励级别脚本，避免使用没有 break 的 switch 语句。（*提示*：这个问题有一个特别好的解决方案，其中涉及对数组的 slice 操作。）
11. 下面是一个很糟糕但能正常使用的 switch 语句，它包含了可怕的“直落”行为。重写这一代码片段，避免使用 switch。（*提示*：这一代码片段中的月份名字表明它属于某一具体的自然语言，像这样的代码实际上不应当明确某一种语言的。用数字来表示月份，这一做法应当可以激发一些关于如何完全消除 switch 的想法。）

```
var days = undefined;
switch (month) {
    case "Jan":
    case "Mar":
    case "May":
    case "Jul":
    case "Aug":
    case "Oct":
    case "Dec": days = 31; break;
    case "Apr":
    case "Jun":
    case "Sep":
    case "Nov": days = 30; break;
    case "Feb": days = leapYear ? 29 : 28; break;
}
```

12. 修改给汽车喷漆的示例，如果你有一种喜爱的颜色，就将汽车喷为该颜色；如果没有喜爱的颜色，就将汽车喷为车库的颜色（如果知道该颜色的话）；否则，将其喷为红色。
13. 编写一段脚本，提示用户输入一个字符串，其中包含由空格分隔的数字，然后提示最小值、最大值和总和。例如，如果输入为 2 -9 3 4 1，该脚本应当显示 Minimum is -9, Maximum is 4, Sum is 1。（*提示*：对数组应用 split 操作，将输入字符串转换到一个要比较的数值数组中。）
14. 编写一个脚本，重复提示用户输入一个单词或短语，直到输入空字符串为止。在输入每个（非空）单词后，提示单词中的一个随机字母。
15. 编写一个脚本，提示用户输入一个字符串，然后显示输入的字符串是否为*回文*。回文就是一种字符串，它的正向拼写和反向拼写都是相同的，比如“I”“bob”“racecar”。试验该脚本的一些变体，比如不区分大小写的（允许“Abba”）和忽略非字母的（允许“Madam, I'm Adam”）。
16. 编写一个脚本，判断需要花费多少年才能达到一个投资目标，如下所述。提示用户输入初始钱数、年利率（以百分比形式给出）、最终希望获得的钱数。假定利息按年计复利。使用 while 或 for 语句，在计算年份时，增加当前的余额。如果你碰巧知道一个能够“一步”获得结果的公式，将它整合在一个第二脚本中。
17. 编写一个脚本，提示用户输入一个整数（在 1 至 10 000 范围内——必须对此进行检查），并报告在*考拉兹序列*中到达数值 1 所需要的步骤数。考拉兹序列是一个服从以下规则的正整数序列。

    - 如果序列中的数字 n 为偶数，则序列中的下一个数为 $n/2$。
    - 如果序列中的数字 n 为奇数，则序列中的下一个数为 $3n+1$。

    例如，如果用户输入 10，则脚本应当给出步骤数 6，因为序列如下：

    $$10 \rightarrow 5 \rightarrow 16 \rightarrow 8 \rightarrow 4 \rightarrow 2 \rightarrow 1$$

    显示 6 步。如果初始值为 1，则应当报告 0 步。

18. 在上面的例子中使用 `while` 或 `do-while` 语句是不是更好一点？为什么？
19. 回想 4.4.2 节的示例脚本，它生成了一个字符串数组的首字母缩写词。修改这一脚本，使它不是生成一个固定数组的首字母缩写词，而是提示用户输入一个字符串。新的脚本随后应当 `split` 输入字符串，生成一个数组，然后由本章生成缩写词的代码进行处理。
20. 修改上一题中的脚本，使它不是通过 `prompt` 接受数据，而是从一个 HTML 输入字段中获取。以第 2 章的温度转换器练习作为指南。
21. 在 4.4.2 节使用对象链的示例中，这个链以 `null` 结束，而不是以 `undefined` 结束。为什么是这样的？在回答时，请参考第 3 章 `null` 和 `undefined` 之间的区别。
22. 用你自己的语言解释以下脚本的行为。

```
var i = 0;
while (i < 10) {
    continue;
    i += 1;
}
alert("All done");
```

23. 用自己的语言解释以下脚本的行为。

```
for (var i = 0; i < 10; i += 1) {
    continue;
}
alert("All done");
```

24. 在检测一个正整数 n 是否为质数时，为什么只需要检测从 2 到 $\sqrt{2}$ 的除数，而不是检测到 $n-1$？
25. 假定你的朋友说：“在质数脚本中，以 `test * test <= n` 作为循环的终止条件，就可以避免其中的平方根计算。”这是不是一种改进？为什么？
26. 为质数检测脚本“加速”的一种方法如下。
    - ❑ 如果 n 能被 2 整除，立即就知道 n 是复数。
    - ❑ 否则，检测约数 3, 5, 7, 9, 11, …, $\sqrt{n}$ 。

    这种方法为什么有效？重写该脚本，使用这一改进后的算法。
27. 研究 JavaScript 的 `with` 语句。查看（网络上、网络下）认为该语句有害的文章。将这些主张汇总成你自己的一段简短文字。
28. 修改本章的彩票示例，显示选择 53 的人名。
29. 尝试在一个 JavaScript shell 中计算一个对象直接量表达式的值，比如 `{x: 0, y: 0}`。你已经知道了块语句和语句标签，试解释错误消息。是否有可能在 shell 中计算一个对象直接量的值？（提示：考虑小括号。）
30. 在我们对无区块语句的讨论中，没有提到 `try-catch` 语句。为什么没有？（你可能需要查阅 JavaScript 参考资料才能回答这一问题。）
31. 本章没有介绍的一个语句是空语句。阅读某本 JavaScript 参考资料中有关这一语句的信息。
32. 本章没有介绍 `throw` 语句的 `finally` 子句。阅读一本 JavaScript 参考资料，了解其中关于 `throw` 语句的完整描述，并编写一个使用 `finally` 子句的功能示例脚本。

函　　数

函数是一种执行特定计算的对象，比如计算营业税、在文档中查找单词，或者计算地图上两点之间的最短路径。函数只需编写一次，却可以反复使用。除了极为短小的脚本之外，几乎所有脚本都包含函数。

本章将展示如何定义和使用函数，涵盖了函数定义、参数传递、作用域、函数对象等各种技术细节，同时提供了大量示例。我们还会介绍 JavaScript 最有用、最强大的两种特性：将函数作为参数传递给其他函数的能力，将函数作为返回值返回的能力。学完本章，你就可以在自己的脚本里面定义和使用函数了。

5.1 黑盒

从概念上来讲，函数接受输入，进行计算，然后产生输出。图 5-1 给出了一个函数，它计算一个账户在 t 年之后的余额，其初始余额为 p，年利率为 r，每年取 n 次复利。

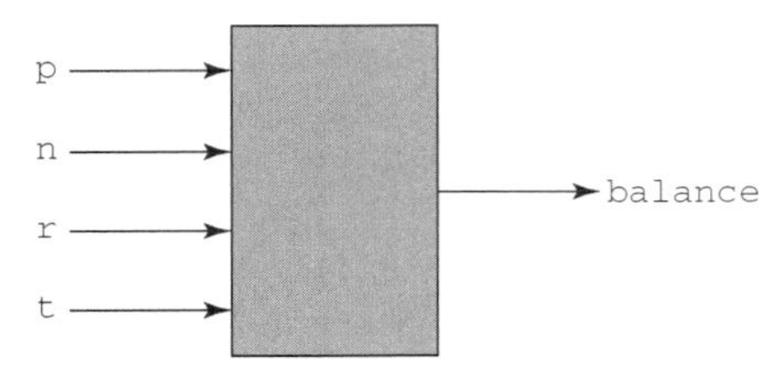

图 5-1　表示为黑盒的函数

要使用这个函数，只需向函数发送四个数值，并在其回应信息中获取计算所得的余额。我们不需要知晓（也不需要关心）这个函数在内部完成了公式 $p\times\left(1+\frac{r}{n}\right)^{nt}$ 的计算，也不用知晓（也不需要关心）计算机内部为执行这些算术运算执行了哪些机电过程。我们只关心函数的结果是什么，而不关心结果是如何计算出来的。因为函数的用户看不到其“内在工作”，所以我们把函数想象成黑盒子。

在日常生活中处处可以看到类似的情况。我们开车，但并不了解内燃机或者氢燃料电池；我们用微波炉加热食物，却不明白深层的物理学知识；我们发送即时消息、推文，打电话，却对文字、声音的编码与传输方式一无所知。我们把这种只看事物的主体部分而不关心细节的理念叫作抽象。函数则是对计算的抽象。

回顾与练习

1. 为何函数被称为黑盒？
2. 本节列举了抽象概念的一些例子，再举一个类似的例子。

5.2 定义和调用函数

在 JavaScript 中，函数类型值包含一个可执行的代码块，称为函数体，以及零个或多个输入，称为形参（parameter）。下面这个函数只有一个参数，它会计算此参数的三次方。

```
function (x) {return x * x * x;}
```

函数也是值，和数字、真值、字符串、数组及普通对象一样。因此，可以把函数类型值赋给变量。

```
var cube = function (x) {return x * x * x;};
```

要运行一个函数（或者说调用一个函数），可以向它传递一个放在小括号中的列表，其中是零个或多个实参（argument）。在被调用时，函数首先把每个实参值赋给对应的形参，然后执行函数体。如果存在 return 语句，它会将计算结果传回给调用者。下面的脚本展示了一个函数定义以及对它的三次调用。

```
// 定义函数——这时不会运行函数体
var cube = function (x) {
    return x * x * x;
};

// 进行三次调用，将函数体运行三次
alert(cube(-2));
alert(cube(10));
alert("在一个魔方中有" + (cube(3) -1) + "个立方体");
```

在第一次调用中，我们向函数 cube 传递了-2，cube 会把-2 赋值给 x，然后计算-2 * -2 * -2，并把结果值（-8）返回给调用处。这个值随后又被传给对 alert 函数的调用，我们之前已经见到这种情况了。

函数还可以有名字。函数有了名字，在调用时，就不一定要将它赋值给变量了。

```
function cube (x) {
    return x * x * x;
};
alert(cube(-2)); // 弹出-8
```

在 JavaScript 中，这种定义方式称为*函数声明*，类似于（但又不完全等同于）把函数赋值给一个同名变量。尽管很多（也许是大部分）程序员喜欢函数声明的方式，但我们更喜欢使用变量声明方式。我们会在本章结尾再解释理由，到时候大家会更容易理解；然而，我们觉得有必要提前说明函数声明的存在，因为这种方式非常普遍，你可能会奇怪我们为什么要忽略它。

很多函数没有参数。比如：

```
var diceRoll = function () {
    return 1 + Math.floor(6 * Math.random());
};
```

要运行这个函数，必须写成 diceRoll()，而不能写成 diceRoll。前一个表达式会*调用*函数，而后一个就是函数自身。这一点很重要！图 5-2 描绘了两者的区别。

```
alert(diceRoll() +"\n"
    +diceRoll() +"\n"
    +diceRoll() +"\n"
    +diceRoll
);
```

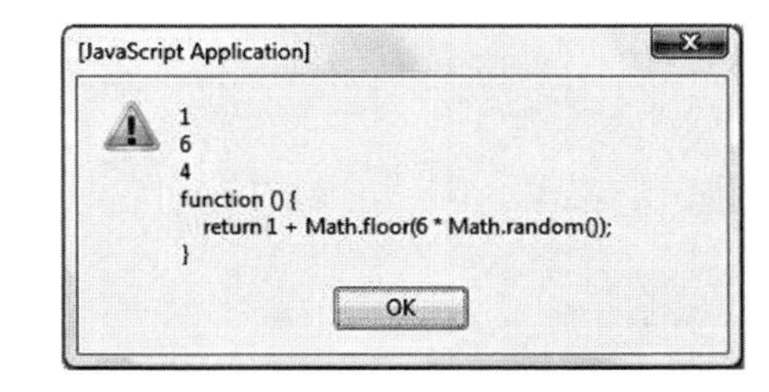

图 5-2　函数与函数调用

如果一个函数完成了其主体的执行，却没有执行任何 return 语句，它会返回 undefined 值。这个 undefined 值真的只是一个技术术语，因为在调用一个没有 return 语句的函数时，主要是为了它产生的效果，而不是为了它产生的任何值。

```
var echo = function (message) {
    alert(message + ".");
```

```
    alert("I said: " + message + "!");
}
echo ("Sanibonani");     // 调用这个函数最自然的方式
var x = echo("Hello");  // 为x赋值undefined，但是在实际中不会发生
```

如果没有为函数传递足够的实参值，则额外的形参变量会被初始化为undefined。

```
var show = function (x, y) {
    alert(x + " " + y);
};
show(1);  // 弹出"1 undefined"
```

回顾与练习

1. 写个脚本，定义一个函数，返回两个数的平均值。然后编写一个语句，以参数3和5调用该函数，并弹出窗口显示结果。
2. 写一个没有参数的函数，返回一个两元素数组，其中包含两次掷骰子的结果（可能不同）。

5.3 示例

我们现在已经知道如何编写函数，如何调用函数，如何传递实参，如何返回值。我们之前已经看到过四个示例函数，但是要精通函数的编写，四个例子还是不够的。

5.3.1 简单的一行函数

我们先继续看一些简单的“一行”算术函数。我们将遵循良好的编程实践：在每个函数之前都添加一些注释，解释这个函数做什么，但不会解释它是如何做的。

```
/*
 * 返回半径为r的圆的面积。
 */
var circleArea = function (r) {
    return Math.PI * r * r;
};


/*
 * 返回y能否被x整除。例如: divide(5, 20)返回true，但是divide(2, 17)返回false。
 */
var divides = function (x, y) {
    return y % x === 0;
};


/*
 * 返回一件商品打了一定折扣之后的价格。
 */
var discountedPrice = function (originalPrice, discountPercent) {
    return originalPrice - (originalPrice * discountPercent / 100.0);
}
```

我们可以（也将会）利用自己编写的函数来构建其他函数。

```
/*
 * 根据公历的一般规则，返回给定年份是否为闰年。一个年份为闰年的条件是：(1)可以被4整除但不能被100整除，或者(2)
 *可以被400整除。
 */
```

```
var isLeapYear = function (y) {
    return divides(4, y) && !divides(100, y) || divides(400, y);
};
```

函数调用是一些表达式，所以使用命令行进行示例调用是非常方便的。输入上面的函数，然后验证以下求值。

```
circleArea(2.5)              => 19.634954084936208
circleArea(0)                => 0
divides(5, 70343450)         => true
divides(7, 84934)            => false
isLeapYear(1900)             => false
isLeapYear(2000)             => true
discountedPrice(999.95, 25)  => 749.9625000000001
```

这些结果看上去挺合理的。如果你觉得最后一个计算好像是错误的，请复习一下 3.3.2 节中的讨论：JavaScript 中的算术计算经常给出近似值。[①]不过，现在来看一些不同寻常的调用：

```
circleArea(null)    =>  0
circleArea(false)   =>  0
circleArea(true)    =>  3.141592653589793
circleArea("dog")   =>  NaN
divides("dog", 5)   =>  false
divides("2", null)  =>  true
```

这些结果虽然看上去很怪，但我们在 3.8 节见过的类型转换规则会很自然地给出这些结果。回想一下，`true` 会被解释为 `1`，`"dog"`会解释为 `NaN`。我们可以自己亲自进行计算，看看为什么会是这样的结果。

```
circleArea(true) = Math.PI * true * true
                 = Math.PI * 1 * 1
                 = Math.PI
                 = 3.141592653589793

divides("dog", 5) = 5 % "dog" === 0
                  = 5 % NaN === 0
                  = NaN === 0
                  = false
```

回顾与练习

1. 写一个函数，计算出半径为 r 的圆的周长。
2. 写一个函数，计算出一个半径为 r、高为 h 的圆柱体的表面积。

5.3.2 验证实参

下面的例子中，让我们转换到金融领域。

```
/*
 * 返回一个账户在 t 年之后的余额，其中初始余额为 p，年利率为 r，每年计算 n 次复利。
 */
var balanceAfter = function (p, n, r, t) {
    return p * Math.pow( 1 + (r / n), n * t);
};
```

让我们用这两组参数进行测试：初始余额 1000 美元，月复利 5%，求 10 年之后的余额；初始余额 1 美元，每年翻番，求 20 年之后的余额。

---

① 但是，现实中的金融事务会使用高级复杂的数值算法来处理舍入，会取整到最接近的分值，避免在舍入过程中出现的误差导致钱的丢失，但是这些算法不会在本书中讲到。

```
balanceAfter(1000, 12, 0.05, 10) => 1647.00949769028
balanceAfter(1, 1, 1, 20)        => 1 048 576
```

到目前为止一切顺利。现在让我们考虑一下这个函数在实参异常时会如何表现。一个负的利率是否有意义？有，这样模拟了付出利息而不是积累利息。那负的年数是否有意义？有，它可以告诉你为达到给定余额所必需的初始余额。但如果复利计算期是负数会怎样呢？

```
balanceAfter(1000, -2, 0.05, 10)    => 1659.234181850974
balanceAfter(1000, -0.06, 0.05, 10) => 2930.1560515835217
balanceAfter(1000, -0.05, 0.05, 10) => Infinity
balanceAfter(1000, -0.02, 0.05, 10) => NaN
```

“每年–0.06 次复利”，它表达了什么含义呢？我们的函数会针对一个负的复利计算期给出最终余额，但是没有哪家银行会这样计算利息，因为你最后可能会获得大量的钱，当介于–0.05 和 0 之间时，会得到 NaN 美元！[①] 所以我们必须修正这个函数，让它抛出一个异常，“说明”负的复利计算期（在现实中）是没有意义的。

```
/*
 * 返回一个账户在 t 年之后的余额，其中初始余额为 p，按照年利率 r，每年计算 n 次复利。
 * 如果 n 为负数，则此函数抛出一个表示拒绝的字符串。
 */
var balanceAfter = function (p, n, r, t) {
    if (n < 0) {
        throw "不能进行负数次复利计算";
    }
    return p * Math.pow( + (r / n), n * t);
};
```

回顾与练习

1. 使用 p=1000，n=0，r=0.05 和 t=10，对 balanceAfter 函数求值。尽管使用这些参数对函数求值时会产生被零除错误，但结果仍然是有意义的。你认为这是为什么？
2. 改写 balanceAfter 函数，抛出一个 RangeError 对象而非字符串。

5.3.3　将对象引用作为参数传送

现在让我们超越数字与字符串函数，看一下向函数传递对象的情况。

```
/*
 * 返回一个数组中所有元素之和
 */
var sum = function (a) {
    var result = 0;
    for (var i = 0; i < a.length; i += 1) {
        result += a[i];
    }
    return result;
};
```

下面测试一下：

```
sum([])           =>  0
sum([10, -3, 8])  =>  15
```

没有太多惊喜。下面一个例子与上例多少有些类似，却使用了一种完全不同的风格。你能发现主要区别在

① 在数学上，这个结果是一个复数，JavaScript 不能直接处理复数。不过，我们可以在 JavaScript 中自行定义复数，当然会需要一定的工作量。

哪里吗?

```
/*
 * 把一个数组中的所有字符串都转换成大写
 */
var uppercaseAll = function (a) {
    for (var i = 0; i < a.length; i += 1) {
        a[i] = a[i].toUpperCase();
    }
};
```

区别在于，函数 sum 返回一个值，而 uppercaseAll 根本没有包含 return 语句！相反，它修改了传递给它的对象的属性。

```
uppercaseAll([])                        => undefined
uppercaseAll(["abc", "", "ab"])         => undefined
var dogs = ["spike", "spot", "rex"]
uppercaseAll(dogs)                      => undefined
dogs                                    => ["SPIKE", "SPOT", "REX"]
```

让我们强化一下这个重要的区别：仍然要编写一个将字符串数组转换为大写的函数，但这个版本不会修改数组实参中的原内容，而是返回一个新数组，其中包含了数组中各字符串的大写形式。

```
/*
 * 返回一个新数组，其内容与输入数组等价，只是所有元素都转成了大写
 */
var uppercaseStrings = function (a) {
    var result = [];
    for (var i = 0; i < a.length; i += 1) {
        result.push(a[i].toUpperCase());
    }
    return result;
}
```

现在看看这个函数是如何工作的。

```
uppercaseStrings([])                    => []
uppercaseStrings(["abc", "", "ab"])     => ["ABC", "", "AB"]
var dogs = ["spike", "spot", "rex"]
uppercaseStrings(dogs)                  => ["SPIKE", "SPOT", "REX"]
dogs                                    => ["spike", "spot", "rex"]
```

可以看到，实参 dogs 并未改变。确保你理解了最后这两个函数之间的区别。第一个函数修改了其实参的属性，第二个函数没有改动其实参，而是返回了一个新的数组。

回顾与练习

1. 写出两个函数，对数组中的每个元素求平方，也就是给定[1, -4, 2]，得出[1, 16, 4]。一个函数要返回新的数组，另一个则直接修改实参自身。

5.3.4 先决条件

下面这个例子会产生一个有意思的问题。

```
/*
 * 返回数组中的最大元素
 */
var max = function (a) {
    var largest = a[0];
    for (var i = 1; i < a.length; i += 1) {
```

```
        if (a[i] > largest) {
            largest = a[i];
        }
    }
    return largest;
}
```

它能正常工作吗?

```
max([7, 19, -22, 0])          => 19
max(["dog", "rat", "cat"])   => "rat"
```

到目前为止一切顺利。这个函数依靠>操作符依次比较数组中的连续值，跟踪当前找到的最大值（从第一个元素 a[0]开始）。现在>知道如何比较数字与数字、字符串与字符串，但奇怪的是，除非>两边的值都是字符串，否则 JavaScript 会把这两个值都看作数字，然后进行相应比较。有时，这种做法是没问题的。

```
max([7, "19", -22, "0"]) => "19"
```

但如果有一个值会被转换成 NaN，那么情况就不妙了。如果 x 或 y 为 NaN，表达式 x > y 会得出 false。例如，3 > NaN 是 false，NaN > 3 也是 false！这就表示：

```
max([3, "dog"])  => 3
max(["dog", 3])  => "dog"
```

当两个数组的元素完全相同，只是顺序不同时，一个非常有自尊的 max 函数难道不应当为其返回相同的结果吗？也许应当如此，但考虑到 3 和"dog"其实是不可比较的，所以计算这种数组的最大值基本上没有什么意义。那在这种情况下难道不应当抛出一个异常吗？很多语言都会这么做。其他语言甚至会拒绝运行包含这种比较的程序！然而，JavaScript 很愉快地运行了这种比较，然后给出了没什么意义的结果。如果愿意的话，可以尝试在代码里探测这些问题，或者也可以在描述函数的注释里“全面披露此信息”。

```
/*
 * 返回数组中的最大元素。 如果数组包含了不可比较的元素，函数会返回一个不确定的任意值。
 */
```

修改注释丝毫不会改变函数的行为，但它的确改变了函数与其用户之间的契约。函数在这个注释中承诺：只要调用者仅传递有意义的参数，那它就返回最大值；否则契约失效。函数对实参提出的这些约束条件称为先决条件。函数自身不会检查先决条件，没有满足先决条件只是会导致未指明的的行为。“先决条件”是编程圈子非常熟悉而且深刻理解的一个术语，所以我们将为引入先决条件的注释采用一种约定。

```
/*
 * 返回数组中的最大元素。先决条件：数组中的所有元素必须是可以互相比较的。
 */
```

在考虑没有意义的参数时，应当考虑空数组。毕竟，“空数组中的最大元素”听上去没有什么意义。让我们看看现在这个函数是如何处理这种情况的。首先，变量 largest 被初始化为 a[0]，由于数组中的索引 0 处没有元素，所以会得出 undefined；然后将一个 for 循环执行零次，不产生任何效果；最后，我们返回 largest 的值，仍然是 undefined。所以空数组的最大值就是 undefined。如果我们对此感到满意，应该在函数的注释中加以陈述；如果不满意，应当在函数的开头添加一些代码，在数组长度为零时抛出异常。到底怎么做，由你做主。

关于先决条件，还有最后一点需要注意：和注释一样，先决条件也可能被过度使用。比如，声明一个实参不应当为 NaN，看起来考虑得非常全面，但大多数程序员是将它作为隐含先决条件的。

回顾与练习

1. 用你自己的话来定义先决条件。
2. 本章早前的哪些例子可以在其介绍注释中使用先决条件?

5.3.5 关注点的分离

我们下面要举的这个例子几乎会出现在所有介绍编程的书中——一个质数判断函数。该函数接受一个输入值，然后返回它是否为质数。4.5.1 节给出了一份完整的质数脚本，它以 `prompt` 为输入，`alert` 为输出。当时，我们正在讲解完整的脚本，没有涉及函数这样的“高级”JavaScript 概念。我们现在学习的内容要多得多了，所以下面将对该脚本进行重构。重构就是对代码做结构性的调整，让其变得更好，一般（但不一定）是将大而混乱的代码分解成较小的组成部分。在这个案例中，我们要把用户交互与主要计算区分开来，将主要计算部分包装成一个漂亮的函数。

```
/*
 * 返回 n 是否为质数。先决条件：n 是一个大于或等于 2 的整数，在 JavaScript 可表示的整数范围之内。
 */
var isPrime = function (n) {
    for (var k = 2, last = Math.sqrt(n); k <= last; k += 1) {
        if (n % k === 0) {
            return false;
        }
    }
    return true;
}
```

请务必注意：这个函数只会返回它的实参是不是质数，并不会弹出一条说明判断结果的消息！其余脚本负责提示输入、检查错误、报告结果。

```
var SMALLEST = 2, BIGGEST = 9E15;
var n = prompt("输入一个数字，我会检查它是不是质数");
if (isNaN(n)) {
    alert("这不是个数字");
} else if (n < SMALLEST) {
    alert("我不能检测这么小的数字");
} else if (n > BIGGEST) {
    alert("这个数字对我来说太大了，无法检测");
} else if (n % 1 !== 0) {
    alert("我只能测试整数");
} else {
    alert(n + "是" + (isPrime(n) ? "质数" : "合数"));
}
```

重构后的代码体现了关注点的分离，这是一种很优秀的编程做法，它主要有两点好处。

- 分离关注点可以让复杂系统变得容易理解。对于像航天飞机或金融服务系统这样的大型系统，要理解或诊断其中的某个问题，必须能够确定一些具有明确行为的子系统。如果只是把一个大型系统看成一系列语句的集合，那就永远无法真正理解它。
- 将质数计算放到它自己的函数中，就能生成一段可以重复使用的代码，可以将它放到我们将来编写的任意脚本中。我们已经体验过函数的复用性了：我们已经调用过 `alert` 和 `Math.sqrt`，却不需要自己去编写其中的细节。

但我们这个质数函数的复用性到底如何呢？调用这个函数的脚本做了很多错误检查。如果真的希望这个函数只需编写一次，却能被数百个、数千个脚本调用，那期待这些“调用者”来做同样的错误检查是否公平呢？当然不公平了。我们可以在函数中检查错误。

```
/*
 * 返回其实参是否为 2 到 9e15 之间的质数。
 * 如果其实参不是整数或者超出 2 到 9e15 的范围，则会抛出异常。
 */
var isPrime = function (n) {
    if (n % 1 !== 0 || n < 2 || n > 9E15) {
        throw "这个数字不是整数或者超出范围";
```

```
    }
    for (var k = 2, last = Math.sqrt(n); k <= last; k += 1) {
        if (n % k === 0) {
            return false;
        }
    }
    return true;
};
```

注意，这个函数在遇到问题时会抛出异常，而不是弹出错误提示！这是很关键的。要使函数真正实现可复用，它永远都不应接管用户交流的责任。函数的不同用户对错误报告可能会有不同的需求。有些人会把错误写到网页的某个位置，有些人可能会把错误收集到一个数组中，有些人可能想用祖鲁语、夏威夷语、爱尔兰语、乌尔都语或匈牙利语来报告错误，预测用户可能使用的每种语言不是这个函数的任务。

当编写为调用者计算数值的函数时，应当通过抛出异常来指示错误。

回顾与练习

1. 为什么函数通常不应弹出提示结果或者错误信息？
2. 定义术语重构和关注点的分离。

5.3.6 斐波那契数列

本节最后一个例子是一个生成斐波那契数列的函数。斐波那契数列是一个非常值得注意的数列，在自然、音乐和金融市场中都会展现出它的属性[PL07]。这个序列的开头数字如下：

0, 1, 1, 2, 3, 5, 8, 13, 21, 34, 55, 89, 144, …

数列中的每个值（前两个除外），都是它前两个值的和。我们的函数会构造一个数组 `f`，从 `[0,1]`开始，然后不停地把最后一个元素（`f[f.length-1]`）和倒数第二个元素（`f[f.length-2]`）相加。因为函数只能处理整数，所以我们必须确保结果值不会超过 JavaScript 可以连续表达的整数范围，大约是 9×10^{15}。就目前来说，我们先作个弊，只生成其中的前 75 个数字，因为我知道这些数字是安全的。在本章末尾的练习中，你可以探索如何获得尽可能多的值。

```
/*
 * 返回一个数组，其中包含斐波那契数列的前 75 个数字。
 */
var fibonacciSequence = function () {

    // 从第一、第二个斐波那契数开始
    var f = [0, 1];

    // 计算从第 3 个到第 75 个数字
    for (var i = 3; i <= 75; i += 1) {
        f.push(f[f.length - 1] + f[f.length - 2]);
    }
    return f;
};
```

试试看。

回顾与练习

1. 本节脚本生成的最大斐波那契数是多少？
2. 改写这个斐波那契生成器，使其接受一个实参，表明要产生多少个斐波那契数。如果传入的参数不是介于 0 到 75 之间（含 0、75）的整数，则抛出一个异常。

5.4 作用域

利用函数，可以将任意复杂的计算进行打包，在调用者看来，就是一条单独的简单命令。请看以下计算阶乘[①]的函数：

```
/*
 * 返回n的阶乘。先决条件：n是一个介于0到21之间的整数（包含0和21）。（超过21，会返回近似值。）
 */
var factorial = function (n) {
    var result = 1;
    for (var i = 1; i <= n; i += 1) {
        result *= i;
    }
    return result;
};
```

这个函数声明了一个形参 n，以及它自己的两个变量：i 和 result。在函数内部声明的变量称为*局部变量*，和形参一样，属于函数自己，与脚本其他位置的同名变量完全无关。这点非常好，请看：

```
var result = 100;
alert(factorial(5));  // 显示120
alert(result);        // 当然，仍然是100
```

我们不会希望全局变量 result 仅仅因为我们计算了一次阶乘就发生改变。脚本的不同部分往往是由不同人编写的。编写函数调用部分的作者完全不知道在函数中会用到哪些变量。如果你调用了 alert 函数，而它改变了你的某些变量，你肯定不会高兴。

在 JavaScript 中，在函数内部声明的变量以及函数的形参均拥有*函数作用域*，而在函数之外声明的变量则具有*全局作用域*，称为*全局变量*。拥有函数作用域的变量只在声明它们的函数中可见，与外部世界隔离，就像我们前面看到的那样。下面这段非常简短的脚本更清晰地表明了这一点。

```
var message = "冥王星只是一个矮行星";
var warn = function () {
    var message = "你马上要看到一些争议性的东西";
    alert(message);
};
warn();          // 显示"你马上要看到一些争议性的东西"
alert(message); // 显示"冥王星只是一个矮行星"
```

这里有两个恰巧同名的不同变量。全局变量的作用域开始于它的声明位置，一直延伸到脚本结束，而局部变量的作用域则是声明它的函数体内部。在这种情况下，局部变量和全局变量的名字相同（message），其作用域重叠。在重叠区域中，最内层的声明优先。

局部变量对外部是隐藏的，无法从外部引用，而全局变量则能在函数中看到，除非你特地隐藏它们。

```
var warning = "不要双击提交按钮";
var warn = function () {
    alert(warning);      // 这里可以看到全局变量
};
warn();          // 提示"不要双击提交按钮"
alert(warning); // 提示"不要双击提交按钮"
```

能在函数中访问全局变量并没有什么令人惊讶的。实际上，我们已经用过了很多全局变量：alert、prompt、isNaN、Math，等等。如果不允许在函数中用它们，要完成任何事情都会面对巨大的阻碍。但是，这意味着我们要当心一个潜在的问题。

① 数字 n 的阶乘是从 1 到 n 之间所有数字的乘积。例如，5 的阶乘是 $1\times2\times3\times4\times5=120$。

```
var message = "新游戏的时间";
var play = function () {
    message = "正在玩";  // 哦!!!忘记了"var"
    alert(message);
};
alert(message);  // 提示"新游戏的时间"
play();          // 提示"正在玩"
alert(message);  // 提示"正在玩"。错误!
play();          // 提示"正在玩"
```

前面的脚本只定义了一个叫作 message 的变量，它的值由函数更新。在函数中修改全局变量几乎总被认为是非常差的编程实践：脚本中的函数进行“相互交流”的正确做法是通过函数实参和返回值，而不是通过全局变量。程序员应当尽量少使用全局变量，7.4 节将讨论这一建议背后的理由。

尽量减少全局变量的使用。具体来说，函数应该通过参数和返回值进行“交流”，而不是通过更新全局变量。

JavaScript 中局部变量的作用域包含了声明它们的整个函数体，这一事实又会导致另一种可能情况：全局变量是在声明之后才会出现，而局部变量则是在其函数开始执行时就马上存在的，即便变量是在函数体中间声明的。考虑以下代码：

```
var x = 1;
// 在此处，全局变量 x 已经存在，而全局变量 y 则尚未存在。
// 在此处使用 y 则会抛出一个 ReferenceError 引用错误。
var y = 2;
// 此时，全局变量 y 已经存在。
var f = function () {
    alert(z);          // 没有问题! 提示 undefined。
    var z = 3;
    alert(y + z);      // 当然会提示 5。
};
f();
```

当调用函数时，JavaScript 引擎会在该处创建一个对象，用以保存函数的形参和局部变量。形参会被立即初始化，获得调用时所传实参值的副本，所有局部变量会被立刻初始化为 undefined。在前面的例子中，在 z 声明前就引用了它，但并没有抛出 ReferenceError，其原因就在于此。

但是，尽管你知道局部变量在声明之前即可使用，但这并不意味着就应该使用处于未定义状态的局部变量。事实上，故意在定义变量之前就使用它们，几乎可以让所有阅读你代码的人产生混淆，所以这被认为是非常差的风格。很多 JavaScript 风格指南甚至更激进一些，认为所有局部变量都应当在函数体的第一行声明；JSLint 甚至还包含了一项设置，专门用于检查这一情况。

回顾与练习

1. 请定义术语作用域。
2. 列出并描述 JavaScript 的两种作用域。
3. 在下面的脚本中，会弹出什么提示内容？

   ```
   var x = 1;
   var f = function (y) {alert(x + y);}
   f(2);
   ```

   如果把形参 y 改名为 x，脚本会提示什么？
4. 有人让你的朋友写一个叫作 nextSquare 的函数，第一次调用它的时候返回 1，下次调用时返回 4，然后是 9，然后是 16，然后是 25、36、49、64，以此类推。

   ```
   var current = 0;
   ```

```
var nextSquare = function () {
    current += 1;
    return current * current;
};
```

变量 current 是全局的。哪里可能会产生问题？你要向朋友建议些什么？你能提出一种更好的 nextSquare 实现方法吗？

5.5 作为对象的函数

回想一下，JavaScript 中的每一个值，只要它不是 undefined、null、布尔值、数字和字符串，那它就是一个对象。因此，函数值也是对象，而且跟所有对象一样，也可以有属性。它们还可以像其他值一样，其本身是其他对象的属性。如果觉得这还不够有意思的话，我们可以使用一种特殊的 JavaScript 操作符，让函数制造一堆看起来、用起来都一致的对象——实际上就是创建了新的数据类型。本节会探讨函数在作为对象时带来的上述及其他有趣结果。

5.5.1 函数的属性

知道函数是对象之后，自然会问到一个问题：函数会具有哪些属性？简短的回答是可以在函数中存储任何你想放的东西。也许你想记录函数的被调用次数。

```
var average = function (x, y) {
    average.calls += 1;
    return (x + y) / 2;
}
average.calls = 0;

alert(average(4, 8));        // 提示 6
alert(average(10.5, 11));    // 提示 10.75
alert(average(0, 1));        // 提示 0.5
alert(average.calls);        // 提示 3
```

函数属性的其他用途包括：计算生成特定结果的次数（对于掷骰子或者是发牌很有用）、记住函数在给定实参下的返回值（10.3 节将看到这种情况），以及定义与特定对象集合相关的数据（在 7.2.1 节介绍）。

当创建了函数对象之后，JavaScript 会给其初始化两个属性。第一个是 length，初始值为函数的形参个数。

```
var average = function (x, y) {
    return (x + y) / 2;
};
alert(average.length);       // 提示 2（一个用于 x，一个用于 y）
```

第二个预定义属性是 prototype，其讨论延后到 5.5.3 节。

回顾与练习

1. 修改本章开头的掷骰子函数，使它记录扔出每个值的次数。你可以给函数指定 6 个属性（分别代表骰子的一面），也可以仅使用一个数组属性。
2. 做个试验，看看能否更改函数的 length 属性。

5.5.2 作为属性的函数

由于函数也是值，所以可以（也经常）作为对象的属性。把函数放在对象内部有两个主要理由，第一个理由就是把许多相关函数分为一组。例如：

```
var Geometry = {
    circleArea: function (radius) {
        return Math.PI * radius * radius;
    },
    circleCircumference: function (radius) {
        return 2 * Math.PI * radius;
    },
    sphereSurfaceArea: function (radius) {
        return 4 * Math.PI * radius * radius;
    },
    boxVolume: function (length, width, depth) {
        return length * width * depth;
    }
};
```

把许多函数组合到单个对象中，有助于组织和理解大型程序。人类不希望去尝试理解一个拥有数百个甚至数千个函数的系统，如果一个系统只有数十个软件组成部分，那我们理解起来会容易得多。例如，在一个游戏程序中，我们会很自然地为玩家、地貌、物理属性、消息传递、装备、图像等分别创建出子系统，每个都是一个（可能很大的）对象。

将函数作为属性的第二个理由是让程序从面向过程转向面向对象。例如，我们不一定要将函数看作对形状执行操作，而是将函数存储为形状的属性。将函数放在对象的内部，可以让人们专注于这些函数，让函数扮演对象行为的角色。

```
var circle = {
    radius: 5,
    area: function () {return Math.PI * this.radius * this.radius;},
    circumference: function () {return 2 * Math.PI * this.radius;}
};
alert(circle.area());            // 提示 78.53981633974483
circle.radius = 1.5;
alert(circle.circumference());   // 提示 9.42477796076938
```

这个例子引入了 JavaScript 的 this 表达式，这是一个相当强大的表达式，可以根据上下文表达出不同含义。当一个调用中引用了包含函数的对象时（比如前面例子中的 circle.area()），this 指的就是这个包含函数的对象。

使用 this 表达式的函数属性称为*方法*。因此，我们说 circle 有一个 area（面积）方法和一个 circumference（周长）方法。

回顾与练习

1. 将函数值用作对象属性的两个主要理由是什么？
2. 面向过程和面向对象的区别是什么？
3. 下面的脚本会提示什么？为什么？

```
var x = 2;
var p = {x:1, y:1, z: function () {return x + this.x;}};
alert(p.z());
```

4. 用你自己的话来解释什么是方法？并举个例子。

5.5.3　构造器

在上一节，我们仅定义了一个 circle 圆对象。但如果需要很多很多个圆，该怎么办呢？也许可以编写一个函数来生成这些圆。

```
// 错误的代码——不要这么做
var Circle = function (r) {
    return {
        radius: r,
        area: function () {
            return Math.PI * this.radius * this.radius;
        },
        circumference: function () {
            return 2 * Math.PI * this.radius;}
        };
};
var c1 = Circle(2);      // 创建一个半径为 2 的圆
var c2 = Circle(10);     // 创建一个半径为 10 的圆
alert(c2.area());        // 提示 314.1592653589793
```

这段代码表面上看没问题，却有一个严重缺陷。在每次创建一个圆时，也另行创建了额外的面积和周长方法。图 5-3 展示了前面创建两个圆的结果。

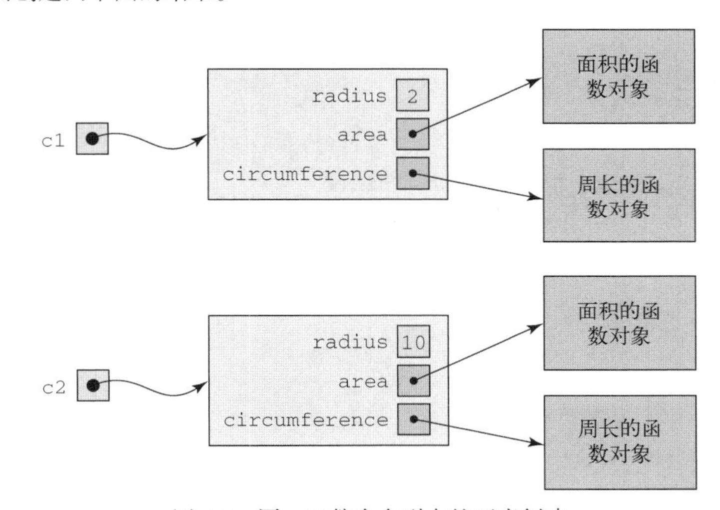

图 5-3 同一函数多个副本的不当创建

在创建多个圆时，会浪费大量的内存来保存面积和周长函数的冗余副本——这是很糟糕的事情，因为内存资源是有限的。当脚本耗尽内存时就会崩溃。幸好，JavaScript 的原型 `prototype`（在 3.6.3 节曾经遇到过）提供了一种解决方案。

```
/*
 * 一个圆的原型，其设计目的是作为下面用 Circle 函数创建的所有圆的原型。
 */
var protoCircle = {
    radius: 1,
    area: function () {return Math.PI * this.radius * this.radius;},
    circumference: function () {return 2 * Math.PI * this.radius;}
};
/*
 * 创建具有给定半径的圆。
 */
var Circle = function (r) {
    var c = Object.create(protoCircle);
    c.radius = r;
    return c;
};
```

每个通过调用 `Circle` 创建的圆都有自己的 `radius` 属性和一个隐藏链接，指向一个唯一的共享原型，其中包含了 area 和 circumference 函数（分别只有一个）。这是极好的，不过还是有一个小小缺陷。我们使用了两个全局变量——Circle 和 protoCircle。如果只有一个就更好了，这样可以让我们的原型圆作为 Circle 函数的一个属性。[1]我们现在就有了一种模式，用于很方便地定义一系列同种“类型”的对象。

```
/*
 * 一个圆数据类型。概要:
 *
 * var c = Circle(5);
 * c.radius => 5
 * c.area() => 25pi
 * c.circumference() => 10pi
 */
var Circle = function (r) {
    var circle = Object.create(Circle.prototype);
    circle.radius = r;
    return circle;
};

Circle.prototype = {
    area: function () {return Math.PI * this.radius * this.radius;},
    circumference: function () {return 2 * Math.PI * this.radius;}
};
```

我们可以应用这一模式，生成一个用于创建矩形的函数。

```
/*
 * 矩形数据类型。概要:
 *
 * var r = Rectangle(5, 4);
 * r.width => 5
 * r.height => 4
 * r.area() => 20
 * r.perimeter() => 18
 */
var Rectangle = function (w, h) {
    var rectangle = Object.create(Rectangle.prototype);
    rectangle.width = w;
    rectangle.height = h;

    return rectangle;
};

Rectangle.prototype = {
    area: function () {return this.width * this.height;},
    perimeter: function () {return 2 * (this.width * this.height);}
};
```

你是否注意到，我们的圆和矩形示例中有许多共性（重复性）？对于每类对象，(1) 我们创建一个原型对象，(2) 将原型链接到用构造函数创建的对象，(3) 让函数明确地返回所创建的对象。如果能以某种方式自动处理这三件事情，省得我们针对每类对象重复编写类似代码，岂不善哉？这种方式的确是存在的。

首先，我们并不需要明确创建要在一组对象之间共享的原型对象。JavaScript 中的每个函数对象都自动包含一个 prototype 属性——它们是免费的！5.5.1 节曾经提到，prototype 是函数两个预定义属性中的第二个，第一个是 length。只要函数一经定义，它的 prototype 属性就会被初始化为一个全新对象。（这个全新对象有其自己的一个属性，叫作 constructor，不过现在用不到它。）图 5-4 展示了一个新鲜出炉的函数，用于计算两个值的平均值。

---

① 我们当然也可以让这个函数成为原型圆的一个属性，甚至可以创建一个新对象，使创建函数和原型都作为其属性。在本章末尾的练习中将会探索这些替代途径。

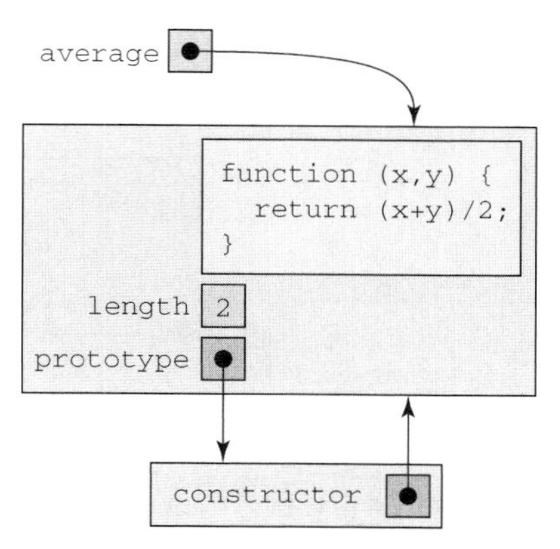

图 5-4 一个 JavaScript 函数对象

其次，在使用函数创建对象时，只要使用了魔法操作符 new，就无需明确链接原型，也无需返回新创建的对象。当你在函数调用之前加上了 new 时，会发生三件事情。

1. JavaScript 会创建一个全新的空对象，然后使用引用这个新对象的表达式 this 来调用此函数。

2. 新构造对象的原型被设定为函数的 prototype 属性。①

3. 该函数会自动返回新的对象（除非你明确要求函数返回其他东西）。

这些规则看上去很复杂，但看一个例子就清楚了。下面代码有一个产生圆的函数，展示了如何使用 new 操作符来调用该函数，以创建圆的实例。

```
/*
* 一个圆数据类型。概要：
*
* var c = new Circle(5);
* c.radius => 5
* c.area() => 25pi
* c.circumference() => 10pi
*/
var Circle = function (r) {
    this.radius = r;
};

Circle.prototype.area = function () {
    return Math.PI * this.radius * this.radius;
};

Circle.prototype.circumference = function () {
    return 2 * Math.PI * this.radius;
};


var c1 = new Circle(2);    // 创建半径为 2 的圆
var c2 = new Circle(10);   // 创建半径为 10 的圆
alert(c2.area());          // 提示 314.1592653589793
```

此脚本首先创建一个函数对象，我们将用变量 Circle 引用它。和所有函数一样，在创建它时，拥有一个第二对象，用作其 prototype 属性的值。随后，我们向这个原型对象添加 area 和 circumference 函数。接下来，我们用咒语 new Circle 创建一对圆对象。操作符 new 创建新的对象，其原型为 Circle.prototype，使我们得到图 5-5 所示的情景。

① 这可能会令人混淆！一个函数对象的 prototype 属性不是这个函数的原型，而是由该函数创建的所有对象的原型。

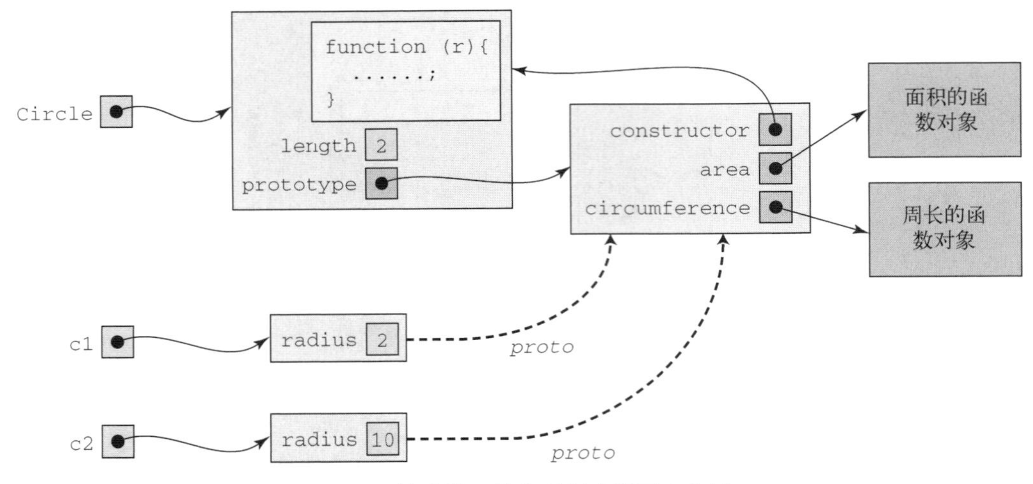

图 5-5　构造器函数和所创建的两个实例

根据设计，诸如 `Circle` 这样的函数就是要用 `new` 调用的，这种函数称为构造器。根据约定，我们用大写首字母为构造器命名，并省略 `return` 语句，优先使用 JavaScript 的自动功能返回新创建的对象。之所以要约定使用大写首字母，其原因将在下一节给出。

题外话：因为操作符 `new` 在"后台"做了如此之多的事情，所以需要花费一点精力来理解它。现在，没有 `return` 语句的构造器调用将返回对象，而不是返回通常的 `undefined`，新创建对象的原型将被神奇地指定给一个从来不会显式创建的对象。

这种方法不够直接，这可能是 JavaScript 语言中要添加 `Object.create` 的原因之一（将其作为 ECMAScript 5 的组成部分）。一些 JavaScript 程序员建议对于新脚本仅使用 `Object.create`，因为这样可以让对象与其原型之间的链接更为明确。明确的代码通常更易读、更易懂、更易于处理。坚持使用 `Object.create` 的另一个原因可能是出于哲学考虑：我们可以直接用对象来考虑问题（其中一些对象是原型对象），而不用另行引用"类型"的概念。[①]

但是，我们不能放弃构造器和操作符 `new`。JavaScript 从一开始就在使用它们，数以千计的现有脚本中都使用了它们，JavaScript 的许多内置对象都是通过这些方式构建的，所以我们需要真正理解它们。通过一些练习可以熟悉它们，对目前来说，请复习以下基本步骤。

> 要使用操作符 `new` 创建和使用一种自定义数据类型，比如圆：
>
> (1) 编写一个构造器函数，通过 `this.radius=r` 这样的赋值语句，为每个圆初始化一个独有的属性；
>
> (2) 将所有圆共享的方法指定给 `Circle.prototype`；
>
> (3) 通过调用 `new Circle()` 来创建特定圆。对于如此创建的每个圆，其原型将自动变为 `Circle.prototype`。

回顾与练习

1. 试解释 JavaScript 的原型机制如何简化了新"类型"对象的创建。
2. 原型对象中的 `constructor` 属性有什么意义？（提示：图 5-5 中 `c1.constructor` 和 `c2.constructor` 的取值是什么？）

---

① 这一哲学讨论超出了本书的范围。如果对此感兴趣，可以在许多讨论程序设计语言的文章和教科书中找到相关内容。可以搜索"原型继承与经典继承"（prototypal inheritance versus classical inheritance）等短语。

5.6 上下文

上一节介绍了表达式 this 扮演的四种角色中的两个。我们现在已经做好准备，可以全面讨论一下这个非常有用而又灵活的表达式了。说它是一个灵活的表达式，是因为它的含义取决于使用它的上下文。

规则 1：当在一个脚本的最顶级使用，或者在一个全局函数的内部使用时，this 指的是全局对象——全局变量是这个全局对象的属性。

```
this.x = 2;        // 为全局对象的属性 x 赋值
alert(x);          // 提示 2

var f = function (x) {
    this.y = x + 1;
};
f(2);              // 将 f 作为全局函数调用
alert(y);          // 提示 3
```

规则 2：当在一个方法体中使用时，this 指的是用来调用此方法的对象。（之前已经见过这种情况。）

```
var f = function (x) {
    this.y = x + 1;
};
var a = {y: 10, op: f};
var b = {y: 20, increment: f};

a.op(100);            // 通过 a 来调用 f
alert(a.y);           // 提示 101
b.increment(43);      // 通过 b 来调用 f
alert(b.y);           // 提示 44
```

规则 3：当用在一个以 new 操作符调用的函数中时，this 指的是新创建的对象。（之前也已经见过这种情况。）

```
var Point = function (x, y) {
    this.x = x;
    this.y = y;
};
var p = new Point(4,-5);    // 新创建的点
var q = Point(3,8);         // 危险！危险！！修改了全局变量 x 和 y!
```

上面最后一行表明，我们一定要非常注意，总是以 new 来调用构造器，以免修改了已有的全局变量，导致脚本运行失控。为减少发生这种意外的可能性，JavaScript 程序员用大写字母书写构造器的名字。可以使用一些工具（比如我们的朋友 JSLint）来扫描代码，查找被调用函数的名字为大写但却没有使用 new 前缀的情况。如果发现此种情况，程序员可能会受到训斥。

规则 4：利用函数方法 apply 和 call，可以专门定义一个希望用作 this 值的对象。

```
var f = function (a, b, c) {this.x += a + b + c;};
var a = {x: 1, y: 2};
f.apply(a,[10,20,5]);      // 调用 f(10,20,5)，以'a'为 this
f.call(a,3,4,15);          // 调用 f(3,4,15)，以'a'为 this
alert(a.x);                // 提示 58

var Point = function (x, y) {
    this.x = x;
    this.y = y;
};
var p = {z: 3};
Point.apply(p,[2,9]);      // 现在 p 为{x: 2,y: 9,z: 3}
Point.call(p,10,4);        // 现在 p 为{x: 10,y: 4,z: 3}
```

这些方法允许借用（或劫持）现有的方法和构造器，将它们用于一些本来没打算为其使用的对象。这些方法稍有不同：call 会传送其实参，而 apply 则将实参打包放在一个数组中。在 7.2.2 节将会看到，如何用它们来实现一种称为经典继承的编程技巧。

回顾与练习

1. this 有哪四种应用？
2. apply 和 call 之间有什么区别？
3. 以下脚本输出什么内容？为什么？

```
var p = {x: 1,f: function (y) {this.x += y; return this.x;}};
var q = {x: 5};
alert(p.f(1));
alert(p.f.call(q,3));
```

5.7 高阶函数

我们现在已经认识到，利用函数可以避免一遍又一遍地编写相同的代码。比如，如果必须对一大批信用卡号码进行加密，我们当然不愿意为每个信用卡都重复 50 行左右的加密代码。我们期望只编写一个加密函数，以信用卡号作为其形参。现在，我们的代码应当遵循 DRY（Don't Repeat Yourself，不要重复自己）原则——这是一件好事。如果我们重复自己，而且需要纠正代码中的一处错误，就需要在每个重复代码段中进行修改。这样不仅费时，而且容易导致错误——你怎么确保已经完成了所有必要修改呢？

有些时候，代码重复要更隐蔽一些。考虑下面两个函数：

```
var squareAll = function (a) {
    var result = [];
    for (var i = 0; i < a.length; i += 1) {
        result[i] = a[i] * a[i];
    }
    return result;
};


var capitalizeAll = function (a) {
    var result = [];
    for (var i = 0; i < a.length; i += 1) {
        result[i] = a[i].toUpperCase();
    }
    return result;
}
```

这两个函数只有很小的一点不同。它们都是向一个数组中的每个元素应用一个函数，并收集结果；但是，第一个函数是计算这些元素的平方，而第二个函数则是将这些元素变为大写。我们能不能仅为共同结构编写一次代码，然后用参数来实现它们之间的小小区别？利用 JavaScript 可以轻松实现，它们的小区别就是向每个元素数组应用的函数！

```
/*
 * collect([a0,a1,a2,...],f)将返回数组[f(a0),f(a1),f(a2),...],
 * 也就是说，它收集了通过向 a 中所有元素应用 f 后得到的值。
 */
var collect = function (a, f) {
    var result = [];
    for (var i = 0; i < a.length; i += 1) {
        result[i] = f(a[i]);
    }
```

```
    return result;
}
```

对每个数组元素实际执行的函数（比如求平方或转换为大写）现在作为实参传送。

```
var square = function (x) {return x * x;};
var capitalize = function (x) {return x.toUpperCase();};

var squareAll = function (a) {return collect(a, square);};
var capitalizeAll = function (a) {return collect(a, capitalize);};
```

对于这些小小的 square 和 capitalize 函数，我们甚至可以不为其声明变量。

```
var squareAll = function (a) {
    return collect(a, function (x) {return x * x;});
}

var capitalizeAll = function (a) {
    return collect(a, function (x) {return x.toUpperCase();});
}
```

让我们看看这些函数是如何工作的。

```
alert(squareAll([-2,5,0]));           // 提示 4,25,0
alert(capitalizeAll(['hi', 'ho']));   // 提示 HI,HO
```

函数*f*接受另一个函数*g*作为其实参(并在自己的函数体内调用*g*),这种函数*f*称为*高阶函数*。函数 collect 称为高阶函数，内置的 sort 函数也是如此。由 3.7 节可以回想起，a.sort()是如何根据字母顺序而非数字顺序对数组 a 进行排序的。但是，我们也可以向 sort 传送一个*比较函数*，使它采用不同的排序方式。比较函数就是我们自己编写的一个两实参函数，当第一个实参小于第二个时返回一个负值，当两个实参相等时返回 0，当第一个实参较大时则返回一个正值。

```
var a = [3,6,10,1,40,25,8,73];
alert(a.sort());                                   // 按字母排序
alert(a.sort(function (x, y) { return x - y; }));  // 按数值递增排序
alert(a.sort(function (x, y) { return y - x; }));  // 按数值递减排序
```

因为我们可以告诉 sort 函数，按照我们喜欢的任意方式来比较元素，所以可以编写一些代码，用几种不同方式对一组对象进行排序。

```
var team = [
    {id: 5, name: 'Paolo', age: 23, salary: 79850},
    {id: 9, name: 'Carla', age: 82, salary: 95226},
    {id: 1, name: 'Gretchen', age: 19, salary: 27500},
    {id: 7, name: 'Svetlana', age: 55, salary: 179200},
    {id: 2, name: 'Kemi', age: 69, salary: 99850},
];

// 按年龄递增排序
alert(team.sort(function (p, q) { return p.age - q.age; }));

// 按薪金递减排序
alert(team.sort(function (p, q) { return q.salary - p.salary; }));

// 按姓名递增排序
alert(team.sort(function (p, q) {
    return p.name < q.name ? -1 : p.name > q.name ? 1 : 0
}));
```

我们刚刚表明了可以将函数传送给其他函数，但并没有实际说明*为什么*要这么做，只是给出了一个事实：这样有助于避免重复编写某些代码——这通常就是一个足够好的原因。在第 6 章将会看到，在 Web 页上设置

定时器、与用户操作进行交流时，经常会传送函数。它也是人工智能编程中最为重要的程序设计范例之一。而且如[Spo06]所示，它有助于构建非常大的分布式应用程序——在10.4节将对此做更多讨论。

*高阶函数*一词不仅适用于以函数为实参的函数，还适用于返回函数的函数。这些函数经常在高级JavaScript程序设计中出现，但我们现在可以给出一个简单例子。下面是三个简单函数：

```
var withParentheses = function (s) {return "(" + s + ")";};
var withBrackets = function (s) {return "[" + s + "]";};
var withBraces = function (s) {return "{" + s + "}";};
```

这三个函数非常类似。可以怎样对其进行重构呢？这三个函数中的每一个都可以由另一函数构造而成，只需告诉构造者要使用哪种分隔符即可。

```
var delimitWith = function (prefix, suffix) {
    return function (s) {return prefix + s + suffix;}
};
var withParentheses = delimitWith("(", ")");
var withBrackets = delimitWith("[", "]");
var withBraces = delimitWith("{", "}");
```

`withParentheses`、`withBrackets`、`withBraces`这三个函数都称为*闭包*。粗略地说，JavaScript闭包是一种函数，它的函数体使用了来自外围（enclosing）函数的变量。闭包在一些非常高级复杂的JavaScript结构中扮演着不可或缺的角色，比如在序列生成器和模块中。第7章和第10章将进一步研究它们。

回顾与练习

1. 定义术语*高阶函数*。
2. 使用本节的`collect`函数，编写和测试一个函数，将一个数组中的每个元素均取反。
3. 编写一个函数，根据半径值的递增顺序，对5.5.3节的圆对象数组进行排序。
4. 编写一个仅有一个形参x的函数，返回一个函数，将这个x加到新函数的唯一形参。

5.8　函数声明与函数表达式*

JavaScript的强大功能之一就是它的函数也是值，“就像”是布尔、数字、字符串、数组、所有对象一样，许多计算机科学家认为这是它最美丽的特征之一。可以将函数赋值给变量，存储为一个对象的属性，作为参数传送，从函数中返回。[①]希望你不会对此过于惊讶！我们之所以要提到它，是因为其他许多语言都拒绝提供函数的许多此类功能。

在将一个函数表达式赋值给一个变量时，比如在下面的脚本中

```
var circleArea = function (x) {
    return Math.PI * x * x;
};
```

就清楚地表明了在JavaScript中“函数就跟其他值一样”。但在本章开头曾经提到，还有另外一种创建函数对象的方法。

```
function circleArea(x) {
    return Math.PI * x * x;
}
```

后一种形式的官方名称为*函数声明*，它的工作方式与前者非常相似：它（有些神奇地）声明一个名为

① 一个术语专门表示可以通过所有这些方式使用的值，那就是一类值。

circleArea 的变量，并用一个函数值来初始化该变量。但这两种定义形式是不同的。

1. 函数声明不能出现在代码中的某些地方。

2. 通过函数声明引入的变量遵循不同于普通变量的作用域规则。（在本章最后的一道习题中可以明白到底有何不同。）

具体来说，函数声明只能出现在脚本中的全局位置，或者出现在一个函数体的“顶级”，不允许出现在语句内部。[1]根据官方的 ECMAScript 规范[ECM09]，下面的代码应当存在一处语法错误。

```
if (true) {
    function successor() {return x + 1;} // 不允许
}
```

唉，如果只是这样就容易了！该规范在第 96 页指出：

> 人们已经知道 ECMAScript 中几个广泛使用的实现是支持以“函数声明”作为“语句”的。但这些实现赋予此类“函数声明”的语义存在一些重大而不可调和的差异。由于这些不可调和的差异，将“函数声明”用作“语句”时，可能无法可靠地在这些实现之间移植代码。建议 ECMAScript 实现禁止使用“函数声明”，或者在遇到此类用法时发出警告。

这里的戒律是：即便浏览器允许，也绝对不要将函数声明放在一条语句内。

考虑到函数声明放置位置的限制，专用的作用域规则，以及函数声明会模糊变量定义，使函数看起来不同于其他类型的对象的事实，所以我们倾向于避免使用函数声明。总是可以使用函数表达式，在本书后面将会看到，在模块创建、Web 程序设计和网络程序设计等大多数模式中，函数表达式几乎是必需的。尽管函数声明可能很方便，但对于这门语言的表达能力没有任何提升，只是“多了一项需要学习的内容”。

无论是否选择使用函数声明，它们的存在都会影响我们编写特定表达式的方式。因为函数声明以单词 function 开头，所以 JavaScript 的设计者决定任何语句都不能以这个单词开头，以免读者混淆。这意味着，如果希望直接调用一个函数表达式（在这种情况下，我们说这个函数是一个*匿名函数*），则必须在调用的前后添加小括号。

键入：`function (x) {return x + 5}(10)`

响应：`SyntaxError on line 1: syntax error`

键入：`(function (x) {return x + 5}(10))`

响应：`15`

但如果一个人在定义函数时只是为了马上调用它，那为什么还要定义函数呢？上面给出的具体例子根本没有实际用处，但经常会使用这种程序设计模式来做一些相当复杂的事情。在 7.4.2 节将会介绍到它。

回顾与练习

1. 避免在脚本中使用函数声明的两个理由是什么？
2. 试验匿名函数调用。JavaScript 允许将整个调用放在括号内，还是仅将调用中的函数值放在括号中？为什么？

5.9 本章小结

- 函数值就是一个带有参数的代码块，可能根据需要任意运行（或“调用”）。

---

① 这里是一些骇人听闻的细节：脚本就是由语句和函数声明组成的序列[ECM09，第 100 页]，函数体也是如此。但是，在 for、while 和 try 语句等结构中使用的块语句则只能包含语句。

- 在调用一个函数时，我们会向它的形参传送实参。多余的形参会被初始化为 `undefined`。函数可以通过 `return` 语句向调用者返回结果。如果从来没有执行 `return` 语句，则函数返回 `undefined`。
- JavaScript 函数是值，因此可以指定给变量、存储在对象属性中、作为实参传送给其他函数、从函数中返回。
- 一种好的编程实践是：在为函数做注释时，应当说明这个函数做些什么，而不是它如何做。
- 在编写处理对象的函数时，必须做出决定：是希望这个函数修改其对象实参的属性，还是返回新对象。
- JavaScript 变量要么具有全局作用域，要么具有函数（局部）作用域。
- JavaScript 函数有两个属性：`length` 和 `prototype`。`prototype` 对象用于存储一些属性，可供该函数创建的所有对象访问，实际上就是允许定义新类型。我们可以向函数添加更多属性。
- 有的函数可以作为对象的属性，有的函数可以通过 `this` 表达式引用对象的其他属性，这种函数称为方法。方法是面向对象程序设计中的核心概念。
- 高阶函数就是以函数为形参或者返回函数的函数，它们可以简化几种程序设计任务，可以减少脚本中的共同代码数量。
- 函数可以用函数声明定义，可以直接使用函数表达式定义，也可以通过向变量或对象属性指定函数表达式来定义。函数声明尽管方便，却不能在某些上下文中使用，其作用域规则不够直观，会模糊一个事实：函数就是值，与其他值没有区别。

5.10　练习

1. 编写一个函数，返回两个实参的较大值。例如，调用 `larger(-2, 10)`应当返回 `10`。
2. 编写一个函数，返回两个实参的平均值。例如，调用 `average(-2, 10)`应当返回 `4`。
3. 编写一个函数，返回一个数组中所有项目的平均值。例如，`average([4, 5, 7, 2])`应当返回 4.5。
4. 解释运行以下脚本的结果，在你的回答中应当使用“结合律”一词。

```
var cubeOf = function (x) {return x * x * x;};
alert("魔方中共有" + cubeOf(3) - 1 + "个立方体");
```

5. 编写一个函数，接受两个数字，并返回介于这两个值之间的一个随机数。
6. 编写一个函数，接受三个值，并返回其中值。三个数值的中值就是大于或等于另两值中的一个，小于或等于剩下的那个值。
7. 编写一个函数，返回一个给定数组中 0 的个数。例如，调用 `numberOfZeros([4,0,false,5,0])`应当返回 `2`。
8. 编写一个函数，返回一个给定字符在一个字符串中的出现次数。例如，给定字符串`"Rat-a-tat-tat"`和字符 `t`，这个函数应当返回 `5`。
9. 本章 `balanceAfter` 函数的原始版本在 p=1000，r=0.05，t=10，n= –0.02 时生成数值 `NaN`。但是，Google 和 Wolfram Alpha 等主流搜索引擎上的计算器却会返回一个相当好的数字。在 Google 上搜索以下项目，并记录答案。

   (a) `1000*(1+(0.05/12))^(12*10)`

   (b) `1000*(1+(0.05/1))^(1*10)`

   (c) `1000*(1+(0.05/-2))^(-2*10)`

   (d) `1000*(1+(0.05/-0.02))^(-0.02*10)`

   在这些搜索中，Google 给出了当本金为 1000 美元，年利率为 5%，每年分别计算 12、1、–2、–0.02 次复息时，10 年后的余额。当 n=–0.02 时，为什么 Google 会给出一个优于 `NaN` 的答案？
10. 使用 Wolfram Alpha 决策引擎（http://www.wolframalpha.com/）判断，为什么当复利周期数为负数时，

本章的原始 balanceAfter 函数会给出让人讨厌的结果。要求 Wolfram Alpha 绘制函数 $1000*(1+0.05/n)^{10n}$，并解释当 n 为负值时的结果。

11. 如果向本章的 sum 函数提供的实参不是数组，它会产生什么结果？这是否会令人不安？试讨论是否应当改写此函数，以检查非数组实参的情况。
12. 用你自己的语言来解释本章 uppercaseStrings 和 uppercaseAll 函数之间的区别。你更喜欢哪一个？其中的哪一个似乎需要 JavaScript 引擎执行“更多工作”？哪一个似乎需要使用此函数的程序员进行“更多工作”？
13. 你准备如何改写本章的 max 函数，实现当它发现两个数组元素不可比较时抛出一个异常？
14. 搜索并阅读一些有关重构的文章。用自己的语言解释这一概念。
15. 用以下实参在命令行中测试 isPrime 函数：undefined、null、false、true、"4"、"2"、"2"和[19]。
16. 下面是本章前面斐波那契生成器的修订版本，但它是错误的。运行此脚本，看看最后生成的数值。为什么它不是前两个值之和？

```
var fibonacciSequence = function () {
    var f = [0,1];
    while (f[f.length - 1] < 9E15) {
        f.push(f[f.length - 1] + f[f.length - 2]);
    }
    return f;
};
```

纠正这一脚本，使它在 JavaScript 所能精确表示的数值范围内，收集尽可能多的斐波那契数。

17. 详细解释以下脚本会输出什么内容。

```
var x = 5;
var f = function () {alert(x); var x = 10; alert(x);};
f();
alert(x);
```

18. 详细解释在运行以下脚本时会发生什么情况。

```
var shout = function () {
    var message = "HEY YOU";
    alert(message);
};
shout();
alert(message);
```

19. 详细解释在运行以下脚本时会发生什么情况。

```
alert("Hello");
var alert = 2;
alert("World");
```

20. 下面给出一种方法，用来定义一个名为 nextFib 的函数，它的行为方式如下：第一次调用它时返回 1，下一次调用时返回 1，然后是 2，然后是 3，然后是 5。每次调用它时，都会返回下一个斐波那契数。

```
var a = 1; var b = 1;
var nextFib = function () {
    var old_a = a; a = b; b = old_a + b; return old_a;
};
```

如果在两次连续调用期间，有人修改了全局变量 a 或 b 的值，会发生什么情况？

21. 下面是上一题中 nextFib 函数的另一个版本。

```
var nextFib = (function () {
    var a = 1;
    var b = 1;
```

```
    return function () {
        var old_a = a; a = b; b = old_a + b; return old_a;
    }
}());
```

这段代码能否正常工作？它是否解释了上一道中说明的安全漏洞？为什么？

22. 给定如下脚本：

```
var Point = function (x, y) {
    this.x = x;
    this.y = y;
};
Point.prototype.distanceToOrigin = function () {
    return Math.sqrt(this.x * this.x + this.y * this.y);
};
var p = new Point(-4,3);
```

以下各项的取值为多少？

(a) `p.x`

(b) `p.y`

(c) `p.distanceToOrigin()`

(d) `p.constructor`

23. 将上题中的 `Point` 对象（及其原型）扩展为表示三维点的数据类型。
24. 改写上题中的 `Point` 对象，使它使用 `Object.create`，而不是构造器，如下所示。创建一个具有两个属性的 `Point` 对象。第一个属性为 `prototype`，它是后续创建的所有点的原型，它将包含计算“到原点距离”的方法；第二个属性为 `create`，它返回一个新点对象，用 `Object.create` 创建，它的原型为 `Point.prototype`。
25. 为地球表面上的点编写一个 JavaScript 构造器函数。每个实例应当有一个纬度和一个经度。验证构造器的参数，使纬度范围为–90~90，经度范围为–180~180。在这个原型中，提供以下方法：

(a) `inArcticCircle`

(b) `inAntarcticCircle`

(c) `inTropics`

(d) `antipode`

26. 用 `Object.create` 代替构造器来实现上题中的点类型，如下所示。定义一个名为 `Point` 的对象，它是地球表面的原型点；它应当包含上题中定义的四个方法。增加另外一个名为 `create` 的方法，它将使用 `Object.create` 构建一个新点，其原型就是 `Point` 本身。
27. 为电影对象编写一个构造器。一部电影应当有一个标题、一个 MPAA 评分、一个导演列表、一个制作人列表、一个工作室和一个发布日期。
28. 如果已经创建了一个构造器函数 *f*，`f.prototype` 是否为 *f* 的原型？如果不是，它是谁的原型？你是否认为这个属性的名字选择得很恰当？为什么？
29. 组织一场讨论，或者坐在舒适的椅子中，或者在一个白板前，比较创建新对象“类型”的各种机制。试考虑：

- 在创建函数内部使用 `Object.create`，使用作为创建函数属性的原型；
- 定义一个原型对象，其中包含了某一方法，它会调用 `Object.create`，使它自己成为新创建实例的原型；
- 使用构造器和操作符 `new` 的传统方法。

如果你是一位新程序员，可在一年后或进行一些研究后复习本题，并邀请一位经验丰富的 JavaScript 程序员参加你们的讨论。

30. JavaScript 提供了一个名为 Date 的内置对象，它是一个构造器。研究这一函数，并回答以下问题。
    (a) 表达式 new Date()将生成什么？
    (b) 表达式 new Date(2009, 0, 20)将生成什么？
    (c) 如果 d1 和 d2 是日期对象，表达式 d1.valueOf() - d2.valueOf()将生成什么？
31. 我们在 3.9 节曾经见到了 JavaScript 的 typeof 操作符，它会为 null 和数组生成字符串"object"。编写一个名为 type 的函数，它的行为方式与 typeof 操作符类似，只是它会为 null 返回"null"，为数组返回"array"。你需要做一些研究，确定一种最佳方法来判断一个值是否真的是一个数组。
32. 编写一个名为 twice 的函数，它接受一个函数 f 和一个值 x，并返回 $f(f(x))$。
33. 定义一个名为 toTheEighthPower 的函数，它接受一个值 x，并返回 x^8。使用本章定义的 square 函数和上一题中定义的 twice。
34. 假定你的朋友试图用错误的表达式 collect(a, square())来实现本章的 squareAll 函数。试解释为什么这样做是错误的。
35. 考虑：

```
alert(collect([-2,5,0], function (x) {return x * x;}));
```

    它是否易读？有没有用？
36. 如果有一个现代的（ES5 兼容）JavaScript 引擎，那就有了一些可以向数组应用的内置高阶函数。其中一个就是 forEach。尝试通过试验来确定这一函数的意义。运行以下脚本，并解释其输出。

```
var a = ["red", "orange", "yellow", "green", "blue", "violet"];
for (var c in a) {
    alert(c);
}
for (var i = 0; i < a.length; i += 1) {
    alert(a[i]);
}
a.forEach(function (c) {alert(c);});
```

37. 下面是 5.3.3 节数组 sum 函数的另一种实现方式。（注意：它只能在现代的 ES5 浏览器上正常工作。）

```
/*
* 返回一个数组中所有元素之和。
*/
var sum = function (a) {
    var result = 0;
    a.forEach(function (x) {
        result += x;
    });
    return result;
};
```

    你是否认为这种方式要比本章正文中的实现方式更好一些？它是否更容易阅读和理解。无论你的观点如何，请说明如下事实的意义：这个替代解决方案没有使用原版本中名为 i 的索引变量。当人类在对数组中的数值求和时，它是否会有意识地使用诸如 i 之类的一个变量？
38. 假定有一位老板、老师或朋友请你编写一个函数，用来判断一个给定函数终将完成，还是会永远运行下去。换句话说，需要你补充以下脚本：

```
// 若 f(x)完成，则返回 true；若 f(x)永远运行，则返回 false。
var finishes = function (f, x) {
    // 补充此内容
}
```

    在尝试实现此函数之前，请考虑：

```
var p = function (g) {
    if (finishes(g, g)) {
```

```
        while (true) { }
    }
};
```

所以函数 p 将接收一个函数 g，每当 g(g)永远运行时就会结束，每当 g(g)完成时就会永远运行。那调用 p(p)又是什么含义呢？关于编写函数 finishes 的可能性来说，有什么提示意义呢？

39. 运行以下每个脚本，并记录其输出。（确保每个脚本都是“全新”运行的，避免在当前运行时，获取了上一次运行时恰好存在的全局变量。）

```
f();
var f = function () {alert("Hello");};
```

```
f();
function f() {alert("Hello");};
```

由输出结果可知，赋值给变量的函数表达式与函数声明的作用域之间有什么区别？

40. 运行以下每个脚本，并记录其输出。

```
(function () {
f();
var f = function () {alert("Hello");};
}());
```

```
(function () {
f();
function f() {alert("Hello");};
}());
```

由输出结果可知，赋值给变量的函数表达式与函数声明的作用域之间有什么区别？

41. 本章仅讨论了如何在函数声明中使用具名函数，但有可能将已具名函数赋值给变量。在本题中，你要对这一行为进行一些探索。对于以下每个脚本，描述其输出结果，并就官方语言规则的内容做出一些假设。

```
var f = function g() {alert("Okay");};
f();
g();
```

```
var f = function g(n) {
    alert(n);
    if (n > 1) {
        g(n - 1);
    }
}
f(2);
g();
```

事　　件

到目前为止，本书的大多数脚本都是通过以下方式与用户进行交流：当需要输入时通过 prompt，在显示输出时则通过 alert。利用 prompt，脚本自身指出自己什么时候做好了接受输入的准备。由事件驱动的计算则是另一种互动方式，它是随着图形用户界面的发展而出现的，它将脚本用户也置于控制之下：各种操作，无论是键入字符、移动鼠标、语音、手势，甚至只是时间的流逝，都会触发事件，脚本在任何时候都必须处理这些事件。

本章介绍事件驱动计算背后的核心概念，并说明在交互式 Web 页面上如何用 JavaScript 来实现这些概念。我们将扩展对 HTML 的介绍，详细说明 JavaScript 对事件的支持，并在一个案例研究中给出一个可以在 Web 浏览器上玩耍的完整井字棋游戏。学完本章，你应当可以编写一些脚本，通过响应和处理一些事件来使用各种用户界面元素。

6.1　用户互动

使用 prompt 和 alert 进行用户互动，是“输入–处理–输出”经典范例的一个例子。程序会停止当前正在执行的工作，等待用户提交数据，然后处理数据，最后向用户呈现结果。

事件驱动的计算将“输入”的理念扩展到事件——就是在程序运行时发生的事情，比如击键、鼠标移动、语音、手势，甚至是时间的流逝。“处理”和“输出”的概念扩展到如何处理这些事件，从检测到这些事件开始，直到能够察觉到其效果为止（如果有效果的话）。大多数现代应用程序，无论是在 Web 浏览器上运行，还是在桌面或移动设备上本地运行，都会使用事件。

6.1.1　程序设计范例转移

每个程序都是在其第一条语句处开始执行，每次执行一条语句，在执行最后一条语句后结束。对于那些通过 prompt 接受输入、通过 alert 发布结果的脚本来说，这一点很容易理解。但这一事件对于交互式程序是否成立呢？比如 2.2.4 节中的事件驱动温度转换程序（见图 2-8）。让我们再次研究 temperature.js 代码，我们已经将它完整地复制到此处，在研究时要记着前面提及的“从头到尾”的概念。

```
var report = function (celsius, fahrenheit) {
    document.getElementById("result").innerHTML =
        celsius + "\xb0C = " + fahrenheit + "\xb0F";
};

document.getElementById("f_to_c").onclick = function () {
    var f = document.getElementById("temperature").value;
    report((f - 32) / 1.8, f);
};

document.getElementById("c_to_f").onclick = function () {
    var c = document.getElementById("temperature").value;
    report(c, 1.8 * c + 32);
};
```

这段脚本的全部工作就是定义了三个函数：一个用于在浏览器中显示输出，另外两个用于执行温度转换计算，分别从摄氏度到华氏度和从华氏度到摄氏度。没有实际发生任何其他事情。这些函数没有被显式调用！

事实上，在加载 temperature.html 文件并执行 temperature.js 中的代码时，用户真正感受到的就是：什么也没发生。如果你不单击 F to C 或 C to F 按钮，就不会试图进行温度转换。但有一些代码会等待着某一事件的发生，并查找要执行的合适代码来回应该事件，这些等待事件发生并做出适当回应的代码并不是此脚本的组成部分，这事有点神奇。

这是事件驱动计算中的一种基本范例转移：由事件驱动的程序在到达其最后一条语句时并不会真正结束。这些程序编写为一个个函数，在明确写出的代码中加以定义，但不在其中调用。一个隐藏的实体（在 7.6.4 节揭示）负责在适当的时刻调用这些函数。

在研究受事件驱动的程序时，倾向于关注四个机制。

- 因为许多事件都与人们可以看到的用户界面元素（比如按钮、文本字段、滑动块）相关联，所以事件驱动计算的一个关键要素就是*用于定义用户界面元素的机制*。
- 由于检测到的事件经常会引用或修改一个脚本内的其他用户界面元素，所以应当提供一种*以编程方式访问用户界面元素的机制*。
- 因为用户界面元素要*响应*事件——包括但不限于单击鼠标、鼠标移动、击键、语音与手势检测、键盘焦点改变、时间流逝、网络数据到达，所以事件驱动的系统提供一种*用于指定代码的机制*，在触发特定事件时*执行此代码*。
- 许多事件都伴有补充信息。例如，鼠标事件涉及鼠标坐标、一个或多个鼠标按钮；键盘事件涉及一个特定键，还可能有一个或多个修改键（Shift、Alt、Control，等等）。因此，事件驱动的系统提供一种*用于读取事件专属信息的机制*。

这些机制会以这种或那种形式出现在任意事件驱动系统中，一定要了解它们针对某一具体技术到底取何种形式。本书将研究这些元素如何在 Web 浏览器中实现，这些浏览器就是我们用于运行 JavaScript 的引擎。

回顾与练习

1. 用你自己的语言来说明“范例转移”的含义，主要讨论事件驱动脚本的编码方式与本章之前看到的脚本有什么不同。
2. 无论采用哪种程序设计语言，无论使用哪种基本技术，所有事件驱动系统都共有哪些机制？

6.1.2 事件举例：温度转换 Web 页面

让我们回顾一下第 2 章的 temperature.html Web 页面：

```
<!doctype html>
<html>
  <head>
    <meta charset="UTF-8"/>
    <title>JavaScript Temperature Converter</title>
  </head>
  <body>
    <h1>Temperature Conversion</h1>
    <p>
      <input type="text" id="temperature" />
      <input type="button" id="f_to_c" value="F to C" />
      <input type="button" id="c_to_f" value="C to F" />
    </p>
    <!-- Computation result will go here -->
    <p id="result"></p>
    <script src="temperature.js"></script>
  </body>
</html>
```

在 Web 浏览器/JavaScript 环境下，Web 页面扮演的角色就是定义用户界面元素的机制。当最初在 Web 浏览器中打开文件时，文件类似于图 6-1 所示的截图。

图 6-1 刚打开时的 temperature.html

此时，浏览器已经准备就绪，等待你可能触发的任何事件。temperature.js 中的代码并没有定义该程序可以响应的所有事件，许多默认事件处理程序已经处于备用状态。例如，在温度文本字段内部单击鼠标时会触发一个事件，我们的脚本就没有为这个事件定义明确的事件处理程序。这一事件的默认事件处理程序将此文本字段设定为拥有*焦点*；也就是说，此时键入的字符会被发送到这个文本字段，而不是浏览器的地址栏或搜索字段。焦点的指示通常是通过一个突出显示的特殊边框，并在文本字段内显示一个闪烁的插入点。

temperature.html 中的倒数第 3 行执行包含在 temperature.js 中的 JavaScript 代码。6.1.1 节曾经提到，这段代码实际上都是设置——它定义了三个函数，直到此程序执行生存周期的后期才会调用它们。

temperature.js 中的脚本演示了以编程方式访问用户界面元素的机制和指定*事件处理程序*的机制（事件处理程序就是针对特定事件执行的代码）。表达式 `document.getElementById("f_to_c")`访问页面内的 `F to C` 按钮。将一个函数值指定给这个按钮的 `onclick` 属性，就是将此函数*注册*为该按钮 `click` 事件的事件处理程序。在单击此按钮时，将会检测到该事件，并调用所注册的函数。

此函数首先读取当前温度（通过 `document.getElementById("temperature")`访问文本字段的 `value` 属性），然后将它赋值给变量 `f`。随后计算新的摄氏值和华氏值，并以这些值为实参，调用 `report` 函数。`report` 接受这些值，用它们组建一个新字符串，然后将这个字符串指定给 Web 页面内 `result` 元素的 `innerHTML` 属性。修改 `innerHTML` 将会改变用户在 Web 浏览器窗口中看到的内容。处理这一事件后，将开始下一个周期，等待任意按钮的每一次单击，或者等待 Web 浏览器能够检测到的任意其他事件。

这个温度转换器示例不需要用于读取事件所属信息的机制。需要事件信息的示例将在本章后面给出。

回顾与练习

1. 为温度转换器 Web 页面创建 HTML 和 JavaScript 文件，并针对各种不同温度测试该页面。
2. 将 `script` 元素移到页面的 `head` 小节，测试该温度转换器。重新加载页面，并尝试转换温度，会发生什么情况？

6.2 定义用户界面元素

2.5 节曾提到，JavaScript 的设计就是要内嵌在托管系统中，比如 Web 浏览器、图像编辑器、字处理器和类似系统。当这些系统的用户界面元素产生某些事件时，会运行特定的 JavaScript 代码以作响应。尽管 JavaScript 并没有自己定义这些元素，但它却提供了一种非常好的功能，可以将函数用作对象的属性，与这些用户界面元素完全对应。

例如，在一个 Web 环境中，这些元素是通过以 HTML 编写的结构化文档来提供的（2.2.4 节已经见过这种情况）。这些文档或者由 Web 服务器通过互联网提供，或者作为.html 文件存储在本地计算机上，然后由 Web 浏览器渲染为我们熟悉的可视形式。没有 JavaScript，这些页面就是静态的，也就是说，一旦加载，它们的内容就不能改变。改变显示内容的唯一方法就是单击一个链接，为一个新页面重新启动“连接–渲染”周期。利用 JavaScript，Web 页面获得了触发自我修改的能力，从而可以根据用户与页面内容的互动而变为动态的。

由于 JavaScript 最常见的应用还是与 Web 浏览器一起使用，所以我们主要关注 Web 应用中使用的界面元素。

6.2.1 Web 页面是结构化文档

回想 2.2.4 节，HTML 文档就是一个结构化的节点集合。每个节点都有一个类型（文档、文档类型、元素、文本或其他八种之一①）、一个值，如果是一个元素节点，还有一组属性。图 6-2 给出了 6.1.2 节温度转换器 Web 页面的节点结构。②

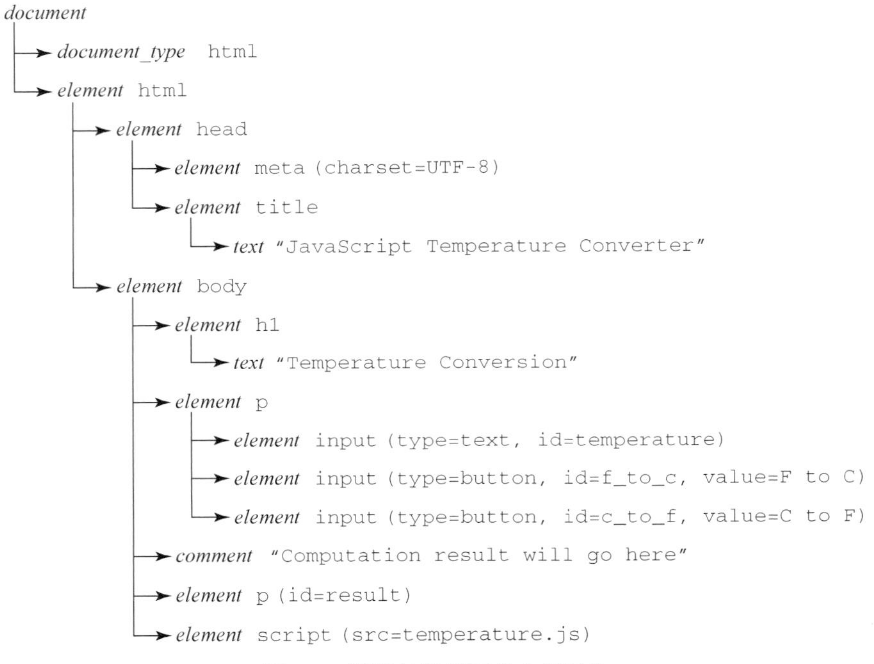

图 6-2　温度转换页面的内部结构

HTML 定义了一组可供使用的节点和属性，还有用于构建正确结构的规则。这一语言已经演化出许多版本，当前版本为 HTML5。创建 HTML 文档的通常方式是：编写一系列用标签表示元素的字符，这些标签或者为开始标签、结束标签（例如<body>和</body>），或者为空标签（例如<meta/>）。有两种正式方式可以做到这一点：HTML 语法和 XHTML 语法。本书仅使用 HTML 语法，这两者之间的区别可在[W3C10a，1.6 节]找到。

定义 HTML 语法的全套规则非常庞杂，但我们可以由以下规则入门。

1. 文档的开头应当是一个文档类型声明，告诉浏览器希望使用哪种 HTML 版本（我们使用的是`<!doctype html>`，表示 HTML5）。

2. Web 页面应当仅包含一个 `html` 元素，它恰好由两部分组成，其顺序为：`head` 元素后面跟有一个 `body` 元素。

① 其他节点类型为注释、属性、CDATA、实体、实体引用、处理指令、符号（notation）和文档片段。

② 我们对这个树进行了少许简化，删除了元素之间仅包含空格和换行符的所有小文本节点。

3. 头元素中包含文档的相关信息，其中有一些子元素，用于表示页面标题（title）、到其他 Web 资源的链接（link）、样式信息（style）、脚本（script）、一般信息（meta）及其他。强烈建议提供一个 meta 元素，作为 head 的第一个子元素，告诉浏览器，你的文档在存储时采用了哪种字符编码。[①]

4. 主体中包含文档的内容，由一系列块元素组成，比如段落（p）、标题（h1-h6）、有序列表（ol）、无序列表（ul）、定义列表（dl）、表格（table）、数据项表单（form）、预先设定格式的文本块（pre）、块引用（blockquote）、脚本（script）、一般文档分割（div），等等。新的 HTML5 标准允许特定的文档分割，也就是文章（article）、标题组（hgroup）、标头（header）、菜单（menu）、导航部分（nav）、插入语（aside）和详细信息（details）。

5. 块元素包含文本元素和其他块元素。文本可以用行内元素标记，以向读者传递信息。这些元素可用于以下目的：表示强调（em）、着重强调（strong）、匿名（acronym）、缩写（abbrev）、引用（q）、引文（cite）、上标（sup）、下标（sub）、到其他文档的链接（a，表示“定位标记”）、一般内置跨区（span），等等。

6. 有几个用于表示多媒体内容的元素，其行为方式也与行内元素相同：img（表示 images）、audio、video、object 和 embed。audio 和 video 元素都是 HTML5 中新增加的元素；object 和 embed 是用于浏览器插件的百宝囊元素。

7. 一些元素在设计上需要一些子组件：有序列表和无序列表有列表项（li）；定义列表有术语（dt）和定义（dd）；表格有表头（thead）、主体（tbody）和页脚（tfoot），每一个都有行（tr），其单元格可以是标题（th），也可以是正常表格数据（td）。

8. 经典的用户界面元素包括：按钮（input type="button"或 button）、文本字段（input type="text"）、下拉框或列表（select）、多行文本框（textarea）、单选按钮（input type="radio"）、复选框（input type="checkbox"），等等。HTML5 引入了 output、keygen、progress、meter 和 command，还有其他一些 input 类型，比如 number、date 和 email。

9. 一些元素既可以出现在标题中，也可以出现在主体中，一些元素既可以充当块元素，也可以充当行内元素。

当然还有很多规则；就管理这些元素的全部规则来说，终极权威是由万维网联盟（W3C），比如 HTML5 [W3C10a]和较早的 HTML 4.01 [W3C99]与 XHTML 1.0 [W3C02]发布的完整规范。这些规范实际上非常长，但网络上有许多非常有用的总结和示例。

为将我们的注意力放在程序设计上，特别是放在事件驱动的程序设计上，本章通过示例来介绍 HTML。我们不会全面讲解 HTML，而是仅研究进行 JavaScript 事件处理所需要的信息。任何超出这一范围的内容都属于 Web 页面设计领域，与本章的主题有关，但并非必需的。

回顾与练习

1. 元素与标签之间的区别是什么？
2. 块元素与行内元素之间的区别是什么？
3. 为 6.1.2 节中的温度转换器 Web 页面绘制一张树状图。

6.2.2 生成用户界面控件的元素

由于本章对 HTML 的处理是面向事件驱动编程的，所以我们将径直研究一些元素，这些元素在 Web 页面上生成用户界面元素的过程中发挥着重要作用。

1. input 元素

input 元素定义了一些 Web 页面组件，它们的外观和工作方式都类似于在当前图形用户界面上能够找到

① 我们建议写为。如果希望了解 HTML 中字符编码的全部细节，请参阅 http://www.w3.org/International/questions/qa-html-encoding-declarations。

的许多标准控件和小组件：按钮、文本字段、复选框，等等。元素的 type 属性在元素开始标签中以 type="type keyword"指定，它决定了页面上所出现的用户界面控制的类型。一些常用的输入类型如下。

- type="button"将生成一个标准按钮。这个按钮的标签（控件内部的文本）是通过向标记添加 value 属性而定义的：

  ```
  <input type="button" value="Roll Dice" />
  ```

  最新的 Web 标准也有一个 button 元素，它等价于<input type="button">，但看起来更直观（有关 button 的信息，请参阅本章末尾的练习 3）：

  ```
  <button>Roll Dice</button>
  ```

- type="text"生成一个标准文本字段，可以在其中嵌入自己想要的任何值。对于这种类型的输入，value 属性为文本字段定义了一个初始值（如果有的话）：

  ```
  <input type="text" value="Mumbai" />
  ```

  上面的标签仅生成文本字段；这种字段经常还伴有一些标记，说明它希望输入什么值，比如 First Name: 或 Phone Number:。这些标记可以作为纯文本放在 input 标签之前。也可以使用 label 元素为其指定一个显式连接:

  ```
  <label for="firstNameField">First name:</label>
  <input type="text" id="firstNameField" value="John" />
  ```

  label 元素的行为与其他文本相似，唯一的例外是它被“绑定到”以 for 属性识别的控件。因此，需要使用 id 属性为这个控件本身提供一个标识符。Web 浏览器负责匹配这些 ID，并确保单击标记的结果等同于单击相关联的控件。后面将会看到，有种做法是：无论如何都用 id 属性为每个控件指定一个识别符，这通常是一个好习惯（经常也是必需的），它增加的工作量其实并没有你想的那么多。

- type="number"生成一个文本字段，其输入仅限于数值。一些 Web 浏览器还为这种输入类型提供了一个“微调”控件，让用户可能上下微调当前值。还有其他一些属性可以用来对能接受的数字加以约束，比如最小值和最大值。
- type="password"的工作与文本字段类似，但隐藏了用户的键入内容，从而可以遮挡住密码或敏感数据，使旁观者无法偶然看到这些内容。
- type="checkbox"生成一个标准复选框，通常渲染为一个能够选中或取消选中的方形控件。这种类型的 input 标签只能生成控件；标记文本需要 label 元素，其使用方法与文本字段的 label 元素相同。因此，完整的复选框标记看起来是这样的：

  ```
  <input type="checkbox" id="awakeCheck" />
  <label for="awakeCheck">Are you awake?</label>
  ```

  复选框和单选框的标记元素要比文本字段的标记元素更为重要，因为用户通常希望能够通过单击这些控件的文本来切换控件。

- type="radio"生成一个标准的单选按钮，通常渲染为一个可以激活或取消激活的圆形控件。和 type="checkbox"类似，单选按钮需要关联一个 label 元素，作为解释性文字。

  单选按钮不同于复选框，因为它们要提供许多互斥选择中的一个，比如回答一个给出多项选择的问题。激活一个单选按钮就要取消激活同一组选择中的所有其他单选按钮。

  为构成这种群组关系，需要为这个 input 元素指定一个 name 属性。具有相同名字的单选按钮应当看作同一组选项的组成部分，因此，在用户单击它们时，会协调它们的取值。

  ```
  <p>Are you animal, vegetable, or mineral?</p>
  <p><input type="radio" name="kind" id="animalRadio" />
    <label for="animalRadio">Animal</label></p>
  <p><input type="radio" name="kind" id="vegetableRadio" />
  ```

```
  <label for="vegetableRadio">Vegetable</label></p>
<p><input type="radio" name="kind" id="mineralRadio" />
  <label for="mineralRadio">Mineral</label></p>
```

type 还接受其他一些关键字，但因为我们的做法是“够用即可”，所以这里不再给出详尽的关键字清单，有许多 HTML 参考书可供查阅。

2. select 元素

在 Web 页面中，可以用 select 元素包含那些涉及选项列表的用户界面控件。select 元素本身用作整个清单的容器。列表中的各项选择用多个 option 元素表示，每个选项各有一个。[①]

```
<select>
  <option>Charles Babbage</option>
  <option>Ada Lovelace</option>
  <option>Alan Turing</option>
  <option>John von Neumann</option>
  <option>Kurt G&ouml;del</option>
</select>
```

select 元素在默认情况下显示为下拉菜单。如果添加一个 size="*item count*"属性，则该元素显示为一个列表，其高度可以容纳给定的项数。如果 select 元素中的 options 数超过了给定的 size，Web 浏览器将会提供一个滚动条。

select 元素的另一种重要变化形式是 multiple 属性，它只接受 multiple 值（太好记了）。如果在 select 元素的开始标签中包含了 multiple="multiple"，所得到的列表将会支持多重选择；也就是说，可以同时选择列表中的多个 option。

3. textarea 元素

本节介绍的最后一个用户界面元素是 textarea，用于书写包含多行的大型文本块。textarea 元素接受 rows 和 cols 属性，用于确定它在 Web 页面上的大小。此外，textarea 还可以预先填充，在其开始与结束标签之间包含文本。

```
<textarea rows="5" cols="40">The last user interface element that we
are presenting in this section is textarea, which is used for editing
larger chunks of text, consisting of multiple lines. The textarea
element accepts rows and cols attributes to determine its size on the
web page.</textarea>
```

HTML 源文本中的换行符会传递到 textarea，因此，如果希望在 Web 页面上出现的用户界面控件中“自然”换行，需要将默认文本放在同一行中。

4. 内容与容器元素

关于 Web 页面元素的最后一个注意事项：HTML 中的事件并非由生成用户界面控件的元素完全垄断。内容和容器元素也能检测和处理事件，这里简要介绍其中一些。

在 Web 页面上渲染这些元素时，它们主要呈现为文本、图像的混合块——也就是 Web 文档内容等。但是，它们仍然能够判断比如一个鼠标什么时候在其上方移过，或者什么时间单击了它们。这样就可能进行一些创造性的、有趣的互动方式。

我们已经看到了这样一些元素：p，表示“段落”（paragraph），它是一个百宝囊元素，可以包含任何可以放在传统段落中的文本。相应地，Web 浏览器在显示一个 p 元素中的文本时，会默认构建一个段落：一个自动换行的文本块，上下都有一些空间。h1 至 h6 表示“标题”（heading），是一个 Web 页面上的默认概要元素——根据级别不同，为其设定编号 1 至 6。h1 是文档的最高级别，而 h2 至 h6 的级别依次降低，逐步细分。

---

① ö构造在 Web 浏览器中生成符号 ö。因此，列表中的最后一项在渲染时显示为“Kurt Gödel”。

“容器”元素 div 和 span 与 p 和 h1-h6 不同，没有表明要容纳某一特定类型的内容，它们的作用就是将其他元素划分在一起，为整个 Web 文档提供一种容纳方案或结构。div 表示“分区”（division），用于包围 Web 页面上富有结合力的部分。div 元素用于较大或较广泛的内容区域，在默认情况下，会在其所属元素中显示为相对独立的块。span 也是一种通用内容元素，但更多地用于表示“嵌入”部分，或者是一大块文字内部的特殊显示内容。例如，一个段落中设有特殊格式的短语（比如字体、颜色或其他特征发生了改变），可以用一个 span 元素进行标记。因此，默认情况下，Web 浏览器会将 span“内联”在包含它的元素内部。div 元素可以包含 span 元素，但反过来不行。

回顾与练习

1. 编写一个 login.html 文件，显示一个标准登录对话框，带有提示内容，要求输入用户名和密码，还有 Login 和 Cancel 按钮。
2. label 在定义 Web 页面用户界面中扮演着什么角色？

6.3　以编程方式访问用户界面元素

6.1.1 节曾经提到，在定义了用户界面元素之后，下一个基本的事件驱动计算机制就是能够由一种编程语言访问用户界面，或者说*编写相应脚本*。我们刚刚看到了 HTML 如何为 Web 应用程序提供用户界面定义机制。下面将说明 JavaScript 如何使用一种称为*文档对象模型*（Document Object Model，DOM）的“桥接技术”来读写这一用户界面，并进行其他处理。

6.3.1　document 对象

让我们立即切入某一代码，快速地向自己证明：document 就是一种宿主对象，可以在任何时间、任何位置，供 Web 浏览器中运行的任何 JavaScript 代码使用。在运行器中执行以下代码：

```
alert(document);
```

至少，它向你证明了：JavaScript 不用费什么力气就可以看到 document，只需用名字调用它即可。现在再简单看看 document 的一些属性。运行以下代码：

```
var i = 0;
for (var property in document) {
    alert(property);
    i = i + 1;
    if (i > 4) {
        break;
    }
}
```

你应当看到由五个 alert 对话框组成的序列，每个都有一个属性名，比如 bgColor、width 或 getElementById。这里无法给出一个确定不变的列表，因为不同浏览器可能会按不同顺序列出 document 的属性（它们甚至可能会包含一些在其他浏览器中不受支持的属性）。[①]

i 计数器将 alert 的属性名称个数限制为仅有五个，没有它，我们就得多按几次 Enter 或 Return 键。但是，还有一种更方便的方式可以查看 document 的所有属性名称。尝试以下代码：

```
for (var property in document) {
    document.write("<div>" + property + "</div>");
}
```

① 需要复习一下 for-in 枚举？其内容在 4.4.3 节介绍过。

现在会发生什么呢？你会看到一些类似于图 6-3 的内容。请注意你的脚本如何改变了 Web 浏览器窗口中的实际内容。这是 `document` 的关键属性之一——它被直接“连线”到一个 Web 页面。`document` 中的 `write` 函数将给定字符串直接发送给页面；我们用这个函数逐字写出其内容。如果在处理页面的同时调用 `write`（比如在 roll.html），它的行为就像是一个“打字员”，向当前页面注入 HTML。但是，如果在加载页面之后再调用 `write`（比如通过 Web 浏览器地址栏中的 `javascript:`、通过 JavaScript shell，或者在 JavaScript 运行器页面上调用），将会创建一个新的空白 Web 页面，并在其中添加发送的文本。

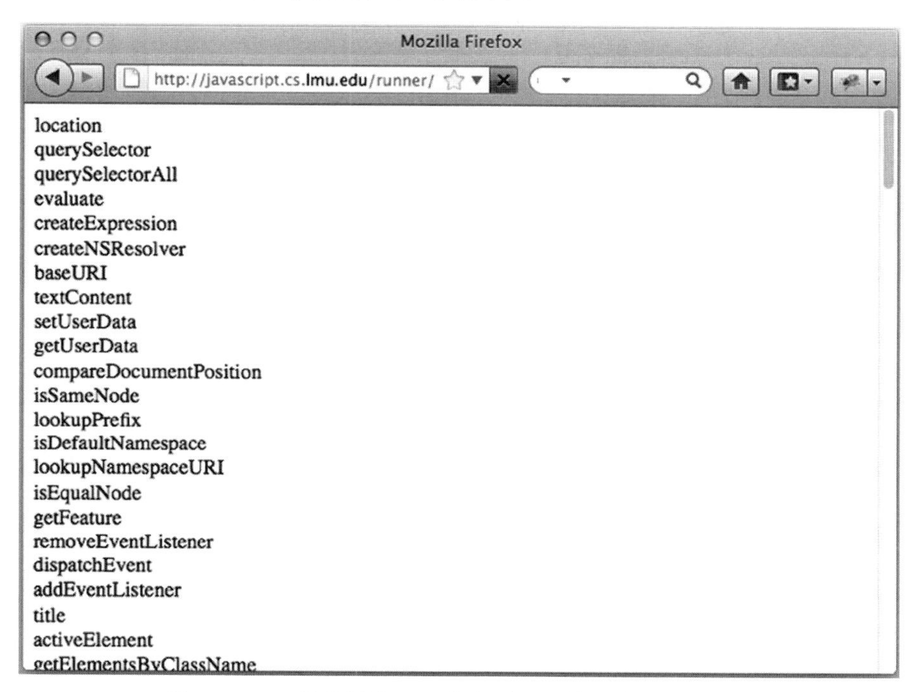

图 6-3　Web 浏览器窗口，其中写入了其文档的属性名称

不难想象一个函数可以怎样修改 Web 浏览器的内容。它毕竟是一个函数，可以轻松地包含一些代码，用于修改显示内容。`document` 的独特之处在于，这些函数不是修改 Web 浏览器窗口内容的唯一机制，甚至一些特定的赋值也能完成同一任务。

为了解这一点，我们需要在已经存在内容的页面上运行某一代码，这些内容是已知的。在 JavaScript 运行器页面中键入以下内容：

```
var footer = document.getElementById("footer");
footer.innerHTML = "<h3>document properties:</h3>";
var properties = [];
for (var property in document) {
    properties.push(property + " ");
}
footer.innerHTML += "<p>" + properties.join("<br/>") + "</p>";
```

在这个程序中，`document.getElementById("footer")`返回运行器页面的一些元素，但这并不是什么非同寻常的事情。注意，其中只有一次赋值操作，就是为这个对象的 `innerHTML` 属性指定了一个字符串，而这一赋值操作改变了 Web 页面，其效果马上显示了出来（见图 6-4）。这样就使 JavaScript 与相关文档之间的互动显得非常自然，富有凝聚力：设定一个值，马上就能看到结果。

图 6-4　JavaScript 运行器页面，一个脚本已经向其内容追加了 document 的属性名称

6.3.2　DOM 属性的乐趣

快速查看一下定义这个运行器页面的 HTML 代码，可以发现是哪个元素的 innerHTML 属性接收了 document 的属性名。在标记的底部附近是下面这行代码：

```
<p id="footer"></p>
```

这是一个段落元素，它的 id 属性被赋值为"footer"。在 JavaScript 中，document 宿主对象表示的是整个 Web 页面，与此类似，document.getElementById("footer")返回的对象在这一语言中表示的是这个特定 p 元素。它的 innerHTML 属性表示该元素开始与结束标签之间的内容。JavaScript 运行器页面在刚开始时，这个属性中没有内容，是一个空字符串。向 innerHTML 指定一个字符串就像是在这些标签之间键入了该字符串。

在继续后续内容之前，再来多看几个属性。在 JavaScript 运行器页面（http://javascript.cs.lmu.edu/runner）中键入并运行以下内容：

```
document.getElementById("introduction").style.background = "red";
```

这一代码的效果是很难让人忽视的。和之前一样，这里也调用了 getElementById，只是这一次的实参是"introduction"。还是跟之前一样，我们用到了这个函数所返回对象的一个属性，这次是 style 属性。与之前不一样的是，这个 style 属性本身就是一个对象，它自己也有更多属性。这里，我为 style 的 background 属性指定"red"值。

再多看一下 style。尝试以下代码：

```
var intro = document.getElementById("introduction");
intro.style.color = "blue";
intro.style.fontWeight = "bold";
intro.style.textDecoration = "underline";
intro.style.paddingTop = "100px";
```

你可能已经猜到了，将 Web 元素表示为 JavaScript 对象后，它的 style 属性就是一个“一站式容器”，所有决定元素显示方式的内容都可以放在这里：颜色、间距、字体、边框、可见性、位置，以及其他许多属性。当然，在实践中，我们从来不会像这里一样逐个设置样式属性，而是会将相关样式打包在一起，一次性设置所有样式。7.6.1 节将会看到其具体做法。

说过了赋值，现在来说说读取值。具体来说，就是看看可以从用户界面元素（也就是 6.2.2 节介绍的元素）中读取的值。这里的关键在于这些值中有许多都是由用户输入的，比如复选框的状态或者输入字段中的文本。尝试以下脚本：

```
var scriptArea = document.getElementById("scriptArea");
var footer = document.getElementById("footer");
footer.innerHTML = "<pre>" + scriptArea.value + "</pre>";
```

在运行这一脚本时，会发现 Web 页面上已经追加了某些东西，与运行器页面上文本区域中的内容非常相似。为什么？因为它就是那些内容；你刚刚要求 JavaScript 访问文本，然后将它复制到页面的底部（也就是我们之前用过的“页脚”p 元素）。回顾一下这个运行器页面的 HTML 标记，会看到在“页脚”段落上面有如下几行代码：

```
<p><textarea id="scriptArea" cols="80" rows="16"></textarea></p>
```

表达式 document.getElementById("scriptArea")返回一个表示 textarea 元素的对象，我们向其中键入要运行的代码。它的 value 属性返回实际文本，在本例中，就是将其代码复制到 p“页脚”元素的脚本。

你可能已经注意到，这里的赋值内容稍有不同：为了保留 JavaScript 代码的输入方式，我们将代码“登记”在<pre>和</pre>标签之间。这些标签定义了一个预先设有格式的 Web 元素：此元素内部文本的显示与键入时完全一致——换行、间隔等所有格式，但经常会使用一种不同字体。继续前进，看看如果删除 pre 标签会发生什么情况。此代码仍然能够正常工作，只是文本的显示有所不同，它的名字已经暗示了，innerHTML 属性将它的指定值解释为 HTML 标记。

继续前进之前还要再说最后一件事情：当我们说 DOM 向 JavaScript 操作公开了 Web 页面上的一切时，我们真的是在说一切。下面的脚本演示了这一灵活性：即使是在大多数其他环境中绝对不能修改的按钮（或者是其他无法在使用过程中轻松修改的内容），在 DOM 中都是平等对待的。

```
var runButton = document.getElementById("runButtonBottom");
runButton.value = "请尽快执行这一脚本";
```

我们不仅能操控在 HTML 文档中定义的组件，还能创建新组件。

```
var buttonPanel = document.getElementById("buttonPanel");
var newButton = document.createElement("input");
newButton.type = "button";
newButton.value = "我是新组件，但什么也没做……";
buttonPanel.appendChild(newButton);
```

花费一点时间来推断 createElement 和 appendChild 方法的意义，并在运行器页面中试验该示例。

前面简要介绍了最常见的用户界面元素及其属性，相关内容到此结束。你最终会希望熟悉整套元素，附录 A 中提供了有关元素及其属性的完全列表。有关每种元素行为的完整细节，可查阅纸质或网络参考资源，比如 https://developer.mozilla.org/en/DOM 和由 W3C 制订的权威标准，其网址为 http://www.w3.org/DOM。在网络中搜索“HTML 教程”“HTML 参考”和“JavaScript DOM 参考”，也可以得到非常有用的资料。

6.3.3 一个“玩耍”的地方

Web 文档与用户界面的设计和构建本身就是一项相当庞大的工程。通过实践来获得经验是非常重要的，为此，我们准备了一个 HTML“游乐场”页面，其中已经设置了大量用户界面控件，可以随时为其编写代码。这个页面可以在 http://javascript.cs.lmu.edu/playground 找到，图 6-5 是其内容的一个截屏。

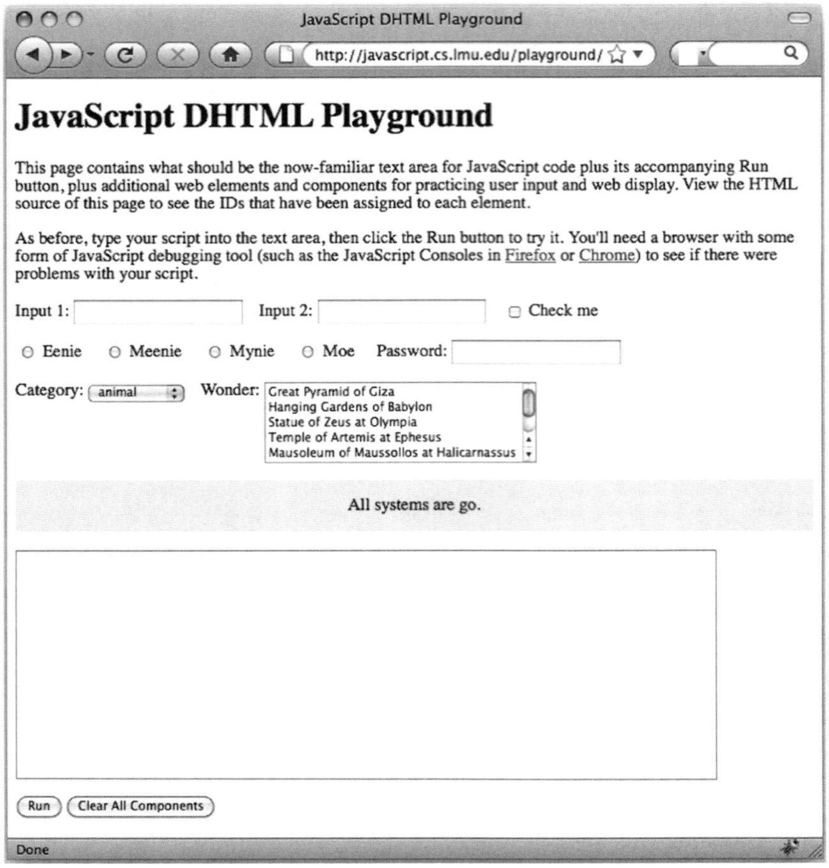

图 6-5　一个 HTML 用户界面“游乐场”页面

在继续进行之前，建议你随便看一下这个页面，看看它是如何建立的。使用 Web 浏览器的“查看源代码”或“页面源代码”命令（不同浏览器上的具体名称和位置可能会有所不同），查看生成此页面的 HTML。随便将这个页面复制到一个本地文件，以便能够编辑和试验它。

6.3.4　操控用户界面控件

这个 HTML 游乐场页面为我们提供了足够多的用户界面材料，足以让我们讨论 JavaScript 中的下一个事件处理机制：在 JavaScript 代码中读取和写入这些用户界面元素。

前面曾经看到，操控 Web 元素的关键在于获取能够直接表示这一元素的 DOM 对象，我们为此使用 getElementById 函数。[①]所有 Web 页面元素都可以接受一个 id 属性（例如，<p id="description">），拥有这种属性的元素可以用 getElementById“一举”提取为一个 JavaScript 对象。必须遵循的主要规则是：确保一个元素的 id 属性值是独一无二的。换句话说，同一 Web 页面上的任何两个元素不能拥有同一个 id。否则，当你要求 DOM 根据 id 获取元素时（getElementById）时，它怎么才能毫不含糊地返回唯一确定的元素呢？

花点时间来了解一下这个游乐场页面中带有 id 的标签，然后键入以下脚本。在 Input 1 和 Input 2 文本字段中输入数字，然后单击 Run。

```
// 获取我们需要的元素。
var input1 = document.getElementById("input1");
```

① 还有其他方法，但这种方法目前就够用了。

```
var input2 = document.getElementById("input2");
var status = document.getElementById("status");

// 读取所需要的文本，并将其转换为数字。
var number1 = +input1.value;
var number2 = +input2.value;

// 写出结果。
status.innerHTML = number1 + " + " + number2 +
    " = " + (number1 + number2);
```

你刚刚编写了一个简单的加法器！[1]这个脚本从页面上获取 input1 和 input2 文本字段，通过一元加号操作符（第 3 章已经见到这个奇特的 JavaScript 术语）将这些字段中的文本（它们的 value 属性）转换为数字，然后将所得到的数字加在一起。尽管加法本身不值一提，但这个脚本的要点是向你展示：在将 ID 赋值给 HTML 元素之后，可以在 getElementById 的帮助下，多么轻松地访问和修改一个 Web 页面的内容（这个页面上含有可由用户修改的内容，比如输入字段）。

当然，这个游乐场页面上的标记与信息并不会真地喊出“加法器”来，所以让我们用以下脚本相应地调整其内容。

```
document.getElementById("header").innerHTML =
    "一个简单的动态 HTML 加法器";

document.getElementById("introduction").innerHTML =
    "这个页面将两个数字相加";

document.getElementById("instructions").innerHTML =
    "在下面的每个字段中键入一个数字" +
    "将加法脚本复制到文本区域" +
    "然后单击<i>Add</i>按钮。";

document.getElementById("input1Label").innerHTML = "Addend 1";
document.getElementById("input2Label").innerHTML = "Addend 2";
document.getElementById("status").innerHTML = "";
document.getElementById("runButton").value = "Add 'Em";

// 使其他所有内容都不可见。
var idsToHide = [ "check", "checkLabel", "row2", "row3" ];
for (var index = 0; index < idsToHide.length; index += 1) {
    document.getElementById(idsToHide[index]).style.display = "none";
}

// 最后提醒，需要粘贴独立的加法器脚本。
alert("别忘了粘贴/键入加法器脚本！");
```

这一脚本能够正常运行后，用纯粹的加法脚本代替它。注意，只要你没有刷新页面，这些修改就一直“坚持在那里的”。这是因为你操控的 JavaScript 对象将一直停留在页面上，直到有一个新对象被读入浏览器窗口为止。Web 页面决定着 JavaScript 的生存周期，当 Web 页面被关闭、刷新、替换，由下一页面上的 DOM/脚本/变量接管时，对象、变量、函数和所有其他一切都将被抛弃。这就是“JavaScript 的生命轮回”。

下面的一组单行代码表明，我们能使用的并不仅限于文本值或者 innerHTML 属性，可以自由运行你最感兴趣的内容。有时，一行代码可能会影响多个元素。例如，根据 name 属性提供的约束条件，选择一个单选按钮会自动取消对另一按钮的选择。此外，这些代码行中，有一行代码没有立竿见影的效果，但会影响到它之后某些行的行为。你能指出是哪一行代码吗？

```
document.getElementById("input1").disabled = true;
document.getElementById("check").disabled = true;
```

① 当然，这个加法器正确与否取决于 JavaScript 算术计算的正确性，第 3 章对此进行了讨论。

```
document.getElementById("check").checked = true;
document.getElementById("radio2").checked = true;
// 单选按钮是自动互斥的
document.getElementById("radio4").checked = true;
document.getElementById("password").value = "swordfish";
document.getElementById("password").readOnly = true;
document.getElementById("category").selectedIndex = 2;
document.getElementById("category").style.verticalAlign = "bottom";
document.getElementById("wonder").multiple = true;
document.getElementById("wonder").style.float = "right";
document.getElementById("wonder").options[1].selected = true;
document.getElementById("wonder").options[3].selected = true;
document.getElementById("status").style.border = "medium outset #0f0";
document.getElementById("status").style.textAlign = "right";
```

注意，上面的脚本都不是由事件驱动的。我们这里严格限制了用于操控用户界面的代码，使其类型与前几章看到的程序完全相同：从顶端开始，依次执行每条语句。我们之所以这样做，是希望让读者明白：用代码操控用户界面的能力与事件的检测和处理是完全分开的。这是一件好事——符合我们前面再三提到的要将各个关注点分开的做法。

在继续学习后续内容之前，一定要记住，DOM 中真的有各种各样的不同对象和属性。精通这些内容的方法就是先看看有哪些东西可供使用（通过查阅书籍和在线参考资料），然后在一个内容和 ID 已知的页面上尝试操控这些属性，这个页面可以是前面所用的游乐场页面，也可以是你自己创建的一个 HTML 页面。别忘了，你可以放心大胆地任意修改、添加和删除内容，因为当你关闭窗口或者访问另一个网站时，你所做的一切都会悄然而去。

6.3.5　遍历 DOM*

考虑到一些读者关心 JavaScript 与 DOM 的关系细节，我们对 `document` 宿主对象再做一点深入剖析。我们已经看到，`document` 是 JavaScript 代码借以修改或更新 Web 页面的渠道。这个宿主对象表示的就是文档树顶部的（文档）节点，在本书的图 2-6、图 2-7 和图 6-2 中都已经见过这些树。事实上，这些树中的所有节点都是用 JavaScript 宿主对象表示的；和所有对象一样，它们拥有属性。DOM 对象，包括 `document` 自身，具有以下一个或多个属性。

- `nodeType`：1~12 范围内的一个整数，用来描述节点的类型。例如，1 表示元素，3 表示文本，8 表示注释，9 表示文档节点本身（详尽列表请参阅附录 A）。
- `nodeValue`：节点的“内容”，如文本节点中的文本。
- `childNodes`：一个与数组类似的对象，其中 `childNodes[0]` 引用该对象的第一个子节点，`childNodes[1]` 引用第二个，以此类推。每个子节点又可以拥有自己的 `childNodes` 属性。

有一些 DOM 对象就是元素（`nodeType === 1`），它们有两个很有用的属性。

- `tagName`：元素的名字。
- `attributes`：一个类似于数组的对象，其中包含“名称-值对”形式的属性。

有了这些信息，我们就可以编写一个脚本，用来显示一个文档的结构。要编写一个可靠、通用的显示脚本很有难度，所以我们先来提供一个脚本，让你顺便看一看我们熟悉的 JavaScript 运行器页面。它会将节点概要写到页脚元素中。

```
/*
 * 此脚本在一个 id 为“footer”的元素中显示外围文档的大致节点结构。
 * 这个脚本的效率并不很高，而且它省去了一些有用的信息，比如属性。
 * 它只是想初次介绍 DOM 节点的使用。
 */

var TYPES = ["", "element", "attribute", "text", "cdata",
    "entity_reference", "entity", "processing_instruction",
```

```
    "comment", "document", "document_type", "document_fragment",
    "notation"];

/*
 * 将以给定节点为根的子树加到给定的节点列表中，
 * 每一级缩进四个空格。
 */
var showNode = function (list, node, indent) {
    var value = indent + TYPES[node.nodeType] + " ";
    if (node.nodeType === 1) {
        value += node.tagName;
    }
    list.push(value);
    for (var i = 0; i < node.childNodes.length; i += 1) {
        showNode(list, node.childNodes[i], indent + "    ");
    }
};

// 将概要结构放在页脚元素中，精心设置其格式
var list = [];
showNode(list, document, "");
document.getElementById("footer").innerHTML =
    "<pre>" + list.join("\n") + "</pre>";
```

将此代码键入或粘贴到运行器中，并运行此脚本。我们会在页面的底部看到一个概要结构，前几行类似于如下所示：

```
document
    document_type
    element HTML
        element HEAD
            text
            text
            element META
            text
            element TITLE
                text
            text
            element SCRIPT
                text
            text
            comment
            text
            element SCRIPT
            text
        element BODY
            text
            element H1
                text
            .
            .
            .
```

这个脚本首先对 document 对象调用 showNode 函数，向它传送一个空列表和一个空字符串，表示“缩进”。它“遍历”节点树：在每个节点，将该节点的相关信息（其类型和标签名，如果有的话）添加到一个列表。然后处理它的每个子节点，针对每个子节点调用 showNode，但要比“当前”缩进级别再多缩进四个空格。在将所有 DOM 节点都收集到数组中之后，用换行符将它们连接起来，并将整个列表打包到一个 pre 元素中（我们曾经在几页之前遇到过这个元素），以允许出现多个空格字符和换行符的情况。最后，将 pre 元素放在页面的底部，也就是 id 属性为“footer”的 p 元素内部。

我们这个小脚本还可以进行一些改进。其中没有显示属性，也没有给出注释节点和文本节点的内容。说到文本节点，为什么会有这么多呢？回答是：里面有大量文本节点是空白的。h1 元素之下的文本节点包含了文本“JavaScript Runner”，但 body 和 h1 之间的文本节点则只包含了换行符和空格！查看一个运行器页面的源代码，就能明白其原因了。

让我们来进行这两种改进。为判断取值 *t* 中是否完全由空白组成（换行符、空格、制表符，等等），我们将使用咒语 `/^\s*$/.test(t)`，这又是一个将在 10.1 节讨论的神奇正则表达式。我们会将属性写到其所属元素的同一行。研究下面经过改进的脚本，看看是如何访问属性的。

```
/*
 * 此脚本在一个 id 为“footer”的元素中显示外围文档的大致节点结构。
 * 但不显示那些仅包含空白的文本节点。此脚本还需要做一些工作：
 * 它的效率不是很好，一些属性的显示可能是错误的。其纠正工作留给读者
 * 作为练习！
 */

var TYPES = ["", "element", "attribute", "text", "cdata",
    "entity_reference", "entity", "processing_instruction",
    "comment", "document", "document_type", "document_fragment",
    "notation"];

/*
 * 将以给定节点为根的子树加到给定的节点列表中，
 * 每一级缩进四个空格。
 */
var showNode = function (list, node, indent) {
    var value = indent + TYPES[node.nodeType] + " ";

    // 处理元素：显示标签名与属性（如果有的话）。
    if (node.nodeType === 1) {
        value += node.tagName;
        for (var i = 0; i < node.attributes.length; i += 1) {
            var a = node.attributes[i];
            value += " " + a.name + "=" + a.value;
        }
    }

    // 如果这是一个仅包含空白的文本节点，就放弃它。
    if (node.nodeType === 3 && /^\s*$/.test(node.data)) {
        return;
    }

    // 将节点添加到列表中，并在树中“下降”一级，处理子节点。
    list.push(value);
    for (var i = 0; i < node.childNodes.length; i += 1) {
        showNode(list, node.childNodes[i], indent + "    ");
    }
};

// 将概要结构放在页脚元素中，精心设定其格式。
var list = [];
showNode(list, document, "");
document.getElementById("footer").innerHTML =
    "<pre>" + list.join("\n") + "</pre>";
```

当在 JavaScript 运行器中运行此脚本时，将会看到：

```
document
    document_type
    element HTML
        element HEAD
```

```
        element META charset=UTF-8
        element TITLE
            text
        element SCRIPT type=text/javascript
            text
        comment
        element SCRIPT src=http://code.jquery.com/jquery-1.5.2.min....
element BODY
    element H1 id=header
        text
    element DIV id=scratch
        element P id=introduction
            text
            element INPUT type=button id=runButtonTop value=Run
            text
        element P
            element TEXTAREA rows=16 cols=80 name=scriptArea id...
        element DIV id=buttonPanel
            element INPUT type=button id=runButtonBottom value=Run
            element INPUT type=reset id=clearButton value=Clear
element P id=footer
element SCRIPT type=text/javascript
    text
element SCRIPT type=text/javascript src=http://www.google-a...
element SCRIPT type=text/javascript
    text
```

除了 `childNodes` 和 `attributes` 之外，在给定一个节点 *n* 时，我们还可以使用 *n*`.parentNode`、*n*`.firstChild`、*n*`.lastChild`、*n*`.previousSibling`、*n*`.nextSibling` 在文档中导航浏览。但是，这些方法的使用通常要乏味一些，比不上高效而受尊敬的 `document.getElementById`。我们还可以使用 `document.getElementsByTagName` 直接跳到树中。例如，

```
document.getElementsByTagName("p")
```

将会返回文档中所有 `p` 节点的一个集合。还有一些第三方 JavaScript 库，致力于让 DOM 访问和操控变得更容易、更强大。7.5 节将会学习这样一个库——jQuery。

在实践中，要获得一个 Web 页面的结构，并不一定要运行像这里所示的 DOM 遍历脚本。我们可以从 HTML 源代码中推断其结构（特别是当源代码换行适当、缩进正确时）。图 6-6 并排显示了这个 JavaScript 运行器页面整体 DOM 结构及其源代码。两者之间的对应程序是显而易见的。

在处理越来越复杂的 Web 页面时，就用得着工具了。许多 Web 开发者工具，比如 Firefox 的 Firebug 插件、苹果公司的 Safari 和谷歌公司的 Chrome 等 WebKit 系列浏览器中的内置 Web 探查器，都包含了一种 DOM 探查器工具作为标准装备。这些探查器是我们 DOM 遍历脚本的互动版本，其功能包括：代码着色、根据需要展开或收缩节点、动态更新，以在 JavaScript 修改 Web 页面时能够看到其最新结构。

在拥有多个级别的复杂页面中，很容易出现丢失标签或标签不匹配、属性错误或拼写失误等问题。对于这些句法问题，验证器是必不可少的。验证器会阅读你的 HTML 代码，并指出其中的所有错误，或者背离 Web 标准的情况。W3C 在 http://validator.w3.org 维护着一个验证服务，本章末尾的一些练习将为你提供使用这些工具的机会。

回顾与练习

1. 用你自己的语言来解释 Web 页和 DOM 与树的类似之处。
2. 推测一下，在尝试将 `id` 分配给 DOM 中的多个元素时，`document.getElementById` 会做些什么。然后自行尝试一下编写或创建两个具有相同 `id` 的元素，看看会发生什么情况。

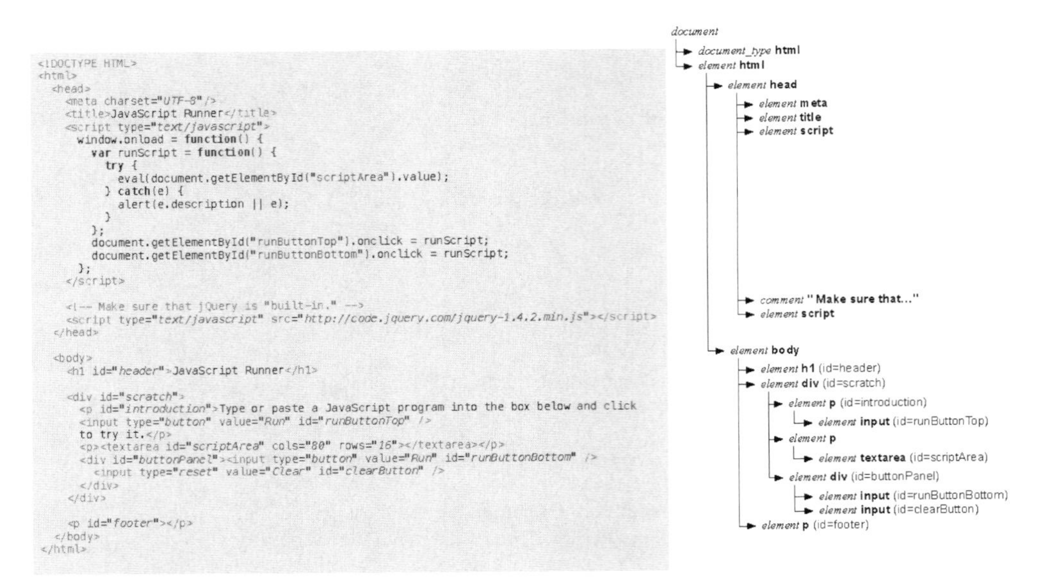

图 6-6　JavaScript 运行器页面的 HTML 与概括表示，为简短起见，省略了文本和属性（id 除外）

6.4　事件处理程序

我们现在已经确定了 Web 用于定义用户界面元素的机制（HTML）和以编程方式访问它们的方案（DOM），下面研究另一种机制，用于指定一些在发生某些事情时运行的代码。回应某些事件而运行的代码称为*事件处理程序*。JavaScript 程序没有明确包含等待事件发生的代码；它们只是进行注册，表示关注某些事件，然后交由系统来检测这些事件何时发生，这就是*事件驱动*。

闲言少叙，事件处理程序就是函数。要将这样一个函数与一个具体事件关联在一起，最简单的方法就是将它赋值给一个指定的 DOM 属性，比如 onclick、onload、onkeydown 或 onmousemove，我们只列出了其中几个（附录 A 中给出了完整的属性清单）。一旦赋值之后，就会在发生相应事件时调用该函数。许多事件是由用户执行的操作——鼠标行为会触发“鼠标事件”，键盘操作会触发“键盘事件”，等等。还有一些不是由用户触发的事件；在 6.6.4 节和 8.4 节将会读到一些特别有用的事件。

为方便起见，本节大多数代码都是为了在前述游乐场页面上运行而设计的，该页面可以在 http://javascript.cs.lmu.edu/playground 中获得。这样可以保证预定义用户界面元素的数量是已知的、一致的。在本章结束之前，我们将超越这个千篇一律的游乐场页面，开发一个功能齐全、由事件驱动的 Web 页面，其中的一些内容是为这个应用程序定制的。

6.4.1　事件处理程序的骨架

默认情况下，这个游乐场页面不会以自定义方式处理任何事件。作为开始，让我们添加一个小小的事件处理程序。

```
// 在单击 id 为"header"的元素时，提示某一内容。
document.getElementById("header").onclick =
    function () { alert(this.innerHTML); };
```

在运行此脚本时，似乎什么也没有发生。但的确发生了某些事情：这个游乐场页面现在被告知，要去处理 ID 为 header 的页面元素的 click 事件。这个元素恰好是这个游乐场页面的大标题。现在单击它，看看会发生什么。

这个例子很简单，但可能没有太大用处。它只是说明了指定事件处理程序的核心机制——可以说是它的“骨架”。

回想一下，一个 Web 页面中的所有元素都由 DOM 中的某一对象表示，可以通过 document 宿主对象访问。现在，对于这样一个用户界面元素，

- 由这个元素报告的每个事件都有一个标准的短名字，比如 click、mousedown、mouseup、focus 和 blur。
- 对于每个此类事件，该元素都有一个属性，这个属性的名字就是事件的“昵称”加上前缀 on。对于前面的例子，这些名字分别为 onclick、onmousedown、onmouseup、onfocus 和 onblur。[①]
- 如果一个程序对该元素的某种特定事件感兴趣，它可以执行以下操作之一：

  为元素的“on 事件”属性指定一个 JavaScript 函数。这一方法对所有浏览器都有效。

```
// 在所有浏览器中都有效。
document.getElementById("header").onclick =
    function () { alert(this.innerHTML); };
```

  对该元素调用 addEventListener 函数，以该事件的短名字和事件处理程序为实参。但要清楚，在 Internet Explorer 浏览器 9.0 之前的版本中是不支持 addEventListener 的。[②]

```
// 在 IE9 之前的版本上无效。
document.getElementById("header").addEventListener("click",
    function () { alert(this.innerHTML); }, false);
```

  使用一个第三方 JavaScript 库，比如 jQuery，来指定事件处理行为。我们将在下一章正式介绍 jQuery，但这里先粗瞥一眼。

```
// 在所有浏览器上有效，但需要 jQuery 库。
$("#header").click(function () { alert(this.innerHTML); });
```

  为简单起见，我们将在本章的后续部分使用第一种机制。但在工业级代码中，第三种方法（库）最为常见：它提供了一种功能，可以为一个元素指定多个同类事件处理程序，它允许定制捕获和冒泡行为（本章后面将进行研究），允许专属于某种浏览器的实现。
- 当事件发生时，调用指定的函数。在这个函数内部，尽管没有显式定义，但变量 this 指的就是发生该事件的元素。[③]

6.4.2 事件处理程序是函数，是对象

下面的例子演示了一个控件，它的状态影响到另一个控件启用与否。在许多 Web 表单中经常会见到这种行为，用户的某些具体选择可能会决定后续选择适用与否。在 http://javascript.cs.lmu.edu/playground 中键入以下代码，并运行它。

```
/*
 * 启用或禁用类别下拉菜单。
 */
var setCategoryEnabled = function (enabled) {
    // 回想一下，JavaScript 中的“!”表示“否”。
    document.getElementById("category").disabled = !enabled;
};

/*
 * 根据是否选中了“Check me”选择框
 * 来启用或禁用类别下拉菜单。
```

① 注意命名约定：所有都是小写。

② Internet Explorer 的早期版本有一个名为 attachEvent 的类似函数。这两个方法的区别并非仅体现在名字上：它们接受不同参数，在嵌套元素方面的功能也不一样，它们处理 this 表达式的方式也有所不同。

③ 值得注意的是，这一点对于非标准的 attachEvent 函数是不成立的。

```
 */
var handleCheckClick = function () {
    setCategoryEnabled(this.checked);
};

// 同步下拉菜单与复选框。
setCategoryEnabled(document.getElementById("check").checked);

// 设置事件处理程序。
document.getElementById("check").onclick = handleCheckClick;
```

运行此脚本，单击复选框（相当于切换了它的 `checked` 属性）将会相应地启用或禁用 Category 下拉菜单，启用与禁用是通过 `disabled` 属性实现的。注意，在本例中，首先将事件处理程序函数指定给 `handleCheckClick` 变量。随后，将这个“被选中”元素的 `onclick` 属性指定给该变量。因为 JavaScript 中的函数本身就是对象，所以可以将它们赋值给变量，在使用时写出它们，像所有其他对象一样作为实参进行传送——所有此类行为都可以提前执行，然后再将函数指定给 Web 元素的事件处理程序属性。这样就提供了很大的灵活性，可以决定在程序的生存期间如何处理和管理事件。

下面的例子演示了这种灵活性。在尝试这个例子之前，重新加载游乐场页面，将之前可能赋值的所有事件处理程序“复位”。然后运行这段代码：

```
/*
 * 在一个数组中准备了三种可能用到的事件处理程序。
 */
var handlers = [
    function () {
        document.getElementById("input1").value = Date.now();
        setRandomHandler();
    },

    function () {
        alert("Hello events!");
        setRandomHandler();
    },

    function () {
        alert(prompt("Type something to capitalize:").toUpperCase());
        setRandomHandler();
    }
];

/*
 * 定义一个函数，为“status”元素随机设定一个事件处理程序。
 */
var setRandomHandler = function () {
    document.getElementById("status").onclick =
        handlers[Math.floor(Math.random() * 3)];
};

// 设定（初始）事件处理程序。
setRandomHandler();
```

让我们运行这段程序，多次单击 All systems are go 元素，看看它会做些什么。注意每次发生的情况：有些东西是不一样的——随机的！在调用当前事件处理程序时，它会执行自己的工作，然后用一些不一样的内容来替换自己，其实就是重新设定了“status”元素的 `onclick` 属性。

回顾与练习

1. 说明你是否同意以下论断："事件驱动的程序不能从头读到尾。"给出理由。
2. 推测一下如何取消指定的事件处理程序。尝试编写一些代码，来测试你的方法，然后在 Web 上查阅相关内容。你的最初猜测与实际机制有多么接近？

6.5 事件对象

事件驱动计算背后的最后一个核心机制涉及传送某一事件的专属信息。在动态 Web 程序中，这种机制采用一种事件对象的形式，其中包括了刚发生事件的补充信息。不同事件对象拥有不同属性。所有事件对象都有一个 `type` 属性，其中保存了事件的短名字。鼠标事件拥有表示其坐标的属性，既有相对于浏览器内容的（`clientX`、`clientY`），也有相对于整个屏幕的（`screenX`、`screenY`）。`button` 属性表示事件中涉及的鼠标按钮。还有键盘状态可供使用，比如在事件发生时是否按下了 Shift 键（`shiftKey` 属性）。除了 `shiftKey` 之外，`altKey` 表示 Alt 键的状态，`ctrlKey` 表示 Control 键（也就是 Ctrl 键）的状态。

在 Internet Explorer 浏览器中的 JavaScript 实现中，实际属性名称及其解释与大多数其他浏览器中的 JavaScript 实现有着很大不同。具体细节可在附录 A 中找到。此外，向事件处理程序提交事件的方式也是变化的。在 Internet Explorer 中，事件对象存储在全局变量 `event` 中。在其他浏览器中，事件被作为参数传送给事件处理程序。来看一个例子。

下面的脚本在游乐场页面的"世界奇迹"列表设定了一个事件处理程序。在实际运行此脚本之前，先花点时间来推断一下它会做些什么。

```
document.getElementById("wonder").onclick = function (e) {
    if (!e) {
        e = event;
    }

    var status = document.getElementById("status"),
        selection = this.options[this.selectedIndex].text;

    status.innerHTML = e.shiftKey ? selection.toUpperCase() :
        e.altKey ? selection.toLowerCase() :
        selection;
};
```

这个事件处理程序将当前选定的"世界奇迹"复制到绿色的状态区域。如果在 Internet Explorer 中运行，则不会传送参数，`e` 将被初始化为 `undefined`；函数体的第一条代码负责将 `e` 设定为全局事件对象的值。

是否跨浏览器兼容，特别是事件处理等基本功能兼容与否，是一个非常重要的现实问题，可能会浪费程序员几个小时的时间。随着标准的整合，以及 Web 浏览器越来越多地遵守这些标准，上述问题已经在逐渐好转，但还没有（可能也不会）完全消失。第三方 JavaScript 库（比如 jQuery）采用"标准化"这些事件处理（及其他浏览器）行为的方式来帮助解决这一问题，使它们在各个浏览器的外观和行为都保持一致。这种标准化可以节省大量时间，在生产环境下可能是不可缺少的。

既然跨平台的不兼容性问题已经大体解决，所以本例的剩余部分将多少保持一致。保存这个列表的 `select` 元素有一个 `selectedIndex` 属性，表示当前选定部分的索引。然后用这个索引从 `select` 元素的 `options` 属性中读取真正的选取内容，这个属性是由列表中所有项目组成的数组。此外，Shift 或 Alt 键按下与否，决定了这些选定内容的复制方式。如果在单击鼠标的同时按下了 Shift 键，所选项目将被显示为大写；如果按下了 Alt 键，则会出现所选项目的小写版本。

回顾与练习

1. 如果将“世界奇迹”事件处理程序指定给 onchange，而不是 onclick，它就不能正常工作。为什么？
2. 如果 Shift 和 Alt 键都被按下，绿色状态区域将会出现什么？为什么？

6.6　事件实现细节

除了用户界面定义、编程访问、事件处理程序设置和事件信息传送之外，事件驱动系统还存在其他一些机制。尽管这些机制不像前面四种那样处于整个范例的核心，但它们仍然会影响事件驱动范例的实现。本节将介绍一些在动态 Web 程序中特别突出的辅助机制。

6.6.1　事件捕获与冒泡

在游乐场页面中输入并运行以下脚本：

```
document.getElementById("widgets").onclick = function () {
    alert("Widget area clicked!");
};
```

在你单击 Run 的一刻，是否惊奇地看到提示中说你单击了小组件区域？看一下 HTML 源代码就知道答案了：整组用户界面控件都包含在一个 ID 为“widgets”的 div 元素内部。我们之前就是将 click 事件处理程序指定给了这个元素。因此，这就是为什么单击这个元素之内的任何地方都会触发这一事件处理程序。甚至是单击各个不同元素自身，比如文本字段、选择列表、按钮，等等，都会触发这个事件处理程序，只要被单击的元素包含在“widgets”div 元素内部，都是如此。

于是，观测结果 1：在 Web 页面中，如果向一个元素指定了事件处理程序函数，只要在这个元素的内部发生了相应事件，无论另一个子元素或后代元素是否也是该事件的直接容器，都会触发这个事件处理程序。

现在，不重新加载此页面，使之前的事件处理程序保持活动状态，运行如下脚本（可能需要多次清除“Widget area clicked!”提示）：

```
document.getElementById("check").onclick = function () {
    alert("Checkbox clicked!");
};
```

“安装了”这一事件处理程序之后，直接单击复选框组件。注意，你会看到两个提示：一个显示“Checkbox clicked!”（复选框被单击！），原来的那个显示“Widget area clicked!”（小组件区域被单击）。复选框提示首先出现，然后是小组件提示。

观察结果 2：如果一个元素包含另一元素，而且这两个元素都被指定了事件处理程序，当在被包含元素内部触发该事件时，这两个事件处理程序都会被调用。最内层元素的事件处理程序将首先被调用。

这一行为称为事件冒泡。要理解这个术语的出处，请参考图 6-7，它显示了整个 Web 事件生命周期：最初的捕获阶段首先让事件“遍历”最外层的 Web 元素（也就是文档本身），然后遍历所有也与事件位置交叉的被包含元素。一旦事件到达了最低层元素（或者说最内层，取决于你是如何考虑文档结构的），它将切换到冒泡阶段，事件将会在元素层次结构中向上“冒泡”。

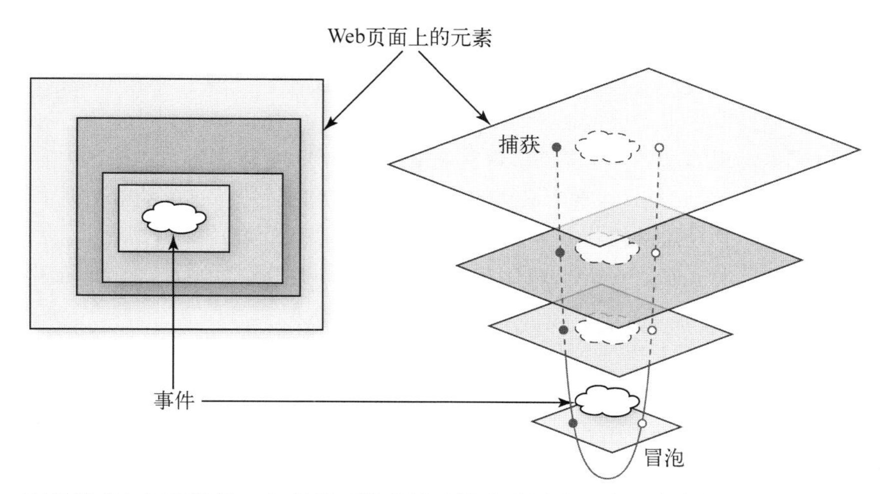

图 6-7 事件捕获与冒泡阶段。如果针对该阶段（捕获或冒泡）为元素指定了处理程序，每个圆圈都代表一次潜在的事件处理程序调用

通过直接函数赋值注册的事件处理程序（到目前为止，我们一直使用的就是此方法），默认在冒泡阶段调用。前面曾经提到的 addEventListener 事件注册方法允许配置调用时间，可以在捕获阶段，也可以在冒泡阶段（具体细节超出了本书的讨论范围）。

再忍受最后一次，让所有这些小组件区域显示内容保持不变，在不重载页面的情况下运行如下最后一个脚本：

```
document.getElementById("templeOption").onclick = function () {
    alert("Temple clicked!");
};

document.getElementById("wonder").onclick = function () {
    alert("Wonder clicked!");
};

document.getElementsByTagName("body")[0].onclick = function () {
    alert("Body clicked!");
};
```

如果你正确地预测到了最终行为，那恭喜你：事件冒泡通过了多个元素——事实上是任意多个。首先通过“最内层”的元素，然后向上“冒泡”，直到达到整个文档。

并不是所有事件都会冒泡。具体来说，focus、blur、load 和 unload 都不会。此外，事件对象有一个 stopPropagation 函数（在 Internet Explorer 中称为 cancelBubble），它可以停止冒泡过程。为查看这一过程，在“templeOption”或“wonder” click 处理程序中插入一个 stopPropagation 调用，然后再次单击。将此次行为与之前看到的行为进行比较。

此时，你可能已经十分厌倦所有这些提示了，所以在继续进行后续内容之前，一定要重新加载游乐场页面。

6.6.2 默认操作

通过对事件及事件处理的所有这些讨论，你可能已经注意到，一些特定的标准 Web 浏览器行为看起来就像是事件处理程序。例如，在单击一个链接来加载新 Web 页面时，可以看作是定位（链接）元素上的 click 处理程序。或者，在一个文本字段中键入内容就像是一个 keypress 处理程序：“在按下某个键时，将相应字符插入文本字段中。”这些行为与事件处理程序的区别在于，这些行为是自动可用的，或者说是默认可用的。事实上，这就是它们的名字——*默认操作*。如果向元素指定了事件处理程序，而同一事件又拥有默认操作，将会首先调用“自定义”处理程序，默认操作最后发生。例如，如果一个定位元素有一个 click 事件处理程序，单击鼠标将触发该处理程序，之后，Web 浏览器将加载由这个定位元素指定的 URL。

但在有些时候，我们可能希望忽略默认操作，调用 preventDefault 函数可达到这一目的。这个函数与传送给事件处理程序的事件对象放在一起。Internet Explorer 没有实现这一方法；要在 Internet Explorer 中禁用默认操作，可以将事件对象的 returnValue 属性设定为 false。

举个例子，以下脚本实现的这种行为在许多现实表单中都会出现：限制键盘的输入内容，使其仅包含数字符号。HTML5 input type="number"元素为最新的 Web 浏览器“内置”了这一功能，但了解一下如何以人工方式来实现这种约束还是有指导意义的——毕竟，有些人还是得在浏览器中编程实现它们！

这里给出两种方法，一种是在有 preventDefault 函数可用时调用该函数，一种是在该函数不可用时为 returnValue 赋值。

```
/*
 * 清除给定字符串中的所有非数字符号。
 */
var restrictToDigits = function (string) {
    return string.replace(/[^\d]/g, "");
};

/*
 * 查看给定值是否全为数字。
 */
var isAllDigits = function (string) {
    return string.match(/^\d*$/);
};

/*
 * 拒绝非数字键入。
 */
var handleInputKeyPress = function (e) {
    if (!e) {
        e = event;
    }
    if (!isAllDigits(String.fromCharCode(e.charCode))) {
        // 确保此键入不会导致出现字符。
        if (e.preventDefault) {
            e.preventDefault();
        } else {
            e.returnValue = false;
        }
    }
};

/*
 * 拒绝 this.value 中的非数字，并重新选择该文本字段。
 */
var handleInputBlur = function () {
    if (!isAllDigits(this.value)) {
        alert("Sorry, only 0-9 are allowed here.");
        this.value = restrictToDigits(this.value);
        this.select();
    }
};

document.getElementById("input1").onkeypress = handleInputKeyPress;
document.getElementById("input2").onblur = handleInputBlur;
```

运行此脚本后，尝试在页面的 Input 1 和 Input 2 字段中键入值。如果一切正常，Input 1 应当仅接受数字 0 或 9，所有其他字符都将被拒绝。[①]

① 毫不夸张，诸如快捷方式或加速器之类的按键也将被拒绝。关于如何改进 preventDefault 的调用时机，留作练习。

对于文本输入字段，按键的默认操作是将按键表示的字符插入到字段中。在上面仅接受数字的脚本中，不希望总是执行这一默认操作；只希望数字进入文本字段。因此，当我们的自定义处理程序捕获到非数字时，preventDefault()将当作它们从未发生（从 Input 1 默认按键操作的角度来看）。

作为对比，Input 2 中对数字的限制没有使用 preventDefault。Input 2 也只接受数字 0 至 9，但只有在按下制表键或者单击另一控件之后而离开此字段时才会进行检查。如果 Input 2 中的值包含 0 至 9 之外的任何内容，都会在该字段失去焦点时（也就是不再是键入内容的目标时），看到一条说明上述情况的 alert 消息。焦点的改变（即作为或不再作为按键内容的容器）也是事件，与单击鼠标和按键一样。当一个元素接受焦点时（比如，通过按下制表键进入该元素或单击该元素），将发生 focus 事件。当一个元素失去焦点时（例如，通过按下制表键离开该元素，或者单击了另一个元素），动态 HTML 会通过调用 blur 进行一点巧妙的应答（也就是说，与“焦点”相对的是“模糊”，明白了吗？）。

6.6.3　指定事件处理程序

到目前为止，我们一直采用一种专门的方式来指定事件处理程序，主要是将其作为脚本，于事后在游乐场页面内部执行，或者是像 6.1.1 节那样，在 HTML 页面末端附近引用的一个脚本中执行。你应当不会感到惊讶，这种“事后”方法只能用于帮助我们学习事件处理；“就其本来面目而言”，事件处理程序是可以在 Web 页面中指定的，前面的温度转换器示例就是如此。

一个 Web 页面中的 script 元素是按照它们在 HTML 源代码中的出现顺序读取和执行的。当脚本中包含事件处理赋值代码时（即 element.event = function (...) { ... };），最主要的要求就是被赋值的元素已经存在于页面中了。这就是为什么在温度转换器示例中，temperature.js 的<script>标记要位于 HTML 源代码的最后。

这种方法可能变得非常笨拙，因为 Web 页面及其脚本代码会变得更复杂：一些脚本可能会在运行时修改文档，在编辑 Web 页面布局时调整标签。因此，散落在整个页面上的 script 元素可能很难跟踪和调试。为 JavaScript 引用准备一个标准的稳定位置，同时还不用担心在执行事件处理程序赋值代码时，受影响的元素是否已经存在，这样不是很好吗？

进入 load 事件。这一事件由 window 对象触发，当 Web 浏览器内容已经全部读取完毕，而且所得到的文档对象模型已经被完全实例化时，发出信号。load 事件的美妙之处在于可以在 HTML 源代码中提前指定其事件处理程序，并确保在处理整个 Web 页面之前，不会调用这个事件处理程序自身。这样就使它成为指定事件处理程序的理想事件处理程序。

例如，temperature.js 可以重写如下：

```
var report = function (celsius, fahrenheit) {
    document.getElementById("result").innerHTML =
        celsius + "\xb0C = " + fahrenheit + "\xb0F";
};

window.onload = function () {
    document.getElementById("f_to_c").onclick = function () {
        var f = document.getElementById("temperature").value;
        report((f - 32) / 1.8, f);
    };

    document.getElementById("c_to_f").onclick = function () {
        var c = document.getElementById("temperature").value;
        report(c, 1.8 * c + 32);
    };
};
```

采用这种写法后，运行 temperatur.js 的 script 元素就可以放在一个标准位置，不用担心 f_to_c 和 c_to_f 元素当时是否已经存在。这个脚本甚至可以在 head 元素中提及，事件处理程序的实际赋值仅在 Web 浏览器处理了整个文档之后才会发生。

还有其他一些指定事件处理程序的方法，[1]但我们建议将 load 作为一种“好习惯”方法，因为它的上述好处保证在 Web 页面调用代码时已经完成，并允许将几乎所有<script>标签放在一个地方，比如 head 元素，或者就放在 body 元素之前。[2]

6.6.4　时间流逝触发的事件

还有一类值得专门一提的事件，它们不是基于用户针对可见 Web 页面元素执行的行为，而是基于时间的流逝。JavaScript 程序可以要求在经过一定时间后得到通知，既可以是一次通知，也可以是重复通知。由于这些事件不是由用户界面元素发起的，所以其处理程序的设置方式稍有不同。但整个机制最终都是一样的。

和 JavaScript 中的所有其他事件一样，这些时间流逝事件也是由函数处理的。与其他事件不同的是，这些函数不是通过向事件属性的赋值来指定的，而是由宿主函数 setTimeout 和 setInterval 完成。

将以下脚本输入 http://javascript.cs.lmu.edu/playground，但不要立即单击 Run。

```
var timeoutStr = document.getElementById("input1").value;
var timeout = parseFloat(timeoutStr) * 1000;
document.getElementById("status").innerHTML = "Wait for it...";
setTimeout(function () {
        document.getElementById("status").innerHTML = "Liftoff!";
    }, timeout);
```

在运行此程序之前，以秒为单位，在 Input 1 文本字段中输入一个数字。应当发生以下情况：绿色状态区域应当变为 Wait for it...并保持，保持时间就是你输入的秒数。然后，消息变为 Liftoff!。

我们刚刚使用了 setTimeout 函数，将对一个 JavaScript 函数的调用推迟了一定的毫秒数（这就解释了在本节的示例中为什么要提前乘以 1000）。setTimeout 立即返回，使你的代码可以执行其他操作，而被延迟的函数则在后台等候，直到耗尽指定的时间量。在这段时间内，你的代码可能已经完成了一整套其他工作，包括更多计算和处理事件等。要实际检验一下，紧跟在 setTimeout 所在行之后添加一个 alert 调用，然后再次运行此脚本。注意，提示框在你单击 Run 之后马上出现，而 LiftOff!出现得要稍晚一些（别忘了在 Input 1 中键入某一秒数，使这一切不会发生得太过迅速）。

现在尝试以下程序：

```
setInterval(function () {
        document.getElementById("status").innerHTML = new Date();
    }, 1000);
```

这一次使用了 setInterval。和 setTimeout 一样，setInterval 将对一个函数的调用延迟若干毫秒；与 setTimeout 不同的是，setInterval 会在给定时间的暂停（间隔）之间重复函数调用。在上面的例子中，运行器页面的绿色状态区域每秒内都会更新为当前日期与时间。这个函数会被重复调用，几乎会永远重复下去。如果没有编写其他代码，可能需要重载页面、关闭浏览器窗口或者访问一个新站点，才能终止这一重复调用。

增加一点代码，可以更好地控制 setTimeout 和 setInterval。在调用这两个函数时，它们实际上是会返回一点东西的，就是一个用作标识符的值，它标识的是超时函数或间隔函数所代表的某个特定的“延迟调用”。之后，clearTimeout 和 clearInterval 可以使用这个标识符，分别用来停止或取消被挂起的函数调用。要使用这些函数，可以按如下所示来组织代码结构：

```
// 在启动一个超时或间隔函数时，保存当前 ID。
var timeoutID = setTimeout(someFunction, someDuration);
var intervalID = setInterval(anotherFunction, anotherDuration);
```

---

① 包含一些没有在这里明确讨论的方法，比如固有事件属性。

② 脚本加载与放置问题最终会变为一个非常深入的话题，超出我们的预期，其性能问题尤其如此。如果你有兴趣，可以参阅一些在线资源，比如 http://developer.yahoo.com/performance/rules.html 和 http://www.stevesouders.com，它们对此进行了深入讨论。

```
/* ……所有其他代码都放在这里……*/

// 如果必须取消一个超时或间隔函数，则调用：
clearTimeout(timeoutID);
clearInterval(intervalID);
```

关于这组函数的具体演示，请访问 http://javascript.cs.lmu.edu/deferred。定时器和间隔函数在动画中发挥着主导作用，所以在第 9 章将会看到更多的此类函数。

回顾与练习

1. 事件捕获和冒泡之间有什么区别？
2. 将所有事件处理程序赋值代码都放在一个 `onload` 事件处理程序中（当然，`onload` 赋值本身除外），有什么么好处？你是否发现了任何缺点？

6.6.5 多点触摸、手势和物理事件

使用 Web 浏览器的设备类型越来越多，它们需要响应的事件种类也相应增加，具体取决于设备的输入或传感器功能。本节将介绍一小部分此类事件。注意，对于这里给出的大多数代码示例，只有在相应设备上的 Web 浏览器中运行时才能发挥所述功能，这里所说的相应设备，是指应当具备相应输入方法的设备，比如移动/手持设备和平板电脑。

在编写本书时，这些事件类型的标准仍在变化之中。随着时间的流逝、设备与其 Web 浏览器的发展、标准的整合，本节给出的代码也需要相应修改。有关这些事件的最新信息，可以参考相关资源，比如 W3C Web Events and Geolocation Working Groups [W3C11b, W3C11a]和一些由相应设备制造商提供的开发者文档，这些设备当然要支持多点触摸、手势和物理事件[App11，Goo11]。

1. 多点触摸事件

触摸输入类似于鼠标输入，当触摸开始或结束时（类似于鼠标按钮活动）以及在屏幕上移动时（类似于鼠标移动）发生用户操作（在此情况下，就是手指碰到触摸屏）。但鼠标只能跟踪计算机屏幕上的一个两维点，多点触摸输入与之不同，它能同时跟踪多个触摸点。另外，鼠标输入将移动与按钮分开，无论是否按下了鼠标按钮，都能检测鼠标的移动。但触摸输入则没有这种区分，只有在手指接触设备的情况下才可能检测到移动。

这些区别揭示了向 Web 浏览器发送和报告触摸事件的方式。

- `touchstart` 表示向设备上的已知触点列表中增加一个手指，也就是一次触摸。
- `touchmove` 表示一个之前已知的触点在设备表面上移动。
- `touchend` 表示清除或抬起一根手指，或与设备的一个触点。

一些设备还支持 `touchcancel` 事件，它表示一个触摸序列的结束，但不是有意将手指抬离屏幕，而是比如移到 Web 浏览器的可触摸内容区域之外。

和所有其他事件处理方法一样，这些多点触摸事件的事件处理程序也接受一个包含事件信息的事件对象，这里是一个 `TouchEvent` 对象。`TouchEvent` 与 `MouseEvent` 之间的主要区别就是触摸事件包含了 `Touch` 对象的一个或多个数组，当前与屏幕接触的每根手指都有一个对应的 `Touch`。鼠标事件只需要跟踪一个接触点，所以直接将此信息完全放在事件对象内部。

触摸数组是标准的 JavaScript 数组：不出所料，它们都有 `length` 属性，拥有从 0 开始的整数索引。如果 `event` 表示当前的触摸事件对象，那 `event.touches` 就是这个 Web 页面上所有已知触摸的数组，对于报告此触摸事件的实际元素，它上面可能会有一些已知触摸，`event.targetTouches` 数组中就包含了这个元素上的所有这些已知触摸，而 `event.changedTouches` 则是自上次报告触摸事件以来，所有已发生变化的触摸的数组。

http://javascript.cs.lmu.edu/text-touch 处的 Web 页面与触摸事件相对应。对于不支持多点触摸的计算机来说，它似乎没有做任何事情，因为它的事件处理程序仅附加到触摸事件。但在一个支持多点触摸的设备上，页面上的这三段内容会在触摸时显示为斜体，并会随着手指的移动，将其左边距自左向右移动。更好的是，可以将多根手指放在屏幕上，同时对多个段落进行这一操作，如图 6-8 所示。

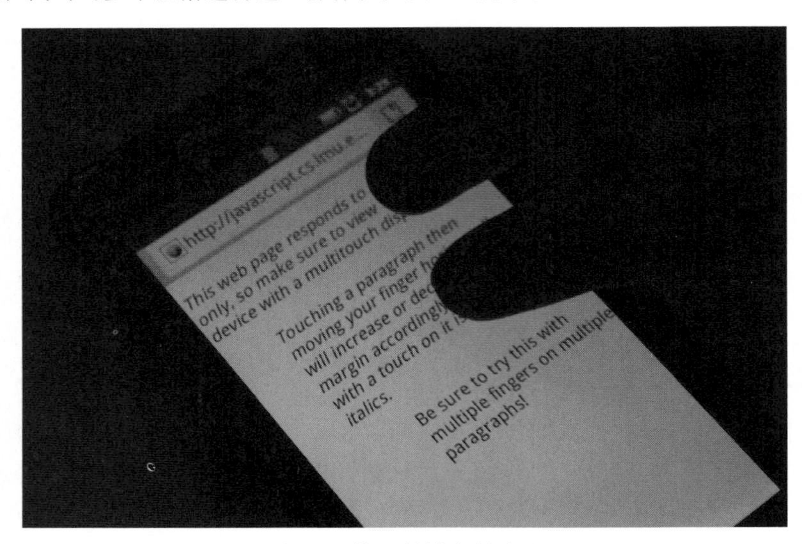

图 6-8　使用触摸事件演示

相应的 JavaScript 代码可以在 text-touch.js 中找到。整个程序就是一个 `window.onload` 事件处理程序，其中包含了 helper 函数和事件处理程序赋值。这个函数的底部指定了事件处理程序，都是之前在代码行中定义的函数。

```
// 为所有段落元素指定事件处理。
for (i = 0; i < paragraphs.length; i += 1) {
    paragraphs[i].ontouchstart = markParagraph;
    paragraphs[i].ontouchmove = shiftParagraph;
    paragraphs[i].ontouchend = unmarkParagraph;
}

// 防止可能出现的默认触摸行为，比如滚动和调整大小。
document.body.ontouchmove = preventTouchDefault;
document.body.ongesturechange = preventTouchDefault;
```

注意底部的两行，它们防止一些默认触摸或手势行为，比如滚动或调整大小。我们希望为本例禁用这些行为，使触摸段落的操控不受滚动或大小调整的打扰。

在 Web 页面 `head` 的 `style` 元素中可以找到另一个支持触摸的有用调整：

```
user-select: none;
```

设置了这一属性后，当手指在屏幕上移动时，可以防止发生另一组默认的浏览器行为（有关文本选择和突出显示）。

这一实际事件处理代码不同于其他事件处理程序，它使用了一个 `for` 循环来处理当前事件中所有发生变化的触摸。注意 `shiftParagraph` 函数，它根据触摸位置调整被触摸段落的左边距。

```
shiftParagraph = function (event) {
    var i, touchCount, element;
    for (i = 0, touchCount = event.changedTouches.length;
            i < touchCount; i += 1) {
        element = getParagraphElement(event.changedTouches[i].target);
        element.style["margin-left"] = (event.changedTouches[i].pageX -
```

```
            element.startX) + "px";
        }
    }
```

在提供给这个函数的 event 对象中有一个 changedTouches 数组，for 循环会对其进行迭代，处理每个触摸。每个触摸对象的 target 属性指的是当前被触摸的实际 Web 页面元素。

2. 手势事件

可以认为手势输入的所处级别高于触摸输入：当检测到特定的触摸事件序列时，就会报告发生了手势事件。手势类似于鼠标按钮单击和双击。注意，单击事件实际上就是按下并随之释放鼠标按钮的一个特定序列。它们之所以拥有自己的事件，是因为其发生频率非常频繁，或者是因为极为方便，使开发者不必再去编写大量冗余代码。

当一个支持手势事件的 Web 浏览器跟踪到一系列可以解释为手势事件的触摸事件序列时，它会报告以下事件。

- gesturestart 表示多点触摸手势的开始。
- gesturechange 表示当前手势的变化，用户手指在显示屏上的移动方式会推动这种变化。
- gestureend 表示多点触摸手势的结束，通常是由于手指抬离了屏幕。注意，其他手指可能仍然与屏幕接触，所以即使当前手势已经结束，也仍然可能报告低一级的触摸事件——touchmove、touchstart 和 touchend。

在目前的设备中，所支持的手势包含：调整大小，通常是用两根相互移近或移远的手指来“挤捏”屏幕；旋转，当检测到两根手指围绕某个与触摸屏表面垂直的坐标轴旋转时报告此事件。这些手势在一个被传送给手势事件处理程序的事件对象的 event.scale 和 event.rotation 属性中报告。event.scale 属性是一个从 0.0 到 1.0 的数量，而 event.rotation 则以度为单位给出。

在 http://javascript.cs.lmu.edu/text-gesture 中可以找到一个手势事件处理示例页面。在不支持多点触摸的计算机上，它什么也不做，这是因为它的事件处理程序被专门指定给手势事件。但在一个支持多点触摸的设备上，当在页面上的段落开始一个手势时（主要就是两根手指放在段落上），这个段落会显示为斜体。这些字体大小会随着调整大小的“拧捏”手势而发生变化，当手指旋转时，其透明度会发生变化。通过这段示例代码可能注意到一个警告：大小调整和旋转可以在一个手势中并发处理，当大小调整与意外的旋转操作一起执行时，可能会导致令人惊奇的行为。因此，在实践中处理手势时，仅处理大小调整或者仅处理旋转，通常可以减少混淆。

与多点触摸代码相比，这个手势示例代码多少要更直接一些，因为手势只能一次报告一个，和大多数其他 Web 浏览器事件一样。event.scale 和 event.rotation 属性可以根据需要直接在 changeParagraph 函数（这个函数就是指定的 gesturechange 事件处理程序）中读取，对受到影响的 Web 页面元素做出相应修改。

```
changeParagraph = function (event) {
    var element = getParagraphElement(event.target), newOpacity;
    element.style["font-size"] = (element.startSize * event.scale) +
        element.sizeUnit;

    // 使 180 度的旋转对应于 100%的透明度。
    newOpacity = +element.startOpacity + (event.rotation / 180.0);
    newOpacity = (newOpacity < 0.0) ? 0.0 :
        ((newOpacity > 1.0) ? 1.0 : newOpacity);
    element.style.opacity = newOpacity;
}
```

注意，手势事件目前还处于初始阶段，甚至还不如触摸事件成熟，因此，上述事件、对象、属性和所有示例代码，只能在非常特定的设备上工作，随着时间的推移，可能需要进行一些修改。

3. 物理事件

一些装有 Web 浏览器的设备拥有加速度计和（或）陀螺仪，使设备能够分别跟踪自己的物理移动与方向。

这些操作与事件驱动的计算范例完美地结合在一起。目前正在制订相关标准[W3C10b]，以便 Web 浏览器能够检测这些移动和旋转事件。以下就是基于该标准草案当时我们编写本节的版本内容，以及 Web 浏览器中对此标准的现有实现方式。

因此这些事件直接与物理移动绑定在一起，所以要想以直观而富有意义的方式来使用这些事件，有必要对三维坐标系统及力学定律（包括重力）有一基本理解。但这些概念超出了本节的讨论范围，所以我们将其留作延伸阅读内容，你也许还需要了解有关试验和误差之类的知识。

物理设备的移动与方向分别报告为以下事件。

- devicemotion 表示一个设备在空间内有物理移动，在传送给事件处理程序的相应 DeviceMotionEvent 中报告移动值。运动方式用加速度报告，可以包括重力，也可以不包括（分别为 accelerationIncludingGravity 和 acceleration 属性）。interval 属性表示自上次移动事件以来经过的时间（从而使程序能够计算速度，并在一种程度上根据给定的加速度矢量来计算位置），而 rotationRate 属性则报告了该设备的方向在此间隔内的变化速率。加速度和旋转都以三维向量给出。
- deviceorientation 允许报告绝对设备朝向，与 devicemotion 事件中 rotationRate 属性中提供的相对值形成对照。方向完全可以是一个绝对值，也可以是对于一个预定方向的相对值；这一点是可以变的，取决于运行 Web 浏览器的设备上有哪种传感器可供使用。

任何 devicemotion 和 deviceorientation 事件处理程序都必须附着到顶级 window 宿主对象。将这些事件处理程序与任何其他 Web 页面元素关联在一起都完全没有意义，因为物理事件无论如何都会影响整个设备。

和多点触摸事件与手势事件一样，对于发展中的标准及特定供应商提供的设备支持，以下示例代码不保证一定能正常工作。对于 Web 浏览器报告的任何 devicemotion 和 deviceorientation 事件，http://javascript.cs.lmu.edu/physical-events 处的 Web 页面演示了其原始的“数据转储”。它的事件处理程序代码仅读取事件对象属性，并将它们复制到页面处，比如：

```
document.getElementById("acceleration-gravity-x")
    .innerHTML = event.accelerationIncludingGravity ?
        event.accelerationIncludingGravity.x : "not reported";
document.getElementById("acceleration-gravity-y")
    .innerHTML = event.accelerationIncludingGravity ?
        event.accelerationIncludingGravity.y : "not reported";
document.getElementById("acceleration-gravity-z")
    .innerHTML = event.accelerationIncludingGravity ?
        event.accelerationIncludingGravity.z : "not reported";
```

在使用不同设备查看这一页面时，可能会得到各种不同结果，可能完全没有数据（也就是说根本就没有报告事件），可能有部分数据（有一些“没有报告的”，但有一些实际数据），还可能是一组完整的、持续更新的数值。如果看到了任何数字，尝试在空间中的所有三个维度上移动和旋转你的设备，看看这些数字是如何变化的。此外，看看当你放下设备时会发生什么情况，这时它应当是“无移动的”。如果计算机中的 Web 浏览器完全支持加速度计和陀螺仪，你看到的东西会让你大吃一惊的。

在一个提供支持的设备上查看 http://javascript.cs.lmu.edu/physical-events 之后，你可能会同意，这种感受这些物理事件值的方式可能不是最佳的。另一方面，要直观地呈现这些三维的全空间事件，需要用到一些技巧和工具，而它们超出了我们目前介绍的内容；即使到了第 9 章，也只会对这一领域进行简单介绍。

不过，能在视觉上感受一下这些事件和数值还是很好的。http://javascript.cs.lmu.edu/physical-colors 示例页面对此进行了尝试，与此同时，它并没有超出我们目前已经介绍过的资料。这个页面并没有返回移动和方向数字，而是将它们显示为颜色，将物理事件对象的各个 x、y、z、alpha、beta 和 gamma 属性重新解读为红、绿及（或）蓝值。如果 Web 浏览器不支持或未报告某一特定的物理事件属性，这个属性的颜色样本将显示为中灰色。

例如，加速度的转换看起来是这样的：

```
updateAccelerationColor = function (color, acceleration, scale) {
    color.r = acceleration ? ((acceleration.y > 0) ?
        possiblyClamp(acceleration.y * scale) : 0) : 127;
    color.g = color.r;
    color.b = acceleration ? ((acceleration.y < 0) ?
        possiblyClamp(-acceleration.y * scale) : 0) : 127;
};
```

注意，在这里，当加速度的 *y* 坐标值为正数时，会它增加颜色的红色（r）和绿色（g）分量，从而产生黄色阴影，但当它为负数时，则会增加蓝色（b）分量。

运行程序的效果要比阅读程序更好一些。在一个支持物理设备事件的 Web 浏览器上访问 http://javascript.cs.lmu.edu/physical-colors，在移动或转换设备时，观察页面上的四种颜色样本是如何变化的。如果设备支持当前标准[W3C10b]中规定的指令，这四种颜色样本（在受支持时）的表现如下，如果在开始握持设备时，使其屏幕与地面平行，设备的顶点指向远离你的方向。

- 如果你将设备加速远离你，Acceleration 颜色样本将会变黄，如果将设备加速靠近你，将会变蓝。
- 由于读数中包含了重力，所以 With gravity 颜色样本包含了向下的加速度；为获得更明显的效果，使屏幕首先与地面垂直。在这种指向下，当正面向上时，该样本会变蓝，而颠倒过来时，将会变黄。
- 如果设备在屏幕所在平面内顺时针旋转，则 Rotation rate 颜色样本将会变绿，如果逆时针旋转，则会变红。
- 如果设备的顶端朝北，则 Orientation 颜色样本应当变绿，如果朝南，并应当变红，在所有其他方向上插入阴影。

当设备没有移动时，除了位于特定角度的 with Gravity 和 Orientation 之外，所有颜色样本都应当为黑色，因为在此期间不应当发生明显的速度和加速度。

回顾与练习

1. 在什么环境下，你希望一个 Web 浏览器支持多点触摸、手势和物理事件？
2. 多点触摸事件与鼠标事件有什么不同？
3. 为什么说手势事件的“级别要高于”多点触摸事件？

6.7 案例研究：井字棋

我们以井字棋游戏的一种 Web 页面实现作为本章的结束。你可以在 http://javascript.cs.lmu.edu/tictactoe/events 获得这个示例。

这个案例研究背后的思想是希望演示一种可以真正使用的事件驱动 Web 应用程序。这个页面的 HTML 及其相关的 JavaScript 用事件处理程序加以协调，以实现井字棋游戏，两个玩家依次使用同一鼠标。

6.7.1 文件与连接

这个应用程序由两个文件组成：tictactoe-events.html 和 tictactoe-events.js。在这个游戏开始时，首先由 Web 浏览器加载 HTML 文件：

```
1 <!DOCTYPE HTML>
2 <html>
3   <head>
4     <meta charset="UTF-8"/>
5     <title>Tic-Tac-Toe: An Event-Driven Programming Case Study</title>
```

```
6      <script src="./tictactoe-events.js"></script>
7      <style type="text/css">
8        table { border: outset 1px rgb(128, 128, 128) }
9        td {
10         width: 50px; height: 50px;
11          vertical-align: middle;
12          border: inset 1px rgb(128, 128, 128)
13        }
14        tr { text-align: center }
15      </style>
16    </head>
17    <body>
18      <h1>Play Tic-Tac-Toe</h1>
19      <table>
20        <tr>
21          <td id="cell00"></td>
22          <td id="cell01"></td>
23          <td id="cell02"></td>
24        </tr>
25        <tr>
26          <td id="cell10"></td>
27          <td id="cell11"></td>
28          <td id="cell12"></td>
29        </tr>
30        <tr>
31          <td id="cell20"></td>
32          <td id="cell21"></td>
33          <td id="cell22"></td>
34        </tr>
35      </table>
36    </body>
37  </html>
```

这个HTML文档的head中包含了一个script元素，它引用了tictactoe-events.js，它将完成游戏部分；head中还包含一个style元素，它提供了一些基本的格式设置，使我们的井字棋网格显得非常得体。[①]body包括一个h1标题，更重要的是，还包含一个table元素（第19行至第35行），它定义井字棋棋盘（见图6-9）。注意其中是如何指定id属性的，使表格单元格的标识符遵循“行、列”的顺序。

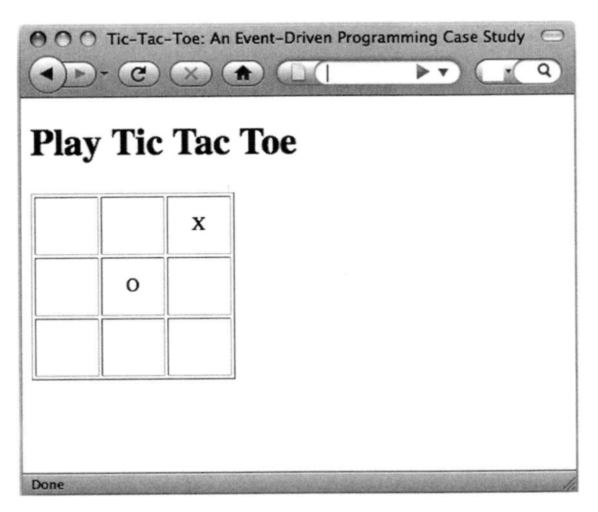

图6-9　基本的井字棋显示

① 关于样式，后续各章会有许多要说的，包括样式信息实际上应当放在一个单独文件中。

6.7.2 初始化

tictactoe-events.js 的结构遵循我们之前已经使用过的模式：JavaScript 代码仅包含变量声明和赋值，其中最后一个向 window 对象的 onload 属性赋值，也就是在页面完成加载时触发的事件处理程序。一定要在页面加载之后再来执行所有 DOM 工作；否则，我们尝试操控的文档对象可能还没有创建。

```
1 /*
2  * 一个基于事件的井字棋游戏
3  *
4  * 本脚本首先给出游戏需要的变量和函数
5  * (状态和行为)。
6  * 最后一条语句设定 onload 事件处理程序,
7  * 它又设定了井字棋棋盘的事件处理程序,
8  * 希望 HTML 源代码我们为设定这个棋盘。
9  */
10
11 var squares = [];
12 var EMPTY = '\xA0'
13 var score;
14 var moves;
15 var turn = 'X';
16
17 /*
18  * 为确定获胜条件，每个方框都按照
19  * 自左向右，自上而下，以 2 的连续次幂“标记”。
20  * 因此，每个单元格都表示一个 9 位字符串中的一位,
21  * 一位玩家的方框在任何给定时刻都可以表示为
22  * 一个独一无二的 9 位值。
23  * 因此，通过查看一位玩家的当前 9 位是否包含八种
24  * “三位一行”组合之一，就能很轻松地决定出
25  * 获胜者。
26  *
27  *  273              84
28  *     \            /
29  *      1|   2 | 4 = 7
30  * -----+-----+-----
31  *     8 |  16 | 32 = 56
32  * -----+-----+-----
33  *    64 | 128 | 256 = 448
34  * =================
35  *    73   146   292
36  *
37  */
38 var wins = [7, 56, 448, 73, 146, 292, 273, 84];
39
40 var startNewGame = function () {
41     turn = 'X';
42     score = {'X': 0, 'O': 0};
43     moves = 0;
44     for (var i = 0; i < squares.length; i += 1) {
45         squares[i].firstChild.nodeValue = EMPTY;
46     }
47 };
48
49 var win = function (score) {
50     for (var i = 0; i < wins.length; i++) {
51         if ((wins[i] & score) === wins[i]) {
52             return true;
53         }
54     }
```

```
55     return false;
56 };
57
58 /*
59  * 将被单击的方框设为当前玩家的标记，
60  * 然后检查是否有一方获胜或者是否进入死循环。
61  * 还要改变当前玩家。
62  */
63 var set = function () {
64     if (this.firstChild.nodeValue !== EMPTY) {
65         return;
66     }
67     this.firstChild.nodeValue = turn;
68     moves += 1;
69     score[turn] += this.indicator;
70     if (win(score[turn])) {
71         alert(turn + " wins!");
72         startNewGame();
73     } else if (moves === 9) {
74         alert("Cat\u2019s game!");
75         startNewGame();
76     } else {
77         turn = turn === 'X' ? 'O' : 'X';
78     }
79 };
80
81 onload = function () {
82     // 注意我们是如何*真正*依赖于 ID 的正确赋值的。
83     var indicator = 1;
84     for (var i = 0; i < 3; i++) {
85         for (var j = 0; j < 3; j++) {
86             var cell = document.getElementById("cell" + i + j);
87             cell.indicator = indicator;
88             cell.onclick = set;
89             cell.appendChild(document.createTextNode(''));
90             squares.push(cell);
91             indicator += indicator;
92         }
93     }
94     startNewGame();
95 };
```

这个初始化函数迭代遍历表中的每个单元格，并执行以下操作。

- 它为每个单元格指定一个独一无二的标识符值。标识符方案的设计使程序能程序能够很轻松地判断一位玩家何时在一行内画了三个标记。（这是一种“聪明”编码的例子，可以用来节省许多许多行代码，但其代价是降低了代码的透明度。如果你现在还不想了解这种编码方案的所有细节，目前也不用担心。）
- 它会向每个单元格指定 click 事件处理程序。由于对每个单元格的单击操作都采用完全相同的方式加以处理，所以将之前赋值给 set 变量的同一函数指定给每个单元格。
- 向每个单元格添加一个文本节点对象。这个对象包含了每个单元格中的当前标记。
- 将单元格添加到 squares 数组。以这种方式收集单元格，后面就不再需要使用 getElementById；之后要处理单元格时，只需迭代这个 squares 数组即可。

完成单元格设置后，开始一局新游戏：初始化 score 对象，将每位玩家的分数复零，将 moves 计数复零，然后将每个井字棋单元格中的文本内容设置为不换行空格字符（U+00A0）。[①]

① 在许多浏览器中，当表格单元格中只有普通的空格字符时，表格会非常难看。一种使单元格保持其预定宽度和高度的可靠方法就是使用不换行空格。

6.7.3　事件处理

开始游戏后，程序将等待玩家的鼠标单击操作。根据井字棋的规则，对表格单元格的第一次鼠标单击被认为是 X 玩家，然后 O 和 X 交替进行。

set 函数用作 click 事件处理程序。它做的第一件事情就是检查被单击单元格的文本值是否不再为空。如果不为空，则该单元格已经被单击，不需要做其他事情。

如果此单元格依然为空，则将其文字改为当前下棋的玩家（很方便，当前的棋子与被设定的文本相同）。然后使移动步数递增（帮助我们判断棋盘何时变满），向玩家的分数增加该单元格的分值，也就是设定该单元格表示的“位”。然后由 win 函数检查当前玩家是否走出了获胜棋。

如果这位玩家已经获胜，给出一个 alert 显示结果，在提示消失后会开始一局新游戏。如果没有获胜者，接下来检查走子步数：如果在九次走子之后还没有胜者，那井字棋棋盘肯定已经满了，得到平局。如果既没有胜者，也没有达到九步限制，则游戏进入下一轮，程序等待下一个事件。

6.7.4　业务逻辑

在这个案例研究的最后，我们要介绍一点既与事件驱动计算完全无关，又与事件驱动计算完全相关的东西：井字棋游戏的所谓*业务逻辑*。任何系统的业务逻辑都包含了系统内共有的核心数据和计算，这些数据和计算与系统的展示或最终用户的互动无关。就这一点来说，它与事件驱动计算“没有关系”，因为它就是程序中与用户界面没有直接关系的那一部分。同时，一个系统的业务逻辑就是无论如何实现展示与交互，都应当保持稳定或不变的部分。因此，业务逻辑代码的编写必须清楚地与展示与互动代码相隔离。从这个意义上来说，业务逻辑与事件驱动计算“完全相关”，因为如果它的实现不好（也就是说，不必要地将它与事件处理代码和用户界面元素混合在一起），就会使程序变得难以维护和调整。

对于我们的井字棋版本，业务逻辑数据由五个变量组成：turn、wins、squares、score 和 moves。计算在函数 startNewGame 和 win 中执行，一部分在 set 中执行。

turn 变量中存储将要走下一步棋的玩家，用玩家的标记 X 或 O 表示。wins 对标记一行三个方块的八种可能方式进行编码，为此，它将 9 个方块中的每一块都表示为一个 9 位二进制数值中的一位。两位玩家的起始分数都为 0，也就是 000000000。要标记最左、最上方的方块，就相当于将最右面一位设置为 1，然后将它加到自己的分数。要标记中间的方块，就相当于将右起第 5 位设置为 1，然后向分数加上 16。因此，如果一位玩家占据了这两个方块，它的分数就是 17，也就是二进制的 000010001。要得到一行中的三个方块，就必须首先占据与一行方块相对应的 3 个位：000000111（7，顶行）、000111000（56，中间行）、111000000（448，底行）、001001001（73，左列）、010010010（146，中间一列）、100100100（292，右列）、100010001（273，左上至右下对角线）、001010100（84，左下至右上对角线）。

squares 数组是连向用户界面的“桥梁”：它保存了游戏棋盘中的单元格元素。这个程序创建这个数组是为了在开始新游戏时不必“遍历”DOM；它只需迭代这个数组中的元素，将其符号重置为不换行空格。最后，move 变量是一个简单的计数器，跟踪两位玩家所走的总步数。由于只有 9 个方块，所以最多只能有 9 步。如果在达到 9 步时还没有获胜者，则表示一个经典的井字棋平局，或者“猫的游戏”[①]。

至于函数，startNewGame 负责设置上述变量的值，使它们表示一局新游戏：方块被清空、分数和走子步数被复位，当前持棋者被指定为 X 玩家。win 判断某一特定分数是否表示一组获胜标记（也就是一行中有三个）。最后，set 将用户界面连接到业务逻辑：一次鼠标单击操作将正确地标记被单击的方块，更新当前分数，然后检查是否有获胜者。

① 一直不停追逐自己尾巴的猫。——译者注

回顾与练习

1. 如果有的话，井字棋代码用什么符号来表示还没有被用户单击的单元格？
2. 这个案例研究使用了你之前还没有见过的一组元素：table、tr（表格行）和 td（表格数据）。必要时，在 Web 上搜索这些元素（你对其工作方式及主要使用目的的猜测应当不会相差太远）。根据这一信息，此案例研究是否必须使用这些元素？能否想出为井字棋游戏找一种替代的 DOM 设置？

6.8 本章小结

- 事件驱动计算和编程代表着一种范例的改变，不再是本章之前程序采用的“做这个，再做这个”这种执行方式。
- 事件驱动系统包括：定义和访问用户界面元素的机制、指定代码以处理这些用户界面元素内部事件的机制、提取所发生事件相关信息的机制。
- 一些类型的事件不是由用户触发的，也不以可见的用户界面元素为基础。例如，可以将 Web 浏览器设置为基于时间的流逝来调用函数。
- 有关 Web 浏览器及 JavaScript 中的事件，具体的实现问题包括事件捕获与冒泡的区别和关系，是否提供默认操作，关于事件处理程序赋值应当如何、何时出现在 Web 页面上的最佳实践。
- 尽可能将一个程序的数据和内部计算（也就是它的“业务逻辑”）与展示或格式设置方式（其可视属性或布局）、与用户的交互方式（其事件处理程序）区分开来，这样做是有好处的。

6.9 练习

1. 以 6.1.2 节的温度转换器代码为模式，实现以下转换器页面：
   - 英尺与米
   - 英寸与厘米
   - 磅与千克
   - 度与弧度（提示：π的近似可以用 Math.PI 表示）
2. 将这五个转换器（温度转换器和上题中的四个转换器）转换为单个“单位转换器”Web 页面。
3. 6.1.2 节中的温度转换器代码（及其他一些示例）都使用了 type 为 button 的 input 元素来表示 Web 页面中的可单击按钮。这些元素通过其 value 属性获取其标记。

   也可以使用另外一种名为 button 的元素来创建可单击按钮。它们的温度转换器类似于以下所示：

```
<button id="f_to_c">F to C</button>
<button id="c_to_f">C to F</button>
```

   (a) 修改温度转换器代码，使用以这些元素定义的按钮。除了 HTML 标签之外，是否有其他任何东西需要修改？

   (b) 你能否想到这两种按钮创建元素之间有什么功能差别？（提示：仔细研究一个每个标签是如何定义一个按钮的不同方面的。）在互联网上进行一些搜索，找出一些肯定的答案。
4. confirm 函数是 alert 的一位近亲，它会显示一个 OK 按钮和一个 Cancel 按钮，而不只是一个 OK 按钮，在单击 OK 按钮时返回 true，在其他情况下返回 false。

   下载 JavaScript 运行器页面的一份本地副本，并修改它，使得在运行文本区域的脚本之前，会显示一个确认对话框，确认用户真的希望运行此代码。单击 OK 将继续执行代码，而单击 Cancel 应当不再执行。

5. 实现一个执行小费计算的 Web 页面。至少要有两个 input 元素，分别用于原费用和小费费率，还要有一个 button，用于触发计算。使用 input type="number"，使输入处理变得稍为简单一些。
6. 改进上一题中的小费计算 Web 页面，增加一组单选按钮，分别注明“Poor Service”“Good Service”或“Excellent Service”。单击每个单选按钮会在小费费率 input 元素中添加不同值，与所提供的服务质量相对应。
7. 改进第 5 题的 Web 页面，使它不再需要 button 元素：让 Web 页面在用户键入或更改 input 元素的取值时更新计算得出的小费。
8. 实现一个 Web 页面，其中显示一个书籍的“高级搜索”表单。这个 Web 页面应当包括复选框，用于“按题名搜索”“按作者搜索”“按主题搜索”，各带有一个相应的文本输入字段，分别用于表示所需要的标题、作者和主题搜索项。

   包含一个 Search 按钮，在单击时，会显示虚拟搜索将会使用的准则和术语。当然，这些准则和术语应当与用户选中和输入的内容相匹配。比如，如果用户没有选择“按作者搜索”，就不应当包含作者搜索准则。

   一定要为这些复选框关联 label 元素。
9. 许多用户界面元素（包括 input 和 select）都有一个 disabled 属性，在设定该属性后，会将用户界面元素呈现为非活动状态，或者不对用户操作做出响应。

   用 disabled 属性提高上一题中“高级搜索”用户界面的可用性，在取消选择一条搜索准则时，它的对应文本输入字段将被禁用。
10. 实现一个 Web 页面，显示“账户注册”表单，带有一些文本输入字段，分别用于表示用户的真实名字、电子邮箱地址、登录名和密码。

    这个 Web 页面应当还提供一个 Submit 按钮，它会将账户注册请求虚拟发送给一个（同样虚拟的）服务器。这个 Web 页面应当展示以下行为。

    (a) 登录名和密码都是必填字段；也就是说，如果它们是空白的，应当禁用 Submit 按钮。

    (b) 密码输入应当实际包括两个 input type="password"元素，而且应当实现一个典型账户注册表单的典型“请输入密码”功能。和必填字段一样，如果密码字段中的值不匹配，Submit 按钮应当被禁用。
11. 这个多部分练习以探索一个 Web 页面的 DOM 结构为中心。

    (a) 编码实现一个典型的“文档风格”Web 页面，显示几个部分，其中带有标题、一些段落、一些链接（a 元素），还有一些图像（img 元素）。手工绘制这个页面的 DOM 结构。

    (b) 向页面的底部添加一个 Show Structure 按钮，在单击时，运行 6.3.5 节中 DOM 遍历脚本的一个版本，并将其输出显示在 Web 页面的底部。DOM 遍历器输出与你手工绘制的概图有多么接近？

    (c) 在你选择的浏览器上激活或安装 Web 开发者工具：如果使用 Firefox 则安装 Firebug，或者在 Google Chrome 中顶级工具或视图菜单的开发者子菜单之下选择开发者工具命令。对于苹果公司的 Safari，需要选中偏好设置对话窗口高级部分菜单栏中的显示开发菜单；然后才能从出现的开发菜单中选择显示 Web 检查器。Web 浏览器及其用户界面都在发展之中，因此，如果这些指令与你看到的情况不匹配，也不用烦恼——在网页上快速搜索一下，就能找到你当前所用浏览器的最新指令。

    用你选择的开发者工具打开你的 Web 页面，并导航浏览其结构。再次记下所显示的交互式概要，并将它与你手工完成的内容及 DOM 遍历器脚本显示的内容相对比。

    (d) 最后，向 http://validator.w3.org 处的 W3C 验证器提交你的 HTML 代码。既可以使用文件上传，也可以使用直接输入选项。你的页面是否有效？如果无效，根据所报告的错误纠正你的页面，并重新验证，直到所有警告和错误都消失为止。

    (e) 在从 Web 页面删除 doctype 标签时，验证器会说些什么？

本章看到的 style 属性主要涉及颜色和字体等可视内容。还有其他许多属性与间隔和布局有关。下面是其中一些，Web 上有它们的更多详细信息。

- ❑ display 确定一个元素如何相对于其他元素进行显示。这个属性的常见值包括 block、inline 和 none（也就是“根本不显示该元素”）。
- ❑ float 将一个元素定位于它所属元素上方的一个角落：left 表示左上角，right 表示右上角。
- ❑ 元素周期的间隔包括三个层。自内向外，这些属性是 padding、border 和 margin。先说中间属性，border 实际上是一个复合属性，它不仅定义了围绕一个元素的间隔，还有一些可视内容，比如直线或模拟的 3D 插入内容。padding 属性随后定义了一个元素的文本或子元素与边界之间的间隔，而 margin 属性定义了一个元素的边界与其相邻元素之间的间隔。

在后续练习中随意试验这些属性，改进 Web 页面的外观和可读性。

12. 从你选择的操作系统中选择一个控件、偏好设置或系统设置，并用 Web 页面将它们组成为一个面板。充分利用各种 input 变体、select 和 textarea 等用户界面元素。
13. 创建一个 Web 页面，显示一个简单的电子邮件消息编写布局。
    - ❑ 包含一个“工具栏”，其中带有 Send、Attach File、Save Draft 和 Cancel 按钮。
    - ❑ 提供带有标记的 input 文本字段，分别用于收件人、抄送和主题。
    - ❑ 为消息主体实现一个主 textarea。

    确保该 Web 页面在其浏览器窗口被调整大小后也能保持可读。
14. 键盘输入会产生一个问题：在按下一个键时，应当向 Web 页面的哪个（哪些）部分通知该事件呢？鼠标和触摸输入的本质自然决定了其接受目标：事件通知以鼠标或触摸事件的位置为中心。而键盘事件就没有这样明显的目标。

    焦点概念就是为了解决这一问题：在任何给定时刻，一个特定的元素，可能是文本字段、下拉菜单、按钮或另一个元素，被指定为键盘事件的主要接受者（围绕这一元素来进行事件冒泡和收集周期）。我们说这个元素在此时拥有焦点。诸如鼠标单击或按下 Tab 键等用户行为会改变当前拥有焦点的元素。焦点的获得与失去，其本身就是事件：分别是 focus 和 blur。知道哪个元素拥有键盘焦点后，可以派上许多用场，其中之一就是便于根据上下文提供帮助。

    实现一个虚拟的用户个人资料页，其中可根据上下文提供帮助。这个页面应当包括多个带有标记的文字输入字段。在每个文本字段旁边，对初始不可见的字段提供一个简短解释（即，将 display 样式属性设定为 none）。设置适当的 focus 和 blur 事件处理程序，使得这些解释元素仅在相应的文本字段获得键盘焦点时才会出现。
15. 一个 type="file"的 input 元素允许 Web 页面选择用户计算机上的一个文件，通常用于上载或发送。查看这个 input 元素的属性和用法，并在 JavaScript 运行器页面中编写一个脚本，向页面追加这样一个元素。设置该元素，使得在选定一个文件时，该页面会显示一个 alert，显示所选文件的名称。
16. 实现一个“媒体播放”仿真 Web 页面，显示一些按钮，用于跳到一个音轨/章节的开头或结尾、倒带、快进和回放。使用图像或样式为媒体控件提供一个独有的可辨识外观。实现 click 事件处理程序，显示各自按钮的功能。最后，使回放按钮变成一个切换开关：在每次单击时，都应当在 Play 和 Stop 之间交替变换。
17. 主–细节显示是一种常见的导航或浏览视图，在诸如文件或媒体浏览器、博客站点及许多其他应用程序中使用。它包括一个列表或边栏，其中包含了各项目的一个菜单。在单击这些项目时，会在一个（通常要）更大一些的内容区域显示这些项目的完整内容。图 6-10 中给出了这样一个显示的示例。

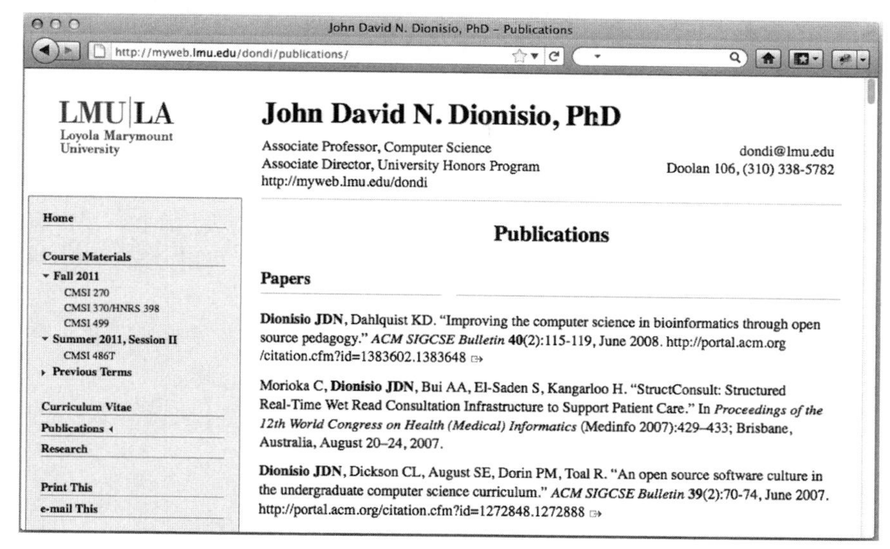

图 6-10 主–细节显示，当前选择项为 Publications

在单个Web页面内，实现一个主–细节显示，在其边栏中列出至少五种不同Web页面元素（例如，`input`、`div`、`body`）。当用户单击一个元素时，这个Web页面应当显示该元素的一个简单描述。

（注意：这一行为也可以用多个Web页面和它们之间的链接来实现。不要这样做。而是应当处理侧边栏元素的 `click` 事件，在主区域显示它们的相应细节内容。）

18. HTML `iframe` 元素允许在一个Web页面内嵌入另一个Web页面的整个内容。`iframe` 的 `src` 属性保存着其嵌入页面的URL。

    使用 `iframe` 元素，实现一个初步的“浏览器中的浏览器”页面。将一个 `input` 文本字段放在页面的顶端，与一个Go按钮放在一起。在这些控件之下放一个 `iframe`。当用户在文本字段中键入一个URL并单击Go时，`iframe` 应当显示该URL的页面。

    如果单击 `iframe` 内的链接没有更新你的 `input` 文本字段，不用担心；出于安全原因，实际上不允许Web页面这样做（更多内容在8.6.1节介绍）。

19. 扩展上题中的“浏览器中的浏览器”，使它维护一个URL历史记录：用户每在 `input` 文本字段中输入一个URL时，就将该URL添加到一个JavaScript数组中。实现Previous和Next按钮，再加上一些必要的变量，使用户可以在历史记录中前进或倒退，`iframe` 相应地加载对应的Web页面。

    和之前一样，不要担心在历史记录中包含被单击的链接，因为你的浏览器不会告诉你有关它们的信息。

20. 实现一个“联络信息”Web页面，它会要求输入用户名、地址、电子邮件地址和具有不同区域码的电话号码。为这个Web页面提供一个Save按钮，并实现 `click` 事件处理程序，确保所提供的信息满足以下规则。

    - 名字不能为空。
    - 邮编必须包含五位数字。
    - 电子邮件地址不能包含任何空格。
    - 区域码必须包含三位数字。

    如果满足所有这些条件，则显示一个表明此信息的 `alert`。否则，告诉用户哪些内容需要校正。

21. 实现一个“字符计数器”界面，显示一个可以在其中键入内容的 `textarea` 元素。在用户向 `textarea` 中键入文本时，Web页面上的另一个元素应当列出当前已经键入的字符个数。

22. 实现一个“Web结账”界面，列出五种可供购买的虚拟项目。每一项都有一个预先设定的价格，有一个 `input` 元素，可供用户为每个项目请求一个特定数量。于是，这个Web页面应当：

- ❑ 为订购的项目计算和显示正确的小计
- ❑ 按每件订购项目 1.10 美元的费率计算并显示总运送成本
- ❑ 以 5%的税率计算和显示总销售税
- ❑ 计算并显示该订单的总和（小计+运费+税）

23. 实现一个“座位选择”界面，首先要求用户在一个虚拟剧场或比赛场所预订一定数量的座位。Web 页面应当显示该场地的一个平面图，以 `input type="checkbox"`元素表示座位。用户通过启用或禁用这些复选框来选择要预订的座位，直到达到最初请求的座位数（即，当用户选中的座位数达到其请求数目时，要改变“预订”，必须取消之前的座位）。
24. 对某一目的生物做点物种分类研究（比如，蝙蝠[翼手目]、犰狳[有甲贫齿目]、猫头鹰[鸮形目]），然后实现一个三级“向下展开”用户界面，它会依次显示以下 `select` 元素：
    - ❑ 一个下拉列表，列出所选目中的科
    - ❑ 一个下拉列表，列出所选科中的属
    - ❑ 一个下拉列表，列出所选属中的种

    用户界面在开始时应当仅显示第一个 `select` 元素，没有选中任何科。当用户做出选择后，后续下拉菜单中出现的可选项应当由之前确定的下拉菜单决定。
25. 创建一个 Web 页面，至少有三级嵌套元素，使其整体结构类似于如下所示：

```
<div>
  <div>
    <div>
    </div>
  </div>
</div>
```

    为每个元素指定一个 `click` 处理程序，通过 `alert` 对话框标识被单击的元素，以及该事件是否在捕获或冒泡阶段。打开 Web 页面，然后在单击各个元素之前，预测你会看到的 `alert` 消息序列。使用不同 Web 浏览器打开同一页，然后到处单击，判断哪些浏览器具有类似或不同的事件行为。
26. 6.6.2 节的逐键数位限制器示例（`handleInputKeyPress` 函数)不允许使用快捷键，比如用于复制的 Control-C 或者用于粘贴的 Control-V（在 Mac OS X 浏览器中分别为 Command-C 和 Command-V）。在一些浏览器上，这一限制甚至会延伸到一些基本的编辑键，比如箭头键和退格键。

    修改代码，使这些快捷键仍能执行其预期功能。（可能需要做一点研究才能知道如何修改。正文中提供了基础信息，但没有提供具体细节。）
27. 6.6.2 节的逐键数位限制器示例是在每次按键后进行检测，这个示例有一个漏洞：有可能将非数字文本粘贴到其中（即，从其他任意位置选择非数字文本，将它复制到粘贴板，然后使用菜单命令将其粘贴到 Input 1 文本字段，或者，如果已经完成了上一题，可以使用键盘快捷键来完成 Paste）。

    堵上这个漏洞，但不要借助于该示例对 Input 2 文本字段采用的事后数位检查方法。
28. 在 6.5 节，我们注意到一些 Web 浏览器以非常不同的方式向 JavaScript 程序报告和提交事件。具体来说，Internet Explorer 不会将事件对象作为参数提交给事件处理程序，而是为该对象定义一个全局 `event` 变量，从而在所有事件处理程序中都会存在像下面这样的重复代码块：

```
if (!e) {
    e = event;
}
```

    尽量减少这种重复的一种常用方法就是编写一个“包装器”函数，它会自动包含这些重复代码块。这些函数仅接受那些不重复的代码作为实参，然后随那些重复代码调用此函数。

    编写你自己的 `setClickHandler` 包装器函数，负责处理 Internet Explorer 事件对象在 `click` 事件方面的区别。这个函数应当接受两个参数。

```
var setClickHandler = function (clickableElement, clickHandler)
{
    // 填充这里。
};
```

clickableElement 参数应当是你希望向其指定 click 事件处理程序的 Web 页面元素，而 clickHandler 应当是一个接受 event 参数的函数。clickHandler 函数可以假定，无论你的程序是在 Internet Explorer 中运行，还是在另一种浏览器中运行，它的 event 实参中肯定包含了事件对象。你可以在多个浏览器中运行完全相同的代码，测试一下你的包装器函数是否能够正常工作。在所有情况下，你传送的 click 事件处理程序应当总是显示它的 event 实参已经被正确赋值。

29. 实现一个“数学训练”Web 页面，其中显示一个算术问题，比如“9×5”或“5 + 3”，并提供一个 input 元素，供用户输入答案。这个 Web 页面应当对提交正确答案加以时间限制。如果用户在这个时限内没有提供正确答案，该页面应当通知用户：时间已经耗尽。当给出正常答案，或者当时间耗尽时，页面上显示一个新问题。（提示：用 Math.random 函数提供算术问题。如果在时间耗尽之前提供了正确答案，还需要使用 clearTimeout 或 clearInterval 函数。）
30. 扩展上一题中的“数学训练”Web 页面，使它维护一个分数，显示用户得出正确答案的题数与答错的题数之比。
31. 扩展 29 题中的“数学训练”Web 页面，为它提供一个倒数到 0 的可见计数器。（提示：需要不止一个时间流逝事件处理程序。）
32. 下载并修改井字棋案例研究，使它不再自动跟踪轮到谁执棋。如果在单击鼠标时没有按下修改键，则生成一个 X，如果按下了 Alt 键，则生成一个 O。（提示：在 6.1.1 节曾经提到，在传送给事件处理程序的事件对象中，包含了这一信息。在互联网上进行一些搜索，确定这一信息到底是如何命名的，其结构如何。）
33. 下载并修改井字棋案例研究，使它接受键盘输入：让排列在键盘上数字键区的数字键表示井字棋盘上的 9 个方块（例如，1 表示左下角的方块，9 表示右上角的方块）。
在游戏期间，按下这些键中的一个，应当等价于当前玩家单击了该键的对应方块。如果按下一个已占用方块，应当忽略。
34. 下载并修改井字棋案例研究，使它的单元格对“滚过”做出响应（即 mouseover 和 mouseout 事件）：如果鼠标移过一个还没有被标记的方块，则使该方块显示为绿色。如果移过一个已经被占用的方块，则使该方块显示为红色。
（注意：拥有 Web 页面高级制作知识的读者可能会发觉，这一方法没有涉及 JavaScript 或事件处理；注意这个练习的主旨是专门提供一些事件处理实践，而不仅仅是通过任何可用方式来提供该功能。）
35. 如果你可以使用一个支持触摸事件的 Web 浏览器，下载并修改井字棋案例研究，使它对触摸事件而非鼠标单击事件做出响应。（如果页面在鼠标驱动的浏览器中不再能正常工作，而在一个支持触摸的浏览器中仍能正常工作，那就可以知道你已经正确地替代了相关内容。）
要测试你的工作，需要有一个 Web 服务器来托管经过修改的井字棋案例研究，因为一些支持触摸的 Web 浏览器设备不能打开作为本地文件的 Web 页面。
36. 如果可以使用一个支持多点触摸事件的 Web 浏览器，下载并修改井字棋案例研究，使它响应触摸事件，而且，和第 32 题中一样，不再自动跟踪是谁正在执棋。而是让一根手指的触摸生成一个 X，而让两根手指的触摸生成一个 O。可能需要增加井字棋网格的大小，以便能够更轻松地容纳两根手指。
37. 在一个支持触摸的浏览器上，对比上面各题的“触摸转换”井字棋实现与原来由鼠标驱动的版本。支持触摸的浏览器在处理被“转换”为鼠标单击的触摸时（也就是在支持触摸的浏览器中运行原来的井字棋实现方式），其方式与“原生的”触摸事件处理（也就是上题中专门为触摸设计的实现）是否存在明显不同？如果存在，推测这种行为差别的可能原因。

第7章 软件构架

前面五章介绍了 JavaScript 语言中的主要元素以及通过编写脚本来实现简单交互式 Web 页面的方法。现在我们已经做好准备，从小编程（开发简单脚本）转向大编程（开发具有多个相互协作组件的系统）。搭建狗窝的技术肯定不同于建造摩天大楼的技术，同样，构建大型软件系统的技巧也肯定不同于编写小型脚本的技巧。

本章将研究几个与大型软件系统设计有关的问题。首先扩展第 5 章介绍的面向对象程序设计概念，然后研究模块、JavaScript 的内置对象集和流行的 jQuery 库，随后介绍所有软件开发人员都必须熟悉的两个主题：性能分析与单元测试。学完本章，你就能利用几种高级程序设计方法，编写出结构合理、包含多个交互组件的高效应用程序了。

7.1 软件工程活动

开发软件系统这一任务包括许多行为。必须为系统制作业务案例，必须收集、明确和整理需求，必须设计、规划、构建、测试、集成、部署和维护系统本身。我们在第 1 章已经看到，软件工程领域研究的是如何执行和协调这些活动，使生成的系统正确、可靠、稳健、高效、可维护、易于理解、好用且经济节约。

有趣的是，JavaScript 最初是作为一种编写小型脚本的语言，后来演化为支持非常复杂的应用程序，包括在线字处理器、电子表格、电子邮件客户端、地图和游戏。程序员必须利用软件工程学方面的知识、工具和结果，仔细而训练有素地开发这些系统。经验丰富的程序员应当（但不限于）：

- 能够设计、描述、实现和连接软件组件；
- 理解编程选择的性能影响，也就是说，为什么一种解决方案的运行要慢于另一种，或者需要的内存多于另一种；
- 知道如何测试组件；
- 知道对于某一给定问题已经存在哪些解决方案——是内置在 JavaScript 中，还是能从别人那里获得，这样，在编写程序时就不必再重复发明轮子。

本章的其余部分将介绍几个在以组件构成大型系统时涉及的主题。JavaScript 中最简单的组件是对象，所以先来回顾对象在软件开发中的作用。

回顾与练习

1. 软件工程学尝试帮助你实现一个软件系统的哪些品质？
2. 一个程序员应当具备哪些必要技能？

7.2 面向对象的设计与编程

到目前为止，我们看到的大多数脚本都是用来执行简单任务的，包括计算身体重量指数、转换温度值、判断一个数字是否为质数、设置电话号码格式等。这些脚本处理的数据是次要的，主要关注的是执行这些任务的算法。我们说这种脚本面向过程。

当软件系统变得很大时，通常就要转换这个关注点，将数据放在首要地位，而把算法仅仅看作对象的行为。通过这种方法会得到一种面向对象的系统。

7.2.1　对象族

在前几章中，我们已经看到如何创建几个具有相同结构和行为的对象，比如多个圆对象、多个矩形对象，等等。其方法是由同一原型对象来创建这些对象，可能是通过调用 `Object.create`，也可能是通过定义构造器并使用操作符 `new`。因为对于每个方法，我们只需要它的一个实例，所以将对象的方法（行为）放在了原型中。

让我们通过一个例子来复习一下。在计算机图形中，经常要操控空间中的点。在二维空间中，点有两个坐标，*x* 和 *y*，写为(*x*, *y*)，见图 7-1。

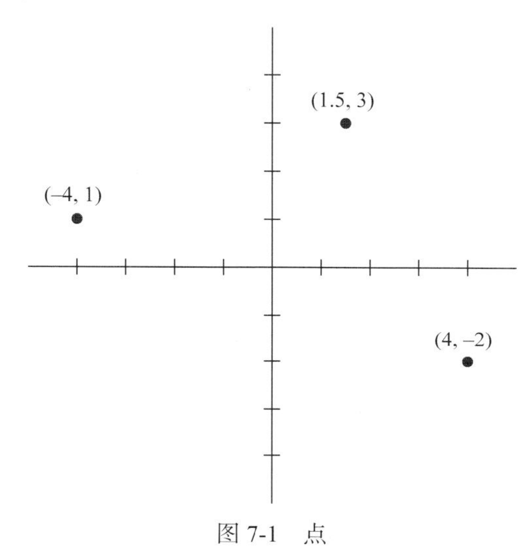

图 7-1　点

那么，可以为这些点指定哪些行为呢？下面是可能会用到的三个方法。给定一个点 *p*，我们希望知道：

1. *p* 到原点(0, 0)的距离；
2. *p* 到另一个点 *q* 的距离；
3. *p* 与另一个点 *q* 的中点。

我们首次给出的点数据类型类似于如下所示：

```
/*
 * 一个点数据类型。概要：
 *
 * var p = new Point(-3, 4);
 * var q = new Point(9, 9);
 * p.x => -3
 * p.y => 4
 * p.distanceToOrigin()=> 5
 * p.distanceTo(q)=> 13
 * p.midpointTo(q)=> A point object at x=3, y=6.5
 */
var Point = function (x, y) {
    this.x = x || 0;
    this.y = y || 0;
};

Point.prototype.distanceToOrigin = function (){
    return Math.sqrt(this.x * this.x + this.y * this.y);
};
```

```
Point.prototype.distanceTo = function (q) {
    var deltaX = q.x - this.x;
    var deltaY = q.y - this.y;
    return Math.sqrt(deltaX * deltaX + deltaY * deltaY);
};

Point.prototype.midpointTo = function (q) {
    return new Point((this.x + q.x) / 2, (this.y + q.y) / 2);
};
```

这里引入了一个新的 JavaScript 特性——使用 `||` 可以使对象定义变得更灵活。回想一下，在缺少实参时，相应的形参就是 `undefined`。因为 `undefined` 为“假”，所以表达式 `undefined || x` 的求值结果为 `x`。在这种情况下，我们说那些没有传送的实参默认为零：

```
var p = new Point(5, 1); // 创建(5,1)
var q = new Point(3);    // 创建(3,0)，因为形参 y 未定义
var r = new Point();     // 创建(0,0)，因为两个形参都未定义
```

还可以通过其他方式来增加灵活性。考虑 `midpointTo` 函数，可以采用如下方式调用它：

```
var p = new Point(4, 9);
var q = new Point(-20, 0);
var r = p.midpointTo(q);
```

一些程序员可能会认为这种方法有些笨拙，更喜欢使用一个以两个点为实参的中点函数。但这个函数应当放在哪里呢？（希望你不会说出“让它作为一个全局函数”这样的话来。）`Point` 对象本身是一个很不错的地方：

```
Point.midpoint = function (p, q) {
    return new Point((p.x + q.x) / 2, (p.y + q.y) / 2);
};
```

下面是如何调用这个新函数：

```
var p = new Point(4, 9);
var q = new Point(-20, 0);
var r = Point.midpoint(p, q);
alert("(" + r.x + "," + r.y + ")"); // 提示(-8,4.5)
```

还可以使用主 `Point` 对象来存储与点有关的其他数据。例如，点(0, 0)称为*原点*。因为它有一个有意义的名字，所以希望在代码中使用这个名字。可以将原点定义为 `Point` 本身的一个属性：

```
Point.ORIGIN = new Point(0, 0);
```

你看到发生什么了吗？我们*只使用一个全局变量*创建了一个很有意义的数据类型（见图 7-2）。当开始编写长得多的脚本时，会进一步扩展这一技术。可能会编写一个大型图形库，除了 `Point` 类型之外，可能还包含矢量、直线和曲线。这些构造函数中的每一个都可以是同一全局变量的属性，这个全局变量可以命名为 `graphics`。

在继续学习之前，回想一下 5.5.3 节，JavaScript 提供了两种用于创建对象族的机制：`Object.create` 直接有效，而操作符 `new` 在幕后做了很多工作，所以需要花点时间才能掌握。这两种机制都应当掌握。你可能和其他许多人一样，最终喜欢用 `Object.create` 来满足所有对象构建需求。如果确实如此，那就得面对一个事实：在许多较旧的浏览器中都不存在 `Object.create`。要在这些浏览器中使用这一操作，必须用操作符 `new` 来定义它。下面是一种方法：

```
/*
 * 如果在这一 JavaScript 实现中不存在 Object.create，定义它！
 */
if (!Object.create) {
    Object.create = function (proto) {
        var F = function (){};
        F.prototype = proto;
        return new F();
```

```
    }
}
```

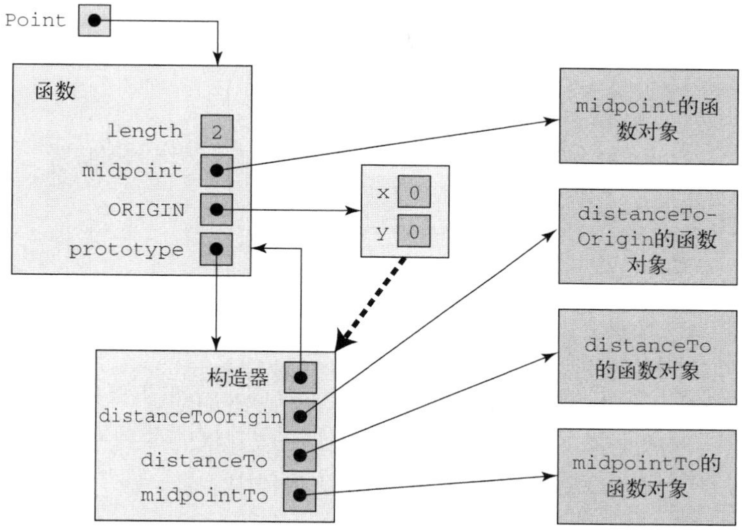

图 7-2　仅有一个全局变量的点数据类型

最后一点需要注意的是：标准库（就是 JavaScript 的内置对象，包括数组、字符串、日期、错误、对象，等等）具有构造器和原型机制。在本章其余部分将更详细地介绍这个库。

回顾与练习

1. 用你自己的语言来解释面向对象和面向过程之间的区别。面向对象为什么很重要？
2. 向本节的点数据类型中增加一个 moveBy 函数。这个方法有两个参数，dx（在 x 方向上移动的单位数）和 dy（在 y 方向上移动的单位数）。因此，将使该点位于(−4, 10)。

   ```
   new Point(1, 3).move(-5, 7)
   ```

3. 创建一个 Triangle 数据类型。三角形应当具有一个名为 vertices 的属性，它是一个数组，包括三个(x, y)坐标。在原型中实现 area 和 perimeter 函数。

7.2.2　继承

我们对“面向对象”的定义是“围绕对象而非过程来组织程序”。但也有人认为，一门程序设计语言要真正面向对象（而不只是简单地“基于对象”），还必须能让程序员轻松地做到以下两件事。

- 定义类型的一个层级结构，其中的子类型继承其超类型的结构和行为。
- 隔离（或者说保护）一个对象的部分状态，使其免受系统中未受授权部分的干涉。

前者要求对象之间具有特定关系，而后者是有关安全程序设计的；这两者都是大型系统构建过程中的重要组成部分。第一个概念（层级结构）在本节后续部分介绍，而后者（信息隐藏）将在下一节介绍。

类型层级结构的概念在图 7-3 中介绍。从类型 A 到类型 B 的箭头连线（带有一个空心三角箭头）表示 A 是 B 的子类型，或者说“每个 A 都是一个 B”。在这个图中，每个人都是一个灵长类动物，每个灵长类动物都是一个哺乳动物，每个哺乳动物都是一个动物，每只鹈鹕都是一只鸟，如此等等。

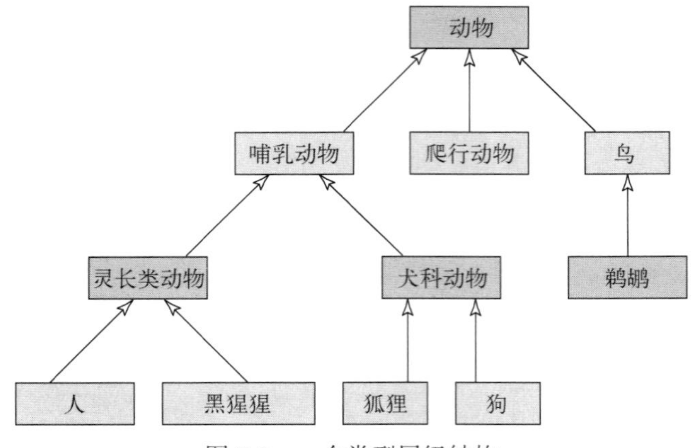

图 7-3　一个类型层级结构

为了演示 JavaScript 对子类型的支持，让我们创建一个名为 `Circle` 的类型和一个名为 `ColoredCircle` 的子类型。彩色圆是一个染有颜色的圆。为使事情变得有趣一些，我们为彩色圆提供一个属于它们自己的行为：变亮函数。我们有三个要求。

1. 每个彩色圆都有其自己的半径、圆心和色彩属性。
2. 所有彩色圆应当共享一个变亮方法。
3. 所有圆操作（包括已经存在和将来要添加的操作）都应当可供彩色圆使用。

图 7-4 演示了我们希望实现的一种情景。希望所有彩色圆实例都共享一个彩色圆原型，并通过单色圆原型继承所有单色圆操作。为了帮助你直观地理解这一继承机制的意义，我们还绘制了几个圆实例和几个彩色圆实例。研究这一图形，可以让自己相信这些彩色圆的确继承了面积和周长属性。

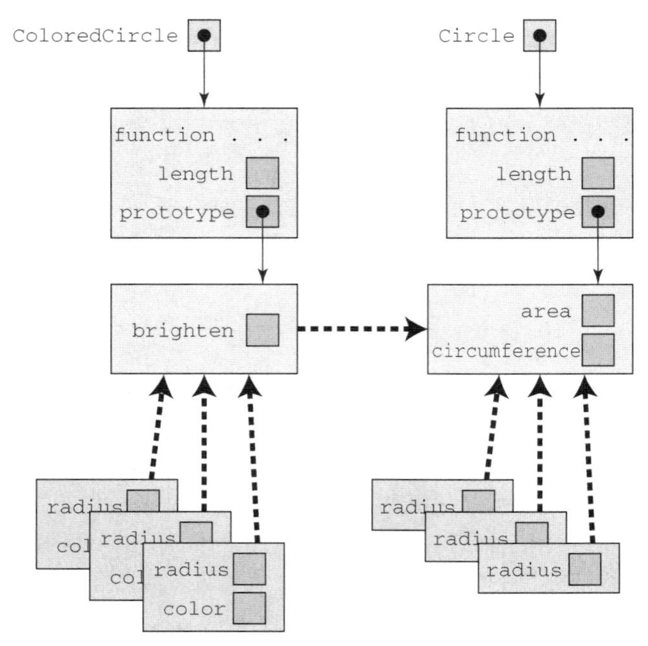

图 7-4　一种类型、一个子类型和几个实例

如何以 JavaScript 代码创建这种结构呢？首先构建一个具有构造函数和原型的圆类型：

```
/*
 * 一个圆数据类型。概要：
 *
```

```
 * var c = new Circle(5);
 * c.radius => 5
 * c.area()=> 25pi
 * c.circumference()=> 10pi
 */
var Circle = function (r) {
    this.radius = r;
};

Circle.prototype.area = function (){
    return Math.PI * this.radius * this.radius;
};

Circle.prototype.circumference = function (){
    return 2 * Math.PI * this.radius;
};
```

随后，为 ColoredCircle 开发构造器和原型。请记住，为使彩色圆继承基础圆的特性（面积和周长计算），必须将彩色圆原型链接到圆原型。

```
/*
 * 彩色圆数据类型，Circle 的一种子类型。概要：
 *
 * var c = new ColoredCircle(5, {red: 0.2, green: 0.8, blue: 0.33});
 * c.radius => 5
 * c.area()=> 25pi
 * c.perimeter()=> 10pi
 * c.brighten(1.1) changes color to {red: 0.22, green: 0.88,
 * blue: 0.363}
 */
var ColoredCircle = function (radius, color) {
    this.radius = radius;
    this.color = color;
};

ColoredCircle.prototype = Object.create(Circle.prototype);

ColoredCircle.prototype.brighten = function (amount) {
    this.color.red *= amount;
    this.color.green *= amount;
    this.color.blue *= amount;
};
```

如果喜欢创建的类型中没有较新的 Object.create 函数，那就不要让 Circle 和 ColoredCircle 成为对象构造器，而是使它们成为原型，分别拥有创建方法，如图 7-5 所示。代码如下：

```
/*
 * 一种圆数据类型。概要：
 *
 * var c = Circle.create(5);
 * c.radius => 5
 * c.area()=> 25pi
 * c.circumference()=> 10pi
 */
var Circle = {};

Circle.create = function (radius) {
    var c = Object.create(this);
    c.radius = radius;
    return c;
};
```

```
Circle.area = function (){
    return Math.PI * this.radius * this.radius;
};

Circle.circumference = function () {
    return 2 * Math.PI * this.radius;
};


/*
 * 一种彩色圆数据类型，Circle 的一种子类型。概要：
 *
 * var c = ColoredCircle.create(5, {red: 0.2, green: 0.8, blue: 0.33});
 * c.radius => 5
 * c.area()=> 25pi
 * c.perimeter()=> 10pi
 * c.brighten(1.1)changes color to {red: 0.22, green: 0.88,
 * blue: 0.363}
 */
var ColoredCircle = Object.create(Circle);

ColoredCircle.create = function (radius, color) {
    var c = Object.create(this);
    c.radius = radius;
    c.color = color;
    return c;
};

ColoredCircle.brighten = function (amount) {
    this.color.red *= amount;
    this.color.green *= amount;
    this.color.blue *= amount;
};
```

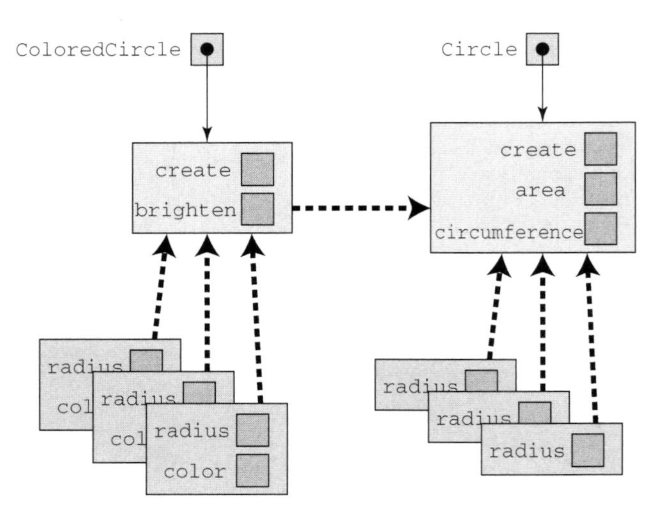

图 7-5　一种类型层次结构，在原型中带有创建函数

[Lon10]中更详细地解释了此方法的一种更通用、更强大的变化形式。

回顾与练习

1. 用你自己的语言描述子类型和继承的概念。
2. 解释用 JavaScript 创建子类型时所需要的步骤。

7.2.3 信息隐藏

有些人坚持认为，除了能够定义类型层级结构之外，真正面向对象的程序设计还必须提供一种隐藏对象内部信息的方法，除了专门设计用来操作该对象的方法之外，所有其他代码都不能访问这些信息。例如，可能有一个账户对象，其中包含一个不允许为负数的余额。你可能会尝试通过使用方法防止出现非法余额：

```
/*
 * 创建一个账户对象，初始余额为 0。
 */
var Account = function (id, owner) {
    this.id = id;
    this.owner = owner;
    this.balance = 0;
}

/*
 * 根据一个数额的正负号，分别在一个账户中存入或提取该数额。
 * 如果转账操作会导致余额为负数，则拒绝该操作，并抛出一个异常。
 */
Account.prototype.transfer = function (amount) {
    // 正值为存入，负值为提取
    var tentativeBalance = this.balance + amount;
    if (tentativeBalance < 0) {
        throw "Transaction not accepted.";
    }
    this.balance = tentativeBalance;
}
```

只要对账户余额字段的所有更新都是通过 `transfer` 方法完成的，那余额就不会变为负值。但在这里，账户对象的用户全靠自觉，因为脚本中没有任何内容防止程序员直接写入 `balance` 属性：

```
var a = new Account("123", "Alice");
a.balance = -10000;
```

在 JavaScript 中，有没有一种方法可以禁止直接改变余额，强制所有修改都必须通过方法调用进行？有的！别忘了，一个函数的局部变量（和形参）对外部代码是不可见的，但在这个函数内部则是可见的，这里所说的“函数内部”当然包括这个函数内部的嵌入函数。我们可以让余额变成构造器内部的一个局部变量：

```
var Account = function (id, owner) {
    this.id = id;
    this.owner = owner;
    var balance = 0;

    this.transfer = function (amount) {
        // 正值为存入，负值为提取
        var tentativeBalance = balance + amount;
        if (tentativeBalance < 0) {
            throw "Transaction not accepted";
        }
        balance = tentativeBalance;
    }

    this.getBalance = function (){
        return balance;
    }
}
```

`transfer` 和 `getBalance` 方法可以访问变量 `balance`——它们毕竟都是闭包，但 `Account` 之外的所有代码都不能访问。在 shell 中尝试以下代码：

```
var a = new Account("123", "Alice");
a.transfer(100);
alert(a.getBalance());      // 提示 100
a.transfer(-20)
alert(a.getBalance());      // 提示 80
a.transfer(-500);           // 抛出异常 "Transaction not accepted"(交易不予接受)
alert(a.getBalance());      // 提示 80(没发生变化)
alert(a.balance);           // 空白，因为没有这个属性
a.balance = 8;              // 啊？有人在这里干了什么？
alert(a.getBalance());      // 提示 80，数据仍然安全
alert(a.balance);           // 提示 8。嘿！太吓人了，对吧？
```

这个例子想说明什么呢？问得好！有几件事情值得注意。第一，我们成功地设计了一个构造器，可以创建一些无法直接访问其余额的对象：用户必须调用 transfer 来改变余额，这是一件好事，因为 transfer 方法可以保证不会发生透支。第二，这一级保护也只能达到这个程度：我们不能阻止恶意用户偷偷摸摸地增加一个 balance 属性，然后诱惑不设戒心的程序员使用它。[①]第三，为实现这么一点信息隐藏，我们付出了代价：没有在原型中放入每个方法的单个副本，我们创建的每个账户对象都会拥有自己的 transfer 和 getBalance 函数。当需要许多账户对象时，这一代价可能会非常高昂。见图 7-6。

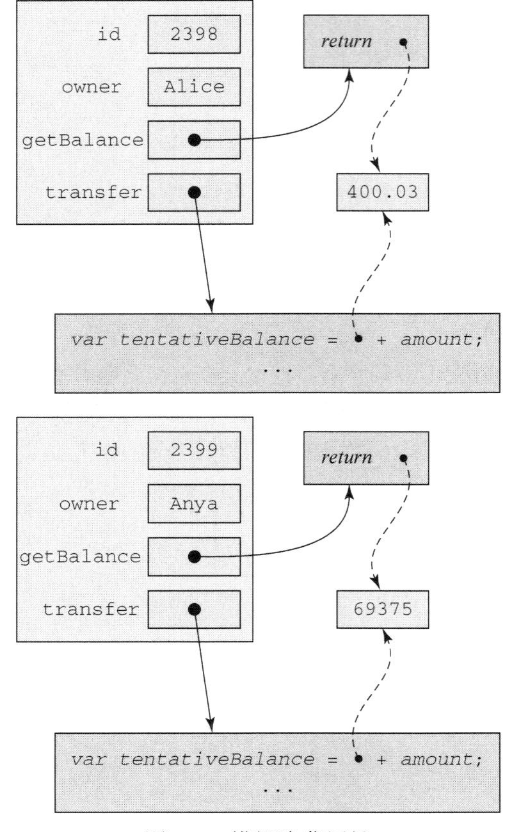

图 7-6　模拟隐藏属性

隐藏一个对象的属性是防御式程序设计的一个例子。还有其他一些例子，比如将对象的属性变成只读，防止增加或删除对象的属性，使用前检查传送给函数的实参。下一节将会研究 ES5 中引入的一些属性，这些属性允许在处理对象时采用一些防御式程序设计方法。

① 下一节会显示如何做到这一点。

回顾与练习

1. 构造器中的局部变量解决了什么问题？这种方法为什么有效？
2. 闭包一词最早是在 5.7 节引入的。回顾该节给出的定义，并解释在账户示例中的 `transfer` 函数与 `balance` 函数为什么被看作闭包。

7.2.4 属性描述符*

如果你的 JavaScript 环境是以 ECMAScript 5 为基础的，那就可以执行（但不限于）以下操作。

- 调用 `Object.preventExtensions(x)`，禁止向对象 *x* 添加新属性，调用 `Object.isExtensible(x)` 可查看能否添加属性。
- 封装和冻结对象。`Object.seal(x)` 禁止任何人以任何方式改变 *x* 的结构；`Object.freeze(x)` 封装 *x*，使它的所有属性都变为只读。
- 使各个属性都是只读的、不可枚举的或不可删除的。

在一个（ES5）对象中，每个属性都有一个*属性描述符*，包含最多四个*属性*，说明可以如何使用该属性。描述符共有两种。第一种是*具名属性描述符*，它有四个属性：

属　性	含　义	默认值
value	属性的值	`undefined`
writable	如果为 `false`，在尝试写入这一属性时会失败	`false`
enumerable	如果为 `true`，此属性将显示在 `for-in` 枚举中	`false`
configurable	如果为 `false`，尝试删除属性或者将修改 `"value"` 之外的任何属性时，都会失败	`false`

第二种称为*访问器属性描述符*，它有如下四个值（其中两个与具名属性访问器共用）：

属　性	含　义	默认值
get	一个没有实参的函数，返回一个值。也可以执行其他操作	`undefined`
set	一个只有一个实参的函数，用于“设定”一个值。也可以执行其他操作，比如验证	`undefined`
enumerable	如果为 `true`，这个属性将出现在 `for-in` 枚举中	`false`
configurable	如果为 `false`，尝试删除属性或者修改 `"value"` 之外的任何属性时，都会失败	`false`

通过 ES5 函数 `Object.create`、`Object.defineProperty` 和 `Object.defineProperties` 可以向属性附加描述符，还可以通过 `Object.getOwnPropertyDescriptor` 获取属性的已有描述符。例如：

```
var dog = Object.create(Object.prototype, {
    name: {value: "Spike", configurable: true, writable: true},
    breed: {writable: false, enumerable: true, value: "terrier"}
});
Object.defineProperty(dog, "birthday",
    {enumerable: true, value: "2003-05-19"}
);
alert(JSON.stringify(Object.getOwnPropertyDescriptor(dog, "breed")));
```

因为有一个非常方便的 `JSON.stringify` 函数（将在下一节介绍），所以这一代码会提示：

```
{"value":"terrier","writable":false,"enumerable":true,
"configurable":false}
```

如果用一个对象直接量来创建一个对象，它的所有属性都会获得一个描述符，writable = true，enumerable = true，configurable = true：

```
var rat = {name: "Cinnamon", species:"norvegicus"};
alert(JSON.stringify(Object.getOwnPropertyDescriptor(rat, "name")));
```

这一代码会提示：

```
{"value":"Cinnamon","writable":true,"enumerable":true,
"configurable":true}
```

具名属性描述符提供了一种很好的方式，一旦设定就可以使字段变为只读。（如果还有第二个，则检查 `Math.PI` 的属性描述符。）访问器属性描述符可以让你在设置属性之前先进行检测（比如在尝试从账户提取金额时是否会透支），或者在读取一个属性时执行操作（比如记录访问请求）。下面这个精心设计的示例展示了访问器属性的神奇之处：你准备对余额字段做一个简单赋值，但由于其描述符的原因，启动了一个函数，防止接受一个负值。

```
var account = (function (){
    var b = 0;
    return Object.create(Object.prototype, {
        balance: {
            get: function (){
                alert("Someone is requesting the balance");
                return b;
            },

            set: function (newValue) {
                if (newValue < 0) {
                    throw "Negative Balance";
                }
                b = newValue;
            },

            enumerable: true
        }
    });
}());
Object.preventExtensions(account);
```

下面是这个对象的运作方式：

```
alert(account.balance);     // 调用 get，（神奇地）提示 0
account.balance = 50;       // 调用 set
alert(account.balance);     // 调用 get，提示 50
account.balance = -20;      // 调用 set，抛出异常
alert(account.balance);     // 调用 get，（仍然）提示 50
account.b = 500;            // 没有效果
alert(account.balance);     // 仍然提示 50
```

回顾与练习

1. 列出属性描述符中使用的六种属性。哪两种只能在具名描述符中使用？哪两种只能在访问器描述符中使用？哪两种可以同时出现在两种描述符中？
2. `var a = {x: 1};`和 `var a = Object.create(Object.prototype, {x: {value: 1}});`之间有什么区别？
3. 以下代码会提示什么？为什么？

```
Math.PI = 3; alert(Math.PI);
```

7.3 JavaScript 标准对象

对象就相当于系统的构建模块。应用程序由许多不同类型的对象构建而成。保健应用程序有病人、医生、设施、药物、免疫、预约和其他对象。人力资源应用程序会用到员工、部门和津贴。在演奏会应用程序中，我们会看到会场、预定、演奏和艺术家。

JavaScript 预先定义了一组*内置*基元类型与对象，可以在许多不同应用程序中使用。其中包括在官方ECMAScript 规范中定义的以下各值。①

- 基元：`NaN`、`Infinity`、`undefined`。
- 函数：`parseInt`、`parseFloat`、`isNaN`、`isFinite`、`encodeURI`、`encodeURIComponent`、`decodeURI`、`decodeURIComponent`、`eval`。
- 模块：`Math`、`JSON`。
- 构造器函数：`Object`、`Array`、`Function`、`Number`、`Boolean`、`String`、`Date`、`RegExp`、`Error`、`EvalError`、`RangeError`、`ReferenceError`、`TypeError`、`SyntaxError`、`URIError`。

JavaScript 程序的设计是要在某个*宿主*环境中运行，比如蜂窝电话、Web 浏览器、Adobe Acrobat、Adobe Photoshop 或 Mac OS X 的 Dashboard，等等。在 JavaScript 程序中创建的对象，以及上面列出的 ECMAScript 内置对象，都称为*原生*对象。此外，JavaScript 实现在其标准库中还包含了大量来自其环境的*宿主对象*。我们已经看到很多用于 Web 编程的此类对象（你可能会想到 `alert` 和 `prompt`）。

在本节剩余部分，我们会非常简要地讨论几个比较有用的标准对象，更多参考资料参见附录 A；如需有关整个库的完整说明（当然是很长的），需要查阅在线参考资料，比如 https://developer.mozilla.org/en/JavaScript/Reference、ECMAScript 标准本身[ECM99, ECM09]，或者 W3C 的 DOM Reference (http://www.w3.org/DOM/)。

7.3.1 内置对象

1. 内置基元及非构造器函数

我们之前已经介绍了三个内置基元 `Infinity`、`NaN` 和 `undefined`，还有函数 `parseInt`、`parseFloat` 和 `isNaN`。其他一些函数的描述如下。

- 若 *n* 被看作数字，当它为 `Infinity`、`-Infinity` 或 `NaN` 时，`isFinite(n)` 生成 `false`，否则生成 `true`。
- `encodeURI(s)` 和 `encodeURIComponent(s)` 根据统一资源标识符的语法生成 *s* 的编码。这些函数将在第 8 章介绍。
- `decodeURI(s)` 和 `decodeURIComponent(s)` 执行相应编码操作的逆操作。这些函数将在第 8 章介绍。
- `eval(s)` 将字符串 *s* 看作 `JavaScript` 代码，并为其求值。由于必须对字符串进行编译和解读，所以调用 `eval` 的速度很慢。

一些例子如下：

```
alert(isFinite(-100));          // true
alert(isFinite(2E200 * 2E200)); // false
alert(isFinite("abcdef"));      // false，因为转换为 NaN
alert(isFinite(null));          // true，转为转换为 0

var s = prompt("输入一个数值公式");
if (/[^\d()+*/-]/.test(s)) {
    alert("I don't trust that input");
} else {
    alert(eval(s));
}
```

① `JSON` 对象在 ECMAScript 5 中引入，其余都出现在 ECMAScript 3 中。

eval 函数是有争议的，有些人称之为 evil（邪恶的）。一般情况下，如果一个编程属性很容易误用，而且其误用结果非常严重，那就说这项属性是邪恶的。使用 eval 的唯一原因就是你正在导入在运行时生成的代码。[①]但这一代码来自何处呢？如果它来自一个不受信任的来源，恶意代理就能注入一些代码，破坏应用程序。

一条经验法则是，如果你认为需要使用 eval，先看看有没有替代方法可以完成你希望做的事情，这些方法很可能已经存在了。创建和传送闭包可以解决许多此类问题，比如 JSON.parse。如果最终还是要使用 eval，那就必须确保代码是安全的——没有无限循环，没有赋值，没有调用，等等。在前面的示例代码段中，我们确保仅当字符串完全由数字、括号和简单算术操作符组成时，才会调用 eval。你可能需要与朋友们（或指导者）展开一场讨论，探讨一下这样能否为使用 eval 创建一个足够“安全”的上下文。

2. Math

我们曾经在第 3 章简单地介绍了一下 JavaScript Math 对象，它有相当多的属性，用来表示数学常量（e、π、$\sqrt{2}$、ln2，等等）和函数。在附录 A 中可以找到关于 Math 对象所有属性的描述。

3. Object

标准构造器函数 Object 可能是 JavaScript 中最重要的对象之一，尽管我们从来不会直接调用它。每当使用一个对象直接量时，都会隐式调用它：

```
var a = {};            // 等同于 var a = new Object()
var b = {x:1, y:2};    // 等同于 var b = new Object(); b.x=1; b.y=2;
```

下面说明它为什么如此重要。因为构造函数定义了数据类型，所以表达式 var a = new Object()表明两件事情：a 是 Object 的一个实例，而 a 的原型是 Object.prototype。我们用对象直接量创建的每个对象都会获得由 Object.prototype 定义的行为（见图 7-7）。

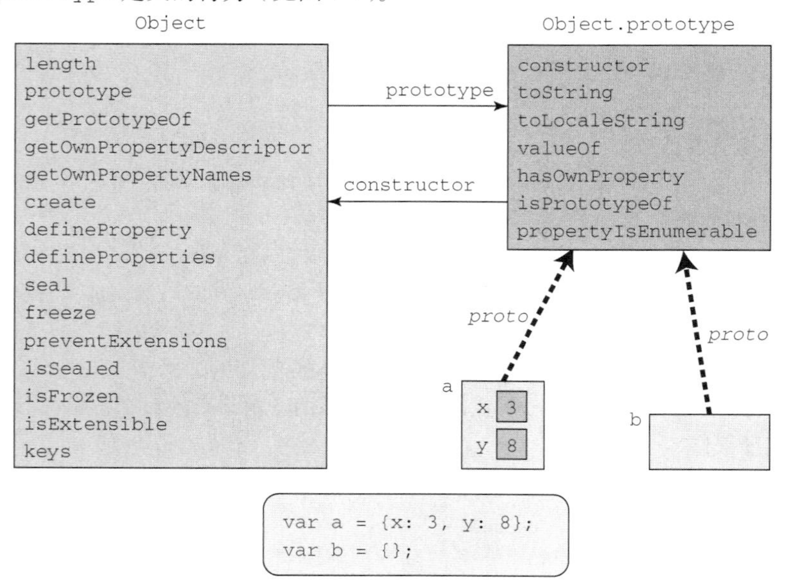

图 7-7　Object 和 Object.prototype

每个 JavaScript 对象 *x* 获得其中哪些属性呢？

- *x*.toString()生成 *x* 的一个字符串表示。这种表示法不是超级有用，它会生成类似于[object Object]和[object Math]之类的内容；它存在的原因将在后面讨论重写时揭晓。
- *x*.toLocaleString()生成 *x* 的一种字符串表示，这种表示专用于其本地区域设置；这一方法准备要被重写。

① 换句话说，如果直接写出 x = 3 就是有效的，你就不会写出 eval("x=3;")这样的语句。

- ❑ x.valueOf()生成 x 的一种原生表示（通常是一个字符串或数字）；这个方法会被重写。
- ❑ x.hasOwnProperty(p)当 p 是 x 的一个自有属性时生成 true，否则生成 false。
- ❑ x.isPrototypeOf(y)当 y 是 x 的原型时生成 true，否则生成 false。
- ❑ x.propertyIsEnumerable(p)当 p 是 x 的自有属性且可列举时，生成 true，否则生成 false。

toString 和 valueOf 方法非常特殊。早在 3.8 节就说明了类型转换的规则，指出了当使用对象 x 时，如果希望获得一个字符串（调用 x.toString()）和希望获得一个数字（调用 x.valueOf()），会发生什么情况。因此：

```
var p = {x: 10, y: 5};
alert(p);              // 提示[object Object]
alert(p - 5) ;         // 提示 NaN
```

为什么会得到这些结果呢？对于 alert(p)，JavaScript 做了以下事情。

(1) 因为 alert 需要一个字符串，所以要对 p 引用的对象进行类型转换，变成一个字符串。

(2) 安排调用 p.toString()。

(3) 查找 p 的一个 toString 属性，但没有找到。

(4) 在 p 的原型（也就是 Object.prototype）中查找，的确在这里找到了 toString。

(5) 调用 Object.prototype.toString。

这里的重点是：Object.prototype 提供了 toString 的一个默认实现。我们是“免费”得到它的，但也可以提供自己的 toString，替代这一行为。可以这样编写代码：

```
var p = {x: 10, y: 5};
p.toString = function (){
    return "(" + this.x + "," + this.y + ")";
};
alert(p); // 提示(10,5)
```

重写在面向对象程序设计中扮演着非常重要的角色，因为它允许某些对象自定义（用技术术语来说，就是“专门化”）自己从其他对象继承而来的行为。这些自定义经常在类型的级别进行，而不是在各个对象的级别进行（见图 7-8）。

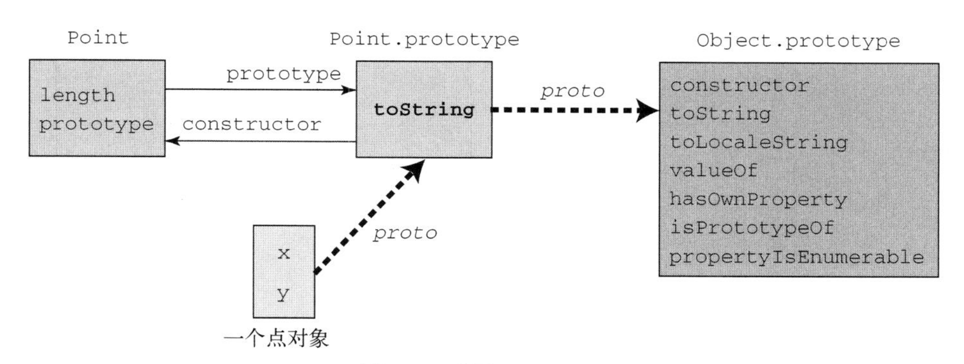

图 7-8 重写 toString

```
var Point = function (x, y) {
    this.x = x || 0;
    this.y = y || 0;
}
Point.prototype.toString = function (){
    return "(" + this.x + "," + this.y + ")";
};
alert(new Point(10, 5)); // 提示(10,5)
```

Object 构造器还有自己的属性，所有这些属性都是在 ES5 中引入的。在本书前面部分已经看过了其中一些，尽管都是在可选小节中介绍的。附录 A 中对所有这些属性都进行了简单介绍，而完整的参考材料，一如既往，还是在[ECM09]中。

回顾与练习

1. Object.prototype 有什么重要意义？
2. 用你自己的语言描述重写。
3. 编写一段脚本，为狗定义一个数据类型，狗要有名字和种类，每当在需要一个字符串的地方使用狗的对象时，则生成一个字符串“Terrier Patch”或“Retriever Rover”。

4. Boolean、Number 和 String

JavaScript 包含三个稍微有些不同寻常的构造器，有时称为包装器。这些函数——Boolean、Number 和 String——创建一些包含（“包装”）单个基元的对象，这样就可以针对这些基元使用方法调用语法（object.method）：

```
"hello".toUpperCase(); // 等同于 new String("hello").toUpperCase();
var n = 2.7182818;
n.toFixed(4);          // 等同于 new Number(n).toFixed(4);
```

注意，不需要直接调用这些构造函数；只要在方法调用中使用了基元，这些构造函数就会起作用。

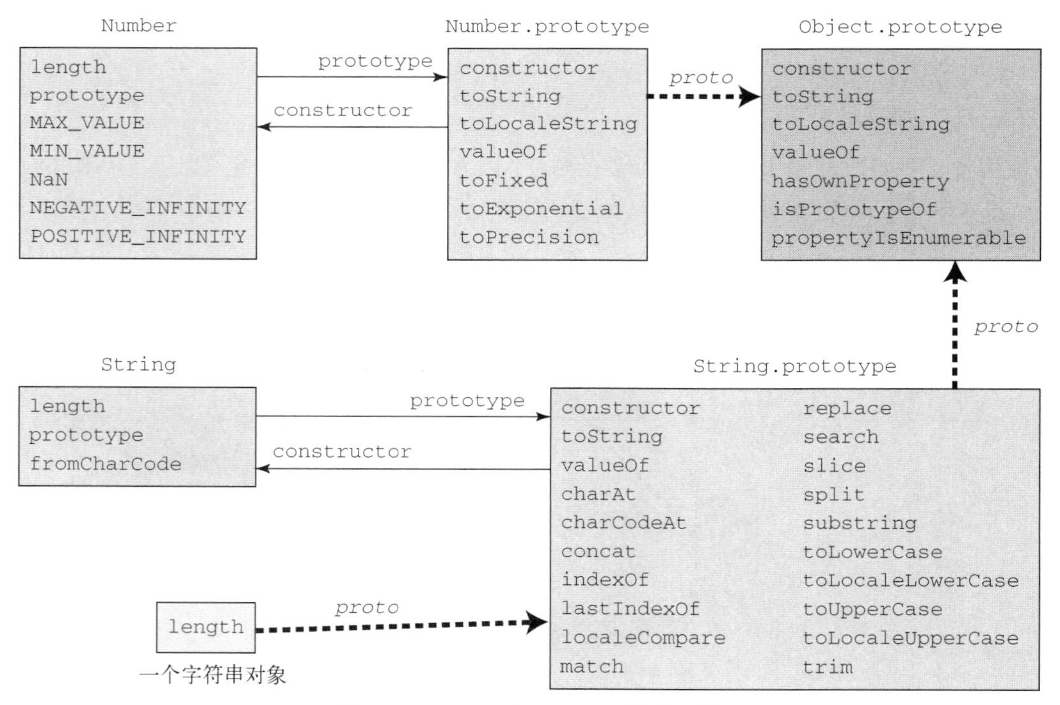

图 7-9　Number 和 String 构造函数

有哪些方法可供字符串和数字使用呢？（Boolean 构造器没有用，可以忽略；添加它似乎只是为了完整性考虑。）图 7-9 表明有许多方法可供使用。Number、String 和 Boolean 方法在附录 A 中都有较为详细的介绍；这里将介绍一些更常见的方法是如何运作的。首先，我们有一些数值常量：

$$\texttt{Number.MAX VALUE} \approx 1.7977 \times 10^{308}$$

$$\texttt{Number.MIN VALUE} \approx 5 \times 10^{-324}$$

toString 属性被重写，用以显示数字，我们将获得一个附加版本，用于显示不同基数的数字：

```
var n = 500
n.toString()    ⇒   "500"
n.toString(2)   ⇒   "111110100"
n.toString(16)  ⇒   "1f4"
```

有三种方法，用于将数字格式设置为字符串：

```
var x = 2984.83943992
x.toFixed(3)          ⇒  "2984.839"
x.toFixed(6)          ⇒  "2984.839440"
x.toExponential(5)    ⇒  "2.98484e+3"
x.toPrecision(3)      ⇒  "2.98e+3"
x.toPrecision(8)      ⇒  "2984.8394"
```

说到字符串，下面是一些字符串操作的例子：

```
String.fromCharCode(1063)            ⇒   "Ч"
"Mississippi".charAt(1)              ⇒   "i"
"Mississippi".charCodeAt(1)          ⇒   105
"Mississippi".indexOf("ss")          ⇒   2
"Mississippi".lastIndexOf("ss")      ⇒   5
"boo".concat("hoo", "hoo")           ⇒   "boohoohoo"
"Mississippi".slice(3, 7)            ⇒   "siss"
"Mississippi".split("ss")            ⇒   ["Mi","i","ippi"]
```

5. **Array**

每当使用数组直接量时，比如[]或[10, 20, 30]，都会调用 Array 构造器。新数组对象会获得其数据项的属性和一个特殊的 length 属性，还会获得 Array.prototype 的十多个非常有用的方法（见图 7-10）。

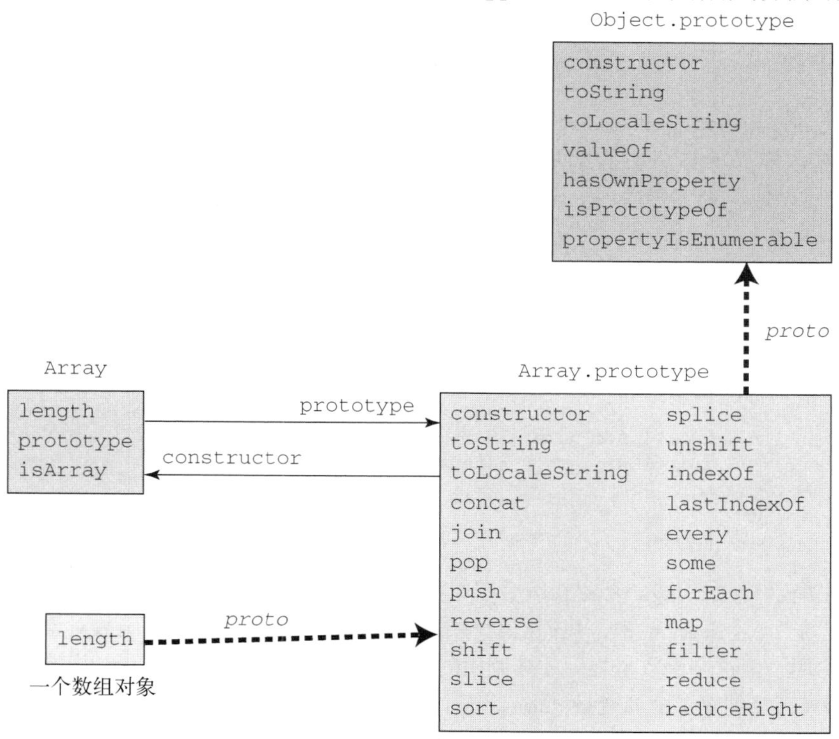

图 7-10 Array 和 Array.prototype

3.7 节已经较为详细地讨论了数据，还有许多示例。附录 A 将对我们的讨论内容加以补充，给出每个数组方法的完整概要信息。

回顾与练习

1. 简要描述 JavaScript 数组方法 concat、join、push、pop、shift、unshift、reverse、slice 和 splice，并为每个方法给出一个例子。必要时可参考附录 A。
2. 试验 Array 构造器。new Array()会生成什么？new Array(10)呢？new Array(4, 17, 26, false)呢？

6. Funciton

我们已经十分清楚，函数就是对象，但它是哪类对象呢？它们是函数对象，是用内置构造函数 Function 创建的。这个构造函数创建一些对象，其原型值很自然就是 Function.prototype。Function.prototype 是一个正常对象，其原型为 Object.prototype，如图 7-11 所示。

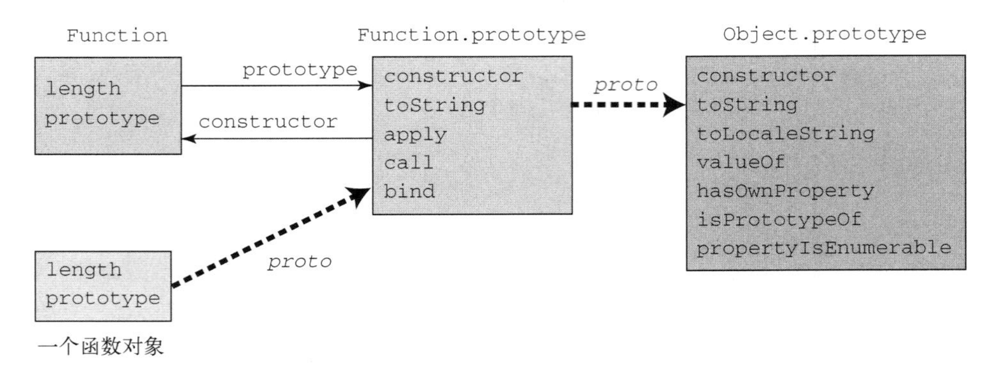

图 7-11　Function 和 Function.prototype

在第 5 章讲述过方法 apply 和 call，利用它们可以在函数调用中劫持 this 的值（你现在可能需要看看 5.6 节复习一下这些内容）。ES5 添加了方法 bind，它解决一个经常在事件处理中出现的重要问题。还记得第 6 章的 setTimeout 方法吗？向它传送一个函数，在经过若干毫秒之后将会调用此函数。在 shell 或测试页中尝试以下代码：

```
var greet = function (){ alert("Hello, finally");}
setTimeout(greet, 5000);
```

你应当会在 5 秒后看到一条提示弹出。那么，如果你希望传送给 setTimeout 的函数是一个方法呢？以下代码的运行方式可能与你的预期不同：

```
var Dog = function (name) {this.name = name;}
Dog.prototype.bark = function () {alert(this.name + " says WOOF");}
var star = new Dog("Bolt");
star.bark();
setTimeout(star.bark, 5000);
```

这段代码首先提示"Bolt says WOOF"，然后在你释放该提示 5 秒之后，将弹出一条新的提示："says WOOF"。为什么会这样呢？在 setTimeout 中，我们已经对 star.bark 求值，变成一个函数对象，它在其函数体中包含了对 this 的引用。但这个函数是之后才被调用的，在调用它的上下文中，this 指的是全局对象，而不是 Bolt。事实上，如果已经创建了全局变量 name，这个字符串将出现在第二个提示中！

bind 该来救场了，它生成一个函数，可以保证其 this 值就是传送给 bind 的内容。可以像下面这样来调用（invoke）被延迟的调用（call）：

```
setTimeout(Dog.prototype.bark.bind(star), 5000);
```

甚至是：

```
setTimeout(star.bark.bind(star), 5000);
```

绑定上下文是高级 JavaScript 领域相当重要的一个组成部分，如果还没有马上开始使用 bind，那也没问题。但是，如果发现自己将方法传送给其他函数，却没看到预期结果，那一定要记着它。

回顾与练习

1. 解释 apply 和 call 之间的区别。
2. 绘制一幅类似于图 7-7、图 7-10 和图 7-11 的图形，其中包含函数 Object、Function、Array 和 String，以及它们的原型和所有原型链接。

7. Date

一个 JavaScript Date 对象表示一个时刻，其内部编码是从*新纪元*（UTC，1970 年 1 月 1 日零时，根据 ISO 8601 [ISO04]表示法，记作 1970-01-01T00:00:00Z）开始的毫秒数。图 7-12 演示如何将 JavaScript 日期表示为一条时间线上的点，并以毫秒进行标记。这条线上给出了三个不同的日期对象，每个日期都采用四种不同方式呈现：Zulu 时间[①]和洛杉矶时区的 ISO 表示法，Zulu 时间和洛杉矶时区的两个粗略表示。

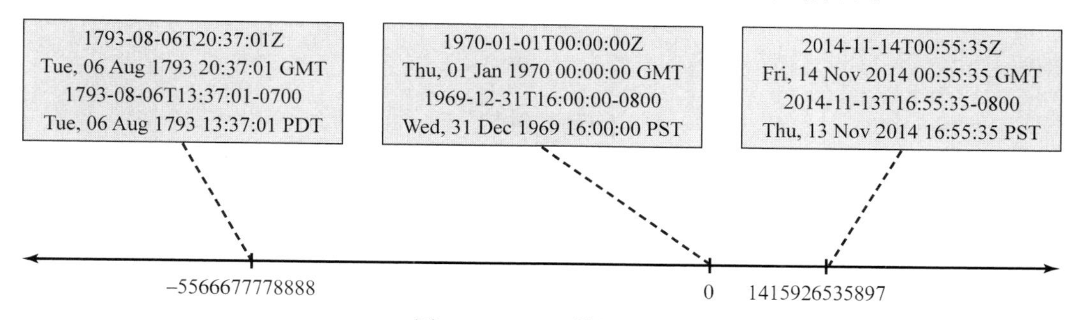

图 7-12　Date 就是时刻

日期对象用 Date 构造器实例化，可以采用三种方式使用它。

- new Date()：当前时刻，你的计算设备可以理解它。
- new Date(*n*)：新纪元之后 *n* 毫秒的时刻。
- new Date(*year*, *month*, *day*, *hour*, *minute*, *second*, *millisecond*)：给定时刻，在计算设备被设定的当前时区内。年和月是必需的；未提供具体某一日时，其默认设置为 1，其他未提供的实参被默认设置为 0。所有值都应当是整数，月份的范围为 0 至 11（1 月至 12 月），日期为 1 至 31，小时为 0 至 23，分钟和秒为 0 至 59，毫秒为 0 至 999。

Date.prototype 重写了 toString 和 toLocaleString，以提供人类可读的日期字符串，还改变了 valueOf，以生成该日期的“新纪元时间”（从新纪元开始的毫秒数）。如需了解 Data.prototype 中到底有多少可用方法，请参阅在线参考资料。忠告：不要使用 getYear 和 setYear，而应使用 getFullYear 和 setFullYear。我们不会解释每个日期方法，而是通过一个小脚本演示其中一些，这个脚本会计算出你出生的日子是星期几，以及你的生命已经过去了多少天：

```
var y = +prompt("What year were you born in?");
var m = +prompt("What month were you born in (1-12)?") - 1;
var d = +prompt("What day of the month were you born on?");
var birthday = new Date(y, m, d);
var dayNames = "Sun|Mon|Tues|Wednes|Thurs|Fri|Satur".split("|");
```

① Zulu 时间、UTC（协调世界时）、UT1 和 GMT（格林尼治标准时间）本质上是相同的。

```
alert("That was a " + dayNames[birthday.getDay()] + "day");
var today = new Date();
var differenceInMillis = today.getTime()- birthday.getTime();
var differenceInDays = Math.floor(differenceInMillis / 86400000);
alert("That was " + differenceInDays + " days ago");
```

除了 Date.prototype 的 getTime 方法之外，还可以用 Date.UTC 和 Date.parse 生成“新纪元时间”值（自新纪元以来的毫秒数）。前者的工作方式类似于之前看到的七实参 Date 构造器，只是它使用的是世界时间，而不是机器时区：

```
var d = Date.UTC(2010, 9, 15, 20, 43, 8, 788);
alert(d);                          // 1287175388788
alert(new Date(d));                // Fri Oct 15 13:43:08 GMT-0700 (PST)
alert(new Date(d).toISOString());  // 2010-10-15T20:43:08.788Z
```

注意其中使用了只有 ES5 支持的 toISOString 方法。

Date.parse 将日期字符串转换为新纪元时间，至于允许哪些类型的字符串，其具体细节有些复杂。现代的 ES5 实现支持 ISO 8601 日期，较早的浏览器不支持。在本章最后一个练习中将会体验它。

要知道，JavaScript 中的日期支持是相当不高明的。它忽略了闰妙，只是近似地进行了日光节约调整，仅限于没有截止日期的外推格里历。[①]不直接支持各种日历系统的转换，比如儒略历、佛历、科普特历或埃塞俄比亚历，也不直接支持对时间段的计算，比如“4 years, 2 months, 3 weeks, and 2 days”，用 ISO 8601 表示为 P4Y2M3W2D。

回顾与练习

1. 使用你选定的时区，以 ISO 8601 格式表示日期时间 1000000000000 和 1234567890000。
2. 为什么 Date.UTC(2000, 3, 15)会生成四月份的一个日期，而不是三月份。

8. 错误对象

有趣的是，15 个内置 ECMAScript 构造器中有 7 个是定义错误类型的。错误对象的设计就是供抛出使用的。尽管可以抛出任何东西——字符串、数字、自己创建的对象，甚至还能抛出 null，但经常抛出的还是对象。例如：

```
if (month < 1 || month > 12){
    throw new RangeError("Invalid month");
}
```

每个错误构造器都只有一个形参，也就是一条消息，它会变成该对象的 message 属性值。七个内置的错误“类型”为：

错误类型	抛出时机
RangeError	当一个值太小或太大时
SyntaxError	当 JavaScript 源代码的形式错误时
TypeError	当一个值的类型与预期不一致时
ReferenceError	当无法解析对一个变量的引用时
URIError	当一个字符串无法被编码为有效的 URI 或 URI 分量时
EvalError	（可能是）当执行 eval 调用发生非语法错误时
Error	你喜欢的任意时刻

① 外推是指在时间轴上无限后推的日历规则，尽管没人会用到数千年以前的格里历。截止日期是指一个国家从儒略历切换到格里历的一个时间点。具体细节超出了本书的范围，维基百科中的“Gregorian calendar”词条中对此有介绍。

在你自己的代码中，抛出最多的可能就是原来的最简单的 `Error`。你甚至可能希望创建自己的错误类型，在自己的应用程序中具有特殊的意义——如果用户试图在未经许可的情况下做一些事情，可以创建 `SecurityError`；如果有人在没有摆渡服务的情况下要求驾船到一个岛上去，可以创建 `NavigationError`。

每个错误类型都有包含四个属性的原型：`constructor`（和所有原型一样）、`name`（包含构造器名称）、`message`（你自己对问题的描述）、`toString`，显示名称、冒号和信息：[1]

```
var e = new TypeError("需要数组");
alert(e.name);              // 提示 TypeError
alert(e.message);           // 提示 "Array expected"（需要数组）
alert(e);                   // 可能会提示 "TypeError: Array expected"（TypeError：需要数组）
```

回顾与练习

1. 在 JavaScript shell 或运行器中，对三个表达式求值，一个表达式抛出 `ReferenceError`，一个抛出 `TypeError`，一个将抛出 `SyntaxError`。
2. 编写一个函数，对一个数组中的值求和，如果它的实参不是数组，则抛出一个 `TypeError`。

9. JSON

在 ES5 中引入的 `JSON` 对象包括两个属性。

- ❑ `JSON.stringify(o)` 生成对象 o 的（文本）表示。
- ❑ `JSON.parse(s)` 生成字符串 s 描述的对象。

JSON，即 JavaScript 对象表示法，将在 8.2.3 节详细介绍。要浅尝这种表示法，可参见图 7-13。

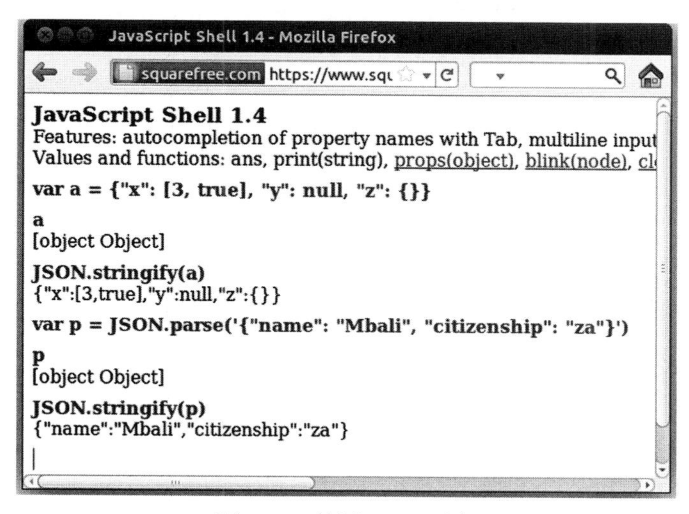

图 7-13 使用 JSON 对象

你会发现，`JSON.stringify` 在调试期间的用处大到不可思议。

回顾与练习

1. 缩写词 JSON 是什么意思？
2. 尽管 `JSON` 对象是在 ES5 中引入的，但 ES5 之前的许多浏览器也支持它。了解你的浏览器是否支持。
3. 为什么 `JSON.stringify(x)` 要好于仅使用 `x.toString()`？

---

① 这是 ES5 标准的规定；在 ES3 中，JavaScript 引擎可以显示它想显示的任何内容。

7.3.2　Web 浏览器宿主对象

宿主对象是由宿主环境提供的对象。到目前为止，Web 浏览器是 JavaScript 程序的最常见宿主环境，所以我们将简要介绍一些使用最为广泛的宿主对象。

1. alert 和 prompt

本书中使用非常频繁的 alert 和 prompt 函数是宿主对象，因为它们涉及由 Web 浏览器管理的资源：弹出或对话框窗口、按钮和文本字段。还有另外一个信号也表明它们是宿主对象，那就是它们在不同浏览器中的实现方式：在不同浏览器中，alert 和 prompt 对话框的外观是不一样的；决定它们外观和风格的不是 JavaScript，而是浏览器。

2. document 及类似对象

第 6 章介绍了非常重要的 document 和它的属性，包括无处不在的 getElementById。但浏览器还公开了其他一些可以在脚本中使用的对象。

- window 是浏览器窗口，其中包含了当前正在运行的 JavaScript 代码。
- navigator 是指 Web 浏览器应用程序本身。
- screen 指的是用户的显示屏幕。

这些对象的使用与其他对象非常类似，可以通过访问其属性来读写它们，可以通过调用任何函数属性让它们完成一些任务。如果对象本身就是函数（比如 alert 和 prompt），可以从任何上下文中调用它们。不同之处在于，它们是由 Web 浏览器提供的，严格来说，并不是 JavaScript 语言的组成部分。

window 对象需要额外注意。在 JavaScript 中，所有全局变量实际上是唯一一个*全局对象*的属性。在浏览器环境中，全局对象包含一个名为 window 的属性，它的值就是对这个全局对象本身的引用！这就是说，以下脚本会为每行提示 true：

```
alert(window.Number === Number);
alert(window.alert === alert);
window.alert(Object === window.Object);
window.alert(window.window === window);
alert(window.window.window.window.window === window);
```

3. DOM 对象

在上一章，已经了解如何公开一个 Web 页面的组件（比如按钮、文本区域、段落、分区，等等），使其作为可供脚本操作的对象。还有数十个此类 DOM 对象。附录 A 中列出了这些类型及其属性和行为。

回顾与练习

1. 原生对象、内置对象和宿主对象之间有什么区别？
2. 如果一个 JavaScript 程序在一个宿主环境下能够很好地工作，但在另一环境中运行时却会报告未定义的对象，你怀疑是什么原因？
3. 列出目前为止本书已经介绍的六种 Web 浏览器宿主对象。
4. 在 Web 浏览器宿主环境内部，什么使 window 在宿主对象中独树一帜？

7.4　模块

在程序中遇到的大多数对象都属于一个类型，是用构造器生成的，比如日期、字符串、圆、矩形、点、窗口、错误和按钮。诸如游戏和字处理软件之类的复杂应用程序可能会用到数百种对象。为便于管理，程序员会将自己的工作划分到多个脚本中。每个脚本都是由语句组成的序列，其中许多都是变量声明。在一个脚本最顶级声明的变量都是全局变量。如果两个不同脚本声明了自己的全局变量，但它们的名字相同，在将这两个脚本包含在同一个页面中时，就会产生问题。页面会认为这两个变量实际上是一个变量。因为这种情况的后果是非常可怕的（也就是说，一个脚本自己运行时非常正常，但碰巧在同一页面中包含了某个完全不相关的脚本，结果让原来正常的脚本崩溃了），所以你有时会听人们说，对全局变量的过度依赖会变成魔鬼。

7.4.1　简单模块

在 JavaScript 中，完全抛弃全局变量是不行的，但可以将其降至最少。模块是一种可以将许多相关实体打包在一起的对象。你其实已经熟悉一些模块了；`Math` 和 `JSON` 内置对象本质上都是模块。`Math` 模块将通常的 26 个全局变量打包到属性中，就像它们如下定义一样：

```
var Math = {
    E: ...;
    PI: ...,
    sin: function (x){...},
    floor: function (x){...},
    ...
};
```

一个模块中的函数通常要协同工作，甚至会共享数据。通常，不会让系统的其余部分看到这些共享数据。这种模块最简单的例子可能就是序列生成器了。一个生成器包括一个函数（通常称为 `next`），返回某一序列中的下一个值。必须将当前值隐藏到某个地方，使恶意代码无法破坏序列。假定序列是用下面的变换生成的：

$$x \rightarrow 4x - 3x^2$$

起始值为 x=0.01。由于暂时还没有一个更好的名字，所以我们将它称为生成器 g。对 `g.next()` 的第一次调用将返回 0.01，第二次调用 `g.next()` 应当返回 $4(0.01)-3(0.01)^2 = 0.0097$，等等。下面是我们的第一次尝试：

```
/*
 * 一个非常差的序列生成器，它没有隐藏自己的状态
 */
var g = {
    x: 0.01,
    next: function (){
        var result = this.x;
        this.x = 4 * this.x - 3 * this.x * this.x;
        return result;
    }
};
```

这里有哪儿不对？变量 x 被公开了：通过 `g.x` 赋值可以破坏序列。为隐藏这一变量，需要使它成为某个函数的局部变量。我们之前已经见过这一技巧：

```
/*
 * 一个序列处理器，用于生成序列 x -> 4x - 3x^2，初始值为 0.01
 */
var g = function (){
    var x = 0.01;
    return {
        next: function (){
            var result = x;
            x = 4 * x - 3 * x * x;
            return result;
        }
    };
}();
```

这里，我们将调用一个函数的结果赋值给 g，在调用这个函数时，没有提供实参。这个函数调用会返回什么呢？一个对象。这个对象中有什么呢？一个名为 `next` 的方法，它将提交序列中的项目。使用这一模块的代码能否破坏这个序列或者获得它的当前状态呢？不能。方法 `next` 是一个闭包，保护着被封盖起来的变量 x。

很不错！

下面，我们为一个稍为复杂的模块来应用这种以闭包来隐藏状态的模式。我们的模块将支持一个游戏，在游戏中，各位玩家排成一队。他们只能在队伍的一端进入，当到达队伍最前端时才能采取动作。这个队列可以用 JavaScript 数组实现，但这个数组应当隐藏在一个模块中，使任何玩家都不能插队！我们希望这个队列只有一种访问方式：在末端添加玩家，从前端移除他们：

```
queue.add("Moe");
queue.add("Larry");
alert(queue.remove());     // 提示"Moe"
queue.add("Shemp");
queue.add("Curly");
alert(queue.remove());     // 提示"Larry"
alert(queue.remove());     // 提示"Shemp"
```

为使这一方法有效，将 queue 定义为一个函数应用表达式，用两个方法返回一个对象，每个方法都是使用共享、隐藏数组的闭包：

```
var queue = function (){
    var data = [];
    return {
        add: function (x) {data.push(x);},
        remove: function (){ return data.shift();}
    };
}();
```

希望你已经开始习惯这一模式了。在一个运行器或 shell 中输入并试验此代码，会有所帮助。

回顾与练习

1. 第 12 次调用 g.next()会是什么结果？
2. 如果过多调用 remove，队列模块中会发生什么情况？修改此模块，使它在这种情况下抛出异常。
3. 在队列模块中，能否使用 unshift 添加，使用 pop 删除？说明理由。

7.4.2　作为模块的井字棋游戏

6.7 节的井字棋脚本包含了大量全局变量，如 turn、score、squares、moves、win、set，等等。如果要生成一个页面，其中有包括井字棋在内的多个游戏，那其他游戏的脚本很可能会使用一些同名全局变量。我们希望能对这个游戏进行打包，使它仅引入一个名字唯一的全局变量，甚至根本不引入全局变量。

这里将给出一个没有全局变量的方法，先从 HTML 页面开始。它将包含各个游戏的脚本，并为后面加入的游戏留有一些占位符 div。

```
<!doctype html>
<html>
  <head>
    <meta charset="UTF-8"/>
    <title>Games Page</title>
    <script src="../scripts/chess-module.js"></script>
    <script src="../scripts/tictactoe-module.js"></script>
    <script src="../scripts/blackjack-module.js"></script>
  </head>
  <body>
    <h1>A Games Page</h1>

    <h2>A Chess Game</h2>
    <div id="chess"></div>
```

```
    <h2>A Tic Tac Toe Game</h2>
    <div id="tictactoe"></div>

    <h2>A Blackjack Game</h2>
    <div id="blackjack"></div>
  </body>
</html>
```

为将井字棋脚本放到一个模块中，我们将使用现在已经非常熟悉的方法，将要隐藏的东西放在局部变量中（你也许能够自己来完成了）。但本章有一点不同，我们根本没有在 HTML 中放入任何布局。我们拥有的就是一个 div，脚本就是要在这个 div 中创建和运行整个游戏——结构、布局和互动。这样一种自我包含、可能很复杂的用户界面组件经常被称为小组件。幸运的是，脚本可以生成文档：使用 createElement 宿主函数来构建新的 DOM 元素，使用 appendChild 将它附加到一个已有元素下方。

下面是完整的脚本：

```
/*
 * 一个完整的井字棋小组件。把这一脚本放在浏览器中就能玩了。
 * 井字棋游戏将作为一个元素的子元素，这个元素的 id 为"tictactoe"。
 * 如果页面上没有这样一个元素，会在主体的最后添加它。
 */
(function (){

    var squares = [];
    var EMPTY = "\xA0";
    var score;
    var moves;
    var turn = "X";

    /*
    * 为确定获胜条件，每个方框都按照自左向右，自上而下，以 2 的连续次幂“标记”。
    * 因此，每个单元格都表示一个 9 位字符串中的一位，
    * 一位玩家的方框在任何给定时间都可以表示为一个独一无二的 9 位值。
    * 因此，通过查看一位玩家的当前 9 位是否包含八种
    * “三位一行”组合之一，就能很轻松地决定出获胜者。
    *
    *  273                 84
    *     \               /
    *      1 |    2    | 4   = 7
    *   -----+--------+-----
    *      8 |   16    | 32   = 56
    *   -----+--------+-----
    *     64 |  128    | 256  = 448
    *    =================
    *     73    146      292
    *
    */
    var wins = [7, 56, 448, 73, 146, 292, 273, 84];

   /*
    * 清空分数和走子步数，清空棋盘，使 X 执棋。
    */
    var startNewGame = function (){
        turn = "X";
        score = {"X": 0, "O": 0};
        moves = 0;
        for (var i = 0; i < squares.length; i += 1){
            squares[i].firstChild.nodeValue = EMPTY;
        }
    };
```

```
/*
* 返回某一给定分数是否为获胜分数。
*/
var win = function (score) {
    for (var i = 0; i < wins.length; i += 1){
        if ((wins[i] & score)=== wins[i]){
            return true;
        }
    }
    return false;
};

/*
* 将被单击的方框设定为当前玩家的标记，
* 然后检查是否有一方获胜或者是否进入死循环。
* 还要改变当前玩家。
*/
var set = function (){
    if (this.firstChild.nodeValue !== EMPTY) return;
    this.firstChild.nodeValue = turn;
    moves += 1;
    score[turn] += this.indicator;
    if (win(score[turn])) {
        alert(turn + " wins!");
        startNewGame();
    } else if (moves === 9){
        alert("Cat\u2019s game!");
        startNewGame();
    } else {
        turn = turn === "X" ? "O" : "X";
    }
};

/*
* 为棋盘创建并附加 DOM 元素，作为 HTML 表格，
* 为每个单元格指定一个指示器，并开始一局新游戏。
*/
var play = function (){
    var board = document.createElement("table");
    board.border = 1;
    var indicator = 1;
    for (var i = 0; i < 3; i += 1){
        var row = document.createElement("tr");
        board.appendChild(row);
        for (var j = 0; j < 3; j += 1){
            var cell = document.createElement("td");
            cell.width = cell.height = 50;
            cell.align = cell.valign = 'center';
            cell.indicator = indicator;
            cell.onclick = set;
            cell.appendChild(document.createTextNode(""));
            row.appendChild(cell);
            squares.push(cell);
            indicator += indicator;
        }
    }

    // 如果存在井字棋，则附加在其之下；如果不存在，则附加在主体。
    var parent = document.getElementById("tictactoe")|| document.
        body;
    parent.appendChild(board);
    startNewGame();
```

```
    };

    /*
    * 将play 函数添加到(虚拟)的 onload 事件列表。
    */
    if (typeof window.onload === "function") {
        var oldOnLoad = window.onload;
        window.onload = function () {oldOnLoad(); play();}
    } else {
        window.onload = play;
    }
}());
```

当在一个 HTML 页面中引用此脚本时，它就会运行。脚本自身就是一个函数调用。它会调用一个函数，这个函数的主体包括 10 个局部变量声明，后面是一个 `if` 语句。[1]这个 `if` 语句对全局 `onload` 事件处理程序进行赋值。如果不存在 `onload` 函数，这个事件处理程序就被设置为 `play` 函数。如果存在，会向此处理程序指定一个新函数，它会首先调用现有的 `onload` 处理程序，然后调用 `play`。所以这个脚本的效果就是在文档加载完毕时启动一场游戏。我们已经编写了 unobtrusive JavaScript，因为除了包含井字棋页面的脚本之外，HTML 页面中没有包含对此游戏的引用。

这个脚本中用于玩游戏的代码大体与第 6 章的脚本相同，一个明显的区别就是 `play` 方法中的 DOM 构建代码。我们将为你留一道习题，要求跟踪这个方法在构建 DOM 中的行为。

回顾与练习

1. 将 games.html 页面加载到浏览器中，并玩一玩井字棋游戏。然后将页面上井字棋 `div` 的 `id` 属性改为其他内容，然后重新加载此页面。确认井字棋棋盘现在出现在页面底部了。
2. 这个井字棋模块为什么被称为小组件？

7.5 jQuery JavaScript 库

既然已经熟悉了构建模块的方法，你可能希望自己动手编写一些模块。当然，没有什么方法比亲手编写重要的实用模块更能提高编程能力了。但在许多时候，更希望利用其他程序员已经编好的数以千计的模块。

jQuery 是应用最广泛的 JavaScript 库之一。除其他好处之外，它极大地简化了 DOM 编程与动画。长期以来，JavaScript 程序员都会告诉你，他们生命中的许多时间都花费在如何让自己的脚本能在多个浏览器上正常工作。jQuery 可以处理这些跨浏览器事件。[2]

开始使用 jQuery 吧。你可以从 http://jquery.com 下载库，并将下载的文件与你的 HTML 和 JavaScript 文件存储在同一文件夹中，或者可以使用存放在公共内容分发网络（即 CDN）的库的副本。[3]在这个例子中，将使用位于 http://code.jquery.com 的 CDN；还有其他一些 CDN，比如微软的（参见 http://www.asp.net/ajaxlibrary/cdn.ashx），都可以免费使用。

我们的 HTML 文档将引用 jQuery 库[4]和一个稍后就要编写的脚本：

---

① 注意函数调用两边的括号，它们是必不可少的！JavaScript 将所有以单词 `function` 开头的语句都看作函数声明（5.8 节），而且从来不会调用匿名函数。

② jQuery 绝对不是唯一能够简化 DOM 编程和化解大多数跨浏览器问题的库，也不是第一个。其他此类库包括 MooTools、Dojo 和 Prototype。jQuery 支持 Internet Explorer 6 及更新版本，Firefox 的所有版本，Opera 9 及更新版本，还有 Safari 2 及更新版本。

③ CDN 由放在世界各地的若干服务器组成，这些服务器采用一些诸如缓存服务器的技术，由距离终端用户最近的服务器为用户提供数据，以减少互联网总通信流量。

④ 通常会使用 jQuery 的最新可用版本；在编写本书时，该版本为 1.6.4。

```
<!doctype html>
<html>
  <head>
    <meta charset="UTF-8"/>
    <title>Some countries</title>
    <script src="http://code.jquery.com/jquery-1.6.4.min.js"></script>
    <script src="../scripts/simple-jquery-example.js"></script>
  </head>
  <body>
    <h1>Countries and their states (or provinces)</h1>
    <p>Click on a country to see some states or provinces</p>
    <ul>
      <li><span class="country">M&eacute;xico</span>
        <ul>
          <li>Chiapas</li>
          <li>Durango</li>
          <li>Hidalgo</li>
        </ul>
      </li>
      <li><span class="country">Pakistan</span>
        <ul>
          <li>&#x67e;&#x646;&#x62c;&#x627;&#x628;</li>
          <li>&#x633;&#x646;&#x62f;&#x6be;</li>
          <li>&#x628;&#x644;&#x648;&#x686;&#x633;&#x62a;&#x627;&#x646;
              </li>
        </ul>
      </li>
      <li><span class="country">Brasil</span>
        <ul>
          <li>Par&aacute;</li>
          <li>Sergipe</li>
          <li>Maranh&atilde;o</li>
        </ul>
      </li>
    </ul>
  </body>
</html>
```

下面是我们的第一个示例脚本。它演示了简单动画和事件处理：

```
/*
 * 这是第一个使用 jQuery 的脚本，
 * 演示了一次显示一个子常见效果。
 */
 $(document).ready(function (){

    // 用一种上滚效果隐藏所有二级列表
    $("ul ul").hide("slow");

    // 为顶级列表项目的单击事件注册监听器
    $(".country").click(function () {

        // 首先立即隐藏所有二级列表
        $("ul ul").hide();

        // 然后缓慢地显示被单击项目的子项目
        $(this).next().show("slow");
    });
});
```

jQuery 库公开两个全局变量 `jquery` 和`$`。它们都引用同一个对象——一个函数。向该函数传送表达式可以生成一组 DOM，可以向该组 DOM 应用数十个有意义的操作。这个表达式被称为选择器，下面是一些例子。[①]

- `$("img")`——所有 img 元素的集合。
- `$("#footer")`——所有 id 属性为"footer"的元素组成的集合。
- `$("div.contents")`——所有 class 属性为"contents"的 div 元素组成的集合。
- `$("div.contents ol")`——所有 ol 元素组成的集合，这些 ol 元素都是一个类别为"content"的 div 元素的后代。
- `$("div.contents > ol")`——所有 ol 元素组成的集合，这些 ol 元素都是一个类别为"content"的 div 元素的直接子元素。
- `$("div:has(ol)")`——所有以嵌套 ol 元素为后代的 div 组成的集合。
- `$("p:animated")`——在实现动画过程中所有 p 元素的集合。

还可以将一个普通 DOM 元素传送给$函数，创建一个仅包含该元素的集合。用$(document)和$(this)这样的表达式来查看代码是很常见的。

在用$生成了 DOM 对象集合之后，就可以向这个集合施加操作了。下面给出少量可以应用于集合的方法。

- 效果：animate、stop、slideUp、slideDown、fadeIn、fadeOut、fadeTo、show、hide、toggle，等等。
- DOM 操作：before、after、append、wrap、addClass、prepend、unwrap、remove，等等。
- 事件处理程序注册：click、dblclick、mousedown、mouseup、mousemove、mouseenter、mouseleave、mouseover、scroll、keydown、keyup、keypress、hover、submit、focus、blur、ready、load、unload。

在上述示例脚本中，唯一的语句注册了一个函数，在文档准备就绪时运行。[②]这个函数首先使用选择器"ul ul"缓慢地隐藏另一个无序列表内部的所有无序列表。图 7-14 中突出显示了这个选择器的结果，可以看到它的确应用到了“第二级”列表。

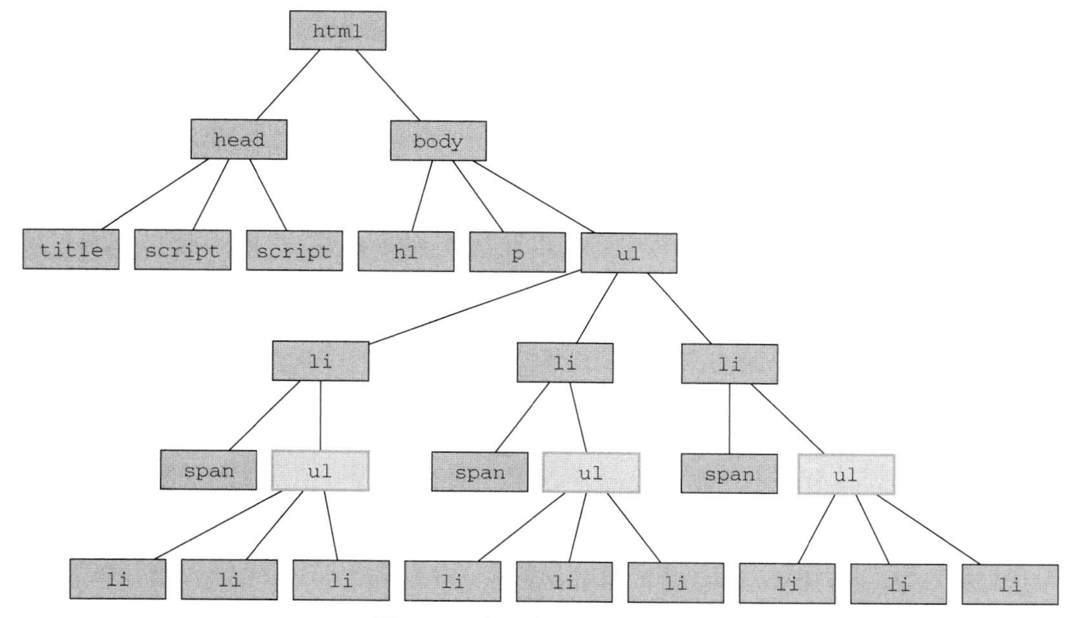

图 7-14 选择器"ul ul"的结果

① 有关完整的选择器语法（jQuery 1.6.4 中有 50 多个此种形式），请查阅 jQuery 文档：http://api.jquery.com/category/selectors/。

② `$(document).ready(f)`绝对优先于 `window.onload = f`。

接下来，这个脚本为单击国家名字的操作注册了一个函数。我们已经将国家名字嵌入在 span 元素中；在 li 元素中注册监听器并不是特别有效。（你知道为什么了吗？）这个单击处理程序隐藏了所有二级列表，然后缓慢地（通过 show）显示被单击国家的所有州。这个事件的目标是分区（span），状态列表是这个分区的同级元素，由 jQuery 方法 next 选择（如果需要帮助来理解这一方法，请再次参考图 7-14）。

jQuery 中的几乎所有方法都会返回一个元素集合。有时，和 next、prev、siblings、parent 或 children 一样，会得到一个新的元素集合。但更常见的情况是得到同一元素集合。无论是哪种结果，能获得元素集合，就有可能使用一种称为*方法链*的程序设计风格。在运行器（http://javascript.cs.lmu.edu/runner）中运行这一行代码：

```
$("#header").html("JS Runner").css("color","green").slideUp().slideDown
    ()
```

此代码将选择标头元素，然后改变其内部 HTML[①]，将其颜色改为绿色，然后将其向上划动（使其隐藏），再将其向下划动（使其显示）。上面的代码等价于下面这个较差的代码片段：

```
// 这是例子展示了一种不好的 jQuery 风格。不要像这样编码。
var element = $("#header");
element.html("JS Runner");
element.css("color", "green");
element.slideUp();
element.slideDown();
```

jQuery 可不只是选择器和操作：jQuery 对象有自己的大量属性，其中一些是简单的实用工具。

- $.isArray($e$)在 e 是 JavaScript 数组时返回 true，否则返回 false。
- $.contains($e_1$，$e_2$)在 DOM 元素 e_2 是 DOM 元素 e_1 的后代时返回 true，否则返回 false。
- $.merge($a$，$b$)将数组 b 的元素合并到数组 a 中。

其他一些，比如$.ajax、$.get 和$.post，用于与 Web 服务器通信；下一章将介绍它们。

此外，jQuery 确保事件对象都有统一的接口，与所使用的浏览器无关。这样程序员就不必再去应付 Internet Explorer 与其他现代浏览器系统之间的众多差别。事件对象总是被传送给 jQuery 处理程序，包括 target、currentTarget、timeStamp、preventDefault 和 stopPropagation 等属性，即使在使用 Internet Explorer 时也是如此。

jQuery 已经变成一个极为流行的库，因为它在很大程度上解决了“跨浏览器问题”并简化了 DOM 程序设计。除此之外，还有如下因素。

- 有一个简单的程序设计模型：用选择器查找元素，然后向它们施加操作。
- 鼓励使用 unobtrusive JavaScript 编写程序。
- 相对较小，可以快速下载。
- 文档齐全。
- 有大量用户群，其中许多人已经贡献了数以千计的扩展，也就是插件（见 http://plugins.jquery.com/）。

本书中不可能介绍整个库；有专门介绍 jQuery 的在线文档（http://docs.jquery.com）和书籍。本书后续部分将始终使用 jQuery。之前已经提到，最好的学习方法就是实践，所以不要跳过章末的大量练习，它们会鼓励你探索这个库。

回顾与练习

1. 解释 jQuery 程序设计模型。
2. 浏览 http://api.jquery.com/上 jQuery 函数的索引。当前的版本支持多少个函数？
3. 在国家和州的例子中，为什么需要为国家名使用 span 元素？如果省去 span 并对 body > ul > li 注册单击监听器，会发生什么情况？

---

① 注意 jQuery 的 html 方法是如何替换通常对 innerHTML 属性赋值的。

7.6 性能

除了创建可维护、无错误的代码之外，软件设计者和开发者还致力于开发高效代码。高效脚本(1) 不会花费超出必要的运行时间，(2) 不会耗尽过多内存或其他有限的系统资源，(3) 不会耗尽过长的加载时间，(4) 能够快速回应用户的操作。本节将分别介绍这四种效率问题。

7.6.1 运行时效率

快速运行的（高效）脚本通常要好于一个等价的慢速（低效）脚本。关于如何编写高效 JavaScript 代码，有大量信息可供使用，包括幻灯片[Fuc09, Che10, Zak09b]、视频教程[Zak09a]、博客文章、论文和大量书籍。如何改进代码以使其变得更高效，是一门很高深的学问，它有一个不是十分准确的标签，称为*代码优化*。我们不可能介绍整个主题，但的确会用一点篇幅，通过简要介绍（当然还要通过一些示例）让你了解个大概。

但首先要给出一点忠告。一定要注意，有些加速优化可能会让代码变得难以阅读、难以维护[New99]。绝对不要牺牲可读性来换取极小的性能改进——要仅在速度非常关键时才进行速度优化。例如，假定你的脚本需要 5 分钟的运行时间，而你发现一个代码块，如果用一种更聪明但几乎难以理解的代码来替换它（两者的功能是等价的），可以使运行时间缩短 0.5 毫秒。如果这个代码块仅执行一次（也就是说，它不在循环中），那只会将运行时间由 300 秒缩短到 299.9995 秒；不值得为了这么一丁点儿提升，花费这么多时间编写新代码，为阅读该代码的人带来这么多痛苦。但是，如果代码块出现在一个运行 100 000 次的循环中，运行时间就会从 300 秒缩减到 250 秒，这是非常显著的！[①]

编写高效代码的最基本的（也是不证自明的）原则是：在合理范围内，以最少的“步骤”执行计算。避免*无用计算*和*重复计算*。例如（关于“无用”计算），在电话簿中查找一个名字时，你不会从头扫视每个名字。你通常会合理组织数据，以便非常快速地获取所需要的内容。10.2.2 节将看到这样一个例子。

要避免多次重复同一计算，一种方法是一次计算出一个值，将结果存储在一个局部变量中，然后在后续计算中使用此变量。在前几章的质数脚本中曾经介绍过这一方法。我们没有写出如下代码：

```
for (var k = 2; k <= Math.sqrt(n); k += 1) {
    // for 循环的主体
}
```

而是写为：

```
for (var k = 2, last = Math.sqrt(n); k <= last; k += 1) {
    // for 循环的主体
}
```

这样，平方根只需计算一次。求平方根是一个成本高昂的计算，而在局部变量中查找一个值可能是最廉价的操作了。但并非只有函数调用（比如 `Math.sqrt`）和涉及操作符的表达式才会被评定为“昂贵”到只应执行一次，即使是查看非局部变量值或对象属性值也需要做一些工作。

- 要访问非局部变量，必须查找作用域链。当在嵌套函数中执行代码时，可能需要一点时间才能到达全局变量（见图 7-15）。
- 要访问一个对象的属性，JavaScript 引擎必须搜索该对象，看它是否有一个具有给定名字的属性；如果没找到，就必须搜索原型链。

① 高纳德在 1974 年的论文[Knu74]中清晰地表明了这一点（现在非常有名了）：“程序员浪费了大量时间去考虑或操心其程序中非关键部分的运行速度，这些效率方面的尝试实际上对于调试和维护都有很大的负面影响。我们应当在比如 97%的时间里忘掉那些小的效率：草率的优化是万恶之源。但在那关键的 3%中，不应拒绝提高效率的机会。”

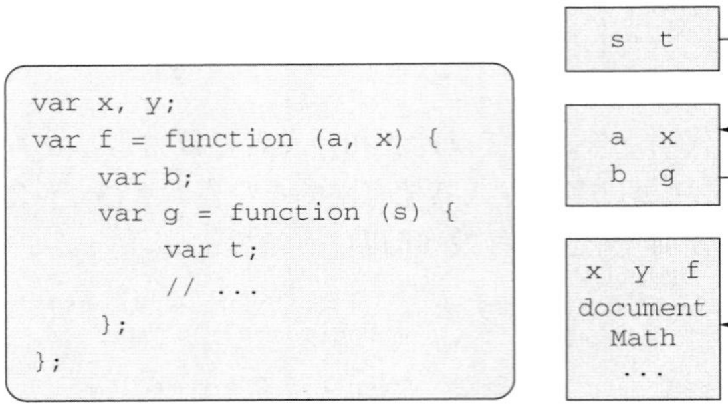

```
var x, y;
var f = function (a, x) {
    var b;
    var g = function (s) {
        var t;
        // ...
    };
};
```

s t

a x
b g

x y f
document
Math
...

图 7-15　作用域链的搜索

这些观察结果已经引出了几个程序设计风格，比如：

```
// 有可能在一个 for 语句的第一部分进行多次赋值。
// 每个只执行一次。这意味着可以用一个局部变量
// 来检查是否应退出循环。
for (var i = 0, n = a.length; i < n; i += 1)

// 引用本地文档，避免总是搜索作用域链
var doc = document;

// 将经常访问的函数存储在本地
var el = document.getElementById;
el("next").onclick = ...;
el("footer").value = ...;
```

别忘了，仅在多次使用计算，并且优化会使代码更容易理解时，才来玩这些游戏。但是，如果（未经优化的）代码运行得太慢，节省的时间可能会非常多，那可以考虑放松对"更容易理解"的要求。

当然，还有更多因素。尽管 JavaScript 严格来说是一种独立于 Web 的程序设计语言，但如果不说一下在处理 DOM 时的性能下降，也不提一下避免这种性能下降的方法，那是不负责任的。我们可以用整整一章来讨论这个主题（实际上，可以另外写整整一本书来讨论），但这里只解决两个问题。（本章最后的习题中给出了一些链接，指向更全面的资源，也让你有机会练习一下这些方法。）

首先，对 DOM 所做的许多修改，比如添加或删除元素，改变页边距或对齐方式，调整图像大小，或者移动元素，都会使浏览器立即重排页面。这是一个成本很高的操作，浏览器会遍历整个 DOM，计算每个元素的放置位置，以及为它保留多少空间。文本元素也需要重新计算换行。为提高动态页面的工作效率，需要尽量减少重排。为此，可以将 DOM 修改打包，进行批处理。例如，不应像下面这样写代码：

```
var intro = document.getElementById("introduction");
intro.style.color = "green";
intro.style.fontStyle = "italic";
intro.style.paddingBottom = "50px";
intro.style.fontSize = "300%";
```

而是应当写为：

```
var intro = document.getElementById("introduction");
intro.setAttribute("style",
    "color:green;font-style:italic;padding-bottom:50px;font-size:300%"
);
```

这样会一次性设置所有样式，在两次修改之间不会进行重排。[1]另一种批量修改方法是让它们"脱离文档"，然后一次性添加修改后的整个结构。回顾 7.4 节井字棋模块中生成 DOM 的代码。我们创建了许多元素，最终将它们连接在一起，放在一个 `table` 元素之下。只有在连接了所有元素之后，才最终将表格添加到文档中。

① 还能更好一点，只需要向元素附加一个 CSS 类。9.2.2 节将会看到如何做。

如果不能生成一种以单个元素为节点的无文档结构（像前面对 table 元素所做的那样），可以使用 DocumentFragment。直接来看这个示例：

```
// 糟糕的代码：这是向文档中添加元素的低效方式
var list = document.getElementById("days");
var days = "Sun,Mon,Tue,Wed,Thu,Fri,Sat".split(",");
for (var i = 0, n = days.length; i < n; i += 1){
    var item = document.createElement("li");
    item.innerHTML = days[i];
    list.appendChild(item);
}
```

因为这个列表元素（具有 ID days）已经存在于文档中了，所以每次添加一个列表项目都会重排。可以使用一个文档片段代替：

```
var list = document.getElementById("days");
var days = "Sun,Mon,Tue,Wed,Thu,Fri,Sat".split(",");
var fragment = document.createDocumentFragment();
for (var i = 0, n = days.length; i < n; i += 1){
    var item = document.createElement("li");
    item.innerHTML = days[i];
    fragment.appendChild(item);
}
list.appendChild(fragment);
```

要添加这个文档片段，使之成为一个元素的子元素，就像是添加这个片段的所有元素，使之成为子元素，只是没有在每次添加之后都进行重排。

DOM 低效性的第二个来源是一些令人恐惧的 HTMLCollection 对象。许多 DOM 调用，比如 getElementsByTagName，其出现只是为了生成数组，而不是为了生成实时对象（实时对象就是只要 DOM 发生变化，其取值就相应变化的对象）。仔细研究以下脚本：

```
1 var doc = document;
2 var paragraphs = doc.getElementsByTagName("p");
3 alert(paragraphs.length);
4 doc.body.appendChild(doc.createElement("p"));
5 alert(paragraphs.length);
```

第 2 行创建一个名为 paragraphs 的本地变量，其中包含了当前页上的所有 p 元素。然后显示它的长度。第 4 行创建一个新的 p 元素，并将它添加到页面上。在第 5 行可以看到局部变量的长度已经增大！第 4 行创建的新元素显然添加到了页面的 DOM 中，但你可能不希望它改变故意藏在局部变量里的小集合，但它的确改变了。paragraphs 引用的实时对象就像是深入到 DOM 的一个视图。只要你引用了它，JavaScript 引擎就可能运行代码，再次查找集合中的所有元素。

这里可以确定的是：在一个循环中任意地操控 HTMLCollection 对象可能会产生严重的性能影响。本章最后的练习中将探讨其中一些后果。

回顾与练习

1. 记住本节引用的高纳德的话，就是“草率的优化是万恶之源”。他说的“草率”是什么意思？
2. 考虑如下建议：仅在循环内部寻求优化机会。为什么有人会这样说？
3. 为什么访问全局变量的效率通常要低于访问局部变量？
4. 本节提到的 DOM 程序设计中的两个主要低效原因是什么？

7.6.2 空间效率

内存，与磁盘存储、网络带宽及其他用于保存和传送数据的空间一样，都是有限资源。JavaScript 引擎只有有限的内存可用。在创建对象或调用函数时，引擎需要获得内存。当不再需要一个对象时，或者函数返回时（没有被闭包捕获），可以回收内存，以便将来再次分配。

如果一个对象仅由一个函数的局部变量引用，则当该函数退出时，此变量退出作用域，从而可以回收该对象的内存。但如果一个对象是被全局变量捕获的，有时可能希望以人工方式取消对象与变量之间的关联，具体做法就是为变量指定一个不同的值。在图7-16中，我们将值 `null` 值指定给一个之前包含有对象引用的变量。

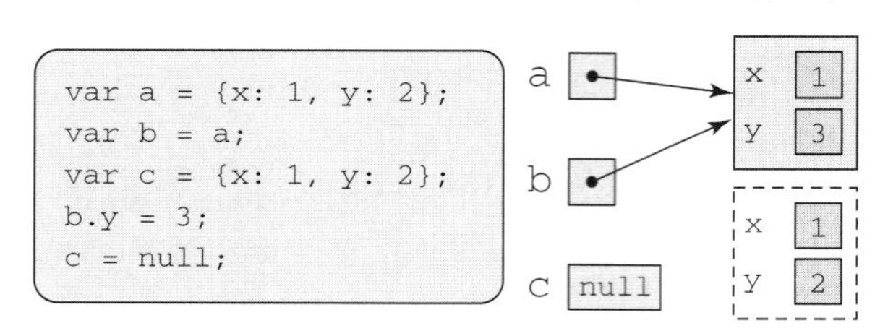

图7-16　将 `null` 指定给一个变量

我们创建的每个对象都占用存储空间。当一个对象不再由任何变量引用时，就会变成*垃圾*。图7-16中对 `c` 的赋值生成了垃圾；为了突出显示这一事实，图7-16用虚线绘制了被取消关联的对象。JavaScript引擎最终自动收回垃圾，释放出存储空间，供将来创建的新对象使用。生成垃圾是一件好事！如果一直“抓着”永远都不会再使用的对象，最终可能会填满所有可用内存，脚本也就停止工作了。如果一个脚本不能分离永远都不再使用的对象，就说它存在*内存泄漏*。如果存在很多内存泄漏，则脚本最终会耗尽内存而崩溃。

此外，一些脚本干脆申请过多的内存。在解释用于共享对象行为的函数原型之前，就已经看到了内存应用较差的例子：每个对象直接量或函数表达式都创建一个新对象。因此，应当尽可能共享大型对象。

回顾与练习

1. 在你最喜欢的浏览器中，当脚本耗尽内存时会发生什么情况？编写一个会耗尽所有内存的脚本，找出答案。
2. 是什么导致了垃圾的产生？
3. 什么是内存泄漏？为什么内存泄漏很糟糕？如何防止内存泄漏？
4. 当包含局部变量的函数返回时，这些局部变量应当“走开”，从而在其函数仍然存活的同时释放出这些变量使用的空间。但正如本节所述，只有当函数未被“闭包捕获”时，才会发生这种情况。这到底是什么意思？用图形进行说明。

7.6.3　加载时间效率

假定你刚创建了一个很可爱的脚本，共有10 000行代码，格式精美，可读性强，缩进准确，变量名又好又长，模块清爽，注释清晰。为了向用户提供这一脚本，所有这些很长的变量名、空白和注释都需要通过网络传送到它们的设备上。为了缩短*加载时间*，你要提交脚本的另外一个版本，其中删除了注释，尽可能剔除空白，如果可能的话，还要缩短那些很长的名字。

希望你没有认为应当由自己来编写一份简写代码，想都不要这样想！应当使用*精简器*（minifier），这是一种程序，它以你的优美脚本为输入，输出一个删除了注释、剔除了空格的版本。有许多人编写了精简器，可供免费使用。可以尝试在网络上搜索“JavaScript精简器”。

除了精简之外，还可以使用诸如zip和gzip之类的标准工具来压缩大型脚本。如果Web服务器被设置为通知客户端脚本已被压缩，浏览器应当能够在收到脚本后进行解压。但服务器的设置细节超出了本书讨论范围。注意，浏览器解压脚本的时间应当超出所节省的网络传送时间，只有这样，这种技术才会带来好处。

精简操作有一位亲戚——*混淆*。混淆器以你的脚本为输入，产生一个功能等价但难以阅读的脚本。混淆后的脚本可能小于原脚本，也可能不小于原脚本。混淆器的作用是增加最终用户发现程序员“商业秘密”的难度，或者使其耗费更多的时间。

下面是第 2 章温度转换器脚本的混淆结果，它是在 http://www.javascriptobfuscator.com/生成的。我们对其进行了修改，使其适于印刷；实际的混淆结果只有一行代码。

```
var _0x44a9=["\x69\x6E\x6E\x65\x72\x48\x54\x4D\x4C","\x72\x65
\x73\x75\x6C\x74","\x67\x65\x74\x45\x6C\x65\x6D\x65\x6E\x74\x
42\x79\x49\x64","\xB0\x43\x20\x3D\x20","\xB0\x46","\x6F\x6E\x
63\x6C\x69\x63\x6B","\x66\x5F\x74\x6F\x5F\x63","\x76\x61\x6C\
x75\x65","\x74\x65\x6D\x70\x65\x72\x61\x74\x75\x72\x65","\x63
\x5F\x74\x6F\x5F\x66"];var report=function (_0xf30ax2,_0xf30a
x3){document[_0x44a9[2]](_0x44a9[1])[_0x44a9[0]]=_0xf30ax2+_0
x44a9[3]+_0xf30ax3+_0x44a9[4];} ;document[_0x44a9[2]](_0x44a9
[6])[_0x44a9[5]]=function (){var _0xf30ax4=document[_0x44a9[2
]](_0x44a9[8])[_0x44a9[7]];report((_0xf30ax4-32)/1.8,_0xf30ax
4);} ;document[_0x44a9[2]](_0x44a9[9])[_0x44a9[5]]=function (
){var _0xf30ax5=document[_0x44a9[2]](_0x44a9[8])[_0x44a9[7]];
report(_0xf30ax5,1.8*_0xf30ax5+32);};
```

并不是所有人都使用混淆器。许多（甚至是大多数）程序员都为自己的工作感到自豪，会在最终用户查看自己的工作时感到陶醉。还有一些人不喜欢混淆器，原因是隐藏代码的想法与开源的价值取向相悖[Ope02]，这些价值取向之一就是：软件用户应当能够拿到他们正在运行的源代码。

回顾与练习

1. 试解释精简和混淆在应用于 JavaScript 代码时的意义。其目的分别是什么？
2. 通过你选择的精简器运行本章的井字棋脚本。精简前后的脚本大小为多少？

7.6.4 用户界面效率

有一种效率值得专门用一节来讨论，那就是用户界面的响应效率。当用户按下一个按钮、单击一个链接或者拖动一个对象时，必须立即给出反馈。如果似乎什么也没发生，用户就会产生挫败感。确保系统能够及时响应有多难呢？毕竟，当一个事件发生时，事件处理程序会马上运行，果真如此吗？嗯，也不全是如此。实际上，要等到之前的所有事件都完成之后，事件处理程序才会真正开始运行。

第 6 章曾经说过，有一个调用事件处理程序的“隐藏调用者”。[1]这个隐藏调用者称为*主事件循环*。在 JavaScript 之类的语法中，它大体是这个样子：

```
while (!timeToQuit()) {
    var event = waitForNextEvent();
    if (hasHandler(event)) {
        invokeHandler(getHandlerFor(event));
    }
}
```

其中，

- ❑ `timeToQuit` 表示程序如何判断它是否应当结束。
- ❑ `waitForNextEvent` 是一个 800 磅的大猩猩。它封装了一种计算，可以检测系统中的某个事件何时发生，然后收集这个事件的相关信息，放在某个被指定给 `event` 变量的对象中。这一过程可能非常复杂，需要一直探测系统的硬件和输入/输出设备。

---

① 在最早的事件驱动系统中，这个调用者并不是隐藏的，而是必须由程序员进行编码。这一代码现在已经充分实现了一般化、结构化，因此，对于所有事件驱动的程序来说，它都是相同的，只有在特定事件处理程序中能看到区别，这一事实正是用户界面技术发展的一个证明。

- hasHandler 用于检查是否注册了为此事件运行的代码。
- getHandlerFor 是 hasHandler 的某种必然结果，它表示以系统定义的某种形式，检索包含事件处理程序的代码。
- invokeHandler 表示系统用于运行事件处理程序代码的调用机制。通常，事件处理程序就是一个函数，所以 invokeHandler 就是一个标准的函数调用。

目前，对主事件循环的了解被看作补充性的；许多程序员在没有确切了解主事件循环这一具体概念的情况下，成功地编写了事件驱动代码。但是，像这里一样给出主事件循环，是许多程序员尽早都会遇到的情况。

这里的关注点是：在调用一个事件处理程序时，不会处理任何其他事件。在执行事件处理程序时，各个事件会排成一队。只有在一个处理程序完成之后，才能处理后续事件。如果一个处理程序执行一个很长的计算，系统似乎不再响应，从用户的角度来看，甚至可能是冻结了。只要一个应用程序感觉非常迟缓或者不平稳，而系统的其余部分似乎运行得都很好，那就可能是当前正在执行的事件处理程序正在长时间运行，从而使主事件循环无法处理后续事件。

下面是一个具体演示。将以下页面（及相关脚本）加载到浏览器中，按下 Find It 按钮，加载一个计算第 100 万个质数的计算。在进行这一计算期间，尝试在文本区域键入内容。

```
<!doctype html>
<html>
  <head>
    <meta charset="utf-8" />
    <title>Let's find a prime number</title>
  </head>
  <body>
    <div>The millionth prime number is
      <span id="answer"><button id="go">Find it</button></span>
    </div>
    <p>While computing, try typing into this box:</p>
    <textarea rows="10" cols="50"></textarea>
    <script type="text/javascript" src="nthprime.js"></script>
  </body>
</html>
```

```
/*
 * 当用户单击 id 为"go"的按钮时，这一脚本会做出回应：
 * 计算第 100 万个质数，并写到 id 为"answer"的元素中。
 * 可怕的代码：单击这个按钮会让用户界面一直挂起，
 * 直到计算完成为止！
 */
document.getElementById("go").onclick = function (){
    Find: for (var n = 2, count = 0; count < 1000000; n += 1){
        for (var k = 2, last = Math.sqrt(n); k <= last; k += 1){
            if (n % k === 0){
                continue Find;
            }
        }
        count += 1;
    }
    // 因为傻傻的 for 循环走得太远了……
    document.getElementById("answer").innerHTML = (n - 1) ;
}
```

你会发现自己不能键入了，但在大约一分种后，计算将会结束，结果会写在页面上，界面与你的互动也将恢复。（如果因为浏览器的 JavaScript 引擎快如闪电，你没有注意到锁定过程，可以修改脚本，让它查找第 500 万个，或者第 2000 万个，或者第 1 亿个质数。）

有两种方法可以让一个脚本在长时间运行计算时也能保持响应。第一种方法是将计算划分为若干块。在下面这段经过改进的脚本中，一个 helper 函数计算 10 000 个质数，然后排定计划，让自己在 50 毫秒后再次运行。在此中断期间，可以处理其他事件。重新向页面中加载此脚本，并注意在计算期间也可以在文本区域内键入内容了：

```
/*
 * 当用户单击 id 为"go"的按钮时，这一脚本会做出回应：
 * 计算第 100 万个质数，并写到 id 为"answer"的元素。
 * 这一计算可以正常工作，它一次计算 10000 个质数，
 * 然后在计算块之间延迟 50 毫秒。在每个块之后，
 * 将进程信息写到"answer"元素。
 */
(function (){
    var n = 2, count = 0;
    var findMore = function (){
        Find: for (; true; n += 1){
            for (var k = 2, last = Math.sqrt(n); k <= last; k += 1){
                if (n % k === 0){
                    continue Find;
                }
            }
            count += 1;
            if (count === 1000000){
                document.getElementById("answer").innerHTML = n;
                return;
            } else if (count % 10000 === 0){
                document.getElementById("answer").innerHTML =
                    "(found " + count + " so far) ";
                setTimeout(findMore, 50);
                n += 1;
                return;
            }
        }
    }
    document.getElementById("go").onclick = findMore;
}());
```

如果你有一个非常新的浏览器，可以利用 Web 工作线程（web worker）来解决长时间运行的处理程序问题。Web 工作线程是一些代码，它与主事件循环运行在不同的控件线程上。在本章最后的一个习题中，你会研究 Web 工作线程，并用它们重新实现查找第 100 万个质数的页面。

> 确保所有事件处理程序都能快速运行。将长时间运行的操作分解为块，或者使用 Web 工作线程使脚本保持响应。

回顾与练习

1. 在处理特定的事件期间，主事件循环中不会发生什么？
2. 编写一个脚本，创建一个带有无限循环的事件处理程序，并将它附加到一个按钮。单击此按钮，报告发生的现象。

7.7 单元测试

本章要讨论的软件构建的最后一个方面，也是最重要的方面之一：测试。软件发生故障的成本可能非常高，可能会导致财产和生命损失。发布未经测试的代码是不负责任的。

应当执行哪些种类的测试呢？准备由谁进行测试？何时测试？如何创建好的测试呢？为什么必须进行测试？真的非要如此吗？让我们先来解答简单问题。在测试时，至少有三点需要考虑。

- 要测试系统的多少个部分？

  单元测试可以帮助确保各个组件（比如JavaScript对象）的功能与宣称的一致。

  集成测试可以帮助确保组件之间的通信正常。

  系统测试可以帮助确保从用户视角来看，一个全面构建的系统没有缺陷。

- 要测试系统的哪些方面？

  性能测试检查系统是否能在指定的时间和空间约束下正常运行。

  回归测试检查最近的修正和改进是否破坏了原来能够正常工作的部分。

  压力测试确保当系统运行在一个没有合理资源的环境中，或者承受过多负载时，还能够运行。

- 要测试代码本身或其整体行为吗？

  黑盒测试仅查看输入与输出，确保输出与预期一致，忽略底层实现。

  白盒测试“实施”一种实现，希望能够获得好的“代码覆盖率”。没错，这一测试需要能够访问源代码。

软件开发组织中应当有人负责质量保证（QA）和用户验收测试（UAT）。这些人主要进行黑盒、系统、性能、回归和压力测试。程序员本身负责（白盒或黑盒）单元测试和集成测试。（在实践中，集成测试看起来和单元测试类似，所以这里将仅介绍单元测试。）

回顾与练习

1. 单元测试为什么很重要？
2. UAT为什么通常仅涉及黑盒测试，而没有白盒测试？

7.7.1　一个简单的例子

单元测试的目标应当是确保所有函数、对象和模块满足预期需求。首先来看一个非常简单的例子——一个小小的统计模块：

```
/*
 * 一个包含统计函数的小模块
 */
var Stats = {

    /*
    * 返回a中元素的平均值。先决条件：
    * a是一个包含有限个数字的数组。
    */
    mean: function (a) {
        var sum = 0;
        for (var i = 0; i < a.length; i += 1){
            sum += a[i];
        }
        return sum / a.length;
    },

    /*
    * 返回a中元素的中位数。先决条件：
    * a是一个包含有限个数字的数组。
    */
    median: function (a) {
        var b = a.sort(function (x, y) {return x - y;});
        var mid = Math.floor(b.length / 2) ;
```

```
        return b.length % 2 !== 0 ? b[mid] : (b[mid-1] + b[mid])/ 2;
    },

    /*
    * 返回a中元素的范围(最大值和最小值之差)。先决条件:
    * a是一个包含有限个数字的数组。
    */
    range: function (a) {
        return Math.max.apply(Math, a) - Math.min.apply(Math, a);
    }
};
```

需要哪些测试呢?一条很重要的规则就是测试要全面。在测试函数时,一定要考虑到你能想到的各种可能输入,特别是那些“边缘”情况,比如空数组、0、负数、非常小的数、非常大的数、无穷、空字符串、没有属性的对象、undefined、null,等等。看看代码中进行决策的位置,测试每个输出;在上述统计示例中可以看到,对于长度为偶数和奇数的数组,中位数的计算稍有不同。如果对于被测单元提出了什么非常明确的主张,也要进行测试。在统计函数中,认为数组元素的顺序是无关紧要的,所以在测试实例中应当多加变换这些元素的顺序,看其是否产生影响。

一旦确定了需要进行测试的情景,记下操作及其预期结果。例如:

测试实例	预期结果
Stats.mean([2, 8, 11])	7
Stats.median([1, 17, 6, 0, 5])	5
Stats.range([2, 8, 11])	9
Stats.range([])	NaN
等等	

接下来,需要编写测试了。再读一遍前面这个句子:*需要编写测试了*。测试也是*程序设计*,不是坐在键盘前面运行代码,看它能否正常工作。一个实用系统会有数千个测试,所有这些测试都需要经常运行——一天数百次。当代码的某处进行了修改后,需要重新运行整套测试。不能指望以人工方式坐在计算机屏幕前面一次键入并运行一个测试。你得编写一些代码来运行整批测试实例,检查结果是否与预期一致,并记录下成功和失败的次数。用于运行和记录测试的代码称为*测试框架*。可以自己编写测试框架,但最好还是使用现成的,这样我们可以专注于自己的工作——编写出好的测试。

回顾与练习

1. 为什么边缘情况在测试中非常重要?对这一主题做些研究。
2. 扩展本节的测试表。
3. 为什么需要测试框架?

7.7.2 QUnit 测试框架

尽管有许多免费测试框架可供选择,但这里仅关注一个:QUnit。QUnit 在 http://docs.jquery.com/QUnit/上拥有很丰富的文档。和许多 JavaScript 测试框架一样,可以使用一个 HTML 页面作为运行和报告的上下文:

```
<!doctype html>
<html>
  <head>
    <!-- 将QUNIT脚本放在这里 -->
    <!-- 将你的脚本放在这里 -->
    <!-- 将你的测试放在这里 --->
  </head>
  <body>
```

```
    <!-- 将用于报告的 DOM 元素放在这里 -->
  </body>
</html>
```

在加载（或重新加载）这个页面时，将运行这些测试，并在主体内部生成报告。唯一需要的 DOM 元素是一个有序列表元素，其 ID 为 `qunit-tests`：

```
<ol id="qunit-tests"></ol>
```

但在实践中，你可能希望报告更全面，更漂亮。QUnit 可以呈现一个具有专业外观的报告，带有测试套件名和一个状态栏（如果所有测试全部通过，则显示绿色；如果至少有一个失败，则显示红色），等等。构建它是为了和 jQuery 一起使用，并带有一个非常好的样式表。[①]经过 jQuery 改进的完整测试页如下：

```
<!doctype html>
<html>
  <head>
    <title>Stats Test</title>
    <link rel="stylesheet"
      href="http://code.jquery.com/qunit/git/qunit.css"
      type="text/css"
    />
    <script src="http://code.jquery.com/jquery-latest.min.js"></script>
    <script
      src="http://code.jquery.com/qunit/git/qunit.js"
      ></script>
    <script src="../scripts/statistics.js"></script>
    <script src="statistics-test.js"></script>
  </head>
  <body>
    <h1>Statistics Test Suite</h1>
    <h2 id="qunit-banner"></h2>
    <div id="qunit-testrunner-toolbar"></div>
    <h2 id="qunit-userAgent"></h2>
    <ol id="qunit-tests"></ol>
  </body>
</html>
```

现在该来讨论测试本身了。测试在文档准备就绪之前是不能运行的；因为我们正在使用 jQuery，所以可以将整个测试套件包装在通常的`$(document).ready` 调用中。一个测试套件中包含断言。断言用以下三个函数之一表示。

- `ok`(*condition, message*)——如果 condition 为真，则通过。
- `equals`(*actual, expected, message*)——如果 *actual* == *expected* 则通过。注意，这个方法使用了非常随意的`==`，而不是推荐的`===`。
- `same`(*actual, expected, message*)——类似于 `equals`，只是它使用了`===`，如果存在数组或对象，也会对这些对象的组件进行比较。例如：

```
equals({x:1, y:2}, {x:1, y:2})                    ⇒ false
same({x:1, y:2}, {x:1, y:2})                      ⇒ true
equals(null, undefined)                           ⇒ true
same(null, undefined)                             ⇒ false
same({x:1,y:[true,"xyz"]}, {x:1,y:[true,"xyz"]})  ⇒ true
```

断言可以包含一些写到测试报告中的消息。这些消息是可选的，但如果没有这些消息，输出结果会很难理解。下面是为统计模块准备的测试套件：

---

① 9.2.2 节将讨论样式表。

```
/*
 * 统计模块的单元测试
 */
$(document).ready(function (){

    test("Mean Tests", function (){
        same(Stats.mean([1]), 1, "1 element mean");
        same(Stats.mean([1, 7]), 4, "2 element mean");
        same(Stats.mean([-2.5, 10, -7.5]), 0, "3 element mean");
        ok(isNaN(Stats.mean([])), "mean of [] is NaN");
    });

    test("Median Tests", function (){
        same(Stats.median([9, 6, 4, 100]), 7.5, "median of four");
        same(Stats.median([3]), 3, "median of one");
        same(Stats.median([10, 12]), 11, "median of two");
        same(Stats.median([6, 3, 4, 1, 2, 5, 7]), 4, "median of many");
        ok(isNaN(Stats.median([])), "median of [] is NaN");
    });

    test("Range Tests", function (){
        same(Stats.range([9]), 0, "range of 1 element");
        same(Stats.range([1, 7]), 6, "range of 2 elements");
        same(Stats.range([-5, 4, -10, 8, 15, -7]), 25, "range of many
            elements");
        ok(isNaN(Stats.range([])), "range of [] is NaN");
    });
});
```

下面将这个测试的输出分解，如图 7-17 所示。

- 红色条表示至少有一处失败。
- `Mean Tests (0,4,4)`表示“Mean Tests”组中有 0 个失败，4 个通过，共 4 个测试。
- `Medial Tests (0,5,5)`表示“Media Tests”组中有 0 个失败，5 个通过，共 5 个测试。
- `Range Tests (1,3,4)`表示“Range Tests”组中有 1 个失败，3 个通过，共 4 个测试。

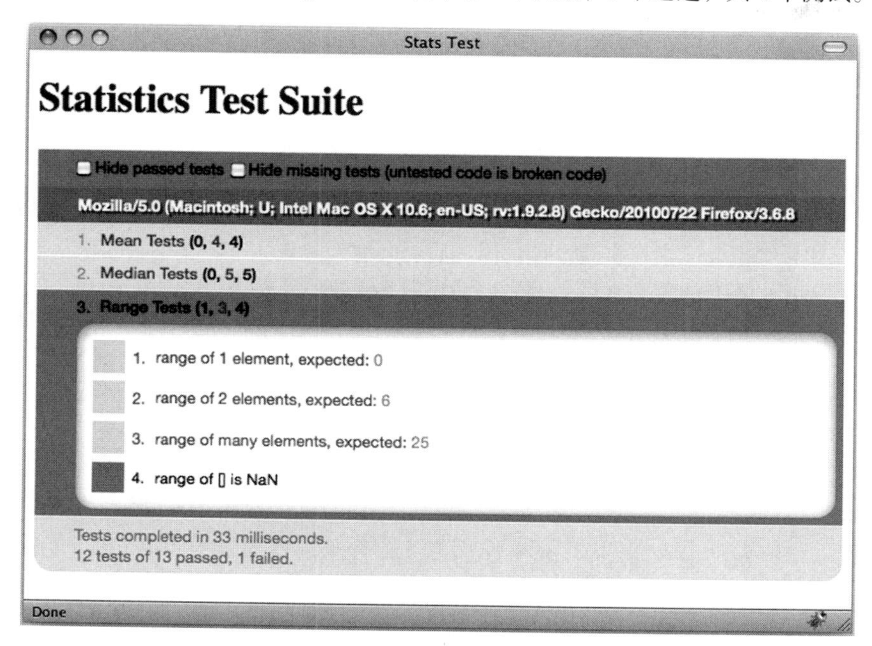

图 7-17 统计测试的 QUnit 输出

失败的断言是那个希望空数组的范围为 NaN 的断言。如果进一步研究这个问题，会看到 range 的实现返回了 -Infinity，而不是 NaN。这一点很容易纠正；在纠正代码后，重新运行测试（你只需重新加载浏览器页！），将会看到图 7-18 中的绿色。[①]

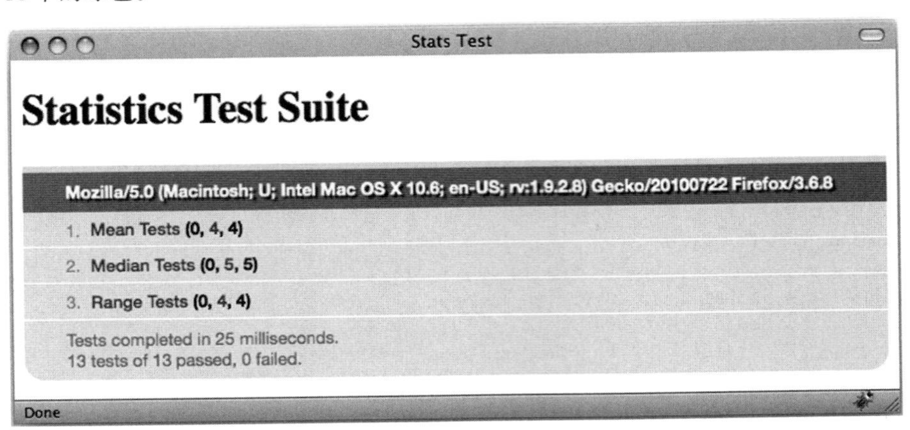

图 7-18　纠正代码后，统计测试的 QUnit 输出

QUnit 的相关内容当然要远多于这里介绍的内容，具体细节请参见在线文档。另外请参阅本书的配套网站，其中为本书中的许多例子都提供了测试。

回顾与练习

1. 创建并运行统计模块、其测试脚本和它在本节的测试页。加载测试页，运行测试，并验证仅有一个测试未能通过。
2. 修正 range 函数，并重新运行该测试。
3. 为统计模块另外增加 5 到 10 个测试案例，并运行它们。熟悉如下过程：编辑源代码与测试、重新加载页面、马上进行测试。

7.7.3　软件开发过程中的测试

单元测试是软件开发行业中的一项常见做法，其原因有很多。

- 测试有助于在开发过程的早期捕获 bug，在这个时期纠正 bug 的难度最小、成本最低。
- 单元测试实际上使用了正在编写的代码。如果测试发出的调用有些笨拙，那代码的最终用户也不会开心。于是，你会知道，应当在重新设计代码之后再向他人分发。
- 当你准备好一套很不错的测试之后，就可以满怀信心地进行重构了。

我们需要有一定经验才能编写出优秀的测试，并知道何时编写它们。一些程序员喜欢遵循*测试驱动开发*的理念[Bec02]，也称为 TDD，其中的测试是在代码之前编写的。无论采用何种理念，养成全面测试的习惯都会获得很多回报——你会发现，自己花在编码上的时间增加了，用于调试的时间缩短了。

回顾与练习

1. 单元测试有哪些好处？
2. 有了测试套件，可以让你“满怀信心地重构”，这句话是什么意思？

① 在网络上搜索“Keep the bar green to keep the code clean”。

7.8 本章小结

- 在构建大型软件系统时，面向对象的视角（与面向过程相对）是很有帮助的。
- 对象可以用构造器生成，也可以用 `Object.create` 及类似对象创建，后者是在 ECMAScript 5 中引入的。
- 许多人将继承和信息隐藏看作面向对象程序设计的重要组成部分。
- 模块就是一组相关的基元与对象，用作大型脚本中的一个单元。在 JavaScript 中，模块经常用闭包生成。
- jQuery 是最流行的 JavaScript 库之一，在简化 DOM 程序设计方面非常出色。
- 性能有许多不同方面，包括运行时间、加载时间、内存和用户界面等。
- 无论是用哪种语言来设计程序，单元测试都非常重要。QUnit 是一种流行的 JavaScript 测试框架。

7.9 练习

1. 对于以下对象类型，给出一组合理的属性：
   - 国家
   - 饭店
   - 音乐专辑
   - 篮球队
   - 电影
2. 考虑以下代码：

```
var Circle = function (r) {
    this.radius = r;
};
Circle.prototype.area = function (){
    return Math.PI * this.radius * this.radius;
}
var c = new Circle(10);
```

   `c.constructor` 的值是什么？列出 `c` 的所有自有属性。列出 `c` 的所有可枚举属性。
3. 实现本章的 `Circle` 和 `Rectangle` 构造器和原型。为具有相同外观和感受的 `Polygon` 数据类型实现一个构造器和原型。（你可能会注意到，多边形的周长和面积实现要比圆和矩形稍为复杂一点。）
4. 你的一位同事设计了以下测试，用于判断一个表达式是否引用一个圆对象，也就是用上一题中的圆构造函数创建的对象：

```
// 用于判断 c 是否为圆的错误函数
var isCircle = function (c) {
    return c.constructor === Circle;
}
```

   给出三个理由，说明为什么这是一种很糟糕的解决方案。
5. 根据你对上一题的回答，论述一个观点：`constructor` 字段完全没有用处。
6. `constructor` 字段是否可写？是否应当可写？
7. 在第 5 章看到，创建一个函数会创建两个对象——一个是函数本身，还有一个新对象，被赋值给它的 `prototype` 属性。为什么会出现第二个对象？如果许多函数从来没有被用作构造器，你是否会想到这是一种很浪费的实现策略？如果确实如此，你认为为什么选择这一策略？
8. 在上一章的彩色圆示例中，`ColoredCircle` 的构造器重复了 `Circle` 构造器中已经存在的代码，即对 `radius` 字段的赋值。设计一种方案，可借以共享此代码（只写一次，但可以在两个创建方法中使用。）

9. 用构造器和原型实现两个类型 `Person` 和 `Employee`。每个人都有一个名字、一个出生日期和一个用于获取其年龄的方法。一位雇员是一个人，他还有一个雇主、一个雇用日期和一份薪金。一定要在对象和原型之间正确地分配属性。
10. 用图 7-5 中的方法实现上一题中的 `Person` 和 `Employee` 数据类型。
11. 研究 `instanceof` 操作符。参考图 7-4，解释为什么表达式 `c1.instanceof Circle` 的值为 `true`。
12. （用构造器和原型）实现一种类型，用于保存一个对象序列，这些对象只有两个方法：一个用于将对象添加到序列的末端，另一个用于获取序列中第 k 个元素的值。一定要将序列实现（提示：可能是一个数组）隐藏到对象的内部，使任何代码都不能将对象添加到除末尾之外的位置，也不能改变或删除任何对象。
13. 用 `Object.create` 重复上题。
14. 在图 7-6 中已经表明，将属性隐藏在对象内部的代价就是每个具有隐藏属性的对象都需要有自己的一份函数副本，用以访问私有数据。当对象数量很少时，这是否会成为问题？
15. 编写一个脚本，用于确定 `Object.prototype` 的哪个属性是可枚举的（如果有的话）。
16. 能不能将内置对象赋值给任何全局变量，比如 `isNaN`、`Infinity`、`undefined`，等等？试验并报告你的发现。
17. 对 JavaScript 的 `eval` 函数做些研究。至少查看四种资料，包括 ECMAScript 规范本身。针对该函数，撰写一份三页长的论文，或者一篇具有相当长度的博客文章。它为什么存在争议？如果一个 `eval` 函数没有检查自己的输入，可以对包含该函数的脚本执行哪种攻击？
18. 编写一个函数，它有两个实参 b 和 x，计算 $\log_b x$。
19. `Object.prototype` 的原型是什么？（编写一个脚本来查找。）
20. 下面是一个小脚本：

```
Object.prototype = {};
var x = {};
alert(x);
```

在运行此脚本之前，你认为它会做什么？现在运行此脚本。详细解释发生的情况及原因。

21. 为“人”实现一个数据类型。每个人都有一个名字、一个生日、一个母亲和一个父亲。由于家谱数据从不完整，所以父亲和母亲属性可以为 `null`。重写 `toString`，生成人名。还要包含一个返回人员年龄的方法。
22. 编写一个函数，接受一个字符串，返回该字符串的逆序。例如：

```
reversal("")         ⇒  ""
reversal("a")        ⇒  "a"
reversal("string")   ⇒  "gnirts"
```

23. 为上题编写的字符串逆序函数编写一个 Web 界面。这个 Web 页面应当有一个输入框和一个标有 Reverse 的按钮。单击这个按钮，应当使输入框中的文本被其当前内容的逆序代替。
24. 开发一个小型 JavaSCript 应用程序，允许用户在文本区域键入（或粘贴）内容，然后按一个按钮，在文本区域下方显示该区域所有单词的一份有序列表。为简单起见，将“单词”看作一个或多个基本拉丁字母的序列，即“不带重音符号”的字母 A~Z 和 a~z。为从文本中提取这些字母，可以使用以下语句：

```
s.split(/[^A-Za-z]+/)
```

其中 s 是文本。它会生成一个待排序单词的数组，然后使用第 6 章的方法，将其写到 Web 文档中的一个元素。

25. 编写一个脚本，产生一个 100 行 2 列的 HTML 表。第一列包含数值 0.1、0.2、0.3、…、10。第二列包含第一列数字的平方根，精确到小数点后 4 位。使用文档方法 `createElement` 和 `appendChild` 生成该表格，使用 Number 方法 toFixed 为第二列中的数值设定格式。

26. 对于 Array.prototype 中的每个方法，试说明在针对某个数组对象调用该方法时，此方法能否改变该数组对象。
27. 在 7.3 节用于演示 bind 方法的犬吠示例中，能否用 call 代替 bind？为什么？如果可以，尝试提供一个例子，其中的 call 和 bind 是不同的。
28. 阅读维基百科中关于 ISO 8601 的全部词条。列出使用这种表示法优于所有其他表示法的三个好处。
29. 使用四种不同的 Web 浏览器，并判断它们是否原生支持 ISO 8601。对于每个浏览器，给出计算如下每个代码的结果：

    (a) Date.parse("December 5, 2000")

    (b) Date.parse("5-DEC-2000")

    (c) Date.parse("2000-12-05")

    (d) Date.parse("2000-12-05T17:22:05Z")

    (e) Date.parse("2000-12-05 17:22:05")

    (f) Date.parse("December 5, 2000 09:20 PM")
30. 在大约 100 万毫秒之内，说出你出生时刻的“新纪元时间”为多少？用一个脚本来演示。
31. 维基百科中说，但丁・阿智利逝于 1321 年 9 月 14 日。这个日期可能是使用的儒略历（这是意大利当时的常用日历）。假定人们正在使用格利高里历，考虑这一时间 500 年之后的日期（精确到天），对于意大利居民来说是什么日期？为什么内置的 Date 对象在解决这个问题方面是一种很糟糕的方法？
32. 稍做一点研究（维基百科就很好），理解 UT1 和 UTC 之间的差别。能否说 JavaScript 支持其中某一个？编写一个脚本，确定祖鲁时间 2005-12-31 午夜到祖鲁时间 2006-01-01 午夜之间有多少秒。是不是得到了 86400 或 86401？为什么？
33. 本章看到的生成器 $x \rightarrow 4x-3x^2$ 是单峰映射的一种变体，单峰映射是在讨论混沌理论时经常遇到的一种生成器。实际的单峰映射是在 r 取不同值时，$x \rightarrow x + rx(1-x)$形式的一簇序列。在我们的例子中，取 r=3。可以使这个生成器接收参数 r，另外还有起始值：

```
/*
* 著名单峰映射的生成器
*/
var logistic = function (r, start) {
    var x = start;
    return {
        next: function (){
            var result = x;
            x = x + r * x * (1 - x);
            return result;
        }
    };
};
```

    说明如何用这个函数来构建本章的示例生成器函数 g。
34. 用 Object.create 实现本章的 queue 对象。
35. 在实现井字棋模块的函数中，主体包含了许多变量语句。许多 JavaScript 专家建议，所有函数体中应当仅包含一条变量语句，在其中声明所有变量。根据这一指南，重写井字棋模块。
36. 实现一个带有 16 方块棋盘（4×4）的井字棋模块。
37. 有哪些类似于 jQuery 的库？列出每个库的功能、强项和弱项。
38. 使用 jQuery 的文档 ready 事件和宿主提供的窗口 onload 事件，具体有什么区别？
39. 修改本章的 jQuery 示例（国家和州），使得在“当前”国家的州向上滑动之后，再使下一个选定国家的州向下滑动。

40. 用 jQuery 重写第 2 章的温度转换示例。
41. 用 jQuery 重写本章的井字棋模块。
42. 浏览 http://plugins.jquery.com 网站的 jQuery 插件，使用其中一个或多个此类插件，自己设计编写一个脚本。
43. 研究三四篇有关“草率优化”是万恶之源的论文（或博客文章）。自己撰写一篇有关该问题的总结。给出研究内容中的一些例子（别忘了引用来源）。
44. 在[Zak09b]中，Nicholas Zakas 发现，将以下代码：

```
var process = function (data) {
    if (data.count > 0) {
        for (var i = 0; i < data.count; i += 1){
            processData(data.item[i]);
        }
    }
```

改写为：

```
var process = function (data) {
    var count = data.count,
        item = data.item;
    if (count > 0) {
        for (var i = 0; i < count; i += 1){
            processData(item[i]);
        }
    }
```

在 Internet Explorer 浏览器上，重写后的代码要快 33%（在 2009 年）。使用几种不同的浏览器，运行这一代码片段，进行计时测试。
45. 在运行器或 shell 中运行下述代码：

```
var p = document.getElementsByTagName("p");
for (var i = 0; i < p.length; i += 1){
    document.body.appendChild(document.createElement("p"));
}
```

发生了什么情况？为什么？
46. 考虑以下代码：

```
var doc = document;
var spans = doc.getElementsByTagName("span");
for (var i = 0, n = spans.length; i < n; i += 1) {
    spans[i].innerHTML = "********";
}
```

如果在一个具有嵌套 `span` 元素的 HTML 文档上运行此代码，会发生什么情况？（不要猜，要试验。）
47. 每访问一次 `HTMLCollection` 对象，就会触发对集合的重新计算，解决这个问题的办法是将集合计算一次，然后将元素复制到一个数组中。编写一个 JavaScript 函数，将 `HTMLCollection` 复制到数组中。
48. 阅读有关 Web 页面分析器 YSlow 的相关内容（http://developer.yahoo.com/yslow/）。在 Firefox 的一个本地副本中安装它，并分析井字棋模块。并尝试纠正出现的问题。与两三位同学一起完成这个练习。
49. 对比 jQuery 1.6.4（http://code.jquery.com/jquery-1.6.4.js）和它的精简版本（http://code.jquery.com/jquery-1.6.4.min.js）。除了删除大多数空白和注释之外，在生成精简脚本时还做了哪些修改？
50. 在本章用于分块计算第 100 万个质数的脚本中，使用了一个匿名函数来封装变量 `n` 和 `count`，以便在定期调用函数 `findMore` 时能够从上一次离开的地方继续进行。这个匿名函数还将这两个变量保持为私有，从而使其他脚本都不能意外修改它们，以免破坏计算过程。考虑用下述方法解决此问题，其中没有使用匿名函数：

```
document.getElementById("go").onclick = function (){
    var n = 2, count = 0;
    var findMore = function (){
        // ……findMore 的主体与之前一样……
    }
    findMore();
}
```

评论这一替代方法。与之前给出的方法相比，是优是劣？尽可能多描述一些优点和缺点。

51. 有一种很有趣的方法可以用来计算 π，那就是在以原点为中心、宽为 2 的方框中生成数千个或数百万个随机点，然后确定这些点中有多少个点与原点的距离在 1 个单位以内。见图 7-19。

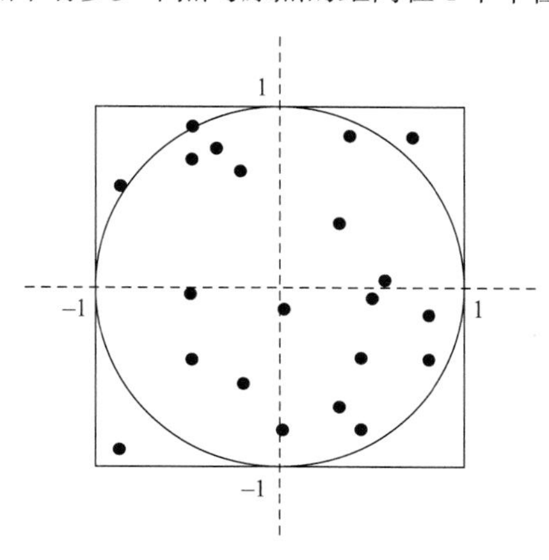

图 7-19　为近似求 π 而随机生成的点

因为方框的面积为 4 个单元，内接圆的面积为 π 个单元，所以如果生成了足够多的随机点，那将距原点一个单位的点数除以生成的总随机数，就可以得到 π/4 的近似值。编写一个 Web 页面，其中有一个标有 Estimate Pi 的按钮，它会触发生成 1 万个随机点，可以由此得出估计值。按照分块质数查找器的思路编写你的脚本：一次生成并测试 1000 个左右的点，两个分块之间延迟 20 到 50 毫秒。

将实时估计值写到页面上的一个元素中，观察估计值的收敛过程。

52. 阅读有关 Web 工程线程的相关文章（规范当然在 Web 上），并为本章查找第 100 万个质数的 Web 页面编写一个脚本。有了工作线程，现在不需要对函数“分块”了，但可能需要在工作线程运行时禁用查找按钮。

53. 考虑编写一个“钱包”对象的问题。一个钱包中包含了各种面额的货币，例如，13 美元、4 安哥拉宽扎、17 墨西哥披索、23 日元、18 也门里亚尔。可以加钱、减钱、查看包中的钱。如果尝试减去的钱数多于包中的现有钱数，应当被认为是错误。用英语为一个钱包对象编写 15 个感兴趣的单元测试。下面是几个示例。

- 在创建时，钱包为空。
- 在向空钱包中添加 2 美元之后，包中只有 2 美元，既不多，也不少。
- 在向上一项中的钱包添加 4 基普后，包中恰好包含 2 美元和 4 基普。
- 在添加 4 基普后，恰好有 2 美元和 7 基普。
- 在减去 1 美元后，现在有 1 美元和 7 基普。

一定要为错误条件编写测试。

54. 上一题中的钱包对象可以表示为一个对象，其属性名是标准的货币代码（见 http://www.iso.org/iso/support/currency_codes_list-1.htm），比如 USD（美元）、BHD（巴林第纳尔）、ERN（厄立特里亚纳克法）、TJS（塔吉克索莫尼）、DKK（丹麦克朗），它的值是具体货币的数量。这个钱包可以有一些函数属性（方法），比如：

- `m.add(currency, amount)`——向钱包中添加特定数量的特定货币
- `m.remove(currency, amount)`——从钱包中去除特定数量的特定货币
- `m.amountOf(currency)`——返回钱包中给定货币的数量

为钱包编写 QUnit 测试。

55. 编写一个函数来计算第 *n* 个质数。另外编写一个 QUnit 测试，确定第一个质数是 2，第二个是 3，第 10 个是 29，第 100 万个是 15 485 863。
56. 修改在上一题中用于计算第 *n* 个质数的算法。用上一题中的同一单元测试验证算法。思考一下拥有一个可以正常工作的单元测试如何影响你的生产力。它能否让你更有信心？它是否捕获了任何 bug？你是否感觉自己可以更快速地找到一种能正常工作的算法？

分布式计算

到目前为止，本书关注的都是在单台计算机上运行的程序（应用程序）。但我们每天使用的许多程序，特别是在 Web 浏览器上运行的程序，除了由浏览器中的脚本所执行的计算之外，实际上还会在远程计算机（服务器）上执行大量计算。如果一个应用程序的计算被分散到相互分离、相互通信的物理计算机上完成，就说这个应用程序是*分布式应用程序*。

分布式编程需要程序员考虑大量在简单应用程序中不会出现的问题：在各个执行组件相互通信之前，确保它们已经做好交换数据的准备；确保一个组件在等待另一个组件完成任务时，不会等待过长时间；还要处理通信失败问题。本章将简要研究分布式计算，然后讨论如何使用一套名为 Ajax 的编程方法，以 JavaScript 编写分布式应用程序。学完本章，你应当可以编写一些有意义的脚本，利用 Ajax 与远程系统通信。

8.1 分布式计算模型

要将一个应用程序分散到多个相互独立的物理机器上，可以通过多种方式来建立模型。

- 在一个*对等系统*中，两台或多台计算机基本上运行的是同一程序。这个程序可以向其他同类程序发送数据，也可以从其他同类程序接收数据。对等系统的示例包括：文件共享网络，比如 Gnutella；互联网电话应用程序，比如 Skype；即时通信和聊天应用程序；还有值得尊敬的 Usenet。
- *网格计算系统*，或者说*计算网格*，利用大量计算机来攻克同一个问题，这种问题通常极为复杂，或者拥有超大量数据，但又可以将其分解为充分独立的子任务。计算网格可以看作一种推广后的对等系统，尽管所运行的程序以及特定机器之间的互动可能会根据计算的组织形式而发生变化。网格计算在科学计算与仿真中最为常用，不过，一些要求大量同时在线人员的系统，从大型多人在线角色扮演游戏（MMORPG）和虚拟世界环境，到 SETI@home 和 Folding@home 等流行科学应用程序，也都被冠以*网格*的标签。
- 在*客户端–服务器*系统中，服务器在多个客户端发出请求时运行代码，这种系统依靠服务器来完成工作。
- *瘦客户端*系统是“客户端–服务器”系统的一种，其中的客户端“应用程序”非常普遍，比如 Web 浏览器。服务器不仅生成供客户端使用的数据，还会发出指令，告诉客户端应当如何呈现整个用户界面。
- *胖客户端*是为特定应用程序设计的。许多游戏、报税软件、出色的电子邮件客户端和音乐库都是胖客户端。与可以托管任意应用程序的 Web 浏览器不同，这些胖客户端只能执行特定的功能。它们与服务器通信，以存储数据，但渲染精美画面的大部分工作都是在客户端完成的。这些应用程序在个人计算机的早期很常见，因为当时的网络很慢，服务器的功能也没有强大到足以同时处理很多的客户端。它们今天又在“智能”嵌入和移动设备上获得了复兴。
- *富互联网应用程序*与胖客户端和瘦客户端都有相似之处。和瘦客户端一样，它运行在 Web 浏览器中；与胖客户端一样，它自己完成大量计算。Google Docs、Google Maps 以及 Twitter 的 Web 版本都属于此类程序。

因为 JavaScript 的主要环境是 Web 浏览器，所以绝大多数的 JavaScript 应用程序都是瘦客户端或富互联网应用程序。

回顾与练习

1. 网格计算系统和客户端–服务器系统之间有什么区别?
2. 富互联网应用与瘦客户端应用的不同之处是什么?

8.2 数据交互格式

因为分布式应用程序分散在不同的物理机器上，所以我们必须通过不同的方式来思考问题。我们并不是在一台机器上定义一个函数，比如 `squareRoot`，然后从另一台机器上调用它。事实上，一种很常见的情况就是两台机器运行的代码是以不同语言编写的。客户端现在多采用 JavaScript 和 ActionScript（过去多是 Visual Basic 和 Delphi），许多服务器应用程序则运行 Java、PHP、Ruby、Python 或者数百种其他语言，当然也包括 JavaScript 在内。①

有很多方法可以让分布式应用程序看起来好像是客户端在进行函数调用（称为*远程过程调用*[RPC]或*远程方法调用*[RMI]），但在某一级别，两个应用程序是交换字节流的。②所交换的数据可能是什么样子呢？一般情况下，我们喜欢交换文本的应用程序，这样便于我们（人类）阅读交换的数据，还能更轻松地调试任何通信或协议问题。

8.2.1 纯文本

最简单的交换信息表示就是纯文本——编码字节组成的序列，被解码为某一字符集中的代码点（如需快速复习，请查阅 3.4.1 节）。之后，所得到的字符就被看作字符。除了“字符序列”之外，不期望其他解释或结构。

例如，假设你想发布一个“运气”服务器，用一条简练的谚语或“今日消息”来回应客户端请求。客户端可能向服务器发送以下文本：

```
Fortune?
```

服务器对此可能回应：

```
It is easier to ask for forgiveness than permission.
```

交换的数据就是构成字符串“Fortune?”和“It is easier to ask for forgiveness than permission.”所需要的字符。对于像这样一个假想的“运气”服务器，纯文本完全能满足要求。

现在，假设网络上有一台“计时”服务器，可靠而一致地跟踪当前日期和时间。如果这台服务器以纯文本回应日期/时间查询，客户端可能会收到如下字符序列：③

```
Sunday, February 22, 201517:37:43- PST
```

人们马上就能明白这段文本的含义（应当说大多数人都可以，至少那些了解时区及其缩写的人可以），这是此种数据交换方式的最大优势：人们可以轻松读懂。

当人们希望机器对数据执行更多计算、处理或解读时，纯文本就不符合要求了。在这个简单的数据示例中，你可以轻松地识别出返回文本中的月、日、时间、星期、年和其他方面。机器需要多做一点工作。具体来说，需要实现解析器，从一段文本中提取出更多含义。解析一个表述一致的日期字符串是一回事，但如果日期有可

---

① 尽管本书中的许多概念同时适用于客户端和服务器上的 JavaScript，但我们的重点仍然是客户端 JavaScript。如果希望获得对服务器端 JavaScript 的第一手体验，需要查看 Node.js（http://nodejs.org）。

② 甚至在某个更低的级别，两台机器交换字节流，其中包含了大量使通信更为可靠的信息。有关细节，请查看 *OSI network model* [Zim 80]。

③ 事实上，这个服务是一个明确的标准，称为 `daytime` 协议。

能是下面这样呢?

```
Sunday, the 22nd of February, 2015 AD
```

或者是这样的呢?

```
Today is the twenty-second day of the second month, a Sunday in the
    year 2015.
```

因为纯文本就是字符组成的序列，除此之外，没有任何预定的组织结构，所以当交换数据具有更多结构或组织时，纯文本就变得麻烦了。例如，一个网络商店可能会返回有关销售商品的信息。这些项目具有不同值，比如名称、制造商、价格和是否有货。超越纯文字的一种方式是名值格式，比如：

```
name=Acme Roadrunner Trap
manufacturer=Acme Corporation
price=$500.00
availability=in stock
```

但如果这家商店还需要响应商品搜索呢？可能会返回多件在售商品。此外，如果这些商品有自己的一些结构化属性，比如制造商地址，那又该如何呢？考虑到诸如此类的数据交换需要，还有其他格式可供选用。在某一特定级别，所有这些格式都是"纯文本"，但预期的信息组织形式不再只是"字符组成的序列"。希望特定的字符序列位于特定的位置或者具有特定的顺序，这些序列可以帮助确认数据库中更复杂的结构。

8.2.2 XML

如果需要取回的数据很复杂，纯文本就难以处理了。仍然以上一节的网络商店为例。为响应商品搜索，系统可能需要返回以下信息。

- 与搜索匹配的产品，还有诸如价格和是否有货之类的相关信息。
- 基于用户的关键字，返回"其他人购买的商品"。
- 与搜索有关的产品类别列表。

考虑这个列表用纯文本表示是什么样子。如何表示产品数据？如何标示何时停止这个产品清单，以及何时列出别人购买的商品？在此之后的商品类别呢？

仅出于讨论目的，试着做如下分析。先用标记对结果分类，分别标以"products""suggestions"和"categories"。因为每一项都可能有许多条目，所以用一个空行来分割：

```
*** products ***
name=Acme Roadrunner Trap
manufacturer=Acme Corporation
price=$500.00
availability=in stock

name=Acme Roadrunner Decoy
manufacturer=Acme Corporation
price=$750.00
availability=backorder

*** suggestions ***
name=Ultimate Fake Tunnel
manufacturer=Ultimate Fakers Corporation
price=$200.00
availability=in stock

*** categories ***
Cages

Traps

Signs
```

到目前为止，一切正常。当然，对于这家网络商店，可以基于该表示方法构建一个分布式应用程序。但如果希望生成多种类型的应用程序，又该如何呢？如果希望它们一同工作，又该如何呢？最后，如果你不想发明新方式来表示可能很复杂的数据，又该如何呢？如果能提供一种通用方案，用于表示结构化的复杂数据或者可能取多个值的数据，而且还能被广泛采用并标准化，那当然是有好处的。XML 就是这样一个标准，它是 eXtensible Markup Language 的缩写。

1. XML 概览

标记是指如何识别或分隔数据的不同部分。下面是搜索结果示例可能采用的一种 XML 表示：

```
<searchResult>
  <products>
    <product name="Acme Roadrunner Trap"
      manufacturer="Acme Corporation"
      price="500.00"
      availability="in stock" />

    <product name="Acme Roadrunner Decoy"
      manufacturer="Acme Corporation"
      price="750.00"
      availability="backorder" />
  </products>

  <suggestions>
    <product name="Ultimate Fake Tunnel"
      manufacturer="Ultimate Fakers Corporation"
      price="200.00"
      availability="in stock" />
  </suggestions>

  <categories>
    <category>Cages</category>
    <category>Traps</category>
    <category>Signs</category>
  </categories>
</searchResult>
```

一个完整的独立 XML 数据包，比如上面给出的搜索结果，称为一个*文档*。“文档”一词适用于任何用 XML 表示的东西，无论它是否符合通常对文档概念的认识。

XML 文档包括*元素*——文档的不同部分，分别用名称标识。元素可根据需要包含任意多个其他元素，以收集文档中的信息含义。元素还可能拥有*属性*，即元素的属性或者特征。

XML 文档就是元素和属性。那它是什么样的呢？该“标记”入场了。

*标签*描述 XML 文档的元素。它们的功能相当于传统大纲或目录表中的项目符号或章节号。人们通常可以知道一个标题或条目的起始与结束位置，但计算机却需要更多帮助才能完成。因此，标签会明确表明 XML 元素的结束。

标签由一个不包含空格的名称组成，前后带有尖括号（< >）。共有三种标签：*开始标签*、*结束标签*和*孤立标签*。开始标签是这样的：

```
<tagName>
```

开始标签标识一个元素的开始；从这一点开始，直到结束标签之前的所有内容都属于这个元素。结束标签是这样的：

```
</tagName>
```

开始标签与结束标签之间的主要区别就是后者在左尖括号之后多了一个斜线符号（/）。开始标签与结束标签必须配对；也就是说，对于每个开始标签，后面必须有一个匹配的结束标签。这些标签根据所包含的名字匹配。

标签的包含关系决定了要传送数据的结构。其技术术语是*嵌套*。因此，在之前的搜索结果示例中，searchResult 元素（顶级元素，或者没有容器的元素，也表示文档）直接包含了三个其他元素：products、suggestions 和 categories。而 products 元素又包含了两个 product 元素。

你可能已经注意到，product 元素的标记不同于 searchResult、products、suggestions 或 categories：没有结束标签。如果只用一个标签就足以传送一个元素的全部信息，就可以使用一种称为*孤立标签*的快捷方式。孤立标签是这样的：

```
<standaloneTagName/>
```

注意，这里的斜线符号就放在右尖括号之前。孤立标签是一种快捷方式，它的含义与下面两个标签完全相同：

```
<standaloneTagName>
</standaloneTagName>
```

proudct 标签不仅是孤立的，还展示了属性是如何表示的：

```
<product name="Acme Roadrunner Trap"
  manufacturer="Acme Corporation"
  price="500.00"
  availability="in stock" />
```

在开始标签或孤立标签中，XML 属性是一个表达式：name="value"。属性名，如标签名，不能有空格。而属性值必须放在双引号内（"）。属性名与值之间有一个等号（=）。前面的 product 元素拥有属性 name、manufacturer、price 和 availability，其对应值为"Acme Roadrunner Trap""Acme Corporation""500.00"和"in stock"。

开始标签与结束标签不一定总是包含其他元素。在搜索结果示例中，相关类别的列表表明标签之间也可以包含纯文本：

```
<categories>
  <category>Cages</category>
  <category>Traps</category>
  <category>Signs</category>
</categories>
```

这一元素内容可以任意长，用于收集很长的数据、文本或其他内容。这样就为 XML 提供了很大的灵活性，能够表示类似于数据库的内容（属性）和自由形式的信息（标签之间的非元素内容）。

关于 XML 的内容，远不止这里介绍的这一点。更多细节请查阅官方 XML 规范[W3C08a]。XML 还提供了*架构*（正式定义了一个文档中有些什么，及其结构如何组织）和*验证*（自动检查 XML 格式正确与否），知道这些就够了。在本章之后还将看到更多的 XML 和类似于 XML 的代码，但现在，还有更多的数据交换格式需要研究。

2. 用 JavaScript 处理 XML

Web 浏览器提供了一个名为 DOMParser 的宿主对象，用于处理 XML 数据。DOMParser 对象有一个 parseFromString 函数，它接受一个 XML 表示，并将其转换为 Document 对象。这个 Document 对象的行为与 Web 页面的 DOM 是一样的，因为实际上它就是同一种对象，只不过它以 XML 字符串为基础，而不是基于 Web 页面的源代码：

```
var tinyXML =
    '<tinydoc name="test">' +
        "<body>hello</body>" +
    "</tinydoc>";

var parser = new DOMParser();
var tinyDoc = parser.parseFromString(tinyXML, "text/xml");
```

```
alert(tinyDoc.getElementsByTagName("tinydoc")[0].getAttribute("name"));
alert(tinyDoc.getElementsByTagName("body")[0].childNodes[0].nodeValue);
```

注意，parseFromString 结果的行为方式非常类似于 document 宿主对象。但是，它属于 tinyXML 变量代表的 XML 文档，而不是 Web 页面本身。使用 XML 进行数据交换的分布式 Web 应用程序通常会使用 DOMParser，将 XML 消息转换为 DOM 表示，然后使用可用的 DOM 函数访问其信息。

8.2.3 JSON

XML 实现了标准化、非常灵活、全面，但也非常冗长。也就是说，为了清楚地表达想法，它需要的字符数可能超出人们的预期。在前面的搜索结果示例中，匹配产品的列表放在<products>和</products>标签之间，每个产品本身的孤立标签内部都有名字 product：

```
<products>
  <product name="Acme Roadrunner Trap"
    manufacturer="Acme Corporation"
    price="500.00"
    availability="in stock" />

  <product name="Acme Roadrunner Decoy"
    manufacturer="Acme Corporation"
    price="750.00"
    availability="backorder" />
</products>
```

大量的冗词赘语也使整个文本显得混乱，很难将实际信息（“Acme Roadrunner Trap”等）与标签名字等提供支持的文本区分开。当它最终被解析为 Document 对象时，需要进行大量函数调用和数组浏览操作才能获得想要的信息。

这些限制可能会成为很大的拖累，特别是有些大型数据集必须用 XML 表示，然后再解析为大型 Documents。你可能会感到奇怪：为什么还要找这么多麻烦呢？在 3.6 节已经看到，JavaScript 有一种相当简单的方法，可以用来表示复合数据结构（对象和数组），还有一种简洁的方式，可以用直接量来定义它们：

```
var dress = {
    size: 4,
    color: "green",
    brand: "DKNY",
    price: 834.95
};


var location = {
    latitude: 31.131013,
    longitude: 29.976977
};


var part = {
    "serial number": "367DRT2219873X-785-11P",
    description: "air intake manifold",
    "unit cost": 29.95
};


var p = {
    name: { first: "Seán", last: "O'Brien" },
    country: "Ireland",
    birth: { year: 1981, month: 2, day: 17 },
    kidNames: { 1: "Ciara", 2: "Bearach", 3: "M' air' ead", 4: "Aisling" }
};
```

其实别人也想到过同样的问题，特别是 JavaScript 的先驱和专家 Douglas Crockford。他提出了一种相当简洁的想法：就用这种表示法来进行数据交换！于是，JavaScript Object Notation（JavaScript 对象表示法，JSON）诞生了，它现在是一种强有力的 XML 替代方法，特别是当不需要 XML 那么严格，只是希望表达数据时，尤为如此。因此，搜索结果在机器之间进行传送时可能是这个样子的：

```
{
  "products": [
    {
      "name": "Acme Roadrunner Trap",
      "manufacturer": "Acme Corporation",
      "price": 500,
      "availability": "in stock"
    },

    {
      "name": "Acme Roadrunner Decoy",
      "manufacturer": "Acme Corporation",
      "price": 750,
      "availability": "backorder"
    }
  ],

  "suggestions": [
    {
      "name": "Ultimate Fake Tunnel",
      "manufacturer": "Ultimate Fakers Corporation",
      "price": 200,
      "availability": "in stock"
    }
  ],

  "categories": [ "Cages", "Traps", "Signs" ]
}
```

通过上述代码，希望你能明白，除了前几章已经看到的内容之外，JSON 再没有太多要了解的了。就像普通的 JavaScript 一样，用大括号（`{ }`）分隔对象，而数组则放在方括号内（`[ ]`）。有一个重要区别：对象属性名必须用双引号分隔。

JSON 字符串的解析可以用 `JSON.parse` 函数完成（在 7.3.1 节已经初步尝试过了）。这个函数会返回一个 JavaScript 对象，完全就像是代码中初始化的。在运行以下程序之前，看看你能否正确地预测每个 `alert` 函数调用会显示什么结果[①]：

```
var searchResultString = '{ \
  "products": [ \
    { \
      "name": "Acme Roadrunner Trap", \
      "manufacturer": "Acme Corporation", \
      "price": 500, \
      "availability": "in stock" \
    }, \
    { \
      "name": "Acme Roadrunner Decoy", \
      "manufacturer": "Acme Corporation", \
      "price": 750, \
      "availability": "backorder" \
    } \
  ], \
```

① 你还可能会想，既然 JSON 字符串是有效的 JavaScript，那通过 `eval`“解析”可能是个好主意。答案是否定的，这可不是什么好主意。请回顾 7.3.1 节，了解那些血淋淋的（邪恶）细节。

```
  "suggestions": [ \
    { \
      "name": "Ultimate Fake Tunnel", \
      "manufacturer": "Ultimate Fakers Corporation", \
      "price": 200, \
      "availability": "in stock" \
    } \
  ], \
  "categories": [ "Cages", "Traps", "Signs" ] \
}';

alert(searchResultString);
var searchResult = JSON.parse(searchResultString);
alert(searchResult.products[0].availability);
alert(searchResult.suggestions[0].price);
alert(searchResult.categories[1]);
```

一定要注意的是，不要受其名字的误导，JSON 和 XML 一样，也是一种跨平台、跨语言的数据交换格式。尽管它源于 JavaScript，但可以用多种程序设计语言和系统来解析和构建 JSON 字符串，JSON 对象只是这种功能的“Web 浏览器/JavaScript”实现。

8.2.4　YAML

现在以最后一种数据交换格式结束本节：YAML。YAML 寻求一种两全其美的数据交换方法，希望能够将 JSON 的可读性和 JSON 不具备的一些 XML 高级特性合并在一起并加以改进，比如，XML 能够链接同一交换表示中的数据项。

我们稍微离一下题，介绍一下它的名字：首字母缩写词“YA”在计算机科学圈中经常被解读为“Yet Another”（又一个）——这是圈内的一个玩笑，表明这个圈子里的人习惯于重新发明一些工具，希望为同一任务找到更好、更快以及更强大的实现。YAML 最初被认为是“Yet Another Markup Lanuage”（又一种标记语言），与典型的 YA 含义保持一致。后来，它的设计者将 YAML 的含义改为自我引用“YAML Ain’t Markup Language”（YAML 不是标记语言），以强调它与 XML 及其亲戚之间的区别。[①]

用 YAML 表示时，前面的网络商店搜索结果示例类似于如下：

```
---
products:
  - name: Acme Roadrunner Trap
    manufacturer: Acme Corporation
    price: 5 0
    availability: in stock

  - name: Acme Roadrunner Decoy
    manufacturer: Acme Corporation
    price: 75 0
    availability: backorder

suggestions:
  - name: Ultimate Fake Tunnel
    manufacturer: Ultimate Fakers Corporation
    price: 200
    availability: in stock

categories:
  - Cages
  - Traps
  - Signs
...
```

① 自我引用的缩写词本身又是（yet another?）计算机科学圈内的一个玩笑，GNU（“GNU’s Not Unix”）可能是最著名的例子了。

你可能一眼就看出这种表示法的“整齐”。它非常出色地避免了“计算机行话”，比如 XML 的标签和尖括号，甚至是 JSON 的大括号和逗号。YAML 能做到这一点，是因为它借鉴了一些程序设计语言（比如 Python 和 Haskell）的做法：让间隔发挥作用。为表达子结构，它将一行的缩进比前一行更多一点。这种表达方式更聪明一些——人眼可以理解它，而且根据它的定义方式（比上一行拥有更多的前导空格），计算机也能理解它。实际使用的空格数并不重要，只是对比前后两行的缩进程度。

实际的字符“标记符”是非常有限的。三个破折号（---）分隔“文档”（从而可以在一个 YAML 流中出现多个“文档”），而三个句点（...）表示 YAML 表示的结束。冒号（:）将属性名或“键”与其取值分开，而单个破折号（-）表示列表（数组）成员。如果这些字符可能导致混淆（比如当一个属性名中包含冒号时），可以使用双引号来分隔文本。

和 XML、JSON 一样，YAML 也不限于某一种程序设计语言或平台；请回忆一下，任何数据交换格式都不应当与某种语言或平台联系在一起，果真这样的。JSON 被认为是 YAML 的一个子集，因此，任何 YAML 解析器也都可以解析 JSON。在编写本书时，其他一些语言，比如 Python、C、Java、Perl 和 Ruby，在 YAML 实现方面实际上都要比 JavaScript 更为成熟。但是，语言和平台一直都在变化之中，因此，在阅读这部分内容之后，应当在网络上搜索一下“JavaScript YAML 解析器”或者“JavaScript YAML 实现”，以了解 JavaScript 中关于 YAML 的最新进展。

回顾与练习

1. 哪些类型的数据更适合通过纯文本交换？XML、JSON 和 YAML 呢？
2. `DOMParser.parseFromString` 返回的 JavaScript 对象与 `JSON.parse` 返回的对象有什么不同？
3. YAML 的哪些特性是提高人类可读性的最重要因素？为什么？

8.3 同步通信与异步通信

前面已经了解了有关分布式应用程序如何进行通信的背景知识，下面来看看这种通信是如何进行的。共有两种基本模型。

- 同步通信需要进行严格的顺序交换，一方发送一条消息，等待响应，然后可能还要针对这一响应做出响应，因为另一方可能正在等待这个响应。“同步”这个词可以不太严格地翻译为“同时”，还可以这样表述：在整个通信交换过程中，相关各方都要在场，保持注意力。

  会话过程，无论是面对面的会话，还是通过电话会话，都是同步行为，我们在排队等待服务时也是如此。
- 异步通信中的交互不需要等待，也不需要各方持续集中精力。发送方在发送消息后可能马上转去做其他事情；接收方可能在之后的任意时刻看到这条消息，然后在任意时间做出回应。

  无论通过哪种媒介（比如，蜗牛一样的邮件、语音邮件、短信、电子邮件），消息交换都是异步的：你编写并留下一条消息，然后随心所欲地去做其他事情（当然也可以发送更多消息）。你可能会在闲暇时再来查看回应。在现实生活中，遵循“放下再捡起”顺序的活动也是异步的，比如打电话预订餐馆、请人干洗衣服、将汽车放在商店等。

Web 应用程序是客户端–服务器应用程序，其中浏览器扮演客户端角色，从服务器提取数据。浏览器经常是请求一个新页面：单击一个按钮或链接，等待下载和显示新页面。这是同步通信；在新页面就绪之前，不能在浏览器窗口内做任何事情。

你也可能遇到过异步通信。可能单击一个按钮或链接，作为响应，在屏幕上的某个小部分看到动画——旋转的圆或花朵，而页面的其余部分完全能够正常使用。不必等服务器的响应，就可以执行其他任务。

Web 应用程序中的异步通信是在 JavaScript 的指导下进行的。这种计算范例向服务器请求将在当前页面上使用的数据，但在加载这些数据的同时不会阻止用户交互，这种范例现在称为 Ajax。

回顾与练习

1. 说明以下行为是同步还是异步：
   (a) 电话交谈
   (b) 即时消息会话
   (c) 申请并接收退税
   (d) 驾车通过十字路口
   (e) 玩一手扑克
2. 说明以下通信特性是同步、异步，还是二者都是：
   (a) 能够在发送和（或）接收消息之间从通信媒介断开连接
   (b) 发送和接收消息的顺序是可预测的、一致的
   (c) 能够实时协调行为
   (d) 能够向多方“广播”消息
   (e) 可用于发送或接受超大量信息的潜力

8.4 Ajax

Ajax 是 Asynchronous JavaScript and XML 的首字母缩写。稍后将会看到，这个名称并不是特别准确，但这个缩写词本身听起来很酷，去掉大写以后，就变成了这个计算范例的名字。

要了解 Ajax 是如何运作的，通常只需要查看任何一个宣称使用了“Web 2.0”技术的网站就够了。滚动的地图或列表、实时更新，还有那些不会改变地址或加载整个新页面的动态筛选器，都很可能是使用 Ajax 来完成的。只要是在单个 Web 页面的上下文之内进行服务器调用，而且在加载数据和更新页面的同时，浏览器还允许用户继续互动，就说明这个应用程序是在“使用 Ajax”。这种异步服务器调用是一种“Ajax 调用”。

下面会研究如何编写 Ajax 应用程序。在开始之前，先来说明这种连接的一个限制：出于安全考虑，Ajax 应用程序能够从中提取信息的来源也许仅限于托管原 Ajax Web 页面的同一服务器。8.6 节将对此进行详细讨论。因为这一安全模型，在使用 http://javascript.cs.lmu.edu/runner 的 JavaScript 运行器页面调用的任何 Ajax 代码，都仅限于能在这个站点使用的服务。不要担心，这个站点已经加载了可以使用的服务。

8.4.1 jQuery 中的 Ajax

我们介绍 Ajax 的方法是首先向你展示它最没有争议的紧凑形式，即首先使用一个库。幸运的是，我们选择了你已经遇到过的一个库：jQuery。

首先从一个简单的纯文本示例入手，使用 jQuery 的 `ajax` 方法。前面已经讨论过“fortune”服务，现在该来试试了：[①]：

```
$.ajax({
    url: "../php/fortune.php",
    success: function (response) {
        $("#footer").html(response);

        // 将上面的 jQuery 调用与下面的语句进行对比：
```

① JavaScript 运行器页面自动将 jQuery 库加载到 JavaScript 上下文中。如果希望在自己编写的页面上尝试，一定要包含一个 `script` 元素，为该页面完成此加载（可以任意从 JavaScript 运行器来源中提取）。

```
        // document.getElementById("footer").innerHTML = response;
    }
});
```

因为这个运气服务在每次接到请求时都会返回不同的“运气”，所以可以重复单击 Run 来查看新内容。这个例子的编写方式使得每次连续调用都会在同一位置放入新运气，也就是页面末端 `id` 为“footer”的 `div` 元素。还要注意，因为已经有了 jQuery，所以选择使用 jQuery 的方法来操作 DOM，而不是使用 `document.getElementById`。

在分解代码之前，再来尝试一件事情。重新加载 JavaScript 运行器页面，然后运行以下代码：

```
$("body").append("<img id='loading' src='../images/loadera16.gif' \
                  style='display: none' />");
```

如果愿意的话，可以用浏览器的文档查看器（不是“查看源代码”命令，而是显示当前 Web 页面的某个功能，比如 Firefox 的 Firebug 加载项，在 Safari 或 Chrome 等基于 WebKit 的浏览器中，则是查看器窗格）来查看这个小程序做了什么。当运行成功时，应当会在 Web 页面的最后添加一个 `img` 元素，不过现在还是不可见的。

接下来，在不重新加载页面的情况下，用以下代码替换文本区域中的脚本：

```
$("#footer").html("");
$("#loading").show();

$.ajax({
    url: "../php/fortune.php",
    success: function (response) {
        $("#loading").hide();
        $("#footer").html(response);
    }
});
```

现在任意单击 Run。在程序等待运气服务响应时，应当会看到一个“旋转”动画一闪而过。这个服务不会花费太多时间，所以不要眨眼。

之所以加入这个动画，是为了能识别正在发生“Web 2.0”行为。大多数做此类事情的站点是为了向用户提供一个反馈，表明正在发生某一操作。

这些例子以精简形式展示了 Ajax 的主要元素。

- 由 URL 组成的异步请求。
- 在一个响应到达时采取的操作，通常是在 Web 页面上旋转响应。
- 根据情况，用户界面反馈显示已经发送该请求，并在等待应答。

在 jQuery 形式中，Ajax 的前两个元素被放在 `ajax` 函数的两个实参中。你可能已经由这个函数调用注意到，`ajax` 只有一个实参：一个 JavaScript 对象，提供了这个特定 Ajax 事务的设置。

这个例子中提供了两个设置：`url`，这是一个字符串，其中保存了要访问的 Web 服务的 URL；另一个设置是 `success`，这是一个函数，其中包含了一些代码，当 Web 服务的响应变为可用时运行。`ajax` 函数随后做一些工作：连接 URL，等待响应，收集结果（在本例中就是纯文本的运气），然后调用 `success` 函数。一定要注意：`ajax` *立即返回*，异步要的就是这个。其他代码可以在 `ajax` 调用之后运行，不必等待服务器的响应。

最后再做一点小调整，用于显示“异步”部分（这次不再使用“加载器”图像，所以不再需要 `img` 设置代码）：

```
$("#footer").html("");

$.ajax({
    url: "../php/fortune.php",
    success: function (response) {
        $("#footer").html($("#footer").html() + response);
```

```
        }
    });

    $("#footer").html($("#footer").html() + "Your fortune is: ");
```

注意这个版本是如何连接 footer 元素的 innerHTML 属性的。它可以展示代码的运行顺序。在图 8-1 中可以看到 “Your fortune is:” 出现在实际运气之前，这意味着脚本的最后一行是在 success 函数之前运行的。

图 8-1　使用 Ajax 实现的运气服务（你看到的“运气”将会变化）

回到之前的那个 Ajax 脚本，也就是使用动画“加载器”图像的那个版本，用户界面反馈分两部分完成：第一，设置一个 img 元素，看到它就意味着正在处理 Ajax 请求。这个元素通常是一个动画。其实，这个动画与实际网络通信没有任何关系，它只是让用户知道某件事情正在进行。在进行 jQuery ajax 调用之前，让这一元素变为可见。在这个例子中，还清除了 footer 元素，表明希望有一个新运气占据它的位置。

当数据终于到达后，ajax 设置中 success 属性指定的函数再度让 img 元素不可见。页面现在做好进入下一次 Ajax 循环的准备了。

此时，你可能会奇怪：我们已经知道 A 表示的是异步（asynchronous），J 当然是表示 JavaScript……但 XML 的 X 跑哪儿去了？就是这样——*XML 不是必需的*。Ajax 程序设计并不关心做出回应的服务器到底使用哪种数据交互格式。在运气服务器示例中，以纯文本提供所需内容就足够了。如果正在使用的 Web 服务返回了纯文本之外的内容，只需用 8.2 节的相应技术或者自定义代码来解决或处理响应内容，然后再相应地传送或指派所提取的信息。

在使用 jQuery 时，这一过程是用类似于 JSON 之类的常见数据交换格式来完成的。为实际观看这一过程，我们另外准备了一个 Web 服务，在结果中返回 JSON：http://javascript.cs.lmu.edu/php/calendar.php。首先用浏览器直接访问这个 URL。如果 Web 浏览器选择将响应保存为文件，则保存即可，然后用喜欢的文本编辑器打开该文件。应当看到类似于下面的内容：

```
    [
      {
        "month": "Jul",
        "day": 6,
        "movable": false,
```

```
    "description": "(Helen) Beatrix Potter born, 1866"
  },
  {
    "month": "Jul",
    "day": 6,
    "movable": false,
    "description": "First 'talkie' (talking motion picture) premiere
                    in New York, 1928"
  },
  {
    "month": "Jul",
    "day": 6,
    "movable": false,
    "description": "Lawrence of Arabia captures Aqaba, 1917"
  },
  {
    "month": "Jul",
    "day": 6,
    "movable": false,
    "description": "The Jefferson Airplane is formed in San Francisco,
                    1965"
  },
  {
    "month": "Jul",
    "day": 7,
    "movable": false,
    "description": "P.T. Barnum dies, 1891"
  },
  {
    "month": "Jul",
    "day": 7,
    "movable": false,
    "description": "First radio broadcast of \"Dragnet\", 1949"
  },
  {
    "month": "Jul",
    "day": 7,
    "movable": false,
    "description": "Saba Saba Day in Tanzania"
  },
  {
    "month": "Jul",
    "day": 7,
    "movable": false,
    "description": "Ringo Starr (Richard Starkey) born in Liverpool,
                    England, 1940"
  }
]
```

JSON 太棒了！在这种情况下，jQuery 的 `ajax` 函数不仅可以处理网络通信，还能在检测到 JSON 响应时自动将数据发送给 `JSON.parse`，并在 `success` 函数中直接返回最终的 JavaScript 对象！在 http://javascript.cs.lmu.edu/runner 中尝试以下脚本：

```
$("#footer").html("");
$.ajax({
    url: "../php/calendar.php",

    success: function (response) {
        $("#footer")
            .append("<table id='calendar' border='1'></table>");
        for (var i = 0; i < response.length; i += 1) {
            $("#calendar").append("<tr></tr>");
```

```
            var addCell = function (cellValue) {
                $("#calendar tr:last-child")
                    .append("<td>" + cellValue + "</td>");
            };

            addCell(response[i].month);
            addCell(response[i].day);
            addCell(response[i].description);
            addCell(response[i].movable ? "year-to-year" : "fixed");
        }
    }
});
```

注意，success 函数现在将 response 参数看作 JavaScript 对象，具体来说就是一个对象数组，其中每一个都是接近今天发生的事件。这些事件有 month、day 和 description 属性。movable 属性表明该事件在不同年份的日期是否会发生变化。

利用已经设置好结构的响应对象，这个示例脚本在 table 元素中显示事件数据。注意，它就是迭代日历事件数组，每个事件对应一个表格行，每个事件属性表示一个表格单元格或列。感谢 jQuery，JSON 解析（还其他很多事情）都已经为我们做好了。我们只需要浏览对象即可。

8.4.2 没有库的 Ajax

为完整起见，本节最后来看一下，如果没有 jQuery ajax 函数，如何进行 Ajax 程序设计。下面将要看到的是“原始的”Ajax——当它仅使用 Web 浏览器提供的宿主对象时就是这个样子。现在，几乎没有什么理由要在实践中使用原始 Ajax 了。不过，为了更深入地理解这一范例（也为了感受一下 jQuery 的作者帮了你多大的忙），还是需要看一看的。

在幕后，jQuery 的 ajax 函数使用 XMLHttpRequest 宿主对象。再次注意，尽管它的名字可能会误导，但这个对象并不需要 XML。在 http://javascript.cs.lmu.edu/playground 的 HTML “游乐场” 页面键入下述脚本，或者跳过键入过程，直接进入 http://javascript.cs.lmu.edu/playground/ajax：

```
// 设置一些每个人都希望看到的对象
var xmlHttp,
    status = document.getElementById("status"),

/*
 * 这个函数处理请求状态的变化
 */
stateChanged = function () {
    // 为方便起见，这个请求的状态为 0 到 4 的值
    var actions = [
        function () { status.innerHTML += "Not initialized."; },
        function () { status.innerHTML += "Setup"; },
        function () { status.innerHTML += "...Sent"; },
        function () { status.innerHTML += "...In Process"; },
        function () {
            status.innerHTML += "...Complete";
            // 在这里处理数据
        }
    ];

    // 调用与请求新状态相对应的函数
    actions[xmlHttp.readyState]();
};

// 这是主脚本序列
status.innerHTML = "";
```

```
if (XMLHttpRequest) {
    xmlHttp = new XMLHttpRequest();
    xmlHttp.onreadystatechange = stateChanged;

    // 获取 Input 1 中的 URL
    xmlHttp.open("GET", document.getElementById("input1").value, true);
    xmlHttp.send(null);
} else {
    status.innerHTML = "Sorry, no Ajax!";
}
```

为了解这一脚本是如何运行的，键入任何以 http://javascript.cs.lmu.edu 开头的 URL（因为这是提供游乐场页面的站点；http://javascript.cs.lmu.edu/playground/ajax 应当就可以），看看发生什么了。你应当看到组成以下内容的文本。这些文本的生成速度非常快，所以它们几乎是瞬时出现，但在阅读本节之后，你会认识到它是一步一步出现的。

Setup...Sent...In Process...In Process...In Process...Complete

下面分析这一脚本，看看这个序列的含义。

这段脚本首先为两个对象声明了变量：`XMLHttpRequest`，后面会使用；还有 Web 页面上的 `status` 区域。指定 `status` 变量只是为了简短起见（不再一次又一次地用到 `document.getElementById("status")`），但对 `XMLHttpRequest` 绝对不能松手。这些变量之后是函数 `stateChanged`，接下来就是主序列。

在清除状态区域之后，脚本的开头是：

```
if (XMLHttpRequest) {
```

对于当前的浏览器版本，这一行执行一个检查，简单明了地确认 Ajax 是否准备就绪。简单测试 `XMLHttpRequest` 宿主对象是否存在。如果定义了 `XMLHttpRequest`，则 `if` 条件的求值结果为真，将继续执行 Ajax 活动；否则，求值结果为假，Web 页面应当以某种友好方式处理 Ajax 不存在的情况。在上述例子中，Web 页面通过绿色状态区域提示用户：Ajax 不可用。

在一些较早的浏览器中，可以使用 Ajax，但请求机制不同，如果希望支持这些浏览器，这一行就会扩展到一个接近一页长的函数了。为减少本书篇幅，也是因为随着时间推移，过去的浏览器终将会被废弃，所以将这个更具包容性但也要长得多的版本留给你自己去发现。也许有一天，甚至连这个检查都不需要了，因为那时可以直接假定所有当前浏览器都支持 Ajax。在 jQuery `ajax` 函数中当然也是不必要的，因为兼容性是 `ajax` 为你完成的另一件事。

一旦知道可以"支持"Ajax 了，脚本就继续进行，基于 `XMLHttpRequest` 原型创建一个新对象。`if` 块的其余部分为一个属性赋值，并调用两个函数。先来解释这两个函数。

- `open`
  这个函数定义了 `XMLHttpRequest` 对象要建立的连接。第一个实参是这个连接使用的*方法*（常用方法是`"GET"`、`"PUT"`和`"POST"`，但还有更多方法）；第二个实参是要访问的 URL；第三个实参表明这个连接要不要异步（也就是说，在继续进行后续操作之前，要不要等待它的完成）。示例脚本中使用了`"GET"`方法，以在运行此脚本之前于 Input 1 字段中键入的内容为 URL，并指明 `true`。当然，我们希望使用异步连接——这毕竟是 Ajax 中的第一个"A"。

- `send`
  这个函数启动该连接，如果需要，可以包含某些内容（它的唯一参数）。在前面的示例脚本中，发送了一个没有附加信息的请求。

这一行揭示了如何使异步通信成为可能，看起来应当有些熟悉：

```
xmlHttp.onreadystatechange = stateChanged;
```

想不起来为什么有些熟悉了？这是因为 Ajax 是事件驱动的。`onreadystatechange` 属性中保存着一个

JavaScript 函数，当 XMLHttpRequest 对象发生什么事情（一个事件！）时，会调用这个函数。这就是 Ajax 事件处理程序。我们可以异步做事，因为我们让 XMLHttpRequest 负责在发生重要事情时通知我们。在此之前，代码可以去做其他事情。

最后来看看 stateChanged，我们现在知道它是在 XMLHttpRequest 的“准备状态”发生变化时的事件处理程序。事实上，readyState 是 XMLHttpRequest 的又一个属性，由 stateChanged 的函数体可以看出这一点。在这个示例脚本中，stateChanged 所做的全部工作就是在页面的 status 组件上显示 readyState 的当前值。readyState 属性可以取 0 到 4 之间的值，每个值对应于脚本中所示的文本。逐步累积地生成状态区域的 innerHTML，以显示 XMLHttpRequest 的状态变化过程。

在编写这个例子时，从来没有看到过“not initialized”（未初始化）状态，因为如果 XMLHttpRequest 还没有初始化，那就没有事件会触发 stateChanged。一旦调用 open，状态改变为“setup”（试一试没有 send() 行的脚本）。然后，在 readyState 为“in process”时，可能会产生多次 stateChanged 调用。当 URL 的内容被完全加载后，状态变成“complete”。

尽管状态并没有改变，但可能会得到多个“in process”状态改变事件，这是因为当 XMLHttpRequest 从 URL 的服务器接收数据时，其状态就一直是“in process”。由于输入数据可能很多，所以一个好的 XMLHttpRequest 实现应当一直通报情况，这是考虑到管道中可能会有某些数据，而 Web 页面应用程序可能希望处理这些数据。

这基本上就是整个示例脚本。如果你理解了这个脚本，那一般也就理解了 XMLHttpRequest。一旦请求对象完成了自己的工作，并停在 readyState === 4（即“completed”“loaded”“finished”），XMLHttpRequest 的参与基本上就结束了。但从 Ajax 的角度来看，还有一件事要做：为 XML 调用 DOMParser，或者为 JSON 调用 JSON.parse，或者运行自定义代码，处理原始的响应数据。这一部分没有包含在示例脚本中。在到达 readyState === 4 时，可以在 XMLHttpRequest 对象的 responseText 属性中找到 Web 服务响应。

回顾与练习

1. 在运气示例中，Ajax 调用之后立即向 footer 元素中追加了“Your fortune is:”，其用意是演示 Ajax 的“异步”。“Your fortune is:”是否一定要串联在实际运气之前？为什么？
2. 查阅 jQuery ajax 函数的完整参考手册。根据看到的内容，是否有什么理由要用 XMLHttpRequest 代替 ajax？

8.5　设计分布式应用程序

数据交换格式（纯文本、XML、JSON 等）和连接机制或范例（Ajax）都是分布式应用程序的基本组成部分，但最终，它们都是一些零件。要将这些零件组合在一起，变成一个有效的整体，这就要涉及另外一些概念和主题了，这是本节要讨论的内容。

8.5.1　统一资源标识符

在日常生活的几乎每个方面，无论是否与计算机相关，都会通过一些易于表达的方式（比如符号或字符序列）来标识某样东西。我们为自己起了名字，小心保护自己的社会保障号码，描 UPC 代码，为大多数产品起了名字或商标名称。在分布式应用程序中，由于多个服务、客户端和其他组件需要有机地结合在一起，所以进行标识就变得极为重要，于是就用一个正式概念来表示它，那就是统一资源标识符，或者说 URI。

1. 定义与规范

URI 是一个字符序列，可以唯一标识某些可能需要的资源。URI 有两种，一种是 URLs，也就是 uniform resource locators（统一资源定位符），不仅用于标识资源，还用于表示如何“到达”或“联络”该资源，所以用了“定位符”一词。另一种是 URNs，也就是 uniform resource names（统一资源名称），仅用作标识符。因此，一个人的全名和社会保障号就是 URNs。一旦知道了这些字符串（“William Shakespeare”“Arthur Conan Doyle”“888-88-8888”“123-45-6789”），通常就知道了在讨论谁，但这些字符串并没有包含任何可以找到这个人的信息。而电话号码（特别是蜂窝电话号码）和街道地址中就包含了“定位符”信息。可以拨打电话号码取得联系，也可以发送蜗牛邮件，或者去拜访一个地址：到指定名字的城市，找到街道，再前去编有号码的地方。

为计算资源着想，定义了一种通用的 URI 表示方案，并且已经实现标准化[BLFM05]。这种 URI 格式如下：

<方案名> : <层级结构部分> [? <查询>] [# <片断>]

*方案名*描述 URI 的方案、系统或类别。它用于说明标识符字符串的其余部分做些什么，以及如何进行解读。*层次结构部分*保存了主要标识信息；之所以这样命名，是因为经常用逐渐缩小的范围来标识对象。就人名而言，用姓氏来大致确定一个人的家族或宗族，然后是名字，逐渐精确到一个特定的人。街道地址以国家以及（或者）州开始，再缩小到城市，然后是街道，然后是具体地址，可能还有公寓、单元或房间号。

这样一个“范围”序列称为资源的*路径*，最常见的是用正斜线字符（/）分隔。还可以根据需要有一个*授权部分*，用来对一些诸如用户名和密码之类的支持信息进行编码，以防对资源的个人访问权限发生变化（甚至可能会被禁用）。一个典型的授权部分以路径开头，其形式类似于 `username:password`，在授权和路径之间有一个@字符。

URI 中可视情况选择“查询”部分，表示一些附加信息，它不一定是路径的组成部分；最后是“片断”，表示该资源特定部分的标识符。

比如，英文维基百科中“URI”词条的 URI 为：http://en.wikipedia.org/wiki/Uniform_resource_identifier。方案为 http，也就是“超文本传输协议”的缩写，因此，这个 URI 是一个 URL，这个字符串可用于下载和查看该文章。这个 URL 的层级结构部分只包含了一个路径，没有查询，也没有片断。作为一个百科全书词条，这个资源具有可识别的部分或片断。要查看其 References（参考文献）部分，可以在 URL 最后追加片断 `References`，即 http://en.wikipedia.org/wiki/Uniform_resource_identifier#References。

2. 用 URI 编程

分布式应用程序经常需要根据用户输入来生成 URI。例如，一个 Web 页面可能有一个用于搜索关键字的文本字段，它的值必须包含在一个 URI 的查询部分。比如，直接用谷歌执行的查询可能是这样的：

```
http://www.google.com/search?q=<searchterms>
```

如果准备在一个程序中嵌入一个 Ajax Google 查询，其中用到用户在一个 ID 为 `searchField` 的输入字段中键入的搜索项，可以使用下面这样的代码：[①]

```
var searchTerm = $("#searchField").attr("value");

$.ajax({
    url: "http://www.google.com/search?q=" + searchTerm,
    success: function (response) {
        // 用返回的HTML做你想做的事情
    }
});
```

但是，因为字符集和编码的原因，这一代码不是非常有效。根据前面描述的标准 URI 方案，一些字符具有特殊含义（`:`、`?`、`#`、`/`和`@`，用于对前述各项命名）。URI 方案本身受限于一个有限的字符集，如果需要这个集合之外的代码点，则需要使用一种特殊表示法重新表达（编码）[BLFM05]。比如，空格需要重写为`%20`。百分号（`%`）表示一个编码字符，数值 `20` 是用十六进制表示的空格代码点（十进制为 32）。

另外一个需要一点技巧的字符集涉及 HTML 和 JavaScript 代码中出现的字符，比如<和>。一些类似于 HTML

① 遗憾的是，由于同源安全策略原因，这一代码不能在在线 JavaScript 运行器上运行（8.6.2 节）。但是，可以直接在 Web 浏览器上输入这个 URI，带上搜索项，看它会返回什么。

标签的输入（特别是 script 元素，因为其中会包含 JavaScript），如果未能正确处理，可能会被原样包含在以后的 Web 页面中，也就是说，Web 浏览器会将它们解读为代码，而不是数据。重写这些符号，使它们能被用户理解，而不会被计算机解读为代码，这是另外一个要避免直接串联取值的原因（8.6.3 节有更多相关信息）。

这时你可能会想，如果有一个内置转换器来处理这些细节，不是很好吗？如果你这样想了，那就对了。实际上有一系列函数可以处理这些字符集问题。重要的是，你要知道它们是需要被调用的。

- encodeURI 获取一个准备作为 URI 的字符串，将其特殊字符重写为等价的%编码。
- decodeURI 正好相反，它取得编码后的 URI，将其转换回编码字符。
- encodeURIComponent 取得一个准备作为 URI 组成部分的字符串，使一些特殊的方案字符（比如?、/和类似字符）被当作非特殊字符对待——它们会像其他字符一样进行编码。
- decodeURIComponent——嗯，你可以猜到的，对吧？它做的工作当然与 encodeURIComponent 相反。

这些函数是 window 全局对象的属性，比如 alert、prompt 等，所以只需直接调用它们。可以用 http://javascript.cs.lmu.edu/playground 做一下试验。在 Input 1 文本字段中键入各种字符串，无论像不像 URI，然后单击 Run，看看会发生什么：

```
var input = document.getElementById("input1").value;
var status = document.getElementById("status");

status.style.textAlign = "left";
status.innerHTML = "<b>encodeURI:</b> " + encodeURI(input) + "<br/>" +
    "<b>encodeURIComponent:</b> " + encodeURIComponent(input) +
    "<br/>" +
    "<b>decodeURI:</b> " + decodeURI(input) + "<br/>" +
    "<b>decodeURIComponent:</b> " + decodeURIComponent(input);
```

下面是一些要尝试的字符串。

- 一个 Web 地址，比如：http://javascript.cs.lmu.edu。
- 一个带有查询的完整地址，查询中包含空格和特殊字符，比如：http://www.google.com/search?q=encodeURI/decodeURI in JavaScript。
- 一个带有片段/部分标识符的 Web 地址，比如：http://en.wikipedia.org/wiki/Uniform_resource_identifier#References。
- 一个带有空格和某些特殊方案字符的非 URL，比如：roadrunner traps and/or decoys?。
- 一个看起来像是 HTML 代码的非 URL 字符串，比如<i>Hello</i>，甚至<script>alert("Hello!");</script>。
- 带有重音符号或其他字符的非 URL 字符串，比如¿Déjà vu?（你得查看一下你的操作系统，看看如何在输入字段中插入这些字符）。
- 一个包含特殊 URI 方案字符的字符串：:///?#。
- 一个编码后的字符串（复制 encode 函数的输出，比如%3A%2F%2F%3F%23）。

值得注意的是，encodeURIComponent 和 decodeURIComponent 做的事情不同于 encodeURI 和 decodeURI——component 版本处理 URI 方案字符的方式不同。因此，如果本节前面的虚拟 Ajax Google 示例能够正确编码，则可能采取以下形式之一：

```
var searchTerm = $("#searchField").attr("value");

$.ajax({
    url: encodeURI("http://www.google.com/search?q=" + searchTerm),
    success: function (response) {
        // 用返回的 HTML 做你想做的事情
    }
});
```

或

```
var searchTerm = $("#searchField").attr("value");

$.ajax({
    url: "http://www.google.com/search?q=" + encodeURIComponent(
        searchTerm),
    success: function (response) {
        // 用返回的HTML做你想做的事情
    }
});
```

底线：一定要先编码再连接，特别是当URI可能包含特殊字符或者是根据用户的输入生成时，更是如此。

8.5.2 REST

上一节主要讨论了有关URI的一些具体细节：它是什么，如何设计其格式，以及在用它们进行编程时会涉及什么。本节将从大的方面来讨论如何设计和使用URI。这个大的方面，或者说体系结构，称为*表征状态传输*（Representational State Transfer，REST）。

REST由Roy Fielding在其博士论文[Fie00]中定义和描述，REST规定了一些属性和约束条件，使分布式系统变得更简单、更易扩展、更便于移植，还有许多其他正面属性。当分布式系统满足这些属性和约束条件时，就说它是RESTful的（“可实现REST”）。事实上，许多人认为整个万维网就是一个RESTful系统。

1. REST不是什么

我们先来描述一些*不是*RESTful的分布式行为，这样可能会更有意义。所谓的*远程过程调用*（RPC）系统，就不是RESTful的，在这种系统中，交互可以采取任何类似于函数调用的形式，特别是在请求名中嵌入了一个动词和一个名字的情况。下面是一些非RESTfull请求的例子。

- changePassword(username, oldPassword, newPassword)请求。
- 任何在名字中明确包含get、set、add、update、delete或其他任何与数据相关操作的请求。
- 一些请求，它们“构成”了一个操作序列。每个操作直接依赖于在它之前执行的操作，又会极大地影响它之后的操作，比如一个在线加法器，开头是一个setNumber(number)请求，后面跟着一些add(addend)调用。

REST不是将分布式交换看作要执行的*行为*，它的“硬通货”是*资源*。分布式系统被看作一个资源集合。这些资源会在系统的生存周期内发生改变和交互，但*不会跨越网络边界*。唯一的分布式项目是某一资源的“表征”。一旦这一表征由一个分布组件传送给另一组件，资源就可以在*该组件内部*（比如说在一个Web页面内部）修改了。如果要对资源进行永久修改（也就是改变其*状态*），将会通过网络将这个资源的*新*表征（修改后的版本或者*新状态*）传送给负责永久存储该资源的分布式组件。这个新表征规定了如何修改该资源，但永久修改是在提供该服务的组件内部进行的。

因此，这个服务并不知道一个包含各种请求的服务词汇，比如getUser(username)、setUsername-(oldUsername, newUsername)或changePassword(username, oldPassword, newPassword)，它只知道资源users/username：“具有给定username的user资源”。用户当前状态的一个*表征*由服务器传送给客户端；如果客户端判断需要改变这个用户的信息，它就会向服务器发回一个（新状态的）新表征，而不是使用明确的setUsername或changePassword指令。然后由服务器负责根据客户端传送的新表征来修改用户资源的状态。

2. REST是什么

在RESTful体系结构中，利用某种表征在分布式组件之间传送资源的状态。为丰富这一核心思想，RESTful体系结构还必须具有以下特性。

- *严格的客户端–服务器关系*。所有RESTful通信都明确规定了一方为客户端，另一方为服务器，这正好与“对等”系统相反，对等系统中的通信可以关联到任何东西，可以在任意方向移动。而在REST系统中，*客户端*请求系统中某一资源的最新状态，比如一个产品类别，一个链接的朋友账户，或者一个博客项目，而*服务器*用来提供这一状态。

这种严格关系的另一个含意是分层。一个客户端可以从一个服务器请求某种东西，而这个服务器本身又是另一个服务器的客户端，以此类推。不会假定一个客户端的视野能够超过其直接服务器，所谓直接服务器就是该客户端从其请求资源信息的服务器。换句话说，你的服务器实际上可能是“在中间”，但不认为你能看到这一点。你的服务器就是你的服务器，如果这个服务器需要分布式系统中第三方服务，那就不关你的事了。这种分层方式有利于性能和抽象功能。换句话说，它实现了分布式集合的关注点分离（又是它！）。

- 无状态。乍看起来，这似乎有点奇怪。REST 中的“S”不就是表示“状态”（state）吗？的确如此，所以这里需要多做一点解释。回想一下，REST 中的“T”表示的是传输（transfer），这是关键。一个 RESTful 系统执行状态传输：服务器在某一时刻将某一资源的状态发送（传送）给客户端。这一传送过程完成后，就认为它是完全关闭了；它不会留下任何需要未来请求或通信考虑的副作用。这就是“无状态”的含义。任何一个客户端请求，无论它的前后有些什么，它的含义都是相同的：“请在这一时刻，将这一资源的一个表征传送给我。”所以整个系统是保持状态的（如果不保持，那局限性就太大了），但这个系统中客户端与服务器之间的通信是没状态的。
- 统一接口。在上一节已经说明，明确带有动词的请求不是 RESTful 的。之所以要排除这种请求，是对 REST 体系结构统一接口需求的一部分：所有请求包含所涉及资源的一个标识符，还要包含一个清晰、独立的指示，说明在传送资源的状态时使用的表征。如果一个资源与其他资源有关，可以在其传送表征中包含这些其他资源的标识符（实际上就是链接）。

还有其他一些特性和细节，但技术性更强，可以在更深入的读物（或 Fielding 的论文）中找到。但是，对于这里描述的特性，你是否注意到 REST 与万维网有非常直接的对应关系？Web 毫不含糊地将客户端（Web 浏览器）与其服务器（嗯，就是 Web 服务器）隔离开。Web 或多或少是没有状态的：每次 Web 浏览器访问都是自立的，以一个给定地址开始，以一个 Web 页面结束。尽管特定的地址可能意味着具有一定程度的状态，但“请求 Web 页面，取回 Web 页面”这样一个大周期是自我包含的，不存在副作用。最后，统一接口听起来最像是 URL 了：一个标识 Web 资源的标准化、一致方案，如果一个资源（Web 页面）与另一个资源相关联，这个接口还可用作链接。这一切都与巧合无关。

3. REST 和 Web

REST 与 Web 的密切关系可不止是“表皮与深层”的关系。本章看到的各个概念，从数据交换格式到 Ajax，再到 URI，它们以某种特定方式，共同构成了 RESTful Web 服务和 Web 应用程序。回想一下，REST 将客户端和服务器严格区分开来。用 REST 的视角来看，Web 应用程序实际上就是客户端，将它们加载到 Web 浏览器，在使用时，它们会请求并处理由 Web 服务管理的信息；Web 服务扮演着服务器的角色。一个 Web 服务要成为 RESTful 的，它必须具有以下基本要点。

- URI（8.5.1 节）用于唯一标识资源和资源集。表示集合的 URI 通常有一个路径元素，该元素以某个名词复数结尾。例如，一个书店服务可能会将其书的集合标识为 http://bookstore.com/books。请求这一资源会生成一份现有书籍列表，每本书都用其自己的 URI 标识。

  这种单个资源或元素的 URI 会添加到其所在集合的路径元素，从而可以无歧义地标识它们。例如，每本书都会拥有一个独一无二的 ISBN 号。因此，某本书的可用 URI 可能是在书集的 URI 之后跟上这本书的 ISBN 号，比如 http://bookstore.com/books/978-0763780609。

  URI 的其余部分也会被看作一个资源：查询部分可用于指定子集（例如，书名中包含“JavaScript”的书组成的子集，其 URI 可以是 http://bookstore.com/books?title=JavaScript），而片断部分可用于“追踪”一个资源的特定部分。例如，上一段所说书籍的第 5 章可以拥有以下 URI：http://bookstore.com/books/978-0763780609 #chapter5。

  RESTful URI 中没有包含什么呢？前面曾经说过，嵌有动词的 URI 或者之前网络访问延续下来的隐含状态，都需要重新考虑、重新编写。例如，像 http://bookstore.com/bookSearch.do?title=JavaScript 这样的

URI，可能会被改为前述资源集合查询，而一个有状态的计算器 Web 服务会维护之前的累加和，对于此类服务必须更深入地加以重新考虑，因为 http://bookstore.com/addToCurrentNumber?addend=5 既不符合中心资源概念，也不满足无状态的要求。

- 从原理上来说，RESTful Web 服务 URI 可能返回完全成形的 Web 页面（HTML），但在实践中，HTML 并不是一种非常有效的资源表示机制，主要是因为它没有将“纯状态”与辅助信息（比如呈现样式或布局）区分开来。之前讨论过的数据交换格式会更有效：纯文本、XML、JSON、YAML，等等。因此，上述 RESTful URI 通常会返回一个或多个此种表示格式。很方便的是，用于与 Web 服务器通信的协议（超文本传输协议，也就是 HTTP，就是我们这个 URI 示例中的方案名）拥有一种标准化机制来请求和指示所请求的内容类型。因此，可以在不污染 URI 的情况下请求特定的表征，而且一个 Web 服务可以提供多个表征，使客户端能够使用一种最适合它们的方式。
- *资源状态的改变*，在许多方面，这是 RESTful 分布式系统唯一做的事情，利用 HTTP 提供的四个“动词”可以很好地捕获这一改变，这四个动词就是：`GET`、`PUT`、`POST` 和 `DELETE`。大多数人只知道 `GET`，在要求 Web 服务器访问一个网站或下载信息时，使用的就是这个动词。对于那些需要某一特定资源当前状态的客户端来说，`GET` 绝对是最适合的。当客户端修改了一个资源的状态，而且希望将这个新状态传送给服务器时，就要使用其他动词了：`PUT` 用于对已知资源的修改，`POST` 用于创建一个新资源，`DELETE` 用于删除一个资源。就像是一种符合我们心意的表征机制的规范，这些动词并不是 URI 的组成部分，同样使 URI 保持了作为资源标识符的“纯洁性”。

一根扁担两个筐，另一头挑着的是客户端。首先注意，Web 服务可以支持作为客户端的并非仅限于 Web 应用程序。最值得注意的就是“移动 App”，它们读取和操作的信息都与对应的 Web 应用程序一样；这些应用程序通常会增加一些专属于某种设备的功能，这些功能是 Web 浏览器所不能提供的。本地桌面应用程序也可以使用 Web 服务，甚至*其他* Web 服务也可利用它们。就哪些客户端可以使用 RESTful Web 服务而言，RESTful Web 服务提供的统一接口和标准化表征提供了很大的灵活性和透明度。

Web 应用程序（也就是加载到 Web 浏览器中的交互式 Web 页面），与所有其他应用程序最终没有什么不同。它们呈现一个可受操控的用户界面；当特定的用户操作需要新信息时（最新的*资源状态*），就向适当的 Web 服务发出请求，Web 服务随后提供（*传送*）这一最新状态的一个*表征*（用纯文本、XML、JSON、YAML 或其他形式）。这是 Ajax 登场的地方：(1) 负责服务器通信；(2) *异步*实现通信，以使 Web 页面不会在等待服务器响应时“冻结”。根据所选的表征方式，`DOMParser`、`JSON` 或其他库可以考虑将所传送的状态转换为 JavaScript 对象，使它们更易于处理和显示。

可能导致混淆的是这些 Web 应用程序的*交付*方式。其他“App”通常是首先安装，然后通过双击、手指单击或其他操作来运行，而 Web 应用程序与之不同，它们通常也是根据需要*从网络上下载*。用于下载这些应用程序的机制也是 HTTP，就是用于和 Web 服务进行通信的同一协议。但是，这里传送的*内容*不是讨论它们时所说的数据交换格式，而是 HTML、图像、JavaScript 和其他一些信息的组合，它们是要向用户*显示*点东西，而不只是传送信息。交付方式的相似是最后一点类同之处。一个 RESTful 分布式系统的现代 Web 应用程序一旦在浏览器内部启动，它与本地移动或桌面应用程序的功能就没有什么不同了。事件驱动程序设计，再加上用于网络通信的 Ajax 和用于显示信息的 DOM，导致从与 Web 服务的交互方面，Web 应用程序很难与其他类型的程序区分开来。对于设计和实现都良好的 Web 应用程序，从用户的角度也可能很难区分它们。

8.5.3　分布式应用程序关注点的分离

无论是不是 RESTful 的（当然，我们希望你认为 REST 是有帮助的），分离关注点同样适用于（也许更适用于）分布式计算，就像适用于目前已经看到的其他范例一样。为了展示一个代码很短、可以轻松理解的简单示例，我们编写了一个 Ajax 风格的小应用程序，可以在 http://javascript.cs.lmu.edu/ajax-sample 获取它。这个应用程序提供了对 Linux *手册页*的 Web 访问，这些页面是关于 Linux 操作系统命令与接口的在线文档。可以在这个文档中查找关键字，然后在找到想要的命令后，阅读整个手册页面。图 8-2 展示了输入搜索项 `processing`

的结果列表页。

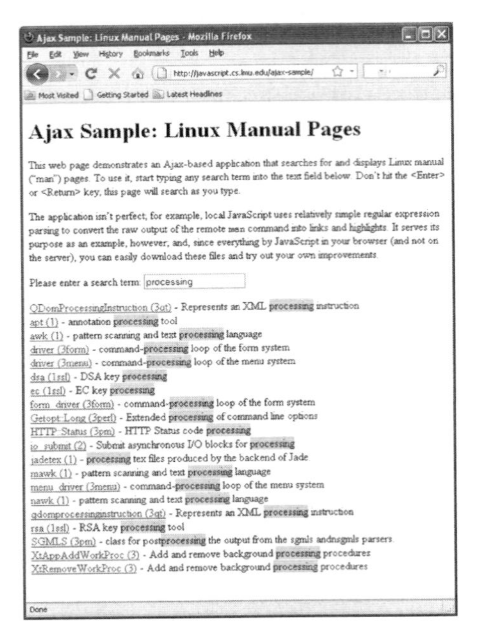

图 8-2 一个 Ajax 风格的 Linux 手册 Web 应用程序

这个 Web 应用程序的搜索字段在开始时为空。Ajax 支持“随键入随查询”行为。例如，首先键入 `process`，然后继续键入，直到以 `processing` 作为关键字。Web 页面会在键入过程中更新搜索结果。从图 8-2 可以看出，搜索结果列出了其单行描述与搜索项相匹配的 Linux 手册页。单击每个结果开头的链接，可以转到完整的手册页面。例如，单击 das(1ssl) 将转到关于处理 DSA（数据签名算法）密钥的文档。

像这样的 Web 应用程序都是根据以下主要组件来组织结构的。[1]

- 首先要决定模型（信息），由应用程序提供和使用。在手册页面查询中，或者处理一个搜索结果集合，或者处理 Linux 手册页的完整文本。如果查看 `script` 元素和它们引用的 JavaScript 文件，就会注意到，这个应用程序最终请求了以下 URI。[2]

  http://javascript.cs.lmu.edu/php/man-keyword.php?keyword=<keyword>，用于关键字搜索，用户在搜索字段键入任意内容后，对其进行 URI 编码，然后代替 URI 中的`<keyword>`。

  http://javascript.cs.lmu.edu/php/man.php?entry=<entry>§ion=<section>，访问实际手册页面的文本；`<entry>`对应于手册项目（命令、库函数，等等），而`<section>`则对应于整个 Linux 手册中的节标识符。

  最终，这些 URI 返回的文本将用作应用程序的模型。如果愿意，可以直接在浏览器中访问这些 URI；只需用适当值填充查询参数即可。例如，对 `processing` 的查找对应于以下 URI：

  http://javascript.cs.lmu.edu/php/man-keyword.php?keyword=processing

  它会返回以下纯文本（或某些类似内容——服务器维护可能会改变可供查阅的手册页面）：

```
QDomProcessingInstruction (3qt) - Represents an XML processing
                                  instruction
apt (1)              - annotation processing tool
awk (1)              - pattern scanning and text processing
                       language
driver (3form)       - command-processing loop of the form system
```

① 随着编程知识与经验的扩展，你还会注意到其他类型应用程序也类似。

② 没错，这个例子不是 RESTful 的。我们希望表明，即使没有 REST，任意分布式应用程序也能受益于关注点的正确分离。

```
driver (3menu)        - command-processing loop of the menu system
dsa (1ssl)            - DSA key processing
ec (1ssl)             - EC key processing
form_driver (3form)   - command-processing loop of the form system
Getopt::Long (3perl)  - Extended processing of command line
                        options
HTTP::Status (3pm)    - HTTP Status code processing
io_submit (2)         - Submit asynchronous I/O blocks for
                        processing
jadetex (1)           - processing tex files produced by the
                        backend of Jade.
mawk (1)              - pattern scanning and text processing
                        language
menu_driver (3menu)   - command-processing loop of the menu system
nawk (1)              - pattern scanning and text processing
                        language
qdomprocessinginstruction (3qt) - Represents an XML processing
                        instruction
rsa (1ssl)            - RSA key processing tool
SGMLS (3pm)           - class for postprocessing the output from
                        the sgmls andnsgmls parsers.
XtAppAddWorkProc (3)  - Add and remove background processing
                        procedures
XtRemoveWorkProc (3)  - Add and remove background processing
                        procedures
```

关于 DSA 密钥处理的项目称为 dsa，可以在手册的 1ssl 小节找到。因此，这个 URI 会返回该手册页的完整文本：

http://javascript.cs.lmu.edu/php/man.php?entry=dsa§ion=1ssl

所得到的文本过多，不能完全复制到这里，但如果使用自己的浏览器，就可以看到所有内容。这就是 Web 应用程序使用的数据，或者说 model。

- 你可能已经注意到，尽管 Web 应用程序的搜索结果（图 8-2）与 Web 服务返回的原始数据的手册页面显示之间有一些相似，但它们还是有区别的。例如，在搜索结果中，左侧的项目和小节以链接形式显示，可以指向实际的手册页面。另外，在手册页的描述中，匹配的关键字会高亮显示。这一呈现称为应用程序的视图。

  要遵循的规则就是从来不要将模型与视图混淆在一起。主要原因是任意同一段信息实际上都可以用许多方式来呈现、设置格式，或查看。任何只能采用某一特定显示的信息交换最终都很难处理和维护。因此，这个 Web 应用程序的 Web 服务 URI 只返回纯文本。Web 应用程序代码包含了明确的转换机制，用于准备这些文本，以在 Web 页面上显示。对于搜索结果，formatManKeywordResult 函数以编程方式执行这一转换。手册页面文本最好使用固定宽度的字体显示，针对这一文本，man.php 服务的响应被指定给一个特定 pre 元素的 innerHTML 属性，这是因为在默认情况下，pre 元素就是使用这样一种字体来显示其内容。

- 一个妥善分隔的 Web 应用程序，其第三个主要组成部分是控制器代码。从概念上来说，控制器行为就是对用户操作的任意响应，决定了应用程序如何作为——它要做什么，下一步要去哪儿，提取什么信息。在 Web 应用程序中，这一代码很容易识别：它就是事件处理程序调用的内容，参见第 6 章。

  在 Web 页面内正确地设置事件处理程序（例如，onclick、onfocus、onkeyup），使 Web 浏览器能够在用户做某种有意义的活动时或者在预定时间之后，调用正确的 JavaScript 代码。这些事件触发的代码，或者处理完全在本地的内容（比如改变其他控件的状态、更新其取值、修改所显示的其他信息），或者通过 Ajax 在网络上发起对新信息的请求。当新信息到达后，再次由事件处理程序触发代码——jQuery ajax 设置实参中的 success 函数，或者是低级 XMLHttpRequest 对象中的 onreadystatechange。这一代码相应更新所显示的内容。

“控制”也不一定要由用户触发。一些 Web 页面会在 Web 浏览器没有明确重新加载的情况下呈现“实时更新”行为，这种 Web 页面通常都有正在进行的活动，它们是通过 `setTimeout` 或 `setInterval` 函数设置的（最早在第 6 章见到，第 9 章将进行深入探索），会在设定的时间间隔内自动触发。这也会构成一种控制形式，最终拥有相同的结构：在某一时间，一个函数被调用，这个函数开始 Web 页面内容的更新。

采用这种结构的 Web 应用程序很容易维护，不仅因为应用程序各个组件的任务各不相同，形成了很自然的界限，还因为可以将它们交由不同专业的软件开发者完成。模型可以由 Web 服务和数据专家处理，视图交由 Web 页面设计专家和图形艺术家处理。最后，控制器可以成为 JavaScript 和 DOM 专家的工作重点。尽管这些群体之间肯定需要交互，但其任务之间有充足的隔离度，在经过最初的协调之后，可以相对独立地完成各自的工作，然后再一起集成，完善整个应用程序。

8.5.4　服务器端技术*

如果你只是一位 JavaScript 程序员，从某些方面来说，本节内容和你没有什么关系。如果你有自己的 URI，而且知道它们提供的内容，那就不需要更多地了解这些 URI 的服务器会做些什么。这是严格进行“客户端–服务器”分层的美妙之处。不过，在某些特定的上下文中，了解一下哪些事情是在“服务器端”完成的，可能会有一些好处，这就是本节的焦点。

图 8-3 显示了一些经常参与服务器端活动的部分，也就是说，从 JavaScript 代码连接一个 Web 服务开始，到它接收到响应时所发生的一切。

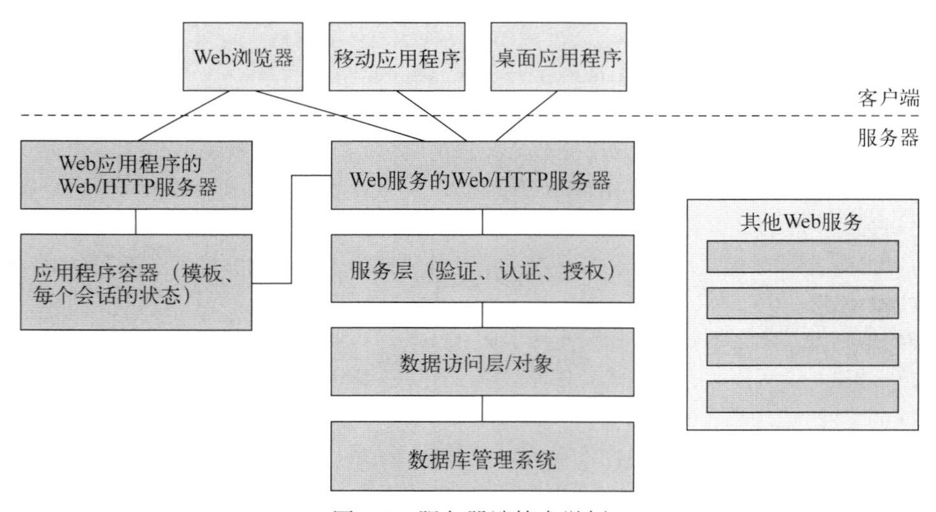

图 8-3　服务器端技术举例

基于 Web 的分布式应用程序的第一个接触点是一个 Web 服务器，具体来说，就是 HTTP 服务器。著名的 HTTP 服务器示例包括：开源 Apache 和微软公司的商用互联网信息服务器（IIS）。这个服务器接收 Web 浏览器请求，找出与它们有关的内容。在 Web 的最早期，这些宿主差不多就是文件服务器：URI 直接映射到文件，然后将文件送回。而现在，会发现很多事情。

最值得注意的是，现在分布式应用程序实际上可能拥有一些执行两个不同功能的 HTTP 服务器。一类 Web 服务器负责发布 Web 应用程序,也就是用户通过 Web 浏览器看到和与之交互的一系列 Web 页面。第二类 Web 服务器随后处理这个 Web 应用程序所需要的服务：信息提取、大量计算，等等。以这种方式隔离开之后，负责 Web 应用程序的 HTTP 服务器可能和浏览器本身一样，是提供服务的 HTTP 服务器的一个“客户端”（如果通过 Ajax 连接的话），或者是任意其他类型的应用程序，比如运行在桌面或移动计算机上的胖服务器。如果一个系统采用这种方式在其 HTTP 服务器上划分工作，就说该系统具有面向服务的体系结构（SOA）。Web 应用程序 HTTP 服务器负责组合 Web 页面和其他资源，以直接向用户显示，供用户进行交互，而 Web 服务 HTTP 服务器则负责一个应用程序所需要的实际信息管理任务。

在动态分布式应用程序中，特别是那些在 SOA 中运行的应用程序中，Web 服务 HTTP 服务器作为中继器或路由器的功能要强于作为文件服务器的功能：根据 Web 请求的 URI，服务器确定另一个应当处理该请求的软件层。这个*服务层*运行一些称为 servlet 的小程序，它以 Web 请求中提供的信息为输入——不只是 URI，还有 HTTP 动词（`GET`、`PUT`、`POST` 或 `DELETE`）及其他请求参数。然后 servlet 返回一个响应——HTML、图像数据、视频、纯文本、XML、JSON、YAML，随便什么东西——Web 服务器将它中继传回客户端（一个 Web 浏览器、一个厚桌面或移动应用程序，甚至是另一个 HTTP 服务器）。这里有许多选择，最古老的工具是 shell 和 Perl 脚本。Java 软件（对，就是那个 Java，除了名字与 JavaScript 很像之外没有任何关系）也非常流行，还有 PHP（之前的 Personal Home Page，个人主页；现在的 PHP: Hypertext Processor，超文本处理程序，也是一种自我引用的缩写词形式，类似于 YAML 和 GNU）、Python、Ruby、C#（Microsoft .NET），对了，还有 JavaScript 框架。

这一层可以发生任何事情：可以运行算法，可以实时生成文档，甚至可以联络其他 Web 服务。最后，这些结果必须符合被请求 URI 所承诺的一切，供 Web 客户端在需要时使用。

这一层有一个很常见的子行为，那就是*数据访问*——提取和管理永久存储（*持久*）信息。这个*数据访问层*有时被称为*数据访问对象*，即 DAO（data access objects），专注于 CRUD——数据的创建（Creation）、提取（Retrieval）、更新（Updating）和删除（Deletion）。在大多数此类数据访问层的“底部“，是数据库管理系统，比如 MySQL、PostgreSQL、Microsoft SQL Server、Oracle 或众多可用 NoSQL 服务器之一。应当注意，较早的客户端-服务器配置将这些数据库看作服务器；今天，你已经看到，涉及许多抽象层（tier）。

在这个序列的每个边界——Web 浏览器联系 Web 服务器，到应用程序或脚本层，到其他 Web 服务（可能存在），到数据访问层或对象，然后是数据库管理系统，以及反过来——都可能存在其他*透明层*。这些层被称为透明层，是因为并没有因为其服务而明确联络它们。它们只是在“幕后”做自己的工作，负责优化、安全或提升性能等任务，比如缓存、负载均衡或加解密。它们的任务很重要，而且有时是必不可少的，可以避免系统过载、使其保持响应，或者保护它们免受攻击。这些工作的透明性非常重要，使分布式应用程序开发人员不用根据这些实用工具的出现或变动而修改其代码。

回顾与练习

1. URI 和 URN 之间有什么区别？
2. 你是否同意整个万维网就是一个 RESTful 系统？为什么？

8.6 安全性

计算与信息安全是一个至关重要的复杂领域，随着万维网及分布式应用程序的出现，这一领域的重要程度更是大幅提高。从广义上来讲，安全就是保护资源（计算机、网络、信息等）不受未授权各方的访问。具体的安全术语源于受保护的资源以及这种保护措施禁止的访问类型。例如，保护信息以免被不当揭露称为*保密性*，保护信息免受不当修改称为*完整性*。*可用性*就是避免一个系统因为各种原因被显示为不可用，比如物理故障（停电、硬件问题）和有意的拒绝访问攻击。

本节将从一般和具体两个方面来讨论哪些内容可用，哪些内容不可用，一般方面是分布式应用程序的安全性，具体方面是 Web 浏览器和 JavaScript 的安全性。的确，这些问题对于所有计算机系统、程序设计语言和技术平台都是存在的；但是，万维网这种无处不在的特性大幅放大了其重要性。

8.6.1 Web、不利因素和沙盒

原则上，安全与 Web 的主要关注点与一般软件安全性没有什么区别，都是防止恶意程序在你的计算机上

运行。当你在自己的计算机上运行软件时，就是信任这个软件不会读取（更不用说分享）它不应当分享的信息、不会破坏你系统上的任何东西、不会将你的计算机显示为不可用，如此等等。

Web 的一大特征就是它涉及一种软件（Web 浏览器），可以非常轻松地联络互联网上的任意机器，而且由于 JavaScript 的缘故，可以运行这些机器提交的程序，而你可能毫不知情。因为可以如此轻松地联络和交付软件，导致问题的规模放大了许多个数量级。它也推动了一些你即将要查看的规则和控制的创建。

当然，我们不能不在 Web 浏览器上运行程序。否则，就会失去我们目前享有的大量功能。于是，基本思想就是*限制*一个程序能够执行的行为，允许那些通常应当安全的活动，禁止那些可能导致恶意行为的活动。

这一限制原则称为沙盒。沙盒是一种明确定义的“安全功能区”，被放入沙盒的程序获准在这里运行。对于由 Web 浏览器从互联网上下载的 JavaScript 程序，会禁止以下活动。

- 禁止读写用户计算机上的文件，但 cookies（短数据片断）或由提供该 JavaScript 程序的同一服务器创建的*本地存储*除外。
- 禁止访问用户的浏览历史（JavaScript 可以在浏览器中运作，但不能读取它去了哪里）。
- 在许多环境下，禁止打开新的浏览器窗口（也就是经常激活的 Web 浏览器设置——“阻止弹出窗口”），即使可以打开窗口，这个窗口的所有边都必须大于 100 个像素，能适合用户的屏幕，而且拥有标题栏。
- 在非常有限的情况下，会*允许* JavaScript 打开窗口，但禁止关闭不是由它打开的窗口。
- 禁止修改用户用 Web 页面文件选择器元素选择的文件，也就是 `type` 属性为 `file` 的 `input` 元素。
- 禁止读写 Web 服务器上的文件。所有通信都仅限于 HTTP 请求，它们必须由 Web 服务器进行处理之后，才能导致对服务器文件的直接行为。
- 禁止与资源交互，包括网络连接，其服务器和协议不同于提供 JavaScript 程序的服务器和协议。这被称为*同源策略*，因为这一策略在分布式应用程序中非常重要，所以下一节将深入研究它。
- 禁止直接与数据库通信。这只是前两条限制的推论：如果在连接到一个服务器时只能使用 HTTP，*而且*唯一能连接的机器就是提供 Web 页面的服务器，那当然不能直接与数据库服务器对话。
- 禁止隐藏 Web 页面上的源代码（HTML、样式/可视内容、JavaScript）或数据（文本、图像）。

Web 浏览器中的 JavaScript 实现应该支持这些沙盒限制，这就引出了关于沙盒的最后一点。最后要说的是，尽管我们通常不信任来自 Web 的 JavaScript 代码（否则就不会将它放在沙盒中了），但必须相信自己的 Web 浏览器。可以做些什么来维护或确定这一信任呢？理想情况下，不应单凭 Web 浏览器开发者的话就信任它。从事安全的群体和个人应当在这里提供帮助。他们会在 Web 浏览器发布时对其进行研究，可以使用测试程序、网络监视器和其他一些工具，确定这一软件实施了必要的保护。就这方面而言，*开源*浏览器增强了信任。除了提供已经完成的、可执行的/可双击的软件之外，还提供其*源代码*，也就是用于生成该浏览器、可供人类阅读的代码，通常使用 C 或 C++等某一种程序设计语言，Web 浏览器开发者可以创建一个社区，能够看到这个 Web 浏览器到底做了什么、何时做的以及如何做的。除了直接开发者之外，还有更多的“眼睛”在盯着代码，这样就可以更彻底、更快速地维护 Web 浏览器的整体安全。闭源 Web 浏览器开发者必须使用其他机制或更多资源来完成同一事情。这并不是说他们不能生成足够安全的 Web 浏览器，只是说他们需要通过不同途径达到相同效果。

一些 Web 浏览器实现了第二类沙盒，了解它们是有用的，但它们对于 Web 页面代码通常是透明的。这个沙盒对 Web 页面的保护不是让它免受不安全网络行为的伤害，而是免受*相互之间*的伤害。和所有计算机程序一样，Web 页面代码可能会遇到致命错误或崩溃。没有“进程沙盒”，存在这些问题的页面可能会使整个 Web 浏览器（包括那些根本没有问题的页面在内）因它而崩溃。在实现一个进程沙盒时，行为得体的 Web 页面将受到保护，不会被行为不当的页面伤害；不良页面的崩溃将终止这些页面，不会影响任何其他已经打开但没有问题的浏览器选项卡或窗口。

8.6.2 同源策略

上一节曾经提到，JavaScript 沙盒的*同源策略*与分布式应用程序有关。JavaScript 程序只能和与之具有同一*来源*的资源（文档、元素、服务）交互，这里的“来源”定义为网络协议、端口和宿主的综合。乍看起来，规定一个 JavaScript 程序只能与提交它的 Web 服务器和协议通信，这似乎太严格了；例如，这一策略限定了在 http://javascript.cs.lmu.edu/runner 中键入的 Ajax 代码只能联系 http://javascript.cs.lmu.edu 处的 URL。但为了保护 Web 用户免受不法行为的伤害，这种折中是必要的。

设想一下，如果没有这个策略，会发生什么情况呢？没有这个策略，任何网站都可以读取你从任何其他网站下载的信息。例如，如果你的 Web 浏览器正在显示一些窗口，其中是你的社交网络和银行账户，而任何一个窗口中的脚本都能读取另一个窗口的数据。你的朋友可能会准确地知道你有多少钱或欠多少钱，你的银行也可以读取你和朋友的状态更新。密码可能被收集、被盗；可能会显示欺诈信息。这些可能性以及其他许多可能性催生了同源策略。

对网络连接和分布式应用来说，这一策略强制在 Web 应用程序与其服务器之间建立一对一关系。一方面，这简化了特定的交互，与 REST 保持一致。另一方面，这需要在服务器上完成更多工作，特别是当应用程序需要收集多个来源的信息时。

1. 跨域资源共享

Web 浏览器的默认行为是将 Ajax 请求限制于同源策略，但如果 Web 服务提供了明确许可，*跨域资源共享*（CORS）规范就放松了这一限制[W3C09a]。之所以会制定这一规范，是因为人们认识到，尽管同源策略对于大多数 Web 应用程序来说都是必要的安全措施，但像 mashup（8.6.4 节）这样的合法功能，以及用于实现这些功能的服务，也都会严重受到它的限制。

CORS 规范允许一个 Web 服务表明其他域是否可以使用该服务。遵循这一规范的 `XMLHttpRequest` 实现可以对非同源的 URL 执行“飞行前检查”。如果该 URL 的服务授权许可，则请求可以完成。

核心的 CORS 站点检查包括以下内容。

(1) `XMLHttpRequest` 在其请求中包含了 `Origin` 头，其中保存着一个 Web 页面的域，正是这个 Web 页面的代码发送了请求。

(2) Web 服务在其响应中包含了 `Access-Control-Allow-Origin` 标题，其中列出了一些来源，可以为这些来源处理该服务。这个列表可以指定各种不同范围，小到某一特定域列表，大到包含所有域在内，均可指定。

(3) 如果 `Origin` 与 `Access-Control-Allow-Origin` 匹配，则请求被放行。

利用这一规范中的其他标头，可以在必要时进行更精细的控制。和通常一样，可以在实际的规范文档中找出相关细节。

为了解这一规范是如何运作的，在 http://javascript.cs.lmu.edu/runner 中运行以下代码：

```
$("#footer").html("");

$.ajax({
    url: "http://go.technocage.com/javascript/cors",
    success: function (response) {
        $("#footer").html(response);
    }
});
```

这个 Ajax 请求尽管会进入不同于运行器页面的来源，但它的确会成功。在运行此程序时，应当在页面的底部看到一个简单的“Hello!”。Web 浏览器允许这一连接是因为这个具体的（微不足道的）Web 服务以 `Access-Control-Allow-Origin: *`作为响应，意思就是来自任何域的任何 Web 页面都可以联络它。

最后，与之前一样，跨域资源共享规范的有效性取决于实现它的 Web 浏览器。如果你的 Web 应用程序依赖于这一能力，可能需要确保用户的 Web 浏览器支持 CORS（应当是支持的，除非是太过陈旧的浏览器）。

2. HTML 允许跨站请求

乍看起来，同源策略的限制力已经很强了，可以使所有 JavaScript 网络行为都局限于为其服务的 Web 页面上，但事实可能会有很大不同。同源策略的第一个“矛盾”就是它主要适用于 JavaScript 代码，而不适用于 HTML。

第二个问题在这里简单提一下，下一节将更详细地研究，这一问题涉及 JavaScript 代码最早是如何“进入”一个 Web 页面的。在特定情况下，一个 Web 服务器有可能提供由别人（可能怀有恶意）编写的 JavaScript 代码。

但让我们回到一个事实：HTML（DOM）实际上并没有被同源策略涵盖。这样，以下不同来源的连接也是可能的。

- 在 HTML 代码中下载来自不同来源的资源。也就是说，同源策略不适用于从其他站点请求内容的 Web 页元素——图像、插件数据、嵌套 Web 页面……和 JavaScript 文件。
- HTTP `POST` 请求的提交，只要该请求是通过随后提交的 Web 页面中的 `form` 元素发起的。这个 `form` 元素可以指定一些 URL，不满足“同源”标准的请求将被发送到这些 URL。

第一个非同源“例外”（之所以要加上引号，是因为严格来说，这并不是该规则的一个例外，它只是不属于规则覆盖的范围，即 JavaScript 代码），当与 `script` 元素一起使用时，会呈现一些有趣的可能性。一般来说，只要用 `script` 元素来引用（通过 `src` 属性），就能加载和运行由其他站点提交的 JavaScript 程序。这是一个很重要的行为：可以用 JavaScript 实时创建这个 `script` 元素，就像任意其他 DOM 元素一样。随后就可以加载和运行远程站点上的脚本。因为 `script` 元素及其所加载脚本的创建可以在任意时候进行，而且取决于当前的程序逻辑和状态，所以这一技术称为*动态脚本加载*。在 http://javascript.cs.lmu.edu/runner 中尝试以下代码：

```
var script = document.createElement("script");
script.type = "text/javascript";
script.src = "http://go.technocage.com/javascript/cross-site.js";
document.body.appendChild(script);
```

它运行了一段 JavaScript 代码，这段代码的来源并不是 http://javascript.cs.lmu.edu，注意它是如何运行的。没错，这段代码可以运行。它做了什么呢？为找出答案，让我们清除文本区域，运行以下代码（不重新加载页面）：

```
alert(payload);
alert(payload.username);
alert(payload.password);
```

页面上现在有一个 `payload` 变量，拥有属性 `username` 和 `password`，当程序运行时会出现它们的值。为了了解是如何做到的，直接将之前的 JavaScript 代码加载到 Web 浏览器中：

http://go.technocage.com/javascript/cross-site.js

你应当看到以下内容：

```
var payload = JSON.parse('{ "username": "victim", "password":
                          "uh-oh!" }');
```

这段代码看起来没有害处，但观察一下 `payload` 变量是如何定义的：它是 `JSON.parse` 的输出。所包含的 JSON 可能是一个实时响应——一个数据库查询的结果，这个查询是由 URI 请求在远程非同源站点上触发的。“非同源”是这里的关键。如果使用标准的 Ajax，由于同源策略的原因，你是*无法*提取这个 JSON 对象的。利用`<script>`标签和远程站点的一些同谋（在 JSON 数据周围“填充”额外的 JavaScript），我们已经规避了该策略。这一技术称为 JSONP，即 JSON with Padding（带填充的 JSON），可以允许 JavaScript 程序调用一个与其 Web 页面不同源的 Web 服务。

为获得最大的灵活性，JSONP 通常用*回调函数*实现，它的名字是由客户端在 `script` URL 的一部分中提供的。这样，不同的 Web 应用程序可以使用相同服务，但不会被锁定到特定的函数或变量名中。大多数支持 JSONP 的服务都倾向于为这一目的使用参数名 `callback`。如果这个参数出现在 Web 请求中，就会发生 JSONP；否则就会使用“纯粹的”JSON。

例如，Twitter 提供了各种服务，用于在其数据库中查询推文、趋势和用户。下面的 URL 返回一个 JSON 表示，表示某一给定星期的趋势主题（可以在 Web 浏览器中键入它，看看会发生什么）：

http://api.twitter.com/1/trends/weekly.json

但是，由于同源策略的原因，禁止使用 Ajax 提取这些数据。例如，在 http://javascript.cs.lmu.edu/runner 中嵌入以下内容是无效的：

```
$("#footer").html("");

$.ajax({
    url: "http://api.twitter.com/1/trends/weekly.json",
    success: function (response) {
        $("#footer").html(response);
    }
});
```

幸运的是，Twitter 通过 callback 参数支持 JSONP。改为键入以下代码：

```
$("#footer").html("");

window.displayObject = function (data) {
    $("#footer").append($("<pre></pre>").text(JSON.stringify(data)));
};

var script = document.createElement("script");
script.type = "text/javascript";
script.src = "http://api.twitter.com/1/trends/weekly.json?callback=
              displayObject";
document.body.appendChild(script);
document.body.removeChild(script);
```

注意此代码是如何工作的。它在页面的底部显示了返回的 JSON 对象，已经被重新转换为字符串。这一脚本甚至可以在临时 script 元素完成之后删除该元素。还要注意，上面的代码没有使用 jQuery 的 ajax 函数，它是在执行“原始”JSONP。好消息是 jQuery 的确透明地支持 JSONP，在 8.7.2 节会看到这一点。

通过动态创建 form 元素，可以建立一个类似的非同源连接。form 元素的 action 属性给出要连接的 URL，它的 method 指定了对该 URL 执行的 HTPP 请求类型（动词）。form 的 submit 函数随后进行连接，包含了由 input 和 form 中的其他元素所提供的参数。这个元素本身甚至不需要追加到 document 对象。在运行器页面上尝试以下代码：

```
var form = document.createElement("form");
form.action = "http://go.technocage.com/javascript/cross-site.js";
form.method = "get";
form.submit();
```

注意你是如何连接到一个不同网站的。如果 HTTP 请求有任何副作用，比如读取或写入数据，那这些副作用可能已经发生了。与 script 方法的区别就是接下来看到的东西取决于你联络的网站如何响应；通常，它就是 action URL 返回的任何 Web 页面。但是，由于 HTTP 的重定向能力，该响应可以将你透明地带到一个不同网站——包括你自己的站点在内。尝试前一程序的以下变体，除了 action URL 之外，这两个程序是相同的：

```
var form = document.createElement("form");
form.action = "http://go.technocage.com/javascript/referback";
form.method = "get";
form.submit();
```

运行后似乎什么也没做；你会回到 http://javascript.cs.lmu.edu/runner。但的确发生了点事情：action URL 的服务器做了该请求要求它做的所有事情。它可能已经更新了数据库，执行了一个事务，甚至连接了其他服务器。最后，它将 Web 浏览器送回原始 Web 页面。[1]由于重定向的原因，用户可能错过了这一行为。再次说明，我们已经使用 JavaScript 连接到了一个非同源站点。

① 别担心，这里给的演示 URL 除了将 Web 浏览器送回之外，没做其他任何事情。真的，请相信我们。

8.6.3　跨站脚本

对于所有应用于 JavaScript 代码的限制，从同源策略到沙盒内的其他"障碍"，仍然存在可能会破坏 Web 应用程序安全性的技术和弱点。本节将介绍 Web 上最流行的攻击——跨站脚本，或称 XSS（cross-site scripting）。

XSS 不同于其他一些著名的攻击方式，比如缓冲区溢出、中间人攻击、各种类型的伪造与窃听，XSS 真的是专门面对 Web 的：它充分利用了各种机制与行为的特定组合方式，这些机制和行为存在于当前 Web 应用程序背后的组合技术中（HTML、JavaScript、Web 服务，等等）。XSS 的种子实际上已经在本章前两节有所提及。按照传统侦探故事的风格，可以说，此时此刻，你拥有的信息已经可以在一个易受攻击的 Web 应用程序上实施 XSS 攻击了。

如果你希望想得更清楚一点，可以在阅读后续内容之前先花点时间想一想。就目前所掌握的内容，你能做点什么来破坏目前看到的所有安全措施？

（准备好之后再回来。）

无论你是想明白了，还是放弃尝试了，现在都要继续下去。大多数 XSS 攻击都是在*代码注入*中发现的。代码注入就是将 JavaScript 代码插入一个 Web 页面中，根据同源策略使代码运行，就像它们是由被攻击 Web 服务提交的脚本一样。有了这样一个程序，攻击者可以做该 Web 应用程序能够做的任何事情——没有任何明显的迹象表明，这个恶意代码不属于该应用程序。

1. 用 URL 注入

有一种注入类型利用了一些 Web 应用程序"会原样返回"参数的方式，这些参数可能是 URL 中包含的搜索项或其他值。例如，假定一家网络商店可以按名字和生产商搜索，这样一个搜索可以用 URL 表示如下：

http://examplestore.com/search?name=<term1>&manufacturer=<term2>

然后，假定在进行此搜索后，返回的页面类似于图 8-4 所示，其中，作为一种很友好的提示，除了结果清单之外，还再次列出了用户的搜索项。

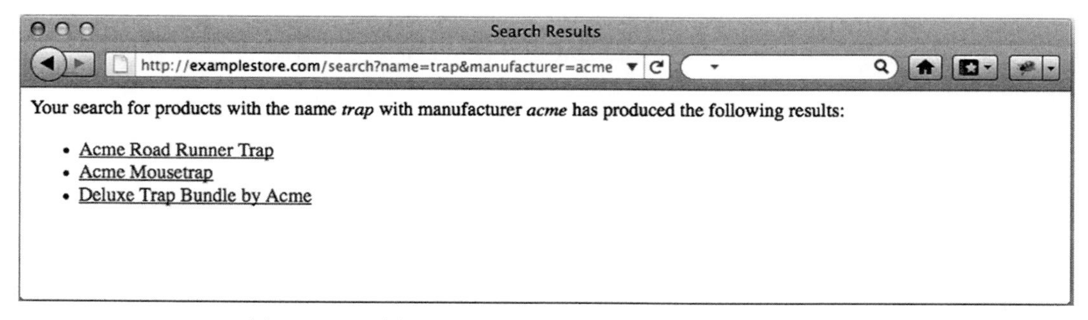

图 8-4　"原样返回"了网站 URL 提供参数的搜索结果页

要点就在这里：如果这个网站的开发者不是特别小心，攻击者可以使用该网站"原样返回"的参数来对付它：*提交一些可以解读为 HTML 的参数*。为说明这一点，我们创建了一个存在这一弱点的网站，地址为：http://javascript.cs.lmu.edu/php/vulnerable.php。这个站点接受 `name` 和 `manufacturer` 参数，和前面的例子一样。当然，它没有进行任何直接的搜索，所以如果搜索结果没有发生变化，也不要惊讶。继续用图 8-4 所示的参数来尝试：http://javascript.cs.lmu.edu/php/vulnerable.php?name=trap&manufacturer=acme。

看起来与预期非常一致，对吧？现在尝试 http://javascript.cs.lmu.edu/php/vulnerable.php?name =<u>trap</u>&manufacturer=<u>acme</u>。看看是如何为搜索项添加下划线的？这是因为这个特定的网站没有很好地对用户提供的值进行编码——这是导致 XSS 漏洞的关键程序设计疏忽。注意，现实中的搜索引擎可能不会为这样的一个 URL 返回任何搜索结果，它不会成为 XSS 攻击的目标。它已经成功地向返回的页面中*注入*了 HTML。现在，考虑一下，当被注入的 HTML 中包含了一个 `script` 元素时会发生什么情况：返回的（脆弱）页面可能包含了脚本，浏览器会运行它，就像它是由该网站生成的一样。同源策略失败了——它刚刚被破坏了！

代码注入URL在键入时可能非常麻烦，所以我们整理了一个列出这些URL的页面——当然是由另一个站点托管。继续尝试一下：http://go.technocage.com/javascript/xss-urls.html。[①]所引用的脚本示例是特别狡猾的。它在返回的页面中插入一个假的“用户名/密码”表单——使用了来自不同网站的脚本。另外，如果用户单击按钮，“重试”搜索，所提交的信息可能会被送往又一个网站——之所以会允许这样，是因为HTML表单可以将其数据提交给任意服务器。这个演示URL的Web页面也说明，现实生活中有大量XSS攻击可以部署为来自另一网站的链接，使其看起来很无辜。警惕性不高的用户可能会单击它们，作为去往其他站点的快捷方式，根本没有意识到它们在自己看到的Web页面版本中注入了不良脚本。像这样的链接也可以包含在电子邮件中，这是要避免单击电子邮件链接的主要原因之一。应当人工导航到感兴趣的站点。

前一节曾经介绍，HTML被排除在同源策略之外，在这里，它被用作一种执行严重不法行为的机制。这个故事的寓意就是：一个脆弱的网站，再加上XSS攻击者的一些非常聪明的URL操作，可能会使恶意代码几乎没有任何限制地得以执行。

2. Web表单注入

XSS攻击者有许多方法可以将代码放到它不该出现的地方，URL注入只是其中之一。事实上，较新的Web浏览器都对这种URL更为“警惕”，有时会自动对其进行编码，在某些情况下，甚至会检测URL的`script`片段何时也出现在返回页中。

另一方法是用Web表单进行的代码注入：通过观察脆弱站点接受表单输入以及在处理表单时呈现这一输入的方式，攻击者可以在这些字段中输入一些代码，使产生的页面运行恶意代码（如果输入数据被存储在数据库中，在Web搜索或对该网站执行其他操作时再次显示这些数据，那可能会使未来的众多页面都运行此恶意代码）。原理是相同的：使目标Web应用程序接受信息，并在后续Web页面中作为可执行JavaScript返回。在上一节，“入口”是URL；在这一节，是Web表单。

http://go.technocage.com/javascript/xssform.html处的“非同源”页面显示了一个表单，它将数据提交到http://javascript.cs.lmu.edu/php/vulnerable.php的演示服务（请记住，表单是不受同源策略束缚的）。从机制上来说，表单注入与URL注入没有什么区别：向一个易受攻击的服务建立连接，通常是使用HTTP `POST`操作提交参数，导致一个带有恶意代码的Web页面。http://go.technocage.com/javascript/xss-form.html的“prefills”示例注入了与http://go.technocage.com/javascript/xss-urls.html的示例URL相同的代码。

具体选择URL注入、表单注入还是其他方法，取决于多种因素。最重要的是要存在易受攻击的弱点。一些Web应用程序的这个弱点可能是在URL中，而其他一些可能是在HTTP `POST`请求中。另一个因素可能是使用的环境：根据攻击类型，此代码可能计划在Web服务返回后立即执行其操作（也就是说，注入的代码计划在提交URL或Web表单后立即生效），或者，如果URL或Web表单将信息存储到一个数据库中，该代码可能计划出现在其他一些Web应用程序页面中。要点是：除非Web应用程序专门抵御代码注入，否则XSS可能完全破坏JavaScript沙盒及其同源策略的目标。

3. 抵御XSS的防御式程序设计

XSS问题可以在许多不同级别解决。当你阅读本书时，人们已经在研究新的标准和技术，使分布式Web应用程序向更安全、更加模块化的方向发展，与人们今天对Web的预计没有太大偏离。但是，在这些标准获得广泛支持和采用之前，应用程序开发者还是要采取一些防御措施。

实际上，这些规则相当简单。它们都建立在Web浏览器根本不安全这个前提下，因此，应当检查浏览器发送给Web服务的一切，特别是由外部资源（如用户和其他网站）提供的数据。在客户端和服务器端都应当通过程序设计加入保护措施。

---

① Web浏览器一直在不断地提高其安全性，所以如果有一个或多个脚本注入示例没有发挥作用，也不用惊讶。例如，注意这些示例是如何交换`name`和`manufacturer`参数的顺序，使`script`元素标签的顺序混乱的（从而很难检测）。如果你的Web浏览器碰巧如此，只要看看URL和得到的Web页面，如果URL参数通过了，那就看看是如何将脚本注入到页面中的。

- ❑ 服务器端的代码必须总是验证从 Web 浏览器接收的请求。预期输入必须保持对应用程序有意义的最严格格式。
- ❑ 客户端和服务器端代码必须对所有交换信息恰当编码。前面已经看到 JavaScript 中提供的 `encode` 和 `decode` 函数；服务器端技术也具有类似函数。要使用它们。

这些保护措施可以在最大限度上降低当今分布式应用程序的 XSS 风险，即使在开发和采用了长期解决方案时也是如此。

8.6.4 mashup

尽管 Web 浏览器对 JavaScript 网络连接施加的限制和保护通常是必要的，但它们会与一些合法而强大的 Web 应用程序类别产生直接冲突。本节将研究这样一个类别：mashup。mashup 提供了一些非常引人注意的新方法，用于合并来自不同来源的数据，并实现其可视化，但它们依赖的行为恰是同源策略及其他 Web 浏览器安全功能所限制的行为。

mashup Web 应用程序提取两个或多个不同来源的数据集，然后以一种集成方式呈现，有利于产生新的领悟和关联。这是“整体大于其各个组成部分之和”这句话在 Web 方面的体现。mashup 还具有高度交互性和动态行为：要导航浏览或调整 mashup，用户希望能够在他们拖放或调整用户界面控件时“实时”看到更新；传统的“单击然后等待”的 Web 导航周期在这里是不可接受的。mashup 的例子包括实现如下功能的网站。

- ❑ 在地图上重叠饭馆。
- ❑ 在日历上显示各种事件。
- ❑ 绘制数值数据（如股票价格）的曲线，同时给出同一时间的重大新闻标题。
- ❑ 在一张地图显示在各个不同旅游景点拍摄的相片。
- ❑ 显示社交网络，并将事件、地点或群体与有联系的朋友关联在一起。
- ❑ 根据内容及对你的了解（比如你的购物历史、最近的搜索项，或者到达该网站的方式），定制其广告。

图 8-5 是一个 mashup(http://www.flickrvision.com)的截屏，它使用了相同数据源。http://www.flickrvision.com 不是根据地图导航来显示图像，而是基于时间——查看这个 Web 应用程序时，这些图像会在它们被上传时弹入和弹出地图。既然我们一直在这里重复格言，那就从这两个显示同一数据不同展示的截图中，观察一下是如何用多种方法达到目的的（混搭）？

图 8-5　http://www.flickrvision.com，另一个 Flickr——Google Maps mashup

应当注意，尽管许多 Web 应用程序（特别是搜索引擎和 Web 门户）可能具有与此类似的功能，但这些应用程序可能是自己收集或托管所用数据的，所以它们在体系结构上与典型的客户端–服务器数据库应用程序没有什么不同。mashup 的“灵魂”是强调对多种不同服务的使用，这些服务在设计时可能并没有考虑到要一起使用，甚至并不知道它们要与来自其他服务的数据整合在一起。

因此，就其本质来说，mashup 需要绕过同源策略。应用程序 Web 页面本身只能由一个站点提供，而同一页面必须拥有对多个数据源的访问权限，因此，也就要访问多个服务器。但同源策略的确还在这里，所以 mashup 实现需要依赖于以下应变方法之一——我们希望你对其中大多数方法都不会感到特别惊讶，因为之前已经看到过了。

- 服务器端集成。这个方法是唯一严格遵循同源策略的方法：以提供 mashup Web 页面的服务器作为该 mashup 要合并的所有服务的中继。因此，Web 页面只需要联络一个服务器或来源。“可混搭”的服务集合仅限于中继服务器“理解”的服务。
- 跨域资源共享（CORS）。不难明白 mashup 和 CORS 为对方而生的原因——CORS 背后的原理就是由特定服务明确授权跨域许可。被混搭的服务可以允许任意来源（或一个特定的已知客户端列表），那 mashup 应用程序就能任意连接了。
- 动态脚本加载。这就是 8.6.2 节中展示的方法。浏览器端的 mashup 代码可以在使用中创建 `script` 元素，使用的脚本就是设计用于返回可混搭的数据。这需要被访问服务拥有可以此种方式使用的此类脚本。
- JSONP。在 8.6.2 节已经看到，JSONP 是动态脚本加载的一种特殊应用，`script` 引用解析为一个 JSON 表达式，被传送给浏览器端 mashup 代码中的某个函数。为获得更大的可定制功能，JSONP 服务可以接受“前缀”或“后缀”参数，表明哪些 JavaScript 代码应当“封装”在 JSON 数据表示中。有了这种可定制功能，mashup 应用程序就能以最适合其需求的方式来处理 JSON。
- XSS 方法。思考一下便会明白，JSONP 实际上就是一种“得到许可”的代码注入形式，XSS 方法提供了一大组可以作为替代的类似方法。因此，任何其他 XSS 方法（URL 的代码注入、HTTP `POST` 的代码注入，等等）也都是有效的，只要参与的服务拥有可以完成此类方法的机制就行。多少有点讽刺意味的是，mashup 让某种“受邀请”的代码注入成为必需——Douglas Crockford 由此而将这些应用程序描述为“自找的 XSS 攻击”[Cro10]。

回顾与练习

1. 选择 JavaScript 代码的三种沙盒限制（同源策略除外），并解释为什么移除这些限制可能会导致安全风险。
2. 尝试将两个不同 `script` 元素注入到 http://javascript.cs.lmu.edu/php/vulnerable.php 处的易受攻击演示服务：一个在 `name` 参数中，另一个在 `manufacturer` 参数中。会发生什么？为什么？你可能需要打开 Web 浏览器的错误控制台或调试窗口，才能得到确定答案。

8.7 案例研究：事件与趋势主题

本章最后来看一个 mashup 案例：一个 Web 应用程序，组织、排列我们自己开发的日历服务报告的一些事件（参见公共可用的网址 http://javascript.cs.lmu.edu/php/calendar.php），它还使用了一个 RESTful Twitter API（https://dev.twitter.com/docs/api）。具体来说，这个应用程序访问 Twitter 的趋势主题服务，提供其网站上给定时刻的最流行主题搜索。

可以在 http://javascript.cs.lmu.edu/calendarmashup 上尝试 mashup。图 8-6 显示了该应用程序在使用中的一幅截图。

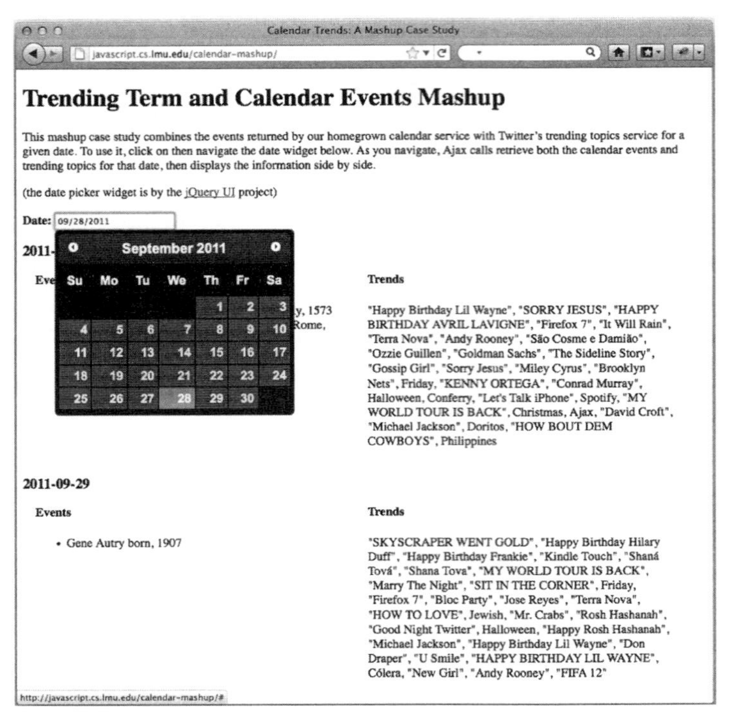

图 8-6　事件与趋势主题 mashup 案例研究

这个案例研究 mashup 在执行时需要用户选择一个日期。选择日期后会触发一个 Ajax 连接，从每个服务请求信息。随后将并排显示同一天的日历事件和趋势主题。

这个 Web 应用程序的源代码基本（外部包含的库除外）如下所示：

```
<!DOCTYPE HTML>

<html>
  <head>
    <meta charset="UTF-8" />
    <title>Calendar Trends: A Mashup Case Study</title>

    <!-- 日期小组件需要的样式 -->
    <link rel="stylesheet" type="text/css"
        href="http://ajax.googleapis.com/ajax/libs/jqueryui/1.8.9/
              themes/ui-darkness/jquery-ui.css"/>

    <!-- 非常简单的样式，只是为了并排放置事件和趋势  -->
    <style type="text/css">
      .date { clear: both; }
      .category {
        width: 45%;
        margin: 0 1em;
        display: inline-block;
        vertical-align: top;
      }
      .category h4 { margin-top: 0; }
    </style>

    <script type="text/javascript"
      src="http://code.jquery.com/jquery-latest.min.js"></script>
    <script type="text/javascript"
      src="http://ajax.googleapis.com/ajax/libs/jqueryui/1.8.9/
```

```
        jquery-ui.min.js"></script>
    <script type="text/javascript" src="date.js"></script>
    <script type="text/javascript">
      $(function () {
        // 使 Ajax 动画不可见
        $("#ajaxAnimation").hide();

        // 设置日期选择器
        $("#datepicker").datepicker({
          onSelect: function (dateText) {
            // 设置模型变量
            var mashup = {};

            // 设置函数，用于显示模型中的数据
            var displayMashup = function () {
              var mashupHtml = "";
              $.each(mashup, function (dateKey, mashupItem) {
                mashupHtml += "<h3>" + dateKey + "</h3>";

                // 写出事件
                mashupHtml += "<div class=\"date\">";
                mashupHtml += "<div class=\"category\">
                <h4>Events</h4>";
                mashupHtml += "<ul>";
                $.each(mashupItem.events, function (i, mashupEvent) {
                  mashupHtml += "<li>" + mashupEvent + "</li>";
                });
                mashupHtml += "</ul></div>";

                // 写出趋势
                mashupHtml += "<div class=\"category\">
                <h4>Trends</h4>";
                mashupHtml += "<p>";
                $.each(mashupItem.trends, function (i, mashupTrend) {
                  if (i > 0) {
                    mashupHtml += ", ";
                  }
                  mashupHtml += mashupTrend;
                });
                mashupHtml += "</p></div></div>";
              });
              $("#results").html(mashupHtml);
            };

            // 获取日期
            var date = new Date(dateText);

            // 清除结果元素中的内容
            $("#results").html("");

            // 显示某一 Ajax 反馈动画
            $("#ajaxAnimation").show("fast");

            // 开始调用日历服务。在接收和处理日期结果后，联系 Twitter。
            // 注意这两个服务的日期参数格式有什么不同。
            $.getJSON("http://javascript.cs.lmu.edu/php/calendar.php",
              { date: date.toString("yyyyMMdd") },
              function (result) {
                // 首先处理日历结果：模型数据是以日期
                // 字符串为属性的 JavaScript 对象。
                // 每个属性又是一个对象，其中包含了事件，
                // 之后还会包含 Twitter 趋势。
```

```
              mashup = {};
              $.each(result, function (i, event) {
                // 每个元素仅包含月、日。
                // 将它转换为一个带有选定年份的日期字符串。
                var dateString = event.month + " " + event.day +
                  ", " + date.toString("yyyy");

                // 以日期为属性，然后将事件加到它的值中
                var dateKey = new Date(dateString).toString("yyyy-\MM-dd");
                if (mashup[dateKey]) {
                  mashup[dateKey].events.push(event.description);
                } else {
                  // 初始化 mashup 单日期对象
                  mashup[dateKey] = {
                    events: [ event.description ],
                    trends: []
                  };
                }
              });

              // 现在可以抓取 Twitter 趋势了。因为这超出了本页的域，
              // 所以需要有一种方法来应对同源策略。这里使用 JSONP，
              // 这是因为 jQuery 可以轻松支持它：直接在 getJSON 函数
              // 的 URL 中追加"callback=?"即可。
              $.getJSON(
                "http://api.twitter.com/1/trends/weekly.json?
                 callback=?",
                {
                  date: date.toString("yyyy-MM-dd"),
                  exclude: "hashtags"
                },
                function (result) {
                  // 对于结果中的每个日期，找出之前存在的日期，
                  // 然后向该日期添加标题。
                  $.each(result.trends, function (dateKey,
                    trendArray) {
                    if (mashup[dateKey]) {
                      $.each(trendArray, function (i, trend) {
                        mashup[dateKey].trends.push(trend.query);
                      });
                    }
                  });

                  // 数据收集完成后，终于可以显示 mashup 了
                  displayMashup();
                  $("#ajaxAnimation").hide("fast");
                }
              );
            }
          );
        }
      });
    });
  </script>

</head>

<body>
  <h1>趋势项和日历事件 Mashup</h1>

  <p>这个 mashup 案例研究针对一个给定日期，将我们自己
  开发的日历服务与 Twitter 的趋势主题服务返回的事件合
```

```
    并在一起。要使用它，可单击并浏览下面的日期小组件。
    在浏览时，Ajax 调用会提取该日期的日历事件和趋势主题，
    然后并排显示这些信息。</p>

    <p>(the date picker widget is by the <a
    href="http://jqueryui.com">jQuery UI</a> project)</p>

    <p><label for="datepicker"><b>Date:</b></label>
      <input type="text" id="datepicker" />
      <img id="ajaxAnimation" src="../images/loadera16.gif" /></p>

    <div id="results"></div>
  </body>
</html>
```

8.7.1 日期选择用户界面

日期选择是在 jQuery UI 项目（http://jqueryui.com）的帮助下完成的，这个项目为 Web 应用程序提供了一个可重复使用、可定制的“小组件”库。由名字可以看出，jQuery UI 是以 jQuery 为基础的，使用了它的许多设计原理和核心功能。这个应用程序还提供了一个简单的动画图像，用于表示 Ajax 连接正在进行中。

要使用 jQuery 和 jQuery UI，可以在页面的 `head` 中引用相关 JavaScript 文件。同时引用开源 Datejs 库（http://www.datejs.com），以方便地将 `Date` 对象格式化为字符串：

```
<script type="text/javascript"
  src="http://code.jquery.com/jquery-latest.min.js"></script>
<script type="text/javascript"
  src="http://ajax.googleapis.com/ajax/libs/jqueryui/1.8.9/
       jquery-ui.min.js"></script>
<script type="text/javascript" src="date.js"></script>
```

日期小组件和 Ajax 动画的设计由 HTML 标签和相应的 JavaScript 组成。Web 页面主体包含以下标签，其中文本域将调用日期小组件：

```
<p><label for="datepicker"><b>Date:</b></label>
   <input type="text" id="datepicker" />
   <img id="ajaxAnimation" src="../images/loadera16.gif" /></p>
```

注意，并没有 HTML 专属 jQuery UI。所有的“魔法”都在于以下页面 `head` 中的最后一个长 `script` 元素的 JavaScript 片断。这段代码充分利用了 jQuery 库的选择器、所增加的功能和快捷方式（7.5 节）：

```
$(function () {
  // 使 Ajax 动画不可见
  $("#ajaxAnimation").hide();

  // 设置日期选择器
  $("#datepicker").datepicker({
    onSelect: function (dateText) {
      /* 程序逻辑的其余部分 */
    }
  });
});
```

这个 `script` 元素以 jQuery 的 `$(document).ready` 开始，用于代替 `onload` 事件，进一步缩写为 `$(function () { })`。

这个函数马上隐藏了 Ajax 动画 `img` 元素，其 ID 选择器为 `#ajaxAnimation`。将“选择器加 `hide`”调用与对应的非 jQuery 方式进行对比：

```
document.getElementById("ajaxAnimation").style.display = "none";
```

第二个 jQuery 调用设置了 jQuery UI 日期小组件。它选择了#datepicker 文本 input 元素，并调用已安装的 jQuery UI datepicker 函数对其进行设置。在 jQuery 风格中，这个日期小组件的所有设置和自定义属性都放在一个 JavaScript 对象中，作为单个实参传送给 datepicker。

在案例研究 mashup 中，唯一需要为日期小组件设定的选项就是日期选择事件处理程序，在 datepicker 实参的 onSelect 属性中传送。该应用程序的其余逻辑全都在这个函数内部。

8.7.2 Ajax 连接

onSelect 函数的开头是一组会在后面用到的定义：

```
// 设置模型变量
var mashup = {};

// 设置函数，用于显示模型中的数据
var displayMashup = function () {
  /* 后面将会看到 */
};
```

真正的内容是在 displayMashup 函数定义之后开始的，如下所示：

```
// 获取日期
var date = new Date(dateText);

// 清理结果元素中的内容
$("#results").html("");

// 显示某一 Ajax 反馈动画
$("#ajaxAnimation").show("fast");
```

下面用日常语言逐行解释。

- Date 对象是由 dataText 实参解析而来的，这个实参是由日期小组件传送给 onSelect 函数的。实际是用户在日历小组件所选日期的字符串表示。
- 为 mashup 数据保留的元素得到一个“results” ID，使用 jQuery 选择器#results，将其内容清空。以空字符串为参数调用 jQuery 的 html 函数就可以非常简洁地做到这一点。
- 用 jQuery 的 show 函数显示 Ajax 动画图像，向用户显示视觉反馈，告诉用户正在等待网络请求的完成。jQuery 的 show 和 hide 函数实际完成的工作并不仅限于设定元素的 display 属性，还会在选定元素出现或消失时执行过渡动画。在本例中，将 fast 作为实参传送给 show，实现这个动画的自定义。

接下来，发出网络请求。这里并没有使用 jQuery 的通用 ajax 函数，而是使用了 getJSON，它是 ajax 函数用于 JSON 请求的等价版本。因为这个函数假定我们正在连接到一个服务，此服务以 JSON 作为数据表示，所以需要提供的信息要少于 ajax 提供的信息。getJSON 仍然会调用 ajax，但预先填充了 JSON 服务共有的许多设置。

在显示 Ajax 动画图像后，getJSON 调用立即进行，如下所示：

```
$.getJSON("http://javascript.cs.lmu.edu/php/calendar.php",
  { date: date.toString("yyyyMMdd") },
  function (result) {
    /* 事件处理和更多的 Ajax，随后讨论 */
  }
);
```

getJSON 接受三个实参：JSON 服务的 URL、该请求的任意参数、用于处理服务响应的处理程序函数。和 ajax 一样，result 对象是将通过网络传送的 JSON 数据表示进行解析后的版本。

从前面的代码可以看出，mashup 首先联系日历服务。之前，在访问该服务时没有提供任何参数，在 8.4.1 节已经看到，这样会生成今天和明天的事件。当包含一个 date 参数，并且日期格式设为 yyyyMMdd（例如 2011

年 7 月 28 日，表示为 20110728）时，该服务就会返回这一日期及之后一天的事件。getJSON 以 JavaScript 对象的形式取得这些参数，如上面代码中的第二行，这个对象只有一个属性，名为 date，它的值是之前解析的 date 对象，根据日历服务的要求设定格式。

最后一个 getJSON 实参是在 JSON 请求完成之后运行的处理程序代码，包括两个主要步骤。

(1) 处理由日历服务返回的事件数组（result 实参）。

(2) 向 Twitter 的趋势主题服务启动一个 Ajax 请求。

由于本节主要讨论 Ajax 连接，所以现在直接跳到第二个 Ajax 请求：

```
$.getJSON("http://api.twitter.com/1/trends/weekly.json?callback=?",
  {
    date: date.toString("yyyy-MM-dd"),
    exclude: "hashtags"
  },
  function (result) {
    /* 趋势主题处理和 mashup 显示——在最后两节讨论 */
  }
);
```

这是另一个 getJSON 调用，这一次调用的是 http://api.twitter.com/1/trends/weekly.json?callback=?处的 Twitter 趋势主题服务。注意，这个网络连接通常会因为同源策略而被禁用，所以需要 8.6.2 节介绍过的一些解决方法，在本案例研究中，使用的是 JSONP，Twitter 服务是支持它的。在服务 URL 的最后追加?callback=?，告诉 getJSON 函数将使用 JSONP；getJSON 完成剩余工作（这是现代 Web 应用程序设计不可缺少 jQuery 的又一个原因）。

Twitter 趋势主题服务有两个实参数：date 和 exclude。date 参数（以 yyyy-MM-dd 格式表示）指定要报告哪一天的趋势主题。exclude 参数要求服务仅返回主题字符串，而不包括 Twitter 井字标签（以#号开头、只包含一个单词的字符串）。getJSON 调用的处理程序函数处理返回的趋势主题对象，并执行最后的 mashup 显示。

在结束本节，最终讨论如何处理、混搭和显示 JSON 结果之前，要注意这个案例研究中采用的顺序方法：首先执行一个 JSON 请求，严格在第一个请求之后执行第二个请求——确保第二个请求在第一个请求的结果处理函数中进行。之所以做此设计选择，是因为在日历事件处理完成之前是无法开始处理 Twitter 趋势主题的。另一种方法是将 onSelect 事件处理程序的结构设置如下：

```
$.getJSON("http://javascript.cs.lmu.edu/php/calendar.php",
  { date: date.toString("yyyyMMdd") },
  function (result) {
    /* 事件处理 */
  }
);

$.getJSON("http://api.twitter.com/1/trends/weekly.json?callback=?",
  {
    date: date.toString("yyyy-MM-dd"),
    exclude: "hashtags"
  },
  function (result) {
    /* 趋势主题处理 */
  }
);
```

采用这种编写方式时，事件与趋势主题处理函数（分别是日历和 Twitter JSON 请求的结果处理程序）的执行顺序是不能事先确定的；这是异步通信的本质。我们要么编写出无论哪种执行顺序都能正常完成的代码，要么强制实施这一顺序，然后在此假设前提下编写代码。这个案例研究选择了后者，用潜在的性能增益（因为两个连接将共享某些并发时间）来换取代码的简单性（未对事件顺序做出任何假设的算法通常要更复杂一些，阅读也更难，更不要说编程了）。

8.7.3 结果处理

mashup案例研究中使用了一些服务，这些服务返回的JSON对象到底采用何种组织形式，由这些服务的开发者决定。在8.4.1节中看到，日历服务返回事件对象的数组，分别拥有month、day、movable和description属性。Twitter趋势主题服务则返回单个对象，它有一个trends属性，对于所请求时间跨度中的每一天，都包含一个相应的属性。最后，这些属性中的每一个都是一个主题对象数组，分别拥有name和query属性。

要正确“混搭”这些对象，必须采取某种方式来处理，根据混搭应用程序的目的将它们关联在一起。在该案例研究中，希望将日历服务中记录的事件与Twitter服务相应日期的趋势主题对齐。因此，结果处理函数的目标就是：

- ❑ 进行必要的处理或计算，以反映尝试实现的关联；
- ❑ 在Web页面上显示这些相关联的信息。

在上一节曾经提到，我们明确从日历服务接收的数据入手。下面是结果处理程序的处理代码：

```
// 首先处理日历结果：模型数据是以日期数字串为属性的
// JavaScript 对象。每个属性又是一个对象，其中包含了事件，
// 之后还会包含 Twitter 趋势。
mashup = {};
$.each(result, function (i, event) {
  // 每个元素仅包含月、日。
  // 将它转换为一个带有选定年份的日期字符串。
  var dateString = event.month + " " + event.day +
    ", " + date.toString("yyyy");

  // 以日期为属性，然后将事件加到它的值中
  var dateKey = new Date(dateString).toString("yyyy-MM-dd");
  if (mashup[dateKey]) {
    mashup[dateKey].events.push(event.description);
  } else {
    // 初始化 mashup 单日期对象
    mashup[dateKey] = {
      events: [ event.description ],
      trends: []
    };
  }
});
```

实现mashup的策略包括：确定一种模型，以便以最佳方式表示来自各种服务的信息。这种模型应当能够清楚地记录这些混搭的数据集是如何相互关联的，还应当便于在Web页面上可视化这些信息。

由于这个应用程序的全部要点就是将来自同一日期的事件和趋势主题关联在一起，所以我将“混搭”产品设计为一个对象，数据集中的每个日期都拥有一个属性，以yyyy-MM-dd格式的日期命名。每个属性的值都应当是一个带有两个数组的对象：一个表示events，一个表示trends。例如，如果一个模型包含了2011年10月31日和2011年11月1日的数据，其格式如下：

```
{
  "2011-10-31": {
    "events": [ "Halloween", "Nevada Day" ],
    "trends": [ "ghosts", "Vegas", "party" ]
  },

  "2011-11-01": {
    "events": [ "All Saints Day", "Samhain" ],
    "trends": [ "In memoriam", "Happy new Celtic year" ]
  }
}
```

因此，处理代码需要将来自日历服务的事件数据“转换到”对应日期下的适当events数组中，然后再将

来自 Twitter 的趋势主题数据转换为同一日期下的适当 trends 数组中。心里有了这个计划，可以回过头来看结果处理代码了。

首先初始化用来保存模型的变量。在该案例研究中，这个变量称为 mashup：

```
mashup = {};
```

你可能会想起，这个变量是在日期小组件的 onSelect 函数的开头声明的，用于确定在其之后的代码，特别是 getJSON 结果处理程序函数都可以引用同一对象。

我们知道日历服务返回一个事件数组，每个数组都有一个 month、day 和 description。我们的 mashup 不需要 movable 属性，所以将忽略它。我们采用的方法是迭代这一数组，将每个事件的 description 放在 mashup 变量中以相应日期命名的属性下面：

```
$.each(result, function (i, event) {
  // 每个元素仅包含月、日。
  // 将它转换为一个带有选定年份的日期字符串。
  var dateString = event.month + " " + event.day +
    ", " + date.toString("yyyy");

  // 以日期为属性，然后将事件加到它的值中。
  var dateKey = new Date(dateString).toString("yyyy-MM-dd");
  if (mashup[dateKey]) {
    mashup[dateKey].events.push(event.description);
  } else {
    // 初始化 mashup 单日期对象。
    mashup[dateKey] = {
      events: [ event.description ],
      trends: []
    };
  }
});
```

使用 jQuery 的 each 函数迭代数组。这个函数要比 for 语句更简洁，更不容易出错。除了要迭代对象的数组外，each 函数还会接受另外一个函数，用于指定应当对该对象中的每个属性值或元素做些什么。这个函数接受两个实参：数组或对象中的索引/属性，索引/属性处的值。

在这个函数中，对于日历服务返回的每个事件，我们会使用这个事件的 month 和 day 属性，再附加上用户选定的年份，构造一个日期字符串。这个日期字符串被转换为 Date 对象，然后重新格式化为所需要的 yyyy-MM-dd 表示。这个字符串随后用作 mashup 变量的属性名：如果这个属性已经存在，则这个事件的 description 被推送到 events 数组的最后；如果不存在，则创建一个新的{events, trends}对象，并将它指定给该日期。

上一节曾经看到，该代码随后将启动一个发往 Twitter 趋势主题服务的 Ajax 请求。在这个请求的结果处理程序函数中，有以下代码：

```
// 对于结果中的每个日期，找到已存在的日期，
// 然后将主题添加到该日期。
$.each(result.trends, function (dateKey, trendArray) {
  if (mashup[dateKey]) {
    $.each(trendArray, function (i, trend) {
      mashup[dateKey].trends.push(trend.query);
    });
  }
});

// 在数据收集完成后，最终可以显示该 mashup 了。
displayMashup();
$("#ajaxAnimation").hide("fast");
```

此处理代码仍然使用 each 函数，这次迭代该服务 JSON 响应的 trends 属性。附带说一句，请注意，JSONP 的应用对于我们的代码是完全透明的；从发起初始连接请求，直到调用结果处理程序函数的所有工作，都由 jQuery 完成。

对于这个 each 调用，传送给迭代函数的值是 trends 对象中的日期字符串属性。很方便的是，这些日期字符串已经是 mashup 模型对象使用的 yyyy-MM-dd 格式了（这是计划的一部分）。因此，这段代码只是访问 mashup[dateKey]，并将 trend 对象的 query 字符串推送到 mashup[dateKey].trends 数组中。最初的 if 条件忽略了一部分日期（未包含在日历服务响应中的日期）的趋势主题。

利用 each 函数调用之后完成的 mashup 对象，这个应用程序就能在 Web 页面上进行展示了。转了整整一圈，又回到之前在 onSelect 日期小组件处理程序中定义的 displayMashup 函数，我们用它来结束这个案例研究。一旦 displayMahsup 完成了任务，就可以用 hide 调用让 Ajax 动画图像消失了。

观察一下趋势主题处理代码与日历事件处理代码之间严格的顺序关系：为 mashup 模型对象搭建“框架”的是日历事件代码，而趋势主题处理代码则只是填充空白。还是趋势主题代码，它“知道”自己是最后一组指令，将调用 displayMashup，并最终使动画反馈图像消失，从而关闭整个 Ajax 序列。设想一下，如果关于这两个例程的运行顺序不能做任何假设，又会怎样呢。

8.7.4　数据（mashup）显示

你可能已经注意到，除了显示 Ajax 动画图像之外，到目前完成的任何一项处理——Ajax 请求、each 迭代、mashup 对象操作——都还未向用户显示。该案例研究设计特意将所有数据操作行为和显示行为分离开。尽管这一分离并非绝对必需——可以设想一下，在操控日历事件和趋势主题的同时处理负责直接操控 DOM 的代码——但这是一种很常用的“分隔线”。这样，如果想改变 mashup 数据的呈现方式，并不会影响如何关联来自所用 Web 服务的原始响应。

现在来看一下 displayMashup 函数：

```
var displayMashup = function () {
  var mashupHtml = "";
  $.each(mashup, function (dateKey, mashupItem) {
    mashupHtml += "<h3>" + dateKey + "</h3>";

    // 写出事件
    mashupHtml += "<div class=\"date\">";
    mashupHtml += "<div class=\"category\"><h4>Events</h4>";
    mashupHtml += "<ul>";
    $.each(mashupItem.events, function (i, mashupEvent) {
      mashupHtml += "<li>" + mashupEvent + "</li>";
    });
    mashupHtml += "</ul></div>";

    // 写出趋势
    mashupHtml += "<div class=\"category\"><h4>Trends</h4>";
    mashupHtml += "<p>";
    $.each(mashupItem.trends, function (i, mashupTrend) {
      if (i > 0) {
        mashupHtml += ", ";
      }
      mashupHtml += mashupTrend;
    });
    mashupHtml += "</p></div></div>";
  }

  $("#results").html(mashupHtml);
};
```

这个函数重点在于代码迭代 `mashup` 对象时在 `mashupHtml` 变量中累积的 HTML 标签。对于 `mashup` 的每个属性，要将它关联到一个日期，该函数会：

(1) 创建一个带有该日期的标题（`h3`）元素；

(2) 创建一个事件列表（`ul` 元素），其中每个事件都是一个列表项（`li` 元素）；

(3) 创建一个以逗号分隔的趋势列表，表示为一个段落（`p` 元素）。

一旦 HTML 字符串完成之后，使用 jQuery 的 `html` 函数将它发送给 ID 为 `results` 的元素。最终得到用户将会看到的某些内容（图 8-6）。由上一节可知，当这个函数返回时，整个周期将以动画 Ajax 图像的重新隐藏而结束。

回顾与练习

1. 案例研究如何确保 mashup 代码的 Twitter 趋势主题 Ajax 连接发生在日历事件 Ajax 请求之后？
2. jQuery 的 `each` 函数做些什么？
3. 如果 mashup 显示中的日期标题准备改为一个完全拼写的 `month day, year` 格式（例如，`March 12, 2011`），这个案例研究的代码将如何改变？

8.8 本章小结

- 分布式计算涉及的应用程序在不同物理机器之间划分其工作。
- 为完成工作，分布式应用程序中涉及的机器必须就如何在它们之间交换数据达成一致。Web 应用程序的常见数据交换格式包括纯文本、XML、JSON 和 YAML。
- 分布式应用程序的交流有两种模型。同步通信涉及严格的顺序交换，其中的通信各方必须同时存在，在信息来回传递时相互等待。异步通信允许通信各方给对方留下消息，但不等候响应，允许它们同时进行其他行为。
- Ajax 曾经是 Asynchronous JavaScript and XML（异步 JavaScript 和 XML）的缩写，但自从它自己演变为一个术语之后，就表示了一种 Web 程序设计风格，使用 JavaScript 对象来执行异步信息交换。
- Ajax 有一个“原生”库，以 `XMLHttpRequest` 宿主对象为基础，但使用 jQuery 等库进行编程，通常要容易得多。
- 分布式 Web 应用程序使用“统一资源标识符”（即 URI）无歧义地标识网络上的服务、宿主和其他资源。
- 表征状态传输（即 REST）是一种分布式应用程序体系结构方法，它将分布式系统的结构设置为一种严格的客户端–服务器关系序列，将所有通信看作是将该时刻的对象状态由一台机器传送到另一台机器。REST 已经被证实能够提升分布式系统的简单性、可扩展性和可移植性。
- REST 概念能够很好地对应于 Web 技术和标准，比如 URI 和 HTTP。
- 在设计和开发分布式应用程序时，关注点的分离仍然是一个重要优点。
- 万维网是一种高度分布式系统，使信息交换变得极为容易，它需要有大量机制来保护用户免受恶意代码和未授权窃听。“沙盒”限制了 JavaScript 程序可能执行的行为。
- 同源策略是一种重要的 JavaScript 限制，它使代码只能读取提供当前 Web 页面的 Web 服务器，无法读取或操作来自其他资源的信息。但这一限制对 HTML 无效，JavaScript 可用于动态创建 HTML。
- 应对同源策略的技术主要涉及协调应用一些 JavaScript 生成的 HTML 元素，比如 `script` 和 `form`。
- 跨站脚本即 XSS，是一种安全漏洞，使 JavaScript 代码能够从外部注入到一个 Web 页面中。一旦注入，这个代码获得的权限与该 Web 页面所提供的任意其他 JavaScript 代码相同。

- mashup 是一种流行的分布式应用程序类型，它将来自不同 Web 服务和服务器的各种不同但可以关联的信息集成，统一显示。

8.9 练习

1. 最初的 Napster 应用程序使点对点分布系统成为家喻户晓的词语（相对来说）。对原来 Napster 的工作方式做一些研究，说明为什么如此描述该系统。
2. 参与对等分布式系统的机器有时称为服务客户端（servent）——“服务器”（server）和“客户端”（client）的“单词混搭”。试解释，为什么这个术语对这种系统模型是有意义的。
3. 查阅众包（crowdsourcing）一词的含义，并将之与网格计算系统比较。二者有什么相似或不同之处？
4. 研究以下应用程序，说明它们使用的是瘦客户端、胖客户端，还是富互联网应用程序，或是三者中的多种：
   (a) Amazon
   (b) eBay
   (c) Facebook
   (d) Gmail
   (e) iTunes
   (f) LinkedIn
   (g) Second Life
   (h) Twitter
   (i) World of Warcraft
   (j) YouTube
5. 瘦客户端、胖客户端和富互联网应用程序之间的选择是否互斥？说明原因。
6. 是否存在一种 JavaScript 胖客户端？为什么？
7. 说明以下数据类型是否适合用纯文本表示方式传送？
   (a) 一段新闻
   (b) 一个电影列表
   (c) 一个短故事
   (d) 一场篮球比赛的个人成绩表
   (e) 一位用户的朋友网络
   (f) 一个特定网站的 URL
   (g) 一件已购买商品的订单状态
   (h) 一件已购买商品的订单信息
   (i) 一支股票的收盘价格
   (j) 一支股票的月收盘价
8. 对 XML 和 JSON 做一点研究，找出一件或者多件用 XML 可以完成但用 JSON 不能完成的事情。描述每一种只有 XML 具有的功能，并说明拥有这一功能对分布式应用程序有何影响。
9. 与上题类似，找出一两件可以用 JSON 完成但用 XML 不能完成的事情。描述每一种只有 JSON 具有的功能，并说明拥有这一功能对分布式应用程序有何影响。
10. 将以下数据交换表示合理地“转换”为本章描述的另两种结构化格式。每种格式都有在线解析器（可查找“在线 XML/JSON/YAML 解析器”），方便你检查自己的工作。
    (a) XML 转换为 JSON 和 YAML

```
<character name="Ulf Pendragor"
```

```
    class="barbarian"
    strength="48" intelligence="42" />
```

(b) JSON 转换为 XML 和 YAML

```
{
  "ISBN": "978-0763780609",
  "title": "An Introduction to Programming with JavaScript",
  "author": [ "Ray Toal", "John Dionisio" ],
  "year": 2012
}
```

(c) XML 转换为 JSON 和 YAML

```
<weather date="2015-10-31" zip="90096">
  <condition description="cloudy" />
  <temperatures>
    <temperature time="0500" fahrenheit="45" />
    <temperature time="1200" fahrenheit="75" />
    <temperature time="2000" fahrenheit="52" />
  </temperatures>
</weather>
```

(d) YAML 转换为 XML 和 JSON

```
---
movies:
  - title: Citizen Kane
    director: Orson Welles
    starring:
      - Orson Welles
      - Joseph Cotten
      - Dorothy Comingore

  - title: The Third Man
    director: Carol Reed
    starring:
      - Orson Welles
      - Joseph Cotten
      - Alida Valli
tv:
  - series: I Love Lucy
    episode: Lucy Meets Orson Welles
    director: James V. Kern
    starring:
      - Lucille Ball
      - Desi Arnaz
...
```

(e) JSON 转换为 XML 和 YAML

```
[
  "A nickel ain't worth a dime anymore.",
  "I never said most of the things I said.",
  "Even Napoleon had his Watergate.",
  "I always thought that record would stand until it was
   broken.",
  "Half the lies they tell about me aren't true."
]
```

(f) YAML 转换至 XML 和 JSON

```
---
- name: Excalibur
  type: sword
```

```
  wielder: Arthur

- name: Mjolnir
  type: hammer
  wielder: Thor
- name: Durendal
  type: sword
  wielder: Roland
...
```

(g) JSON 转换为 XML 和 YAML

```
{
  "year": 1896,
  "city": "Athens",
  "country": "Greece",
  "events": [
    "athletics", "cycling", "fencing",
    "gymnastics", "shooting", "swimming",
    "tennis", "weightlifting", "wrestling"
  ],
  "organizer": "Demetrius Vikelas"
}
```

(h) XML 转换为 JSON 和 YAML

```
<haikus>
  <haiku>
    <first>Kochira muke</first>
    <second>Ware mo sabishiki</second>
    <third>Aki no kure</third>
  </haiku>
  <haiku>
    <first>None is traveling</first>
    <second>Here along this way but I,</second>
    <third>This autumn evening.</third>
  </haiku>
</haikus>
```

(i) YAML 转换为 XML 和 JSON（可能需要稍微研究下）

```
---
- number: XXV
  couplet: |
    Then happy I, that love and am beloved,
    Where I may not remove nor be removed.
- number: LXXX
  couplet: |
    Then if he thrive and I be cast away,
    The worst was this, my love was my decay.
...
```

(j) XML 转换为 JSON 和 YAM（可能需要稍微研究下）

```
<template>
  <title>Informal Letter</title>
  <salutation><![CDATA[Dear <recipient/>]]></salutation>
  <complimentary-close>Sincerely</complimentary-close>
  <signature><![CDATA[<sender/>]]></signature>
</template>
```

11. 使用第 10 题的 XML 表示，无论是题中提供还是你在答案中构建而成的，进行以下操作。
    (a) 编写一个 JavaScript 运行器程序，使用 `DOMParser` 将 XML 表示转换为 `Document` 对象。

(b) 扩展你的程序，使用 getElementsByTagName 从(a)中的 Document 提取两个元素类型（由你选择），并显示。

(c) 扩展你的程序，对于 getElementsByTagName 获取的每个元素，还应当显示该元素的所有 childNodes 数组成员（如果有的话）。

(d) 你可能已经注意到，在执行前三项任务时，会一遍又一遍地使用同一代码，只是 XML 表示和标签名发生了变化。对程序进行重构，使它完全包含在一个名为 processXML 的函数中。processXML 函数应当接受三个实参：xmlString、firstTagName 和 secondTagName。xmlString 是要处理的 XML 表示，firstTagName 是第一个要查找并显示的标签名，secondTagName 是第二个要查找和显示的标签名。让你的运行器脚本以如下方式调用 processXML：

```
processXML(
    prompt("Please enter the XML representation to
            process:"),
    prompt("Please enter the first tag to find:"),
    prompt("Please enter the second tag to find:"));
```

这样，一个程序就可以处理上一题中的所有 10 种 XML 表示。

12. 使用第 10 题的 JSON 表示，无论是题中提供还是你在答案中构建而成的，进行以下操作。

(a) 编写一个 JavaScript 运行器程序，使用 JSON 对象将 JSON 表示转换为 JavaScript 对象。

(b) 扩展你的程序，从得到的结果中提取两个子属性或数组元素（由你选择），并显示。

(c) 扩展你的程序，使用 jQuery each 函数，对于上一任务中提取的每个子属性或数组元素，显示其所有属性/成员（如果有的话）。

(d) 你可能已经注意到，在执行前三项任务时，会一遍又一遍地使用同一代码，只是 JSON 表示和属性键的序列发生变化。对程序进行重构，使它完全包含在一个名为 processJSON 的函数中。processJSON 函数应当接受三个实参：jsonString、firstKeySequence 和 secondKeySequence。jsonString 是要处理的 JSON 表示，而 firstKeySequence 和 secondKeySequence 是以逗号为分隔的值字符串（比如，"city"、"movies,1,starring,0" 或"events,2"），表示为到达所期望值所要访问的属性序列。让你的运行器脚本以如下方式调用 processJSON：

```
processJSON(
    prompt("Please enter the JSON representation to \
process:"),
    prompt("Please enter the first comma-separated sequence \
 of property keys/indices:"),
    prompt("Please enter the second comma-separated \
 sequence of property keys/indices:"));
```

这样，一个程序就可以处理第 10 题中的所有 10 种 JSON 表示。（提示：split 函数会相当轻松地将用逗句分隔的属性关键字/索引字符串转换为一个数组。）

(e) 是否有一些特定的属性，不能由上一任务中推广后的程序提取？简要解释你的答案。

13. 将以下程序键入 JavaScript 运行器页面，并将它多次运行，记录下每次运行的输出：

```
$.ajax({
    url: "../php/fortune.php",
    success: function (response) {
        alert("First fortune call: " + response);
    }
});

$.ajax({
    url: "../php/fortune.php",
    success: function (response) {
        alert("Second fortune call: " + response);
```

```
    }
});
```

Ajax 中的第一个“a”应当是表示“异步”。该程序的输出如何表明这个网络连接确实是异步的?

14. 在某些情况下，并不希望使用异步通信。幸运的是，jQuery 允许通过 async 选项使用“同步 Ajax”(这是不是有点矛盾?)。如果在 ajax 调用中带有 async:false，那通信就是同步完成的。

    修改第 13 题中的程序，在进行调用时提供 async: false，然后多次运行。预期会有什么行为? 新程序的行为是否与预期一致?
15. 如果第 13 题中程序的主要关注点是确保第一个运气总是首先出现，那仅向第一个 ajax 调用中添加 async:false 是否足够? 为什么?
16. 是否有另一种方式修改第 13 题中的程序，以确保第一个运气总是首先出现，但不使用 async:false 选项。找出方法并实现。
17. 在向 Web 页面中引入 Ajax 功能时，熟练掌握一些开发工具(比如 Firefox 的 Firebug 插件，或者 Safari 或 Chrome 等基于 WebKit 的浏览器中的“开发者工具”套件)变得非常重要，因为现在有大量行为对最终用户来说都是不可见的。
    (a) 打开你选择的 Web 浏览器，在 Web 上搜索，学习如何显示它的开发工具。Web 浏览器和它们的用户界面一直在发展，所以你也可能需要这样查阅具体细节，而不是依赖于固定不变的书本指令。
    (b) 找到并打开开发者工具的控制台面板。
    (c) 用 JavaScript 运行器页面运行以下程序:

    ```
    $.ajax({
        url: "../php/fortune.php",
        success: function (response) {
            console.log(response);
        }
    });

    $.ajax({
        url: "../php/calendar.php",
        success: function (response) {
            console.log(response);
        }
    });
    ```

    这些连接的直接结果应当出现在开发者控制台中。如果未出现，查找哪里出现了问题，再次尝试，直到看到结果为止。
    (d) 在开发者工具中找到网络连接查看器。在编写本书时，Firebug 将它们放在 Net 面板的 XHR 选项卡中。基于 WebKit 的浏览器在 Network 部分中显示网络连接。
    (e) 指向 fortune.php 和 calendar.php 的两个连接应当是可见的。注意，除了 URL 和响应内容之外，还会有大量其他信息进行交换；具体来说，标头提供了有关请求与响应的补充信息。以下标头的值是什么?
    - User-Agent(请求标头)
    - Accept(请求标头)
    - X-Requested-With(请求标头)
    - Referer(请求标头)
    - Server(响应标头)
    - Content-Length(响应标头)
    - Content-Type(响应标头)
18. 我们已经看到，Web 服务之所以强大，在很大程度上是因为能够随请求提供参数。参数就像是函数实参：它们提供了可以用来定制或影响最终结果的更多信息。

8.7 节显示自己开发的 `calendar.php` 服务只接受一个参数 `date`，说明要请求哪一天的日历事件。这个日期应当是 `yyyyMMdd` 格式，也就是说，先是四位的年份，然后是两位月份，最后是两位日期，没有空格或标点。

(a) 可以直接在 URL 中提供参数——不需要 JavaScript。打开 Web 浏览器工具套件中的网络查看器，键入以下 URL。注意出现的请求和响应：

- http://javascript.cs.lmu.edu/php/calendar.php?date=19800312
- http://javascript.cs.lmu.edu/php/calendar.php?date=20000728
- http://javascript.cs.lmu.edu/php/calendar.php?date=20111031
- 一个与你生日相对应的 `calendar.php` URL
- 一个当天对应的 `calendar.php` URL

(b) 在 jQuery `ajax` 函数中提供参数，在提交的选项中包含 `data` 属性。运行以下程序，确保开发者工具打开，以能看到所有操作：

```
$.ajax({
    url: "../php/calendar.php",

    data: {
        date: "19800312"
    },

    success: function (response) {
        console.log(response);
    }
});
```

(c) 对于 18(a) 部分中给出的每个日期，修改并运行 18(b) 部分中的程序。

19. 为 JavaScript 运行器页面编写一个程序，每 10 秒连接 `fortune.php` 服务，并在页面内的 `footer` 元素中显示新运气。

20. 修改第 19 题中的程序，使它运行在位于 http://javascript.cs.lmu.edu/playground 的 JavaScript DHTML 游乐场内，而不是 JavaScript 运行器页面内。

21. 修改第 20 题的程序，使刷新频率可以自定义：让该程序在页面上显示 `input1` 文本字段元素，以便用户可以在字段中键入一个秒数。程序相应地改变其刷新频率。留心非数值输入或无效输入（例如负数）!

22. 修改第 20 题的程序，使"运气"提取按需进行：在页面上添加一个 `button` 元素，仅当用户单击该按钮时才会提取和显示新"运气"。（提示：6.3.2 节介绍了以程序方式添加按钮。你可能更喜欢用 jQuery 来完成这一点；在 Web 上很容易就能找到相关信息。）

23. 为 JavaScript DHTML 游乐场页面编写一个程序，在用户选定的日期连接到 `calendar.php` 服务。这个日期通过 `input1` 文本字段元素输入；确保程序会验证字段值是否为合法的日期表达式，然后对日期进行处理，使它以所需格式传送给 `calendar.php`。接收到的事件应当显示在页面上。

24. 修改第 23 题的程序，不使用用户输入的日期，而是使用 Previous Day 和 Next Day 按钮完成日期导航。以程序方式向 JavaScript DHTML 游乐场页面中添加这些按钮，然后设置它们，在单击 Previous Day 按钮时，将从 `calendar.php` 中提取当前日期前一天的事件并显示，在单击 Next Day 按钮时，对当前日期后一天进行同样操作。确保更新当前日期，以便在后续单击操作时会分别前后移动日期。

25. jQuery 库的 `ajax` 函数的全套可用 `options` 表明它采用一种通用的万能方法在 Web 页面内建立网络连接。但是有很多时候使用 Ajax 更简单，如对于一些特定的选择值组合形式以及常见的终端结果操作（比如在一个 Web 页面元素上显示提取的信息），也有可供使用的快捷函数。这些快捷函数在 http://api.jquery.com/category/ajax/shorthand-methods 中的文档介绍。

以此文档为参考资料，在 JavaScript 运行器页面内编写以下程序。

(a) 用 `get` 快捷函数从 `fortune.php` 中提取一个运气，并在 ID 为“footer”的元素中显示。

(b) 用 `load` 快捷函数从 `fortune.php` 中提取一个运气，并在 ID 为“footer”的元素中显示。

(c) 用 `load` 快捷函数从 `calendar.php` 中提取一个运气，并在 ID 为“footer”的元素中显示。

(d) 用 `get` 快捷函数从 `calendar.php` 中提取一个运气，并在 ID 为“footer”的元素中显示。

26. 分别用 jQuery Ajax 快捷函数 `load` 和 `get` 处理 `calendar.php` 服务的响应。有什么不同？
27. 用 `getJSON` 快捷函数从 `calendar.php` 服务提供事件，并在 `footer` 元素内部将它们显示为一个无序列表（也就是一个 `ul` 元素，其中为返回的每个元素都包含一个 `li` 元素）。
28. 修改第 27 题中的程序，要求用户输入所需要的日期，然后提取/显示该日期的事件列表（根据 `calendar.php` 服务）。
29. 编写你自己的快捷函数（称为 `myGet`），使用通用的 `ajax` 函数，其行为方式与 `get` 非常类似（提示：阅读 `get` 文档。）
30. 编写你自己的快捷函数（称为 `myGetJSON`），使用通用的 `ajax` 函数，其行为方式与 `getJSON` 非常类似（提示：阅读 `getJSON` 文档）。
31. 提供一个新的、有合理用途的 Ajax 快捷函数，为它编写一些参考文档，然后实现。编写一个演示程序，展示这个快捷函数的工作状态，将这个演示程序的源代码作为一个例子，包含在为此函数编写的文档中。
32. 编写你自己的快捷函数（称为 `getTheHardWay`），不使用 jQuery 库，但其行为方式仍然与 `get` 非常类似（提示：使用 `XMLHttpRequest`）。
33. 编写你自己的快捷函数（称为 `getJSONTheHardWay`），不使用 jQuery 库，但其行为方式仍然与 `getJSON` 非常类似（提示：使用 `JSON.parse`）。
34. 选择你最亲近的 5 位朋友或亲戚，为每人指定至少一个“URN”和一个“URL”。
35. 考虑“蜗牛邮件”地址，不包含邮政编码，比如，123 Elm Street, Fun City, California, U.S.A。一些地址是房屋，而另一些则是带有单元号或公寓号的多个住所（例如，123 Elm Street #221B）。另外，每个家庭都有不同的房间或空间，比如卧室、浴室、室外区域，等等。这些区域也可以通过其他一些特征来描述，比如颜色或地板种类之类的。

    将蜗牛邮件地址看作是符合 8.5.1 节 URI 定义的 `snailmail` 方案，考虑以下问题。

    (a) 根据前面的描述，指出一个蜗牛邮件地址的哪些方面将构成其层次结构、潜在查询和可能的片断。

    (b) 蜗牛邮件 URI 是 URN，还是 URL？

    (c) 如何将地址“900 Brown Ave., Edge City, New York, U.S.A.”编写为 `snailmail` URI？

    (d) 如何将地址“255 Tuazon Blvd., Apt. 343, Santiago, Chile”编写为 `snailmail` URI？

    (e) 如何将“the bedrooms in 414 Main Street, Ontario, Canada”编写为 `snailmail` URI？（提示：把 bedrooms 看作 `roomType=bedroom` 的查询。）

    (f) 假定在一个具体蜗牛邮件地址住着五个人：Reed、Steve、Diana、Jane 和 Pam。你如何将这个信息包含在 `snailmail` URI 中？（提示：可以把居民看作一个地方的“用户”。）

    (g) 无论是概念上，还是从 `snailmail` URI 的表象来看，使用邮政编码如何影响 `snailmail` URI 方案？
36. 考虑一种 `book` URI 方案，其中 URI 的层级部分包含一位作者的姓、名，最后是书名。如果存在片断部分的话，引用的就是该书的一章。例如，Wilkie Collins 的 *The Moonstone* 的 URI 就是：book://Collins/Wilkie/TheMoonstone，而该书中的第三章就称为“III”，URI 就是：book://Collins/Wilkie/TheMoonstone#III。这些 `book` URI 能否看作 URN 或 URL？为什么？
37. 以手工方式将以下字符串编码为 URI，然后编码为 URI 组成部分。你可能需要参考字符编码表，以确保特定字符的正确编码形式。将你的答案与 `encodeURI` 和 `encodeURIComponent` 生成的结果进行对比，以做检查。

(a) `http://www.com`

(b) `nearby movies`

(c) `https://account.bank.com?userid=sam`

(d) `is P=NP?`

(e) `http:friend or foe?`

38. 对以下字符串当作编码的URI进行人工解码，然后将其当作编码的URI组件进行人工解码。你可能需要参考字符编码表，以确保特定字符的正确编码形式。将你的答案与 `decodeURI` 和 `decodeURIComponent` 生成的结果进行对比，以做检查。

(a) `Unicode%20table`

(b) `https%3A%2F%2Fwww.myfriends.com`

(c) `http://supersearch.com`

(d) `2%2B2%3D5`

(e) `2B%7C~2b%3Athat's%20the%20%3F`

39. 说明以下 URI 是否是 RESTful 的。如果不是，说明为什么。

(a) http://api.chatter.net/post-comment?text=Hello

(b) http://coolstore.mall.cc/stores/452

(c) https://www.lo.tsomo.ney/accounts/checking/456A-2981

(d) https://login.gamenetzone.ly/leaderboard/editscore.xml

(e) http://methodrun.popstack.net/libraries?tag=JavaScript

40. 假设示例 fortune.php 服务有一个顶级 URI——http://javascript.cs.lmu.edu/fortunes，而且其行为方式完全相同（也就是说，在向这个 URI 发送 GET 请求时，会得到一个随机的“运气”）。这能否使 http://javascript.cs.lmu.edu/fortunes 变为 RESTful 的？为什么？

41. 8.5.3 节介绍了 http://javascript.cs.lmu.edu/php/mankeyword.php 和 http://javascript.cs.lmu.edu/php/man.php 的 Linux 手册服务，它当然不是 RESTful 的。如何修改，使这些服务符合 REST？（提示：将 Linux 手册看作一个包含节和项目的文档，并注意关键字搜索是对这个文档的查询。）

42. 许多现代分布式应用程序都将其关注点分为仅提供数据的 Web 服务和访问这些服务的 Web 客户端。REST 主要关注资源和 HTTP 的大量使用，它显然适用于分离的 Web 服务。REST 对于 Web 客户端是否有意义？为什么？

43. 同源策略禁止一个网站的代码连接到另一网站。实施这一策略的责任必然由所用的 Web 浏览器应用程序承担。

在启动了开发者工具的情况下（特别是控制台和网络连接显示），在至少三种不同 Web 浏览器中使用 JavaScript 运行器页运行以下程序：

```
$.ajax({
    url: "http://api.twitter.com/1/trends/weekly.json",
    success: function (response) {
        alert(response);
    }
});
```

双击这一服务，将会直接从每个 Web 浏览器访问 URL:http://api.twitter.com/1/trends/weekly.json，返回数据。每种浏览器如何处理被禁用的 Ajax 连接？是否会报错？如果有数据返回，是什么数据？

44. `bit.ly` URL 缩短服务将传统的 Web URL 转换为缩短后的版本（当然以 http://bit.ly 开头）。通过它发布的 API，可以使用 Ajax 访问这一服务的许多函数。这个 API 完全支持 CORS，从而将它从同源策略中排除在外，允许来自任意网站的 JavaScript 代码通过 Ajax 使用 `bit.ly` 进行 URL 缩短与扩展，当然还有其他操作。

访问 bit.ly 的 API 网站 http://code.google.com/p/bitly-api/wiki/ApiDocumentation，并查看该服务的 shorten 调用。然后在 JavaScript 运行器页面内编写 Ajax 程序，提取任何传统 Web URL 的缩短版本。通过查看 Ajax 调用的响应标头，自行证实它的确是支持 CORS 的。（注意：务必读取该服务对 URL 编码的规则。）

要访问 bit.ly 服务，需要有一个免费的 bit.ly 账户。这个账户会向你提供一个 API 密钥，允许调用 bit.ly 服务；在 bit.ly 账户的 Settings 页中可以找到它。

45. 将第 44 题中编写的程序修改为扩展经过缩短的 URL。对于输入而言，可以使用任何 bit.ly URL，包括你自己使用原来的 URL 扩展程序生成的 URL。
46. 编写 bit.ly 缩短与扩展程序的交互式版本，以在 JavaScript DHTML 游乐场页上使用，要扩展或缩短的 URL 取自 input1 元素。
47. 创建一个 HTML 文件，在其 head 中是 8.6.2 节“HTML 允许跨站请求”中 JavaScript 代码（运行 http://go.technocage.com/javascript/cross-site.js 的代码）创建的 script 元素的对应 HTML 内容。在页面上的 body 元素中，包含着一个内联 script 元素，显示 payload 变量的 username 和 password 属性。在浏览器中打开 HTML 文件，查看结果是否与预期一致。
48. 8.6.2 节“HTML 允许跨站请求”中的示例 JSONP 程序展示了 jQuery 如何提供 document.createElement 的替代方式：向$函数传送一个 HTML 片断，将创建由该片断定义的元素。在 JavaScript 运行器中尝试这一过程，例如：

```
$("#footer").append($("<div id='demo'><span>Hello!</span>
  </div>"));
```

使用这种形式的 Web 页面操作，运行 http://go.technocage.com/javascript/cross-site.js 脚本。

如何判断这个脚本有没有运行？你的程序是否与这个示例具有完全相同的表现方式？（这个示例将向 #footer 追加一个 div 元素。）
49. 使用 JSONP，从 JavaScript 运行器程序访问 http://api.twitter.com/1/search.json 的 Twitter 搜索服务。可以根据 8.6.2 节“HTML 允许跨站请求”中给出的示例设定代码模式。

该服务接受一个 q 参数，作为搜索项，当然还会有 JSONP callback 参数。完整文档可参考 https://dev.twitter.com/docs/api/1/get/search。
50. 调整在第 40 题中编写的程序，以在 JavaScript DHTML 游乐场页面上使用，其中使用的搜索项取自 input1 元素。
51. 第 44 题提到的支持 CORS 的 bit.ly URL 缩短服务还通过 callback 参数支持 JSONP（有关细节请阅读 API 文档）。使用 script 元素创建方法，从 JavaScript 运行器页面访问 bit.ly shorten 和 expand 服务。
52. 使用 jQuery 的 getJSON 函数提供的内置 JSONP 支持，从 JavaScript 运行器页面访问 bit.ly shorten 和 expand 服务。
53. 现在知道了 bit.ly 对 CORS 和 JSONP 都提供支持，你喜欢哪一种？为什么？
54. 编写你自己的 JSONP 便捷函数，定义如下：

```
var myGetJSONP = function (url, successFunction) {
    // 将实现放在这里
};
```

（显然）在实现中可以不使用 jQuery 的 getJSON 函数。

利用之前练习中使用过的 Twitter 和 bit.ly 服务进行 JSONP 调用，证明你的函数能够正常工作。
55. 使用内联脚本注入技术，为 http://javascript.cs.lmu.edu/php/vulnerable.php 服务编写 URL，执行以下操作。

(a) 将 Web 浏览器发送到某一任意网站。（提示：查访 location.href 属性。）

(b) 提示用户输入两个字符串，并显示串联在一起后的结果（提示：别忘了 URI 编码。）

(c) 将为 http://javascript.cs.lmu.edu/php/vulnerable.php 使用的 URL 插入到该 Web 服务返回的 Web 页面。（提示：使用 `document.write`。）

56. 关于 http://go.technocage.com/javascript 的跨站脚本站点有一点小秘密：除了“真正的”JavaScript 程序 cross-site.js 和 xss-form-onload.js 之外，所有其他以 .js 结尾的 URL 都将生成供 http://go.technocage.com/javascript/xss-urls.html 和 http://go.technocage.com/javascript/xss-form.html 使用的表单注入脚本。尝试以下 URL，自行查看结果：

    - ❑ http://go.technocage.com/javascript/whatever.js
    - ❑ http://go.technocage.com/javascript/totallyrandomname.js
    - ❑ http://go.technocage.com/javascript/WowItReallyIsTheSameCode.js

    利用 http://go.technocage.com/javascript 这个“特点”，至少编写其他三个 http://javascript.cs.lmu.edu/php/vulnerable.php URL，使其具有与 http://go.technocage.com/javascript/xss-urls.html 和 http://go.technocage.com/javascript/xss-form.html 相同的表单注入效果。

57. Twitter API 具有一个简单的搜索服务，可以搜索包含任意文本术语的推文。可以在 https://dev.twitter.com/docs/api/1/get/search 阅读相关内容。这个服务的 URL 是 http://api.twitter.com/1/search.json，无格式文本参数的名字为 `q`（如：http://api.twitter.com/1/search.json?q=JavaScript）。

    编写一个 JavaScript 运行器页面，将 http://javascript.cs.lmu.edu/php/fortune.php 服务和 Twitter 搜索服务混搭在一起，其中 Twitter 搜索服务 http://api.twitter.com/1/search.json 的 `q` 参数为来自一个运气的文本，然后在 Web 页上显示结果。可能需要使用 8.7 节介绍的 JSONP 方法。

    “运气”可能相当长，所以你可能希望首先处理运气文本，提取出它的最长单词，用作 `q` 参数。

58. 8.7 节给出了一个示例 mashup 程序，并将同一天的日历事件信息和 Twitter 趋势主题并排显示。编写一个不同的 Twitter-`calendar.php` mashup，这次将为给定日期返回的日历事件中的文本用作 Twitter 搜索服务的 `q` 参数，该服务位于 http://api.twitter.com/1/search.json。

    和上题一样，为了得到相当数量的匹配推文，可能需要对日历文本进行一些处理。对于日历事件，使用所返回日历文本中的大写单词也可能是正常的，这些单词表示了人员、位置或其他适当的名词。

59. 你可能已经由 8.6.4 节推断出来，相片网站 Flickr（http://www.flickr.com）提供了一个用于访问其图像流的丰富 API。和 `bit.ly` 一样，需要有一个 API 密钥才能使用它。有关如何获取这一密钥及 API 本身的相关信息，可以参考 http://www.flickr.com/services/api。重点关注带有 JSON 响应的 REST 请求格式。

    在返回 JSON 时，Flickr API 使用 JSONP：期望定义一个名为 `jsonFlickrApi` 的函数，仅接受一个实参，表示将由 Flickr 返回的 JSON 对象。

    由名字可以看出 `flickr.photos.search` 操作执行的任务：搜索 Flickr 的相片，返回与搜索参数相匹配的相片的相关信息（如需具体细节，请参阅：http://www.flickr.com/services/api/flickr.photos.search.html）。以 `text` 参数进行搜索，将返回在标题、描述或标签中包含所提供 text 值的图片。

    使用带有 `text` 参数的 `flickr.photos.search`，编写一个 mashup 程序，从 http://javascript.cs.lmu.edu/php/fortune.php 提取一个运气，然后以返回的运气为参数进行 Flickr 相片搜索。为获得最佳结果，可能需要多少对运气进行一点“提取”，比如说提取它的三个最长或重复最多的单词。这个程序应当显示由 `flickr.photos.search` 返回的相片数据。（显式相片本身需要更多的工作；见下题。）当然，如果重复运行以上程序，将提取一个新的“运气”，然后返回新的相片数据集。

60. 扩展 Flicker-`fortune.php` mashup 程序，使相片本身显示为动态创建的 `img` 元素，将其追加在 JavaScript 运行器页面。（如果之前从来没有在 Web 页面中处理过图像，可能需要预习一下 9.2.1 节的内容。）关于如何由 `flickr.photos.search` 返回的相片数据生成 URL，请阅读 http://www.flickr.com/services/api/misc.urls.html 中的文档，获取详细信息。

第9章 图形与动画

许多 JavaScript 应用程序都需要执行一些计算，并通过操作 Web 页面上的 DOM 来显示结果。基于用户行为和时间流逝的有效事件处理（见第 6 章），以 JavaScript 为连接技术，增强了交互性。我们已经看到，到目前为止，向用户显示信息的方式通常都是在服务器上存储（或生成）的文本或图像。对于传统的文档和表单，这些元素就足够了，但对于游戏、仿真、可视化和动画等应用程序就难以满足要求了。

本章旨在介绍可以在符合标准的现代 Web 浏览器中使用的可视化、图形和动画技术。这些技术的范围很广，从 HTML DOM 的更多可视化和图形属性，到全套的图形技术，可以用来绘制和填充直线、曲线、多边形或其他形状，执行高级图形处理和复合操作，甚至是渲染由硬件加速的三维（3D）对象。所有这些都完全在浏览器中操作完成，无需其他软件。

9.1 基础知识

有一些概念和技术是所有图形和动画子系统共用的。本节介绍一些为本章具体技术奠定基础的核心内容。

9.1.1 坐标空间

所有计算机图形操作通常都是在一个*坐标空间*的上下文中执行的，所谓坐标空间，就是一个二维（2D）或三维（3D）区域，其中设置了色彩、直线、形状或其他实体。空间中的一个具体位置可以用一个数字序列表示，这个数字序列称为*坐标*，空间中的每个维度都有一个数字。因此，2D 坐标可以用一个*有序对*(x, y)表示，而 3D 坐标用一个*有序三元组*(x, y, z)表示。根据惯例，2D 或 3D 坐标中的 x 表示水平位置（自左向右），而 y 表示垂直位置（自上而下）。在 3D 中，z 通常是指*深度*，表示“自前向后”的维度。特殊坐标(0, 0)和(0, 0, 0)被指定为空间的*原点*。

某个坐标的增大方向是随图形系统的不同而变化的。典型的约定是让 x 坐标向右增加。在 2D 图形系统中，y 坐标通常是向下增大。在一些 3D 图形系统中，y 坐标是向上增大的，而 z 坐标在*朝向*查看者的方向上增大。但这都是约定，关于方向和坐标值并没有硬性规定；这是在学习新图形技术时另一件需要注意的事情。

坐标空间为我们提供了一种指定位置与大小的无歧义机制，为了告诉计算机绘制某样事物的位置，这当然是至关重要的。图 9-1 展示了典型的 2D 和 3D 坐标空间。

在物理世界中，我们倾向于为坐标和距离附加单位。地球上某个位置通常会被赋予度数（经度和纬度）；长度或距离可以采用英寸、米、英里来度量，甚至还可以使用光年，这些单位的“平方”或“立方”版本分别表示面积和体积。计算机图形系统使用的单位也是变化的。请在后续各节中留意这一点。

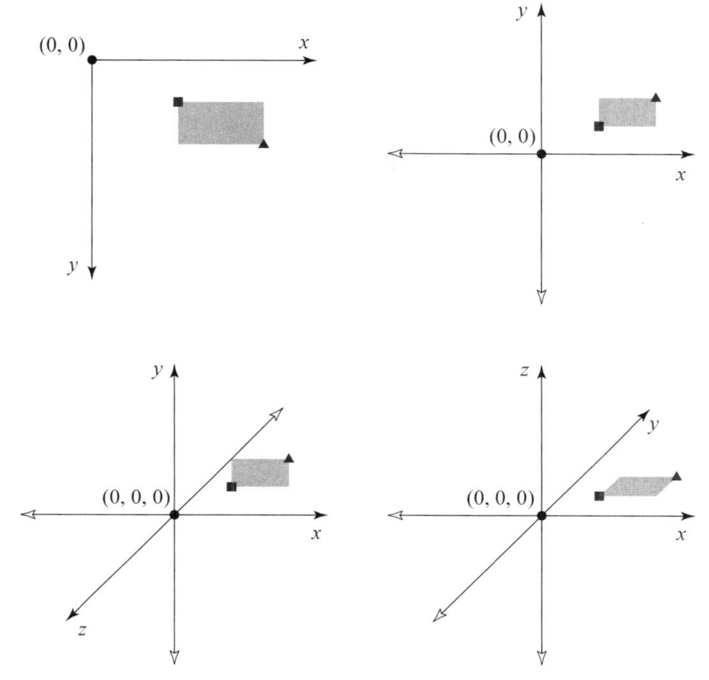

图 9-1 2D 和 3D 坐标空间，分别给出了 2D 和 3D 中的一个矩形，2D 中的对角坐标为(2, 1)（用小方块表示）和(4, 2)（用小三角表示），3D 中为(2, 1, 0)和(4, 2, 0)

9.1.2 色彩

如果说坐标空间定义了一个可视实体的位置或大小，那色彩就构成了该实体外观模样的基础。对于光与色彩的物理实质不做深入讨论，我们只要知道，在大多数计算机图形系统中，色彩是用有序三元组(r, g, b)表示的，其中，r 表示色彩中红色的数量，g 表示绿色的数量，b 表示蓝色的数量。具体使用的比例会随图形技术的不同而变化。例如，一种约定是用 0 表示完全没有 r、g 或 b，用 1 表示这些色彩中的任意一种达到“最强”。这两者之间的所有级别都用小数表示。根据这一约定，RGB 色彩(0, 0, 0)为黑色，(1, 1, 1)为白色，(1, 0, 0)为红色，(1, 1, 0)为黄色，(0, 1, 0)为绿色，(0, 0, 1)为蓝色，(0.5, 0.5, 0.5)为中等灰色，(0.25, 0, 0.25)为深暗紫色，等等。

这种系统所能构成的色彩范围通常用一个色彩立方体来表示，红、绿、蓝分别表示 3D 坐标空间中的一个维度（见图 9-2[①]）。为“量化”一种具体色彩，人们会在这个立方体中查找该色彩；它的 RGB 表示就是这种颜色的坐标。

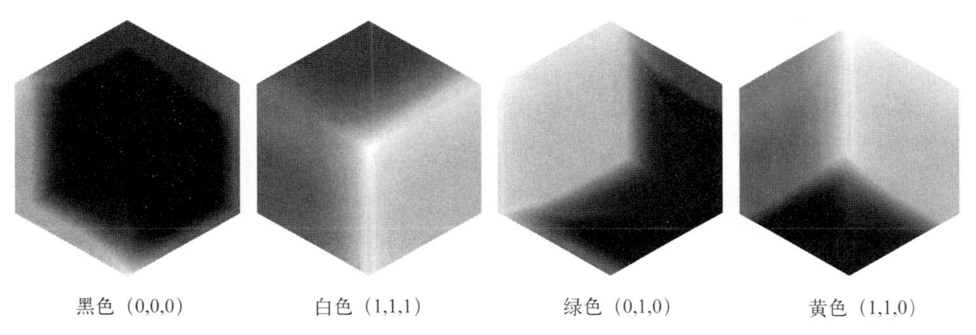

图 9-2 不同视角的 RGB 色彩立方体，给出了突出角的色彩[Rok09]

① 彩色图片请到 www.ituring.com.cn/book/1455 下载。——编者注

在有些图形系统中，色彩定义中还接受第四个值，称为 alpha 通道。这个 alpha 通道表示透明度，最小值（通常为 0）表示一种完全透明的色彩，最大值（通常为 1）表示完全不透明。因此，RGBA 四元组(1, 0, 1, 0.75)表示一种透明度为 75%的洋红色。换句话说，如果这个颜色被“涂”在另一种颜色的上方，后一颜色（之前存在的颜色）将有大约四分之一能够从这个洋红色下方透出来。[①]

尽管将颜色看到从 0 到 1 之间的不同级别是很方便的，但许多 Web 技术使用了一种不同刻度——0 到 255。让问题变得更复杂的是，这个范围有时是用十六进制表示的——从 00 到 FF（请参考 3.3.4 节复习）。在用这种方式表示时，一个 RGB 颜色将以一个井字符号/数字符号（#）开头，然后依次列出用两个十六进制数位表示的红、绿、蓝值。采用这一表达方式时，图 9-2 中的示例 RGB 颜色将是：#000000 表示黑色，#FFFFFF 表示白色，#00FF00 表示绿色，#FFFF00 表示黄色。表达式#000033 是一种深蓝色，#808080 是一种中等灰色，#FFE6E6 表示一种浅品红色，以此类推。

9.1.3　像素与对象/矢量

计算机图形或“场景”的描述方法主要有两种：可以将其表示为一个由有色方块或说像素组成的离散网格，比如来自数码相机或扫描仪的图像，也可以表示为一组几何形状或其他对象，每个对象都具有不同的属性和特征（例如，由 Adobe Illustrator、Dia、OmniGraffle 或 Microsoft Visio 等绘图程序创建的图片）。

从基于像素或图像空间的角度来看场景时，所有操作最终都是改变一个或多个像素的色彩。从这个角度来看，一个 `drawCircle` 函数可以计算出一个像素集，它们能够最佳近似要绘制的圆，然后对这个像素集进行相应着色。在此之后，圆的概念就不重要了。对这个圆进行着色后，就只剩下了像素。

从对象空间（也称为矢量图形）的角度来看，一个计算机场景可以看作一组实体的集合，这些实体可以单独进行操控。这些实体占用的像素不能直接修改；而是应当修改一个对象的属性，比如其大小、位置、颜色、线型及其他属性，使整个对象的外观发生变化。从这个角度来看，一个 `drawCircle` 函数在被调用之后将一直保留圆的概念。存在着一种机制，仍然可以将绘制后的圆形提取为数学概念上的圆，它的半径、位置、颜色等属性都可以直接修改。这些属性的变化将影响到圆及（或）其场景的外观。

这里是不存在“最佳”方法的。选择哪种方法取决于计算机图形应用程序的需要。数字相片编辑器最好采用基于像素的方法，因为图片只是以像素存储的，没有存储形状或对象，而图形程序最好采用对象，因为图表是按照其各个形状和直线来操作的。一些高级程序则结合了这两种方法，但在任何一个给定时刻，用户只能使用其中一种。

像素与对象/矢量之间的一般权衡是：面向像素的方法可以让你绝对精确地控制一个场景的外观，可以精确到组成该像素的点，而基于对象的方法通常需要较少的计算机资源（一个图像中可能有数百万个像素，但却只有几百个对象），而且可以让图形与具体分辨率无关。面向对象的图形可以放大或缩小，因为在每次重绘对象时，都能以最大细节和最高平滑度来绘制它们。图 9-3[②]演示了这一权衡。图中一个半径为 25 个像素的圆，先以基于像素的方法绘制，然后以基于对象的方法绘出。然后多次放大这个图形。

① 具体进行的计算量可能会有很大变化，但这是计算机图形书籍讨论的问题，超出了程序设计入门书籍的范围。

② 彩色图片请到 www.ituring.com.cn/book/1455 下载。——编者注

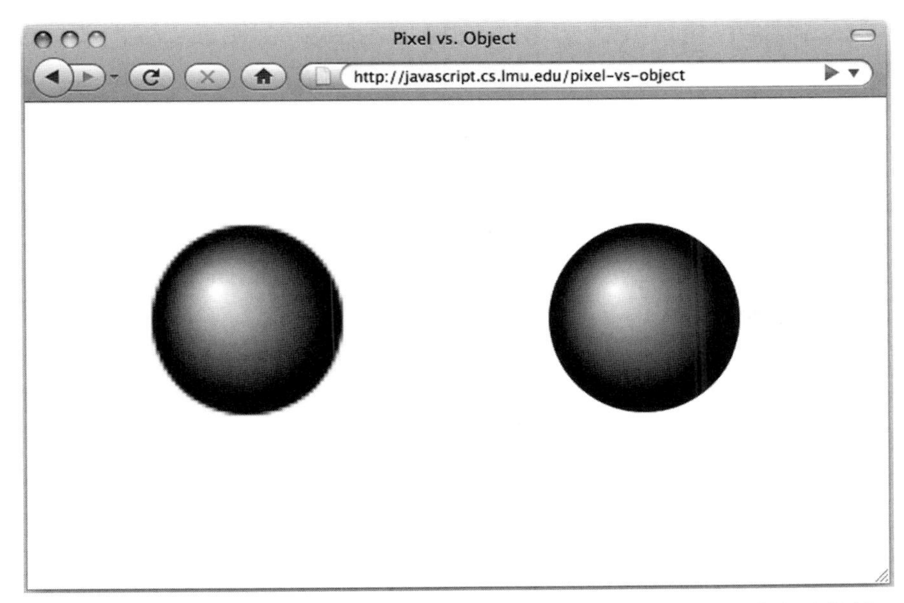

图 9-3 带阴影圆的对比，左侧为基于像素方法绘制，右侧为基于对象方法绘制

下面给出的这个 Web 页面实际上是用本章介绍的两种方法绘制的：基于像素的 canvas 元素和基于对象的可伸缩矢量图形标准（Scalable Vector Graphics，SVG）。考虑到你可能会感到好奇，下面给出这个 Web 页面的完整代码：

```
<!DOCTYPE html>
<html>
  <!-- 这个页面需要一个完全与 HTML5 兼容的 Web 浏览器。
       一定要尽可能放大，以看到像素与对象的区别。-->
  <head>
    <meta charset="UTF-8"/>
    <title>Pixel vs. Object</title>
    <script>
      window.onload = function () {
        var canvas = document.getElementById("canvas");
        var renderingContext = canvas.getContext("2d");

        // 图像空间圆
        var radialGradient = renderingContext.createRadialGradient
            (42, 42, 1, 50, 50, 25);
        radialGradient.addColorStop(0, "white");
        radialGradient.addColorStop(1, "#880000");

        renderingContext.fillStyle = radialGradient;
        renderingContext.beginPath();
        renderingContext.arc(50, 50, 25, 0, Math.PI * 2, true);
        renderingContext.fill();
      };
    </script>
  </head>
  <body>
    <!-- 像素空间圆将出现在这里. -->
    <canvas width="100" height="100" id="canvas"></canvas>

    <!-- 对象空间圆 -->
    <svg xmlns="http://www.w3.org/2000/svg" version="1.1"
      width="100" height="100" viewBox="0 0 100 100"
      style="width: 100px; height: 100px;">
```

```
        <defs>
          <!-- 首先，定义渐变 -->
            <radialGradient id="radialGradient"
              cx="50" cy="50" r="25" fx="42" fy="42"
              gradientUnits="userSpaceOnUse">
                <stop offset="0%" stop-color="white" />
                <stop offset="100%" stop-color="#880000" />
            </radialGradient>
        </defs>

          <!-- 然后，使用它 -->
          <circle cx="50" cy="50" r="25" fill="url(#radialGradient)" />
      </svg>
    </body>
  </html>
```

最后一种表示是基于查看计算机图形的显示技术。今天，这些技术几乎都是基于像素的，因此，即使是基于对象或基于矢量的图形在到达计算机显示器时，也都会转换为像素（这个过程称为光栅化或扫描转换）。

9.1.4　动画

动画的核心就是足够快速地显示一序列图像，使观看者产生运动的幻觉，“足够快”大约是每秒显示大约不低于30幅图像（也称为帧）。连续图像之间的差别应当相当小，使大脑能够“填充前后两帧之间的空白”。

如果图像是基于像素的，实现动画的方法通常就是重新绘制整帧，因为任何像素都可以在任意时间改变。在特定情况下，如果知道一帧中的哪些部分发生了变化，可以仅重绘这些部分。

对于基于对象或基于矢量的动画，在每一“帧”或每一间隔，诸如位置、大小、颜色或其他对象属性的变化量很小。然后由基于对象的图形系统来负责重新显示这些对象。

回顾与练习

1. 根据9.1.2节中对色彩的“量化”方式，说明如何对(r, g, b)值进行操作，以实现如下色彩变化：

   使颜色更亮
   使颜色更暗
   使颜色变成一个灰阶

2. 基于像素的图形和基于对象的图形之间有什么区别？哪些因素或属性会让你选择这种图形而不选择另一种？

9.2　HTML和CSS

第6章介绍了Web页面实际上就是元素的树或概要，这些元素可以使用HTML创建，也可以使用JavaScript创建。这些元素构成了所谓的文档对象模型，也就是DOM。

当时将DOM看作一种创建用户界面的机制。本章将为DOM添加一个新的维度：我们将它看作一个可视机制。利用上一节的术语，DOM可以用作一个基于对象的计算机图形系统，可以有各种Web元素，用作要显示的对象，也可以有级联样式表，即CSS，用作确定这些对象外观的机制。

9.2.1　图形的HTML元素

第6章，特别是6.2节，向我们介绍了如何生成包含各种元素的Web页面，比如段落（`p`）、按钮（`type =`

"button"的 input 或 button)、文本字段(type = "text"的 input)、列表(select)及其他元素。但是，这些元素通常不与计算机图形相关联。本节将研究其他一些更适于通用显示的元素。

1. img 元素

img 元素在 Web 页面上包含一些现成的图像文件，比如截图、数码相片，或任何其他(与 Web 兼容的)可视内容。这些元素的最重要属性就是 src，它指定了要包含的图像文件，既可以是 Web 绝对地址，也可以是相对于 Web 页面位置的路径。在 HTML 中，img 的指定如下：

```
<img src="http://javascript.cs.lmu.edu/images/bookcover.jpg" />
```

这一代码会使位于 http://javascript.cs.lmu.edu/images/bookcover.jpg 处的图像文件出现在该标签在 Web 页面中的所在位置。

和所有 Web 页面元素一样，我们还可以用 JavaScript 创建一个元素，然后将其追加到 Web 页面中。下面的代码准备在 http://javascript.cs.lmu.edu/runner 的 JavaScript 运行器页面中运行；它创建了一个与上面 HTML 示例中完全一致的 img 元素，并将它添加到 id 为“footer”的 Web 元素中(是的，这是一个由读者自行试验的示例)。

```
var footer = document.getElementById("footer");
var image = document.createElement("img");
image.src = "http://javascript.cs.lmu.edu/images/bookcover.jpg";
footer.appendChild(image);
```

2. div 元素

div 元素与 img 相对应，它不是用来显示预先准备好的内容，更像是一个空白板。可以将它看作一个“从头绘制图形”的构建模块。

在 HTML 中指定 div 元素是非常容易的：

```
<div></div>
```

或者，为了在 http://javascript.cs.lmu.edu/runner 中使用(当在不同 Web 页面中使用时，需要相应调整)：

```
var footer = document.getElementById("footer");
var div = document.createElement("div");
footer.appendChild(div);
```

但在这个最小表单中，其结果和这种机制一样没有什么大用：除了一个高度为 0 的方框之外，没有得到其他任何东西。但在将 div 用作其他元素的通用窗口，并自定义它的可视属性时，就能体现它的用处了。div 元素真的就是 DOM 的一个空白板。

下面几节将演示如何将这个空白板转换为 Web 页面上各种基于对象的图形显示。

9.2.2 CSS

CSS(也就是级联样式表)是 Web 上的一种可视技术，或说呈现技术。我们已经见到了一些 CSS：它实际上就是一个名为 style 的 DOM 属性。只要接触过 style，无论是在 JavaScript 中，还是在 HTML 中(大多数标签中的 style 属性)，你就接触到了 CSS。

CSS 中的 C 表示级联，它试图说明可以如何在许多不同级别应用 style 属性或属性，既可以是单个元素(这个具体的 div，那个具体的 img)，也可以是某种特定类型的所有元素(所有 p 元素，所有 h1 元素)，还可以是具有相同 class 的元素，这是一种对元素进行分组或分类的新方法，我们之前还没有见到过。某些 style 值只能适用于 Web 页面中某个特定点处的元素，比如只能适用于 p 元素内部的 a 元素。

为了演示一些可用来指定 style 的方法，我们将使用一种可轻松辨别、易于理解的可视属性：border-style。border-style 属性表示如何渲染一个元素的边界。已知的边界样式包括 dotted、dashed、solid、double、groove、ridge、inset、outset 和 none(根本没有边界)。

1. 单独的元素

通过以下方式，可以为单独的元素指定特定的可视属性：

- 为使用 HTML 标签创建的元素指定 style 属性
- 为通过 DOM 创建或访问的元素指定 style 属性
- 根据 id 属性/属性选择单个元素的 CSS 规则

这些方法将在下面的示例中演示；它们都属于 http://javascript.cs.lmu.edu/runner 处的 JavaScript 运行器页面，它们的结果都等同于将 introduction 元素的边界设定为 solid。

这个元素在 HTML 指定的最初形式如下：

```
<p id="introduction">
    <!-- 文本和其他标签出现在这里。-->
</p>
```

对此标签修改如下，会使这个元素拥有一个 solid 边界：

```
<p id="introduction" style="border-style: solid">
    <!-- 文本和其他标签出现在这里。 -->
</p>
```

或者，也可以运行以下代码，通过 JavaScript 设置 border-style。注意原本带有连词符的属性名替换成了它的“驼峰式大小写”版本；也就是说，连词符被删除，后面那个单词的首字母被改为大写（你能解释为什么必须进行这一修改吗？）：

```
document.getElementById("introduction").style.borderStyle = "solid";
```

这个代码片段使用 getElementById 提取 introduction 元素，然后将字符串"solid"指定给这个元素的 style 属性的 borderStyle 子属性。

要通过 CSS 进行样式指定，需要再次修改 HTML。在这种方法中，井字符号（#）表示“其 id 为……的元素”，大括号（{ }）中是要应用的 CSS 属性。

```
<head>
    <!-- 其他 head 元素放在这里。 -->
    <style type="text/css">
        #introduction {
            border-style: solid
        }
    </style>
</head>
```

对于 HTML 属性和 CSS 规则这两种方法，都可以设置多个 style，用分号（;）将它们分开即可。

```
<p id="introduction" style="border-style: solid; color: red">
    <!-- 文本和其他标签放在此处。 -->
</p>
```

或者

```
<head>
    <!-- 其他 head 元素放在此处。 -->
    <style type="text/css">
        #introduction {
            border-style: solid;
            color: red
        }
    </style>
</head>
```

自测一下：看看能否说明如何用 JavaScript 设置多个样式属性。不会的话，也不用着急，很快就会学到。

2. 同种类型的元素

要为同种类型的所有元素指定同一可视属性（比如所有 p 元素），既可以使用 JavaScript，也可以使用 CSS 规则。因为这个 style 赋值会统一地影响到多个元素，所以“标签内”方法不适用。

document 对象的 getElementsByTagName 函数返回一个数组，其中包含了具有同种类型/标签的所有元素。随后可以使用 for 语句为数组中的每个元素指定 style 子属性（可以自己在 http://javascript.cs.lmu.edu/runner 处试验）。

```
var pElements = document.getElementsByTagName("p");
for (var i = 0; i < pElements.length; i += 1) {
    pElements[i].style.borderStyle = "solid";
}
```

用 CSS 规则赋值时，使用与上一节相同的 style，只是这一次，{ }块之前的选择器应当是标签的名字。

```
<head>
    <!-- 其他 head 元素放在此处。 -->
    <style type="text/css">
        p {
            border-style: solid
        }
    </style>
</head>
```

注意 JavaScript 和 CSS 规则方法有一个很关键的区别：JavaScript 方法在执行代码时改变现有元素的样式。如果后续 JavaScript 代码创建了一个新的 p 元素，并将它追加到文档中，这个元素将不会被指定 style 子属性。①

3. 其他 CSS 选择器

除了为单独元素设置属性以及按元素类型设置属性之外，其他修改 CSS 可视属性的机制大都涉及作为 CSS 规则开头的选择器。因为我们这里主要关心的是计算机图形，而不是 Web 页面，所以仅对其中一些做如下汇总。

- 选择器以句点（.）开头，比如.helpbox 或.menuitem，它适用于已经被指定了 class 属性的 Web 元素。

  ```
  <p class="helpbox">以.helpbox 开头的 CSS 规则将影响这个 p 元素。</p>
  ```

- 利用多个以逗号（,）分隔的选择器，可以将同一组可视属性应用于不同组元素。

  ```
  p, .helpbox, #mainInstruction {
      background-color: rgb(250, 250, 192);
      border-style: outset
  }
  ```

  只是为了引入一点新内容，请注意一下 background-color 属性，它的名字很好地解释了其用途，并注意如何使用 rgb 表达式来设置它（rgb 表达式是 CSS 接受的许多 RGB 表示法之一；这个版本接受的颜色分量值为 0 到 255 之间的整数）。②

- 以大于号而非逗号分隔的多个选项器表示包含，而不是列表。比如，选择器 p > a 只影响 p 元素内部的 a 元素。如果一些 div 包含在另一个 div 内部，而后者又包含在一个顶级 div 中，要为最内层的 div 指定属性，可以使用选择器 div > div > div。

在一个层级上来说，CSS 的原理非常简单，但在另一个层级上来说，它又是出奇地艰深、强大和复杂。我

① 的确存在一种用于创建或修改 CSS 规则的 JavaScript 方法，但我们决定将这一内容留给读者进行查阅。

② 还有另外一个极端麻烦的细节，我们这里没有空间来全面讨论，那就是并非所有 Web 浏览器都能表示所有颜色。但对于本章来说，我们不用操心这个问题。

们尝试在这里介绍其基本机制；如果你有兴趣了解更多信息（有关选择器和属性等），我们推荐访问官方的 CSS 首页，其中有权威而全面的介绍[W3C10a]。在 Web 上进行一些快速搜索也可以找到大量学习、教程和参考网站。

4. jQuery 的$

有了这么多用于指定可视属性的方法，我们希望 jQuery 背后的一些动机和成果（7.5 节）已经变得很清楚了：因为有了 jQuery 的$函数，为适当元素设置属性的工作就变得简单多了。这是通过高效的库设计来实现的——它可以使用一种现有的机制来完成任务，使用合适的函数和对象，使这些行为的程序设计变得更容易、更快速、更强大。

9.2.3 可视属性

这里，我们转而研究一些 CSS 属性，它们推动了一些可视效果的实现，不只是局限于文档页面或用户界面外观。另外，我们还要强调用 JavaScript 实现的 CSS 属性操作，而不是采用之前看到的 HTML 和 CSS 规则方法。所有示例都是为 http://javascript.cs.lmu.edu/runner 处的 JavaScript 运行器页面设计的。

1. 大小和间隔

你可能想到了，width 和 height 属性可以将一个 Web 元素内容的大小设置为默认值之外的值。可以随这些大小一起提供单位，这里将一直使用像素（px），其他单位留给读者自学。边界也有一个大小属性：border-width。和 width 和 height 一样，单位是必需的。

与大小相关的是一个 Web 元素周围的间隔。有两种间隔可供使用：边距（margin）和补距（padding）。边距是指一个元素周围且在其边界之外的间隔，而补距则是元素的边界与其内容之间的间隔。由于 Web 元素有四条边（上、左、下、右），所以每种间隔类型有四个属性：边距的属性为 margin-top、margin-left、margin-bottom 和 margin-right，很显然，补距的属性为 padding-top、padding-left、padding-bottom 和 padding-right。还可以为“快捷属性”margin 和 padding 指定一个、两个或四个“数字加单位”的表达式，相互之间用空格隔开：只有一个值的表达式将设定所有四条边，有两个值的表达式设定垂直和水平间隔，四个值的表达式可以在一次赋值中将所有四条边设置为不同值。

下面的 http://javascript.cs.lmu.edu/runner 示例提供了一些代码，用来控制一个 div 元素（其 id 为“footer”）的这些大小和间隔属性。注意，一个元素占据的总面积是由 width、height、border-width、padding、margin 确定的综合间隔决定的。键入这一代码，并进行试验（再次回忆一下相关规则，在通过 JavaScript 进行访问时，如何将使用连词符的 CSS 属性名修改为驼峰式大小写形式）。

```
var footer = document.getElementById("footer");
footer.innerHTML = "Fun with sizes and spaces";
footer.style.width = "100px";
footer.style.height = "100px";
footer.style.borderStyle = "outset";
footer.style.borderWidth = "2px";
footer.style.marginLeft = "300px";
footer.style.marginTop = "100px";
footer.style.paddingRight = "50px";
footer.style.paddingBottom = "200px";
```

2. 颜色、图像、透明度和可视性

颜色和图像构成了另一大类 CSS 属性。颜色属性可以使用各种表达式设置，既可以是预先设置的关键字（red、blue、black、white，等等），也可以是你已经看到的 rgb 三元组。Web 元素有三个独立的可设置颜色：前景、背景和边界。我们现在用 JavaScript 运行器代码进行设置。

```
var footer = document.getElementById("footer");
footer.innerHTML = "Fun with color";
footer.style.color = "yellow";
footer.style.backgroundColor = "rgb(0, 0, 200)";
footer.style.borderStyle = "inset";
footer.style.borderColor = "rgb(150,150, 150)";
```

除了纯色之外，还可以将元素的背景设置为一个预先加载的图像文件（如果有的话）。图像文件可以在CSS中用 url 表达式指定：关键字 url 后面跟着图像的URL，URL放在括号内。下面是另外一些代码，其中使用了一幅图像，我们知道它保存在 http://javascript.cs.lmu.edu 上的某个地方。

```
var footer = document.getElementById("footer");
footer.innerHTML = "Fun with color";
footer.style.height = "128px";
footer.style.color = "yellow";
footer.style.backgroundImage =
    "url(http://javascript.cs.lmu.edu/images/bookcover.jpg)";
```

注意背景图像是如何在默认设置下重复的，能够看到的内容决定了元素的大小。background-repeat 属性控制着背景图像如何在其 Web 元素的区域内重复（或者控制其是否重复）。利用类似机制，可以通过 border-image 属性为边界指定不同图像。这一内容留给读者自己查阅、发现。

最后一对相关联的属性是透明度和可见性。通过 opacity 属性可以设置一个Web元素的透明度。这等价于前面讨论色彩时所说的alpha通道。在CSS中，这一属性的取值可以是0到1，1表示完全不透明，0表示完全透明（也就是说，这个元素是完全不可见的，但仍然会占用空间）。

下面的例子处理了JavaScript运行器页面的标题/标头，以及页面上的整个可见部分（也就是它的 body 元素）。注意，透明度与“亮”或“黑”无关，它是与重叠元素（比如Web页面的底层颜色）的相互关系。运行这一代码，尝试使用不同颜色和透明度数值，看看它们是如何相互影响的。

```
var header = document.getElementById("header");
document.body.style.backgroundColor = "rgb(0, 80, 0)";
header.style.color = "cyan";
header.style.opacity = "0.5";
```

opacity 为0时，元素完全透明，但它仍然存在于Web页面上；也就是说，它仍然占据空间。将这个属性与 display 属性进行比较，它确定了一个元素是否还在那儿（也就是说，是否显示）。取 none 值时元素不会显示在页面上，取其他值时会使其可见，最常见的取值为 block。

```
var header = document.getElementById("header");
header.style.display = "none";
```

注意 opacity 为0和 display 为 none 时的区别。

3. 更高级的可视效果

边界、纯色和图像构成了大多数Web元素的主要图形属性。在使用CSS Level 3（CSS3）或更高版本时，还有其他一些可以使用的属性，它们极大地扩展了“纯”HTML和CSS中的可见内容的范围（也就是兼容Web浏览器可以通过自身生成的可视内容，不需要预先绘制图像文件）。

CSS3非常新，你的Web浏览器可能还不支持这里列出的属性。如果代码示例在开始时无法工作，可以尝试在属性名前追加一个前缀：Mozilla系列的Web浏览器（Firefox、Flock等）添加 Moz，WebKit系列（Safari、Chrome等）添加 Webkit。在HTML属性和CSS规则级别，需要在每个前缀的前后使用连词符（例如，-moz-或-webkit-）。

投影是一种向Web页面中即时添加某一维度的简单方法。CSS3投影包括四个值：阴影的颜色、水平偏移、垂直偏移和模糊半径。这些偏移是指阴影偏离Web元素的距离。模糊半径就是阴影的“柔化度”：数值越大，越柔和。

下面的例子为JavaScript运行器页面的 footer 元素设定了一个相对柔和的浅灰色投影，落在元素的右下方（注意偏移和模糊半径的期望单位）。

```
var footer = document.getElementById("footer");
footer.innerHTML = "Getting fancy";
footer.style.boxShadow = "rgb(128, 128, 128) 3px 5px 10px";
```

再次强调，如果这一代码没有像预期中那样正常工作，别忘了为属性名添加前缀，对于 Firefox、Flock 和其他 Mozilla 浏览器，将数值指定给 MozBoxShadow，对于 Safari、Chrome 和其他 WebKit 浏览器，指定给 WebkitBoxShadow。

CSS3 border-radius 属性简化了圆角的实现——就消除许多 Web 元素“方方正正”的默认外观来说，其效果可能会大于你的预期。border-radius 的最简单形式就是仅接受一个长度值。这样会让 Web 元素的角变为绘制四分之一圆，其半径就是给定长度。

```
var footer = document.getElementById("footer");
footer.innerHTML = "Styling outside the box...";
footer.style.borderStyle = "outset";
footer.style.borderWidth = "2px";
footer.style.borderRadius = "10px";
```

这里的灵活性很大。border-radius 的更复杂形式允许设定不同的水平和垂直半径（从而使这些角显示四分之一椭圆，而不是四分之一圆），并为每个角设置不同半径。另外，border-radius 和 box-shadow 可以很好地协作。将前两个例子合并起来，创建一个圆角带阴影的 div 元素，看看会有什么效果。

我们用渐变背景来封装 CSS3 快速漫游——在这里回顾的属性中，它可能是最富技巧性的了，但它很值得学习。CSS3 将渐变背景看作浏览器生成的图像；也就是说，对于任何一个属性，只要它接受在线图像文件的 url 表达式，就可以将此背景应用于该属性。因此，渐变可以与 background-image、border-image 以及其他通常接受图像 URL 的属性一起使用。

和 border-radius 一样，渐变的 CSS3 表达式也可以是简单而标准化的，也可以是复杂但能自定义的。我们这里仍然坚持使用简单形式，将全套选项留给读者做补充阅读。

```
var footer = document.getElementById("footer");
footer.innerHTML = "Look, ma, no images!";
footer.style.backgroundImage =
    "linear-gradient(white, rgb(200, 0, 0), rgb(128, 0, 0))";
document.body.style.backgroundImage =
    "linear-gradient(left, lightgray, white)";
```

在这个最简单的形式中，渐变就是一个逗号分隔的颜色列表。这个 Web 元素就在一个默认的特定方向上（自上而下），在这些颜色之间尽可能平滑地过渡。要指定不同方向，可以包含一个起点作为第一参数，如指定给文档 body 元素的渐变。在这个例子中，“起始颜色”开始于元素的左侧，向右侧过渡。

对于渐变，以及其他一些仅在最新标准中可供使用的值和属性，较早的 Web 浏览器实际上采用了不同的表达式。Mozilla/Firefox 系列的 Web 浏览器希望使用-moz-前缀，比如"-moz-linear-gradient(white, rgb(200, 0, 0), rgb(128, 0, 0))"，而 WebKit 系列的 Web 浏览器则使用-webkit-前缀，并希望有渐变类型（linear，radial）作为参数。

对于这些后向兼容的属性变体，其处理虽然冗长，倒也直接：全部设置。Web 浏览器知道忽略它们并不识别的设置或值。因此，在所有 Web 浏览器都最终采用最新标准之前，一种应对方法就是设定所有已知的属性变体（CSS3、-moz-、-webkit-，及其他可能变体），对于渐变，就是指定多个渐变形式。下面是一个代码示例：

```
var footer = document.getElementById("footer");
footer.innerHTML = "Look, ma, no images!";

// Mozilla 版本：WebKit 会忽略它。
document.body.style.backgroundImage =
    "-moz-linear-gradient(left, lightgray, white)";
footer.style.backgroundImage =
    "-moz-radial-gradient(25% 50%, circle," +
    "white 0%, rgb(200, 0, 0) 50%, rgb(128, 0, 0) 100%)";

// WebKit 版本：Mozilla 会忽略它。
```

```
document.body.style.backgroundImage =
    "-webkit-gradient(linear, 0% 0%, 100% 0%," +
    "color-stop(0, lightgray), color-stop(1, white))";
footer.style.backgroundImage =
    "-webkit-gradient(radial, 25% 50%, 0, 50% 100%, 750," +
    "color-stop(0, white), color-stop(0.5, rgb(200, 0, 0))," +
    "color-stop(1, rgb(128, 0, 0)))";

// CSS3 版本：最新浏览器会采用这一版本。
document.body.style.backgroundImage =
    "linear-gradient(left, lightgray, white)";
footer.style.backgroundImage =
    "radial-gradient(25% 50%, circle," +
    "white 0%, rgb(200, 0, 0) 50%, rgb(128, 0, 0) 100%)";
```

这些设置的数量是相当惊人的（而且我们还没有介绍所有设置），但努力的结果是在 Web 元素的着色以及（或者）显示方面获得了极大的灵活性——而所有这些都不需要运行绘制程序或图像编辑器。

9.2.4 绝对位置

在将 Web 页面设计为文档和用户界面时，它们通常会遵循默认的大小、流动和定位规则。对于其目的来说，这是一件好事情，因为一致性、与设备/窗口的独立性对于这些应用程序是至关重要的。但在计算机图形中，我们需要更大的灵活性，有时甚至希望完全不受这些约束和约定的限制。

要使 DOM 元素支持像素级别的定位，可以进行以下操作。

1. 确定一个元素，用作整个图形显示的容器。
2. 将容器元素的 position 样式属性设置为 relative。这一点可以直接在 HTML 中完成，如下所示：

```
<div style="position: relative">
    <!-- 其他元素放在这里。 -->
</div>
```

或者，也可以用 CSS 规则设置 position。位于 http://javascript.cs.lmu.edu/basicanimation 的 Web 页面使用了这一方法，CSS 规则放在一个不同的文件中，而不是“内联”写在一个 style 元素中。这类似于使用带有 src 属性的 script 标签。

容器元素内部的元素又必须将它们的 position 样式属性设置为 absolute。

初始位置和大小也可以设置。四个样式属性 left、top、width 和 height 方便了这一设置，它们意义与其名字完全一致。这些位置之后应当跟着一个适当的测量单位，通常是像素（px）。属性 left: 0px 和 top: 0px 对应于容器元素的左上角。这些属性的直接 HTML 设置类似于如下所示：

```
<div style="position: absolute; left: 10px; top: 20px;
                                width: 100px; height: 50px">
    <!-- 动画元素中的元素。-->
</div>
```

前面的 HTML 定义了一个 100 像素×50 像素的对象，它的左上角距离其所在元素的左边缘有 10 像素，距离其上边缘为 20 像素。和任何 Web 元素一样，这些属性可以使用 CSS 规则设置，而不在 HTML 标签中设置。

或者，也可以设置 right 和 bottom 属性。这揭示了 CSS 中定位属性时的一些微妙区别：它们表示是距其各自边界的距离。因此，right: 0px 实际上是将一个元素的右侧与其容器的右边对齐。同样，bottom: 5px 将一个元素的底部放在其所在元素底边之上 5 个像素。

JavaScript 代码当然可以直接设置这些样式属性，这些赋值直接导致了 Web 页面的相应变化。

```
// 假定 box 变量已经引用某个以绝对方式放置的元素，
// 它放在另一个以相对方式放置的元素中。
box.style.left = "15px";
box.style.top = "25px";
```

如果 box 变量引用了之前由 HTML 标签定义的同一元素，那这个 JavaScript 片断立即将该元素向下、向右移动 5 个像素。

9.2.5　案例研究：条形图

我们用两个案例研究来结束我们对 HTML 和 CSS 计算机图形的讨论，首先是一个简单的条形图程序。这个程序只包含一个函数 createBarChart，它接受一个由数据项组成的数组，其中每一项都是一个具有 color 和 value 属性的对象，这个函数还会创建一个 DOM 元素，其中包含了给定数组的一个条形图。在 http://javascript.cs.lmu.edu/barchart 可以找到一个完整的程序。图 9-4 显示了它在 Mac OS X 的 Firefox 中是什么样子，还给出了它的 HTML 代码。

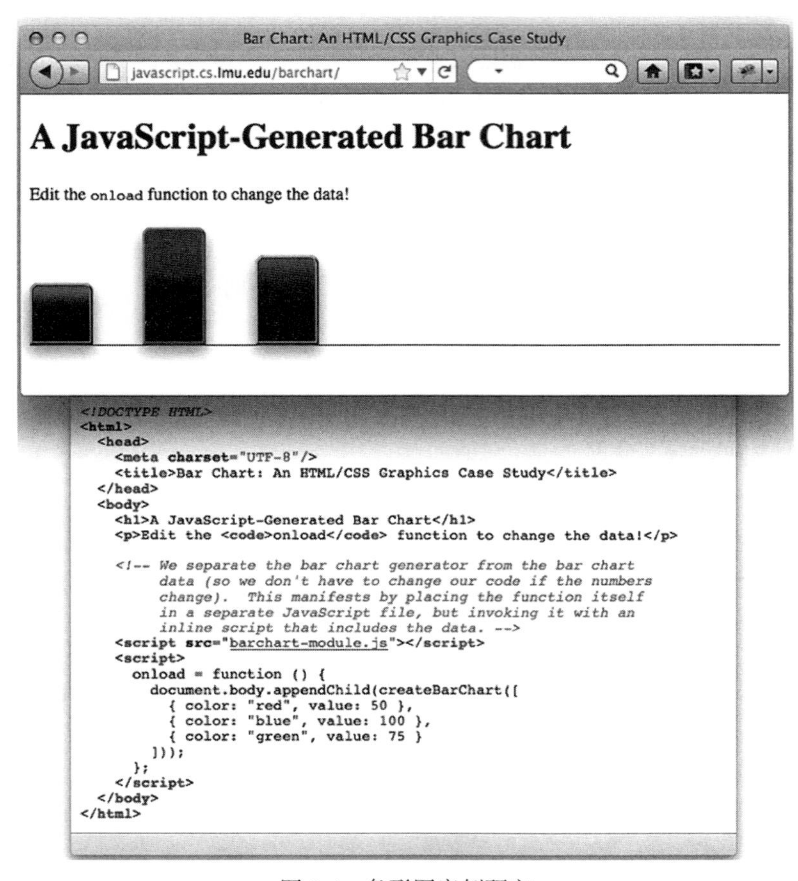

图 9-4　条形图案例研究

数据项可以很轻松地用 JavaScript 的对象符号指定：

```
document.body.appendChild(createBarChart(
    [ { color: "red", value: 50 },
      { color: "blue", value: 100 },
      { color: "green", value: 75 } ]));
```

这个程序采用这种设计方式，可以很轻松地显示不同条形图，可能会显示多个，但所有这些都不用触及主代码，它们都被完全封装在 createBarChart 函数中。这个函数本身创建一个自包含的 Web 元素，用于显示条形图。它的开头非常简单，创建一个 div 元素，position CSS 属性被设置为 relative。

```
var chart = document.createElement("div");
chart.style.position = "relative";
```

该函数随后设置容器元素的高度。这个高度由具有最大值的那个柱形决定。为得到一点垂直间隙，向最终高度中增加 10 个像素。

```
var height = 0;
for (var i = 0; i < data.length; i += 1) {
    height = Math.max(height, data[i].value);
}
chart.style.height = (height + 10) + "px";
```

在对容器元素进行一点可视化样式设置之后，即设置条形图中的各个柱形。这需要迭代数据项数组，并为每个数据项创建一个柱形。这个柱形拥有标准化宽度，而它的高度由数据项的 `value` 属性决定，颜色由 `color` 属性决定。最后，将这个柱形放在所属 `div` 的底部。①

```
var dataItem = data[i];
var bar = document.createElement("div");
bar.style.position = "absolute";
bar.style.left = barPosition + "px";
bar.style.width = barWidth + "px";
bar.style.backgroundColor = dataItem.color;
bar.style.height = dataItem.value + "px";
bar.style.borderStyle = "ridge";
bar.style.borderColor = dataItem.color;

bar.style.boxShadow = "rgba(128, 128, 128, 0.75) 0px 7px 12px";
bar.style.borderTopLeftRadius = "8px";
bar.style.borderTopRightRadius = "8px";
bar.style.backgroundImage =
    "linear-gradient(" + dataItem.color + ", black)";

bar.style.bottom = "0px";
chart.appendChild(bar);
```

这个案例研究并不是一个完全可配置的条形图程序，但我们希望它能有效地演示本节介绍的许多 HTML 和 CSS 图形方案。

9.2.6 案例研究：汉诺塔显示

这个案例研究给出一个基于浏览器的汉诺塔智力玩具（在 10.2.2 节讨论）的可能开局。除了又提供了一个示例，说明 HTML 与 CSS 中基于对象的计算机图形之外，这个案例研究还说明了可以如何将这个智力玩具的可视化属性（呈现）与其实际数据（或模型）区分开来。这种区分有利于“重新格式化”图形显示，而无需触及任何 JavaScript。

这个 Web 页面可以在 http://javascript.cs.lmu.edu/hanoi 找到。图 9-5 显示了在 Ubuntu 系统的 Firefox 中渲染的这一页面。

① 实际实现还要适应特定浏览器的 CSS3 变体，但这里是针对标准 CSS3 属性和表达式而编写的。

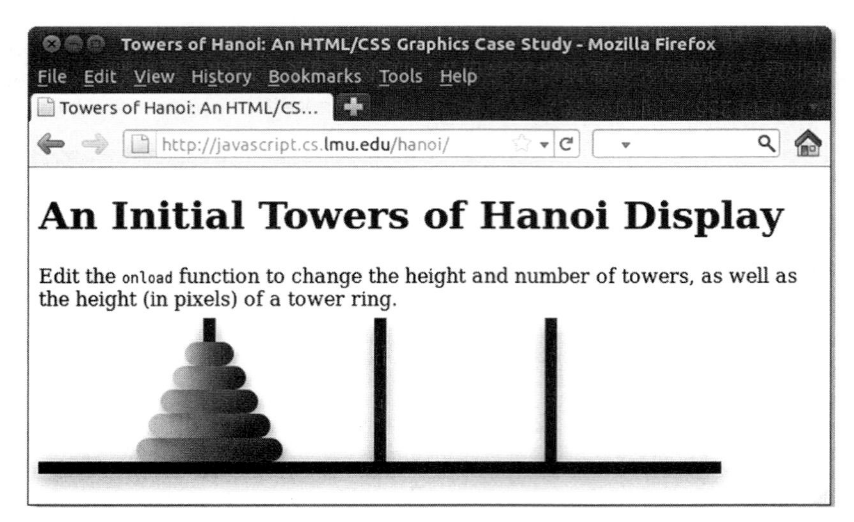

图 9-5　汉诺塔案例研究

和本书中的许多案例研究一样，我们尝试将 HTML 减至最少（图 9-6）。但还是有三件事情值得注意。

- 注意引用 hanoi.css 文件的 `link` 标签。
- 和之前一样，`onload` 是一个事件处理程序，所以 `hanoi` 函数调用将返回另一个函数。只有当 Web 页面完成加载时才会调用这个函数。
- 传送给 `hanoi` 函数的参数对应于塔环的个数、塔的个数、环的实际高度（以像素为单位）。

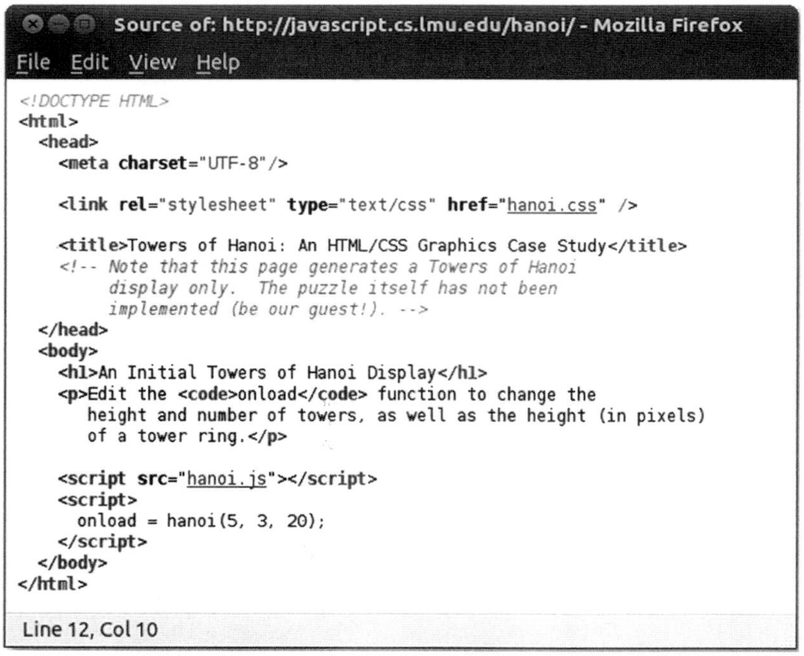

Source of: http://javascript.cs.lmu.edu/hanoi/ - Mozilla Firefox

File　Edit　View　Help

```
<!DOCTYPE HTML>
<html>
  <head>
    <meta charset="UTF-8"/>

    <link rel="stylesheet" type="text/css" href="hanoi.css" />

    <title>Towers of Hanoi: An HTML/CSS Graphics Case Study</title>
    <!-- Note that this page generates a Towers of Hanoi
         display only.  The puzzle itself has not been
         implemented (be our guest!). -->
  </head>
  <body>
    <h1>An Initial Towers of Hanoi Display</h1>
    <p>Edit the <code>onload</code> function to change the
       height and number of towers, as well as the height (in pixels)
       of a tower ring.</p>

    <script src="hanoi.js"></script>
    <script>
      onload = hanoi(5, 3, 20);
    </script>
  </body>
</html>
```

Line 12, Col 10

图 9-6　汉诺塔案例研究的 HTML 源代码

独立的 CSS 文件有利于修改汉诺塔的颜色、边界、阴影和其他可视属性，无需触及 JavaScript 代码——又一次将关注点隔离开来。`hanoi` 函数可以看到的一个可视属性是每个环的高度。之所以这样做，是因为塔和环的放置过程需要这个值，JavaScript 必须处理它，特别是需要这个程序能够交互时（例如，可移动的环、汉诺塔规则的实现、获胜状态的判断）。

将 hanoi.css 中的以下示例规则与图 9-5 中看到的内容进行对比。它定义了由所有环共享的可视属性，并为那些尚未支持标准化 CSS3 属性名的 Web 浏览器支持一些属性。

```
.ring, .oddring {
    border-radius: 10px;
    -moz-border-radius: 10px;
    -webkit-border-radius: 10px;
    box-shadow: rgba(128, 128, 128, 0.5) 2px 4px 7px;
    -moz-box-shadow: rgba(128, 128, 128, 0.5) 2px 4px 7px;
    -webkit-box-shadow: rgba(128, 128, 128, 0.5) 2px 4px 7px;
}
```

除此之外，这个程序本身的概念非常简单：它将整个智力玩具表示为“塔”的一个数组，每个塔（towers 数组的成员）又是一个“环”的数组。这些环实际上是 div 元素，属于 ring 或 oddring 类。CSS 规则用这个类来统一设置这些 div 元素的格式。

```
var towers = [];
for (var i = 0; i < towerCount; i += 1) {
    towers.push([]);
}

var ringWidth = (height + 1) * ringHeight;
for (i = 0; i < height; i += 1) {
    // 每个环都是一个 div 元素，用一个 ID 来标识它。
    var ring = document.createElement("div");
    ring.id = height - i - 1;
    ring.style.width = ringWidth + "px";
    ring.style.height = ringHeight + "px";

    // 考虑到多样性，对奇数环和偶数环做不同显示。
    // HTML 标签中的 class 属性在 JavaScript 中通过属性名 className 访问。
    ring.className = (i % 2 == 0) ? "ring" : "oddring";
    towers[0].push(ring);

    // 下一个环较小一些。
    ringWidth -= ringHeight;
}
```

生成这个数组的数组之后，创建作为整体的容器 div 元素。创建塔元素，并添加到容器中，然后是环。最后，预见到在具体实现这个智力玩具时的一些工作，将放置每个环的代码放在一个函数中。

```
var positionRings = function () {
    towerLeft = positionIncrement;
    for (i = 0; i < towerCount; i += 1) {
        var bottom = towerWidth;
        for (j = 0; j < towers[i].length; j += 1) {
            ring = towers[i][j];
            ring.style.left = // 用 parseInt 去掉单位
                (towerLeft - (parseInt(ring.style.width) / 2)) + "px";
            ring.style.bottom = bottom + "px";
            bottom += ringHeight;
        }
        towerLeft += positionIncrement;
    }
};
```

注意这个函数在工作过程中如何迭代 towers 数组中的每个塔。随后，对于其中每个塔放置环。将它分离出来单独作为一个函数后，就可以在塔之间移动环时轻松地更新显示。

回顾与练习

1. img 元素和被指定给 background-image CSS 属性的图像之间有没有区别？有什么区别？在不看源标签的情况下，能否在一个 Web 浏览器窗口中区分这两者？
2. left、top、bottom、right、width 和 height 属性与绝对定位之间的关系如何？它们之间是否会相互影响（也就是说，是否存在某些情况，改变这些属性中的一个，会自动影响另一个）？
3. 查阅并描述可以在 Web 页面文本中使用的 CSS 属性（字体样式、大小、对齐形式，等等）。自行尝试体验这些属性。

9.3 HTML 和 CSS 中的动画

用 HTML 和 CSS 完成动画的最简单方法就是在一定时间间隔内操控 DOM。利用基于时间的 setInterval 事件处理程序，重复修改 DOM 元素的特定可视属性，可以在一个 Web 页面中执行动画。一些小的变化，如果其渐变程度足够小、频率足够高，可以让大脑理解为连续的动作或变化。

Web 页面动画的一般方法可以总结如下。

1. 设置要实现动画的 DOM 元素。需要对其属性进行设置，以便以一种精细粒度的渐变方式来移动或修改它。
2. 定义一个函数，用作动画的“入点”。
3. 在这个函数内部调用 setInterval，并向其提供一个函数，针对单个动画“帧”中应当出现的内容来修改 DOM 元素。每秒 30 帧左右的移动速度通常会给人们以平滑的感觉，翻译为 setInterval 参数就是 30~40 毫秒。
4. 如果愿意的话，可以设置一个事件处理程序或其他某个停止动画的条件。停止动画的过程需要保存由 setInterval 返回的标识符。

http://javascript.cs.lmu.edu/basicanimation 演示了这个一般方法，还有本节后续部分介绍的特定概念。

9.3.1 恒定速度

最简单的运动动画形式是*恒定速度*；也就是说，在整个运动序列中，一个对象在每个预定间隔内都会移动固定量。同时修改每个动画“帧”的 left 和 top 样式属性，就可以实现对角线移动。

在 http://javascript.cs.lmu.edu/basicanimation 上的恒定速度示例中，以动画形式移动的方块 cv-box 左右来回移动，移动速度由用户在 cv-velocity 文本字段中输入。为便于修改，将所用的时间间隔指定给 millisecondsPerFrame 变量（本例中设置为 30）。

```
var startConstantVelocityAnimation = function () {
    // 获取想要的速度。
    var velocity =
        parseFloat(document.getElementById("cv-velocity").value);

    // 获取要实现动画的对象，必要时进行初始化。
    var box = document.getElementById("cv-box");
    box.style.left = box.style.left || "0px";

    // 开始动画。
    var intervalID = setInterval(function () {
        var newLeft = parseInt(box.style.left) + velocity;
        if ((newLeft < 0) || (newLeft > maxLeft)) {
            velocity = -velocity;
        } else {
            box.style.left = newLeft + "px";
```

```
            }
        }, millisecondsPerFrame);

        // 切换启动按钮，以停止动画。
        setupButton(document.getElementById("cv-button"), "Stop Animation",
            function () {
                clearInterval(intervalID);

                // 切换启动按钮以停止动画。
                setupButton(document.getElementById("cv-button"),
                    "Start Animation", startConstantVelocityAnimation);
            }
        );
    };
```

注意，在尚未设置方块的 left 属性时，将其初始化为 0px。setInterval 重复调用的函数根据所需速度值（假定其单位为“像素/间隔”），将这一属性增大，当方块触及左右边界时，反转方向。向新的 left 属性追加 px 后缀，用于指示所需要的测量单位。

setInterval 的返回值保存在 intervalID 变量中，以便用户可以停止动画，在这个例子中，它是由 click 事件处理程序触发的，这个处理程序会以 intervalID 调用 clearInterval。

9.3.2 淡入与淡出

能够实现动画的不只是位置；任何能够随时间逐渐变化的值都可以实现动画。在最常见的情况中，会在一个动画中改变多个值。

作为另一个动画属性的示例，我们选择了 opacity 样式属性来实现淡入和淡出。在 9.2.3 节曾经看到，当 opacity 为 0 时，它的相关元素是完全透明的（不可见）。当它为 1 时，这个元素是完全不透明的。0 与 1 之间的每个数值都表示你能“透过”这个元素“看到”多少内容。淡入与淡出动画对应于一个对象的透明度：当它开始为完全透明或不透明时，随着它的出现或消失，opacity 的值会随时间一点点增大或缩小。

http://javascript.cs.lmu.edu/basicanimation 中的淡入/淡出示例对 opacity 进行操控，其方式几乎与方块的位置相同：在开始时，透明度取一个适当值，当然随时间增加/降低透明度，直到变为目标值为止。

因为在这个页面开始时，示例方块是可见的，所以首先要尝试的效果是淡出。在下面的 setInterval 调用中，关键变量为 fadeRate，也就是在每一帧中，该元素变得更为透明的程度。注意它的角度与移动动画中的速度相同。

```
var intervalID = setInterval(function () {
    // 计算新值。
    var newOpacity = parseFloat(box.style.opacity) - fadeRate;
    if (newOpacity <= 0) {
        // 在达到最大透明度时，停止动画并切换淡入/淡出按钮的功能。
        newOpacity = 0;
        clearInterval(intervalID);
        setupButton(document.getElementById("fade-button"),
            "Fade In", startFadeInAnimation);
    }

    box.style.opacity = newOpacity;
}, millisecondsPerFrame);
```

这个函数的大部分内容都与动画的结束有关，而不是与动画本身有关！不透明度在每一帧中降低 fadeRate——就是这点事。Web 浏览器会负责其余工作。由于这是一个淡出，所以当 newOpacity 达到或低于 0 时，我们终止动画。和运动动画一样，通过调用 clearInterval(intervalID)来终止动画，然后切换淡入/淡出按钮，在下一次再单击它时，将执行淡入。

淡入几乎没有什么不同：开始时的透明度为 0，然后递增，达到 1 时停止动画。其代码非常类似，所以我们将其留给读者进行推测，或进行在线研究。

9.3.3　实现其他属性的动画

CSS中的众多属性（其中一些已经在9.2.3节中进行了介绍）为实现动画提供了多种选择。这些属性可以通过 `setInterval` 随时间变化，既可以单独修改，也可以组合修改，从而生成多种多样的动画效果。

- 因为颜色（例如，`color`、`background-color`、`border-color`）可以用红绿蓝值表示，所以这些值的适当渐变修改可以为Web元素的不同方面产生颜色渐变效果。
- `width` 和 `height` 属性允许实现尺寸动画。只要记住，像 `left`、`top`、`right` 和 `bottom` 一样，这些属性需要一个测量单位（比如 `px`），才能正确工作。
- 像 `border-width`、`margin` 和 `padding` 等属性都可以用来实现Web元素间隔与布局的动画。
- 一些与文本相关的属性（本章未做介绍）可以实现文本块的动画，从字体大小到样式和颜色都可变化。

从原理上来说，任何具有视觉效果且能随时间小幅递增的属性都可以用来实现动画。一旦使用 `setInterval` 和 `clearInterval` 获得了实现动画的一般模式，再加上JavaScript中的函数就是对象，这些动画的设置就非常简单，而且达到令人满意的效果。

9.3.4　缓动动画

许多系统通过补间内插（tweening）来实现动画：用户指定动画对象的起始状态和终止状态（称为对象的关键帧）和希望动画持续的时间，软件会计算这两者之间的帧。这种计算的核心是补间内插函数，当给定其起始状态、终止状态（给定状态变化量也是一样的）、目标持续时间、在动画中的当前时间后，这个函数会返回该对象应当拥有的中间状态，或说“补间内插”状态。实际的补间内插算法其实就是从时刻0迭代到总持续时间，定期在当前时刻调用补间内插函数，并将动画对象的状态改为补间内插函数返回的内容。

将动画对象的行为封装在一个补间内插函数内部后，不用更改动画代码的整体结构就能实现一些更复杂的修改，比如加速度、振荡或其他任何东西。http://javascript.cs.lmu.edu/basicanimation 中的缓动动画示例实现了“缓入”“缓出”和“缓入与缓出”——加速度、减速度、对称地先加速再减速。用于这些效果的补间内插函数如下面所示[Pen06]：

```
var quadEaseIn = function (currentTime, start, distance, duration) {
    var percentComplete = currentTime / duration;
    return distance * percentComplete * percentComplete + start;
};

var quadEaseOut = function (currentTime, start, distance, duration) {
    var percentComplete = currentTime / duration;
    return -distance * percentComplete * (percentComplete - 2) + start;
};

var quadEaseInAndOut = function (currentTime, start, distance,
        duration) {
    var percentComplete = currentTime / (duration / 2);
    return (percentComplete < 1) ?
        (distance / 2) * percentComplete * percentComplete + start :
        (-distance / 2) * ((percentComplete - 1) *
            (percentComplete - 3) - 1) + start;
};
```

这些函数首先确定我们处于动画的什么位置，将当前时间除以总持续时间就可以得到这一结果。这样会得到一个介于0到1之间的数值，表示已经完成的百分比。在缓入时，我们将距离乘以这个值的平方，也就是与起始位置的偏移量。在缓出时，由于正在减速，所以乘以这个距离的负数。缓入再缓出是将整个距离折半，在动画的第一部分返回“缓入”值，在第二部分返回“缓出”值。这些函数是二次的，也就是说，它们以流逝时间量的平方为基础，这是因为初等物理学中的加速度就是以这种方式影响对象位置的。

注意，恒速动画就是一个线性补间内插函数：动画对象在某一给定帧的状态与已经流逝的帧数成正比。从根本上来说，我们在补间内插函数内部做些什么，并不一定局限于初等物理学或任何其他内容。只要这个函数使对象在 `currentTime === 0` 处于所需要的起始状态，在 `currentTime === duration` 处于所需要的终止状态（或足够接近该状态），它可以做它想做的任何事情。最重要的条件就是这个补间内插函数返回的“轨迹”是平滑的。换句话说，随着时间的流逝，它必须产生足够小的变化，这是动画的本质。

你现在可能已经猜到了，补间内插函数可以应用到任意可以实现动画的属性，并非仅适用于运动。淡入/淡出、颜色改变、尺寸改变——当此代码的结构可以作为一种“可插入的”补间内插函数时，可实现动画的可能性会呈爆炸式增长。这些结果的设计优美、功能强大，因为 JavaScript 将函数看作对象，而且 DOM 支持大量“可补间内插”的属性。

如果你希望进一步探讨这些补间内插的可能性，可以参考 Robert Penner 开发的补间内插/缓动函数库[Pen06]（本书给出的示例就是以他的工作为基础的），Tweener 开源项目已经用 JavaScript 和其他语言实现了这些函数[Twe10]。

9.3.5 声明性 CSS 动画

对于本节介绍的动画技术，最新的 CSS 标准支持一些特定的*声明性*版本[CSS09a,CSS09b]。所谓“声明性”是指一个 Web 页面只需“声明”特定的动画应当在特定环境下发生。兼容此标准的 Web 浏览器可以接受这些声明，并对其进行操作，而无需来自 Web 页面的更多代码。在某种意义上，声明性 CSS 动画关注的是应当发生什么，而不用指示*如何*发生。

因为这种动画根本不涉及 JavaScript，所以我们仅通过一个简单的示例来介绍它。声明性 CSS 动画的最简单形式是*过渡*——当元素由一种样式变为另一样式时发生的补间内插。这种过渡涉及要实现动画的*属性*、动画的*持续时间*和*定时函数*（等价于上一节的补间内插函数和缓动函数）。下面代码演示了这一过程。

```
<!doctype html>
<html>
  <head>
    <meta charset="UTF-8"/>
    <title>Declarative CSS Animation Demonstration</title>
    <style>
      span {
        font-size: 48px;
        transition: text-shadow 2s ease;
        -moz-transition: text-shadow 2s ease;
        -webkit-transition: text-shadow 2s ease;
      }

      span:hover {
        text-shadow: 0px 0px 18px red;
      }
    </style>
  </head>
  <body>
    <span>Follow</span> <span>the</span>
    <span>unearthly</span> <span>glow!</span>
  </body>
</html>
```

与实际编程实现的功能相比，声明性功能通常要更简单一些，也不太容易出错，但这并不意味着就可以抛弃编程了。它只是意味着软件能够很好地组织其编程组件的结构，只需要“声明”要做些什么，就能很好地对应到说明*如何*完成它的代码或函数。因此，即使声明性方法更为高级，也仍然需要学习如何编程实现这些效果（也就是之前各小节讨论的内容）——因为最终还是得有人来编程实现所有这些声明的行为！

回顾与练习

1. setInterval 在 Web 动画中扮演着什么角色？
2. setInterval 函数返回一个标识符，可以用来表示该函数调用发起的某一次特定重复副本。在什么情况下，知道这个标识符是有用的？
3. 是否有可能编写一个如 9.3.4 节所述的补间内插函数，使补间内插对象随时间来回移动？为什么？下载并修改 http://javascript.cs.lmu.edu/basicanimation 中的代码，检验你的答案是否正确。
4. 使用声明性 CSS 动画是否不再需要知道如何直接编程实现动画效果？为什么？

9.4 canvas 元素

对于支持 canvas 元素的 Web 浏览器，这个元素可以为 Web 页面提供一个能够动态绘制的区域。JavaScript 应用程序能够对 canvas 元素进行全面的像素级控制，通过一些函数来处理这些元素，这些函数提供的功能与图像编辑软件非常类似。我们可以将 canvas 看作一种“以脚本实现绘制”的机制。在[Moz09]可以找到有关 canvas 元素的详尽在线教程，[WW10]提供了其规范的最新版本。

9.4.1 实例化 canvas

和所有 Web 页面元素一样，canvas 既可以通过 HTML 中的标签创建，也可以用 JavaScript 代码显式创建，再包含在文档中。canvas 元素有两个不同属性——width 和 height，都以像素表示。在未指定时，canvas 的默认 width 为 300 个像素，height 为 150 个像素。

HTML <canvas>标签类似于如下所示：

```
<canvas width="200" height="200">
在支持 canvas 元素的浏览器中，该元素应当出现在这里。
</canvas>
```

这个 width 和 height 表示 canvas 的可绘制区域，而不是它的可视区域。因此，<canvas width="200" height="200">表示的区域可以平均划分为 200 列（左右）和 200 行（向下），与 canvas 在 Web 页面上的显示大小无关。如果 CSS 或其他机制将一个 canvas 元素的呈现或布局大小修改为原指定 width 和 height 之外的值，它的内容将会缩放为该尺寸。

注意起始标签与结束标签之间的文本所扮演的角色：不支持 canvas 元素的浏览器不会识别 canvas 标签，将会显示两者之间的任意文本。可以用这一行为向用户显示某种警告或提示，说明这个 Web 页面需要 Web 浏览器中支持 canvas 元素。支持 canvas 的 Web 浏览器不会显示这一文本，因为这个位置上正好放着一个 canvas。

在纯粹的 JavaScript 中，canvas 元素的创建和配置与大多数其他元素都非常类似。

```
var canvas = document.createElement("canvas");
canvas.innerHTML = "在支持 canvas 元素的浏览器中，" +
    "该元素应当出现在这里。";
canvas.width = 200;
canvas.height = 200;
document.body.appendChild(canvas);
// ……或者你希望 canvas 去的其他任何地方。
```

9.4.2 渲染上下文

在 JavaScript 代码和用户在 canvas 元素中看到的内容之间有一座桥梁，那就是绘制、图形或渲染上下文。事实上，这个概念是许多计算机图形编程环境共有的。

如果说 canvas 是一个图形编辑或绘制应用程序的程序员版本，那渲染上下文就是应用程序状态的程序员变体，这些状态包括：当前工具、所选颜色和当前字体，等等。图形上下文的典型交互包括设置一些相关值，比如颜色、绘制样式、字体。随后可以请求实际绘制操作，并使用这些值来执行绘制操作。这些操作会修改 canvas 中的内容，使用户能够看到这些变化。

在一种设计选择中，渲染上下文被呈现为一个 JavaScript 对象，对这一设计选择我们应当不会感到惊讶了。这个对象是通过 canvas 元素的 getContext 函数获取的。getContext 需要一个参数：所请求上下文的类型。本节主要讨论 2D 渲染上下文（向 getContext 传送"2d"来表示）；关于 3D 渲染上下文，可参见 9.6 节。

```
// 假定 canvas 变量保存着一个有效 canvas，
// 可能是手工创建的，也可能是通过 document.getElementById 访问的，
// 还可能是通过任何其他方法获得的。
var renderingContext = canvas.getContext("2d");
```

这个代码获得渲染上下文之后，就可以认真地开始绘制了。这个小程序绘制一个红色的 50×25 矩形，左上角位于(5, 5)处，绘制内容是 canvas 元素向渲染上下文提供的任意内容，渲染上下文由 renderingContext 变量引用。[①]

```
renderingContext.fillStyle = "rgb(255, 0, 0)";
renderingContext.fillRect(5, 5, 50, 25);
```

这个程序演示了 canvas 使用的一般模式：设置渲染上下文，调用绘制函数。这里的设置仅涉及一个属性——fillStyle，它决定了如何填充绘制的项目。在本例中，这是一个全亮度的实心红色窄条。

这里使用的绘制函数是 fillRect，它根据 fillStyle 属性的当前值绘制了一个实心矩形。关于实参，fillRect 希望在矩形左上角的 x、y 坐标之后跟有其宽度和高度。

fillStyle 还可以接受拥有 alpha 透明度的颜色，以 rgba 表示颜色。添加以下两行代码，在红色矩形的顶端绘制一个半透明的绿色矩形。

```
renderingContext.fillStyle = "rgba(0, 255, 0, 0.5)";
renderingContext.fillRect(30, 20, 40, 50);
```

canvas 渲染上下文有各种属性，其他一些将在后面各节中看到。你可能发现在任意给定时刻需要设置多个属性，但不久之后，又希望恢复它们原来的数值。save 和 restore 函数很适合完成这一任务：当希望在特定时间“标记”渲染上下文的属性时，调用 save，根据需要修改渲染上下文，然后在完成后调用 restore。如果已经将绘制例程划分为了函数，那这一点非常有用。

```
var drawingFunction = function (renderingContext) {
    renderingContext.save();
    /* 做你想做的任何事情；修改你想修改的任何东西。 */
    renderingContext.restore();
    /* 好像什么也没有修改过！ */
};
```

9.4.3 绘制矩形

除了 fillRect 之外，strokeRect 和 clearRect 函数也与矩形绘制有关。strokeRect 仅绘制一个带有“轮廓”或“边界”的矩形，而 clearRect 则是“清除”矩阵。

下面的程序预先假定有一个保存着 canvas 元素的现成 canvas 变量，这个程序会显示这三个函数是如何运作的。作为参考，图 9-7[②]显示了你应当看到的内容。

① 你可能选择在自己人工创建的画布上运行这一代码（也就是上一节最后的代码示例），或者也可以选择从一个带有标签的 HTML 文件中执行它。为了这些方法的互换性，我们将选择权交给读者。

② 彩色图片请到 www.ituring.com.cn/book/1455 下载。——编者注

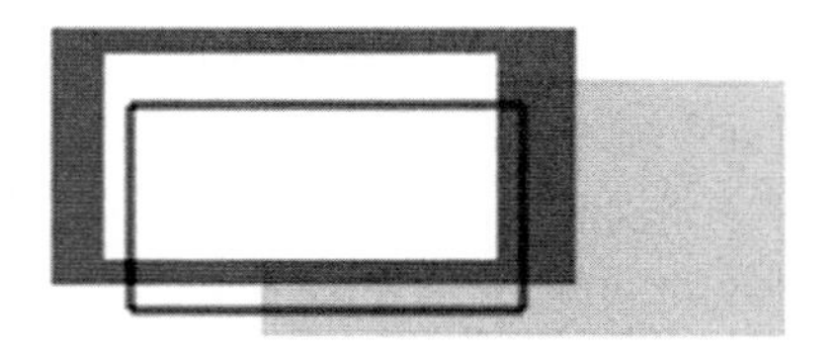

图 9-7　画布矩形的乐趣

```
var renderingContext = canvas.getContext("2d");
renderingContext.fillStyle = "rgb(255, 0, 0)";
renderingContext.fillRect(10, 10, 100, 50);
renderingContext.fillStyle = "rgba(0, 255, 0, 0.5)";
renderingContext.fillRect(50, 20, 100, 50);
renderingContext.clearRect(20, 15, 75, 40);
renderingContext.strokeRect(25, 25, 75, 40);
```

fillStyle 之外的属性影响着一个所绘矩形的外观，这些属性有 strokeStyle、globalAlpha、lineWidth、lineCap、lineJoin 和 miterLimit。请你自己随意查阅并体验这些属性，看看它们如何改变一个已绘制矩阵的外观。

9.4.4　绘制直线和多边形

如果 canvas 只能绘制矩形，那它的功能也就没有超过 HTML/CSS 的地方了。用 canvas 矩形能够做到的所有事情，几乎都能用 div 元素来完成。但有了路径，canvas 就开始真正发光了。

路径实际上就是一个点序列。这些点可能用线连在一起，也可能没有连接，具体取决于指定这些点的方式。和矩形绘制函数一样，这个操作都是以渲染上下文为中心的。通过调用 beginPath 来启动一条新的路径。moveTo、lineTo、arc 和其他一些函数指定路径上的点。一个可选的 closePath 调用可以确保在最后指定的点与第一个指定的点之间连接一条直线。调用 stroke 和 fill 时，或者在当前路径中绘制线，或者在由该路径中各直线描绘的区域中绘制。路径绘制代码的一般样式类似于如下所示：

```
var renderingContext = canvas.getContext("2d");
renderingContext.beginPath();
/* 指定你的点。 */
/* 可选。*/ renderingContext.closePath();
/* 一个或两个： */
renderingContext.stroke();
renderingContext.fill();
```

有多个函数可以帮助指定点。最简单的就是 moveTo。moveTo 函数接受一个 2D 坐标(x, y)，并将它添加到路径中，但不进行任何绘制。调用 moveTo 类似于将铅笔从纸上抬起来，然后放到指定的位置。

lineTo 函数则是在不抬起“铅笔”的情况下移动它，在当前位置和新位置之间绘制一条直线。stroke 调用则是绘制这些线，而 fill 调用则是在由这些直线围成的区域内绘制。例如，下面的代码绘制一个具有黑色外边的青色直角三角形（图 9-8）。

```
var renderingContext = canvas.getContext("2d");
renderingContext.fillStyle = "rgb(0, 255, 255)";
renderingContext.strokeStyle = "black";
renderingContext.beginPath();
renderingContext.moveTo(10, 10);
renderingContext.lineTo(110, 10);
renderingContext.lineTo(110, 60);
renderingContext.closePath();
renderingContext.fill();
renderingContext.stroke();
```

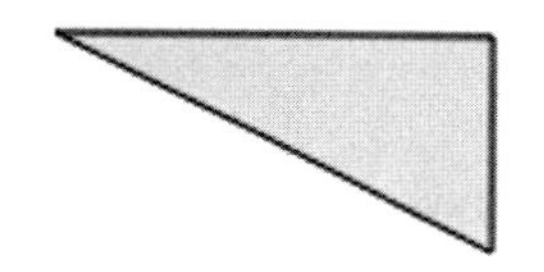

图 9-8 基本路径示例

键入、运行并试验这一代码（使用任何一种你喜欢的 canvas 元素创建机制），可以让你很好地感受一下路径是如何工作的。具体来说，键入以下修改，看看你能否预测输出结果。

- 删除 closePath 函数调用。
- 交换 fill 与 stroke 调用。
- 改变 fillStyle 和 strokeStyle 渲染上下文属性。
- 在调用 fill 或 stroke 之后添加更多的 moveTo 和 lineTo 调用，然后再次调用 fill 或 stroke。
- 在上一任务中的 moveTo 和 lineTo 调用之前插入一个新的 beginPath 函数调用（必要时，可以带有一个新的起始 moveTo 调用）。

根据你的喜好，混合、匹配这些修改。当你能够准确地预测每次转换之后的结果时，就可以考虑结束试验了。

9.4.5 绘制弧和圆

弧和曲线是 canvas 路径功能的一部分。对于圆和弧，使用 arc 函数。arc(x, y, radius, startAngle, endAngle, anticlockwise)的 arc 调用具有以下参数：

- 弧的中心(x, y)
- 弧的半径（radius）
- 弧的起始、终止角度（startAngle, endAngle）
- 这些角度是顺时间连接（anticlockwise === false），还是逆时针连接（anticlockwise === true）。

调用 arc 等价于调用 lineTo(x, y)，然后再绘制圆弧，因此，如果希望弧和圆是独立的，则首先调用 moveTo(x, y)。弧度的使用可能会让你想起高中的三角学知识，Math 对象定义了一个 PI 属性，所以只需要使用表达式(Math.PI / 180) * degrees 就可以将度转换为弧度，将混乱程度降至最低。注意，让 startAngle 取 0，endAngle 取 Math.PI * 2，就可以绘制一个整圆。

和 lineTo 一样，arc 本身并不会绘制任何东西。用 stroke 绘制弧线定义的曲线，或者用 fill 绘制一个实心的“饼状图”，结束整个操作。

下面的例子摘自[Moz09]，很好地说明了 arc 可以做些什么（你应当看到类似于图 9-9 所示的内容）。一定要在一个宽度至少为 150、高度至少为 200 的 canvas 元素上运行它（你能想明白其中的原因吗？）。

```
var renderingContext = canvas.getContext("2d");
for (var i = 0; i < 4; i += 1) {
    for (varj = 0; j < 3; j += 1) {
        renderingContext.beginPath();
        var x = 25 + (j * 50),
            y = 25 + (i * 50),
            radius = 20,
            startAngle = 0,
            endAngle = Math.PI + ((Math.PI * j) / 2),
            anticlockwise = ((i % 2) === 0) ? false : true;

        renderingContext.arc(x, y, radius,
            startAngle, endAngle, anticlockwise);

        if (i > 1) {
```

```
            renderingContext.fill();
        } else {
            renderingContext.stroke();
        }
    }
}
```

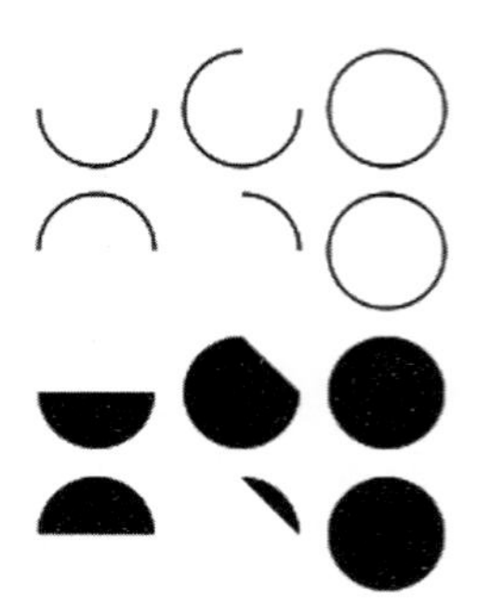

图 9-9　画布圆弧主题的变化形式[Moz09]

这些代码可以正常工作后，尝试做以下修改。

- 修改 radius 的值。
- 修改 x、y 表达式中的常量。
- 删除内层循环开头的 beginPath 调用。
- 将内层循环末尾的 if 语句替换为仅包含 fill 或 stroke 的调用，不带有 beginPath。
- 交换 anticlockwise 变量的值。
- 就在调用 stroke 之前添加 closePath 函数调用。

和之前一样，如果能够预测每次修改代码之后的可视结果，就说明你已经完全理解了。

9.4.6　绘制贝塞尔曲线和二次曲线

最后要介绍的几个与路径有关的函数涉及贝塞尔曲线，它们是二次的 quadraticCurveTo 和三次的 bezierCurveTo。这些曲线的数学知识超出了本书范围，但大家公认，它们在交互式绘制程序中更容易处理，可以对其进行实时操控。

两个曲线都开始于路径中的当前点（例如，由 moveTo 设定的点），终止于一个新点，只要知道这一点就够了。此外，quadraticCurveTo 取得一个控制点的坐标（cp1x，cp1y），而 bezierCurveTo 取得两个控制点的坐标（cp1x，cp1y，cp2x，cp2y）。在这两种情况下，控制点的坐标都出现在前面，而目的地终点则在最后两个参数中给出。

下面的例子绘制一个矩形，二次贝塞尔曲线绘制在它的上方。矩形的顶点用作二次曲线的控制点，它的邻近角用作终点。在一个宽度至少为 200、高度至少为 100 的 canvas 上运行这一代码。

```
var renderingContext = canvas.getContext("2d");
renderingContext.strokeStyle = "rgba(0, 0, 0, 0.25)";
renderingContext.lineWidth = 0.5;
renderingContext.strokeRect(20, 20, 160, 60);

renderingContext.strokeStyle = "rgb(128, 0, 0)";
renderingContext.lineWidth = 1.0;

renderingContext.beginPath();
renderingContext.moveTo(20, 20);
renderingContext.quadraticCurveTo(180, 20, 180, 80);
renderingContext.moveTo(180, 20);
```

```
renderingContext.quadraticCurveTo(180, 80, 20, 80);
renderingContext.moveTo(180, 80);
renderingContext.quadraticCurveTo(20, 80, 20, 20);
renderingContext.moveTo(20, 80);
renderingContext.quadraticCurveTo(20, 20, 180, 20);
renderingContext.stroke();
```

下面一个代码片断演示了另一条路径。这个例子中的相邻顶点用作三次贝塞尔曲线的控制点，与它们相对的角用作终点。因为绘制出来的曲线很难区分，所以它们是作为不同路径绘制的，这样可以使用不同颜色来绘制它们。这一代码也需要一个宽度至少为 200、高度至少为 100 的 canvas。图 9-10[①]演示了这些二次曲线和贝塞乐曲线示例的样子。

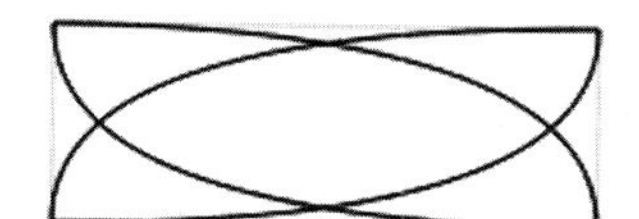
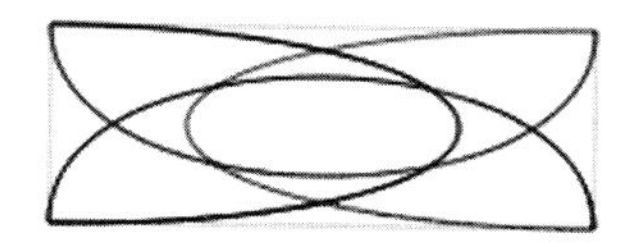

图 9-10 二次曲线和贝塞尔曲线

```
renderingContext.strokeStyle = "rgb(128, 0, 0)";
renderingContext.beginPath();
renderingContext.moveTo(20, 20);
renderingContext.bezierCurveTo(180, 20, 180, 80, 20, 80);
renderingContext.stroke();

renderingContext.strokeStyle = "rgb(0, 128, 0)";
renderingContext.beginPath();
renderingContext.moveTo(180, 20);
renderingContext.bezierCurveTo(20, 20, 20, 80, 180, 80);
renderingContext.stroke();

renderingContext.strokeStyle = "rgb(0, 0, 128)";
renderingContext.beginPath();
renderingContext.moveTo(180, 80);
renderingContext.bezierCurveTo(180, 20, 20, 20, 20, 80);
renderingContext.stroke();

renderingContext.strokeStyle = "rgb(128, 0, 128)";
renderingContext.beginPath();
renderingContext.moveTo(180, 20);
renderingContext.bezierCurveTo(180, 80, 20, 80, 20, 20);
renderingContext.stroke();
```

canvas 元素基于路径的功能提供了一个功能强大的例程库，可用于绘制几乎任意几何实体。尽管这些函数是面向对象的（“弧”“线”“二次曲线”，等等），但 canvas 最终是面向像素的；因此，在绘制这些路径之后，就不可能像为 div 元素设定新位置那样，返回头去修改它们。一旦绘制或填充，这些形状就变成像素，之后只能作为像素进行操作。

如果绘制直线、弧、圆和曲线的能力似乎还不足以弥补面向对象修改能力的损失，那另一项主要的 canvas 功能一定能够弥补了，那就是处理图像的能力。

9.4.7 处理图像

canvas 元素可以通过多种方式绘制已有的图像文件。如果你发现 CSS 用于显示 img 元素的各种形式不再能满足你的想象力，那在 canvas 元素上显示图像可能是应当选择的方式。

canvas 没有做的事情就是加载图像数据本身。毕竟，当 img 元素和其他 JavaScript 对象已经可以完成这

① 彩色图片请到 www.ituring.com.cn/book/1455 下载。——编者注

一任务时，为什么还要重复它呢？所以，我们就从这儿来开始。

1. 指定图像源

将一幅图像放入 canvas 元素的机制包括（但不限于）以下几种。

- Web 页面上的 img 元素。它可以通过 id 访问，或者通过其他“遍历”DOM 的方式访问。
- Web 页面上的另一个 canvas 元素。同样，可以用任一方法获得该元素。
- 在使用过程中创建的 Image 对象。但一定要等到完全加载了该对象之后再使用它。更多细节请参阅后面的“实现注意事项”。

将一个 canvas 的内容放到另一个 canvas 中是特别强大的一个功能。比如，可以将此方法用于放大或缩小视图。其他的可能性包括：平铺、重叠或其他可视效果。

如果一个 img 元素将要单独用作 canvas 元素的“源图像”，可以加载该元素，但通过设置 style.display 属性，使其在 Web 页面上不可见（9.2.3 节）。

```
<!-- 仅用于画布。注意"display: none"属性和指定的 id 属性。 -->
<img id="coverimg" src="/images/bookcover.jpg" style="display: none" />
```

2. 绘制图像

有了上述任何一种图像来源，要在 canvas 元素上绘制它们，只需调用以下渲染上下文函数之一即可。

- drawImage(image, dx, dy)绘制该图像时，使其左上角位于画布的(dx, dy)。
- drawImage(image, dx, dy, dw, dh)将图像缩放为宽度 dw 和高度 dh。
- drawImage(image, sx, sy, sw, sh, dx, dy, dw, dh)绘制原图像的一个片段或子图像，使其左上角位于位置(dx, dy)处，宽度为 dw，高度为 dh。待绘制片段的左角位于原图像的(sx, sy)处，宽度为 sw，高度为 sh，同样是在原图像上。

图 9-11 是官方 canvas 规范的一部分[WW10]，其中总结了这些图像绘制选项。

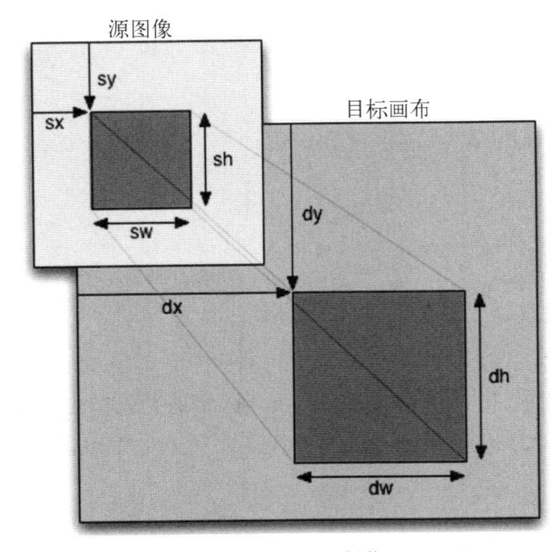

图 9-11　drawImage 变化[WW10]

http://javascript.cs.lmu.edu/canvas-image 处的示例页面演示了用其他前述画布函数绘制的画布图像。为了增加一点乐趣，我们增加了一些之前没有看到过的渲染上下文属性，不过这些属性的目标是相当清晰的。图 9-12 展示了你应当看到的内容。

图 9-12 画布图像绘制及其他函数/属性

这个页面展示了一个假想的游戏，其中的眼睛图像是匹配的，这个页面使用两个不可见的 img 元素作为图像源。

```
<img id="girl-image" src="girl.jpg" alt="girl" style="display: none" />
<img id="boy-image" src="boy.jpg" alt="boy" style="display: none" />
```

加载此页面后，在画布上绘制并缩放原图像。因为有了 drawImage 函数的分片绘制版本，所以每幅图像中的眼睛是单独绘制的。用于绘制这些图像的代码，以及变量初始化和渲染上下文属性设置如下所示：

```
var canvas = document.getElementById("canvas");
var girlImage = document.getElementById("girl-image");
var boyImage = document.getElementById("boy-image");

var renderingContext = canvas.getContext("2d");
renderingContext.shadowOffsetX = 0;
renderingContext.shadowOffsetY = 4;
renderingContext.shadowBlur = 16;

renderingContext.shadowColor = "rgba(120, 120, 255, 0.5)";
renderingContext.drawImage(boyImage, 262, 12, 240, 320);
renderingContext.drawImage(boyImage, 177, 510, 100, 60,
    273, 400, 100, 60);
renderingContext.drawImage(boyImage, 380, 488, 100, 60,
    142, 400, 100, 60);

renderingContext.shadowColor = "rgba(255, 120, 120, 0.5)";
renderingContext.drawImage(girlImage, 12, 12, 240, 320);
renderingContext.drawImage(girlImage, 250, 365, 100, 60,
    400, 400, 100, 60);
renderingContext.drawImage(girlImage, 445, 315, 100, 60,
    12, 400, 100, 60);
```

为了强调只有一个 canvas 元素可以仅使用两个 img 元素来生成这一视图，图中用半透明的绿色三角形表示每只眼睛分别是哪个孩子的哪只眼睛。第一个三角的属性设置和代码如下所示：

```
renderingContext.shadowColor = "rgba(120, 120, 120, 0.5)";
renderingContext.shadowOffsetX = 4;
```

```
renderingContext.fillStyle = "rgba(80, 200, 80, 0.5)";
renderingContext.beginPath();
renderingContext.moveTo(12, 400);
renderingContext.lineTo(112, 400);
renderingContext.lineTo(166, 117);
renderingContext.fill();
```

3. 实现注意事项

图像数据有时可能会非常大，需要考虑一个我们之前一直忽略的因素：下载时间。注意，在图像数据实际到达 Web 浏览器之前，是无法绘制图像的。对于 Web 页面中的 img 元素，在处理大量图形之前先等待 load 事件是关键所在。对于动态创建的 Image 对象，比如：

```
var image = new Image();
image.src = "/images/bookcover.jpg";
```

一定要等到图像文件已经完全下载完毕之后再在画布上使用它。幸运的是，这一点很容易实现——Image 对象可以报告 load 事件，指明它们的图像数据已经读取完毕。

```
var image = new Image();
image.onload = function () {
    var renderingContext = canvas.getContext("2d");
    renderingContext.drawImage(image, 0, 0);
};
image.src = "/images/bookcover.jpg";
```

注意，在 src 属性之前指定了事件处理程序。这样可以确保在图像加载完成时一定会调用该函数。

下面给出一个内容齐全的独立示例，它是为 http://javascript.cs.lmu.edu/runner 处的 JavaScript 运行器页面编写的。

```
var canvas = document.createElement("canvas");
canvas.width = 512;
canvas.height = 512;
document.body.appendChild(canvas);

var image = new Image();
image.onload = function () {
    var renderingContext = canvas.getContext("2d");
    renderingContext.drawImage(image, 0, 0);
};
image.src = "/images/bookcover.jpg";
```

9.4.8 变换

假定我们需要在一个 canvas 元素上多次绘制一个特定的可见内容。如果你首先想到要将代码放在一个函数中，那恭喜你，你已经有编程直觉了！例如，我们有一个绘制篮球的函数。它以渲染上下文为实参，所以可以在 Web 页面上的任意 canvas 上使用。还要注意，我们抛出了另外一些之前没有见过的渲染上下文；你现在应当能够推断出会发生些什么了，如果还不能推断，那应当能够查阅它们，以获得具体细节。

```
var drawBasketball = function (renderingContext) {
    renderingContext.save();
    var gradient = renderingContext.createRadialGradient
        (-15, -15, 5, 15, 15, 75);
    gradient.addColorStop(0, "rgb(255, 130, 0)");
    gradient.addColorStop(0.75, "rgb(128, 65, 0)");
    gradient.addColorStop(1, "rgb(62, 32, 0)");
    renderingContext.fillStyle = gradient;

    renderingContext.beginPath();
    renderingContext.arc(0, 0, 50, 0, 2 * Math.PI, true);
```

```
        renderingContext.fill();

        renderingContext.strokeStyle = "black";
        renderingContext.lineWidth = 1;
        renderingContext.beginPath();
        renderingContext.moveTo(0, -49);
        renderingContext.bezierCurveTo(30, -35, 30, 35, 0, 49);
        renderingContext.moveTo(-49, 0);
        renderingContext.bezierCurveTo(-35, -30, 35, -30, 47, -15);
        renderingContext.moveTo(-35, 35);
        renderingContext.bezierCurveTo(0, -30, 50, -20, 45, 20);
        renderingContext.moveTo(-28, -40);
        renderingContext.bezierCurveTo(10, -35, 25, -35, 29, -40);
        renderingContext.stroke();
        renderingContext.restore();
    };
```

注意，这个函数的大多数代码是如何“放在”save 和 restore 函数调用之间的。这是一个很好的图像编程习惯，因为它可以确保在你的函数返回之后，调用该函数之前的系统状态能够得以保持。这就是计算机图形中的“让东西保持你发现它们时的样子”。

你可能还注意到这个篮球的中心是(0, 0)；以(0, 0)为参考，可以很轻松地找出球中各个点的坐标。但是，如果原样调用这个函数将会生成图 9-13 所示的图像。

图 9-13　单纯地调用 drawBasketball 函数

有人可能会试着向函数增加参数 x、y，表示希望篮球的中心位于何处，然后根据 x 和 y 来调整所有值。但这个函数还有其他一些合理的变化形式：我们可能希望篮球具有不同大小，或者可能希望旋转篮球。向这个函数增加越来越多的参数，用来表示大小和旋转，再加上对绘制例程的必要调整，以容纳这些实参，将会使这个函数的代码深陷于变量、算术的泥沼之中，难以理解！

一定还有更简单的方法！不错，确实有这样一种方法：变换。变换就是对这些点所在的坐标空间进行处理。相对于变换后的空间来放置这些点，也就是说，根据当前的变换，同一代码可以生成不同的视觉效果。

基本变换有三种，每一种都由一个不同的渲染上下文函数实现。

- translate(x, y)将 canvas 元素的坐标空间由原点(0, 0)移到(x, y)。随后，在放置所有点时，都以新“原点”作为参考点进行偏移。
- rotate(angle)将旋转坐标空间的轴旋转一个给定 angle（角度），这里所说的轴是指左/右方向（x 轴）和上/下方向（y 轴）。垂直和水平可以变成对角的，在旋转后指定的所有点都相对于这个新的垂直/水平方向绘制。
- scale(x, y)调整坐标空间的维度大小，缩放幅度由给定的因子 x 和 y 决定。因此单位 1 会按照这个缩放因子扩展或收缩。

变换的动人之处在于它们是累积的。例如，先调用 translate(5, 10)，然后再调用 translate(3, -2)，会使(0, 0)最终被放在(8, 8)处。在计算机图形课程中，都会讲述决定转换过程的数学知识；有关计算细节，请查阅相关课程。就这里的讨论来说，直观/视觉感受就足够了。

现在回到我们的篮球示例。我们的工具箱中放入“转换”工具后，就可以编写类似于下面的代码，生成在图 9-14 中看到的内容了（此代码假定画布至少宽 550 个单位、高 350 个单位）。

```
var renderingContext = canvas.getContext("2d");
var xStep = 25, yStep = -100;

// 在画布的左下角开球。
renderingContext.translate(50, 300);
for (var i = 0; i < 19; i += 1) {
    drawBasketball(renderingContext);
    // 将球移动当前的步长值。
    renderingContext.translate(xStep, yStep);
    yStep += 25;

    // 查看篮球是否需要反弹。
    if (yStep > 100) {
        yStep = -100;
    }
}
```

图 9-14　对篮球的变换，第 1 部分

我们可能会觉得，在每次显示篮球时都尝试将它稍微旋转一点会显得更聪明一些。我们可能还想在一次反弹之后，将篮球沿垂直方向缩小一点，给人以稍微压缩的感觉。因此，我们可以像下面这样来修改代码（星号表示具体增加/修改的内容）。

```
  var renderingContext = canvas.getContext("2d");
  var xStep = 25, yStep = -100;

  // 在画布的左下角开球，
* // 由于反弹，将其在垂直方向上稍做压缩。
  renderingContext.translate(50, 300);
* renderingContext.scale(1, 0.5);
  for (var i = 0; i < 19; i += 1) {
      drawBasketball(renderingContext);
*     // 旋转和缩放篮球。
```

```
*       renderingContext.rotate(10 * Math.PI / 180); // 10 度。
*       renderingContext.scale(1, 1.1);
        // 将篮球移动当前步长值。
        renderingContext.translate(xStep, yStep);
        yStep += 25;

        // 查看篮球是否需要反弹。
        if (yStep > 100) {
            yStep = -100;
        }
  }
```

让人失望的是，这个代码将生成图 9-15。

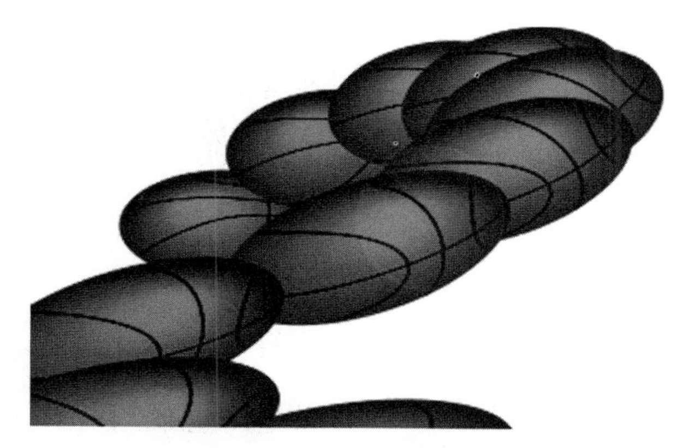

图 9-15 对篮球的变换，第 2 部分

哪里错了？问题出在这个代码忽略了转换是“叠加”的。别忘了，转换是累加的。每个 translate 调用在移动原点时，其参考点都是之前 translate 移动后的原点位置，rotate 和 scale 也是如此。因此，每个后续旋转不仅会旋转篮球本身，还会相对于之前的原点旋转其位置。缩放也是如此。

这一问题的解答可以在我们之前已经看到的函数中找到：save 和 restore。首先，当前的变换是渲染上下文的一部分状态，因此，save 和 restore 可以将它们与之前已经看到的其他属性一起保留。第二，save 和 restore 本身也是累积的：它们构成一个渲染上下文状态的栈，这样，在多次调用 save 时，都会为当时的渲染上下文做一个不同的“标记”。对应的 restore 调用将以逆序提取每个状态。它们就像是一个典型计算机应用程序的多个“撤销和重复”操作。

总是将当前转换“复位”为之前状态后，就可以在 translate 之外执行 rotate 和 scale 了，它们都是仅相对于篮球进行，不涉及位置。但是，这必须改变发送给变换函数的值。这时就不能使用递增值了，而是必须将其设定为“绝对”值——也就是说，不是给出它们之间的相对值，而是仅以 for 循环的每次迭代为基础。

图 9-16 演示了我们想要的结果，这也正是以下代码生成的结果。这个最终的完美程序版本可以在 http://javascript.cs.lmu.edu/canvas-transforms 找到，它是一个完整的 Web 页面。

```
var renderingContext = canvas.getContext("2d");
var xStep = 25, yStep = -100;

// 现在用一些变量表示球的绝对位置、旋转和缩放。
var x = 50, y = 300, angle = 0;
var compression = 0.5;

// 在画布的左下方开球。
for (vari = 0; i < 19; i += 1) {
    // 在每次迭代后，总是返回同一状态。
    renderingContext.save();
```

```
    // 将球移到当前位置。
    renderingContext.translate(x, y);

    // 缩放和旋转球。
    renderingContext.scale(1, compression);
    renderingContext.rotate(angle);

    // 现在绘制。
    drawBasketball(renderingContext);

    // 计算新位置、旋转和缩放。
    x += xStep; y += yStep; yStep += 25;
    angle += 10 * Math.PI / 180; // 10 度。
    compression += (compression <= 0.9) ? 0.1 : 0;

    // 快速查看球是否碰到了“地板”。
    // 这样会导致“反弹”。
    if (y + yStep > 300) {
        compression = 0.5;
        y = 300; yStep = -100;
    }

    renderingContext.restore();
}
```

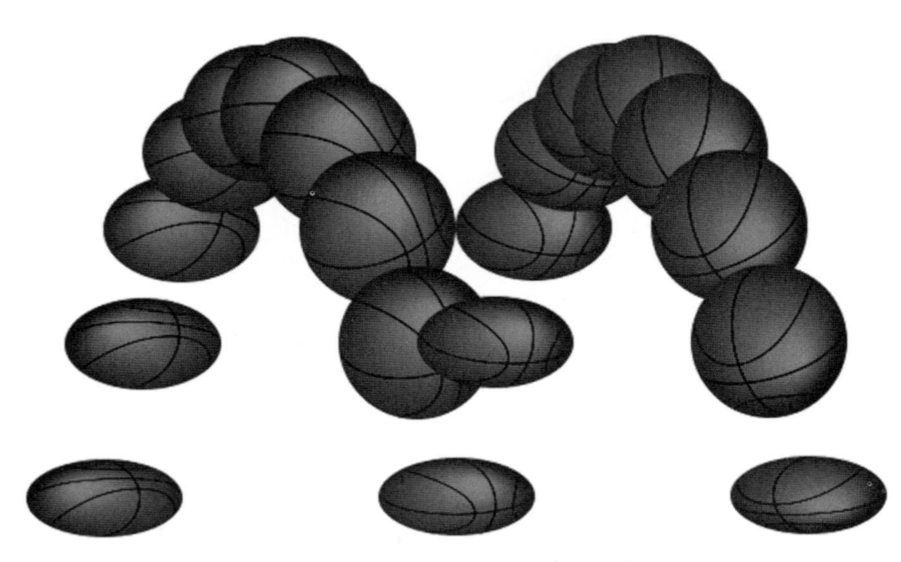

图 9-16　对篮球的变换，第 3 部分

现在，如果你还没有自己尝试过转换，应当来试一试了。可以从 http://javascript.cs.lmu.edu/canvas-transforms 下载完整的代码，并体验转换代码：使它以不同方式移动，使它旋转得更快一点，或者在不同方向移动，以不同方式调整球的大小，等等。或者，可以从头编写一些全新的代码。毫不夸张地说，就我们目前已经看到的 canvase 元素相关内容来说，通过实践和练习获益最多的莫过于变换。

当等到有一天，在学习了变换的相关数学知识之后，你可能会需要查看 transform 和 setTransform 函数。这些函数允许以最一般的形式指定变换，从而使我们能够更好地操控所绘制的内容，远远超过 translate、rotate 和 scale 提供的功能。

9.4.9　动画

大多数画布动画（或者所有 JavaScript 动画）与 9.3 节介绍的动画实际上没有太多不同。我们仍然需要规划每一“帧”所需要的递增修改，需要快速、重复地进行这些修改，通常是使用 setInterval 来完成。在实现 canvas 元素的动画时，差异对应于基于像素和基于对象的图像之间的差异：代码不是修改离散对象的属性，而是需要在每一“帧”重新绘制整个画布。

前面曾经提到，canvas 元素绘制函数（比如 fillRect、arc、drawImage 及其他函数）实际上并不是在创建单独的矩形、曲线或其他可见形状。它们只是在“绘制”与这些对象对应的各个像素。在调用这些函数之后，留下的就是 canvas 元素了——既不多，也不少。实现 canvas 元素动画的过程如下。

- 为动画场景规划数据结构，以便能在一个函数中绘制整个动画。
- 编写一个“新建帧”函数，修改数据结构，以反映在动画序列中向下一状态的进展，然后再重新绘制受影响的 canvas 元素。
- 调用 setInterval，使它能够足够频繁地重复调用“新建帧”函数（至少 30 帧/秒）。

注意用于更新场景的方法（恒定速度、缓动变化，等等）都是一样的。只是显示机制稍有不同，同样是因为 canvas 元素具有“要么全有，要么全无”的本质。

http://javascript.cs.lmu.edu/canvas-animated 处的代码应用了这些原理——它以上一节的变换示例为基础。关键的不同在于：我们没有使用 for 循环在之前篮球的上方绘制每个篮球实例，而是使用一个 nextFrame 函数，它首先清除 canvas 元素，然后绘制篮球并更新其位置、旋转和缩放。setInterval 调用以足够高的频率设置对 nextFrame 的重复调用。

```
/* 注意，除了从 for 循环转换为 nextFrame 函数之外，
   此代码在其他方面与变换示例没有太多不同。仅有的
   不同就是数值的调整：它们进行的修改更小一点，以
   照顾重新绘制画布的频率。 */

var renderingContext = canvas.getContext("2d");
var xStep = 2.5, yStep = -10.0;

// 表示篮球绝对位置、旋转与缩放的变量。
var x = 5, y = 300, angle = 0;
var compression = 0.5;

var nextFr ame = function () {
    // 在每次迭代之后总是返回同一状态。
    renderingContext.save();

    // 清理画布。
    renderingContext.clearRect(0, 0, canvas.width, canvas.height);

    // 将篮球移到当前位置。
    renderingContext.translate(x, y);

    // 缩放并旋转篮球。
    renderingContext.scale(1, compression);
    renderingContext.rotate(angle);

    // *现在*绘制。
    drawBasketball(renderingContext);

    // 计算新位置、旋转和缩放。
    x += xStep; y += yStep; yStep += 0.25;
    angle += Math.PI / 180; // 1 度。
    compression += (compression <= 0.95) ? 0.05 : 0;

    // 快速查看篮球是否触及“地板”。
    // 这将导致“反弹”。
    if (y + yStep > 300) {
        compression = 0.5;
        y = 300; yStep = -10.0;
```

```
    }

    // 再次查看篮球是否要脱离“画布”。
    // 这会使篮球向左侧移动。
    if (x > canvas.width) {
        x = 50;
    }

    renderingContext.restore();
};

// 每秒100帧!
setInterval(nextFrame, 10);
```

9.4.10 canvas 举例

为了给出一个完整的 canvas 示例，我们实现了井字棋案例研究的另一种变化形式；这个版本可以在 http://javascript.cs.lmu.edu/tictactoe/canvas 找到。这个版本的组织形式类似于 7.4 节的版本，它的设计也是尽量减少对引用其脚本的 HTML 页的依赖。

这个版本的主要亮点在于它使用 canvas 元素代替了 table，作为井字棋盘的显示机制。这一改变有以下后果。

- 对于之前版本中的每个井字棋盘格都有一个独立的 Web 元素，所以不需要再为了找出某次单击的棋盘格而增加计算：浏览器会为你完成的！但当使用单个 canvas 元素包含整个井字棋网格时，鼠标单击的位置决定了受影响的棋盘格。

  遗憾的是，今天的许多浏览器实际上都没有一种标准的、一致的机制来提交鼠标单击坐标。关于一个 Web 页面当前是否被滚动了，也有一些陷阱，而这一状态会影响所报告的单击位置。

  为了解决这种兼容问题，我们从[Pil10]中摘录了一些代码，它会将各种浏览器变体和滚动等因素考虑在内。

  ```
  var getCursorPosition = function (event) {
      var x , y;
      if (event.pageX || event.pageY) {
          x = event.pageX;
          y = event.pageY;
      } else {
          x = event.clientX + document.body.scrollLeft +
              document.documentElement.scrollLeft;
          y = event.clientY + document.body.scrollTop +
              document.documentElement.scrollTop;
      }

      x -= board.offsetLeft;
      y -= board.offsetTop;

      return { 'x': x, 'y': y };
  };
  ```

  画布的 click 处理程序调用这一个函数，获取可靠的鼠标单击位置(x, y)。

  ```
  var set = function (event) {
      // 启动我们的跨浏览器坐标查找器。
      var location = getCursorPosition(event);

      // 继续……
  ```

  有关 getCursorPosition 的细节请到[Pil10]中查阅。等你读到这里时，各个 Web 浏览器也可能已经达成一致，使用同一个标准来报告鼠标单击的坐标。

- squares 数组的成员必须在 canvas 中包含其坐标，这是因为它们不再是 Web 页面元素，在指定的 onload 函数中可以看出这一点。我们选择存储它们的左上角，并假定它们的大小全都相同。

```
var indicator = 1;
var y = 0;
for (var i = 0; i < 3; i+=1) {
    varx = 0;
    for (var j = 0; j < 3; j+=1) {
        squares.push({ x: x, y: y, indicator: indicator });
        indicator += indicator;
        x += board.width / 3;
    }
    y += board.height / 3;
}
```

- 最后，我们需要一个 getSquare 函数，找出检测到的鼠标单击操作发生在哪个方格中。

```
var getSquare = function (x, y) {
    var cellWidth = board.width / 3;
    var cellHeight = board.height / 3;
    for (var i = 0; i < squares.length; i+=1) {
        if ((x > squares[i].x) && (x < squares[i].x + cellWidth)
                && (y > squares[i].y) && (y < squares[i].y +
                cellHeight)) {
            return squares[i];
        }
    }

    return null;
};
```

有人可能会将这些变化看作 canvas 方法的不利之处：当使用 DOM 时，棋盘格位置的管理交给我们“随意处理”。既然我们已经用单个 canvas“接管”了整个游戏棋盘，那就得自己来实现这些函数。

此外，nodeValue 属性用于保存一个方格中的符号，从而保存了要显示的字符串，它为 paint 函数提供了绘制特定棋盘格状态的方式：空、X 或 O。这为我们提供了最大的灵活性，可以选择要在一个棋盘格中显示的内容。这些 paint 函数取自 squarePainters 数组，这个数组对应于最初在 nodeValue 中使用并在 turn 和 score 中仍然使用的字符串。每个 paint 函数都接受 x 和 y 参数，表示要绘制的方格的左上角。作为示例，下面给出绘制 X 符号的函数：

```
function (x, y) {
    // X 是带有阴影的深蓝色对角线。
    boardContext.save();
    boardContext.lineWidth = 5;
    boardContext.strokeStyle = "rgb(0, 0, 120)";
    boardContext.shadowOffsetX = 0;
    boardContext.shadowOffsetY = 1;
    boardContext.shadowBlur = 3;
    boardContext.shadowColor = "rgba(0, 0, 0, 0.75)";

    // 我们在一个区域内部绘制，其边距等于网格的粗细。
    var cellWidth = board.width / 3 - (gridThickness << 1),
        cellHeight = board.height / 3 - (gridThickness << 1),
        side = Math.min(cellWidth, cellHeight),
        xCorner = side >> 2,
        xSize = side * 3 >> 2;

    // 这个变换调用有助于化简路径坐标。
    boardContext.translate(x, y);
    boardContext.beginPath();
    boardContext.moveTo(xCorner, xCorner);
```

```
        boardContext.lineTo(xCorner + xSize, xCorner + xSize);
        boardContext.moveTo(xCorner, xCorner + xSize);
        boardContext.lineTo(xCorner + xSize, xCorner);
        boardContext.stroke();

        boardContext.restore();
    }
```

所有这些代码的结果可以在图 9-17 中看到，它给出了一个正在进行中的基于画布的井字棋游戏。

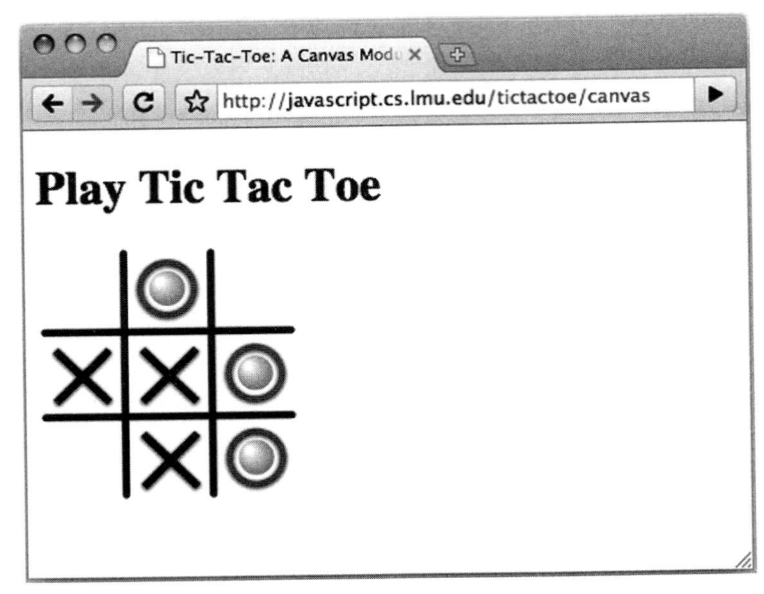

图 9-17　一个基于 canvas 的井字棋游戏案例研究

有一点在这个图中是看不到的：动画，必须访问 http://javascript.cs.lmu.edu/tictactoe/canvas 才能看到动画效果。每当玩家移动一步时，新的 x 或 o 不是直接出现，而是以某种动画形式来完成。

整体的动画策略是相同的：当希望“播放”动画时，调用一个特定的函数，在本例中就是 animate。在这个例子中，我们在玩家移动棋子时触发动画，而玩家移动棋子的操作又是由 set 函数处理 click 事件时触发的。

```
var set = function (event) {
    // 启动我们的跨浏览器坐标查找器。
    var location = getCursorPosition(event);
    var square = getSquare(location.x, location.y);
    if (square) {
        if (square.paint !== squarePainters['\xA0']) {
            return;
        }

        // 以动画形式显示要出现的标识。
        animate(square);
    }
};
```

注意，原来的大量 set 代码都消失了。我们稍后会讨论它。animate 函数应当比较容易识别了：它的主体是对“下一帧”函数的 setInterval 调用。动画持续特定数目的帧（也就是，间隔函数调用），然后在达到指定帧数时结束。

```
var nextFrame = setInterval(function () {
    //  “空白方格”绘制器用作我们的清除器。
```

```
        squarePainters['\xA0'](square.x, square.y);

        // 使用某个中间渲染上下文状态来绘制当前标记。
        boardContext.save();
        tweeners[turn](frameCount / frameTotal, square.x, square.y);
        squarePainters[turn](square.x, square.y);
        boardContext.restore();

        // 是否已经完成?
        frameCount += 1;
        if (frameCount > frameTotal) {
            clearInterval(nextFrame);
            finishTurn(square);
        }
    }, 1000 / 30);
```

可能显得有些不同寻常的是对 `tweeners` 变量的引用。回想一下 9.3.4 节，一种常用的动画方法需要定义一个“补间内插”函数，它的任务是根据一个绝对的时间片和其他参数来确定某一特定帧的动画状态。在本例中，时间片由动画完成的百分比表示（`frameCount/frameTotal`）。`tweeners` 变量是一个对象，它拥有为 `X` 和 `O` 标记准备的函数：

```
var tweeners = {
    'X': function (animationFraction, x, y) {
        /* X 的补间内插代码放在这里。*/
    },

    'O': function (animationFraction, x, y) {
        /* O 的补间内插代码放在这里。*/
    },
};
```

为渲染上下文，为当前这一轮调用适当的 `tweeners` 函数，然后再调用上述 `squarePainters` 函数。由于大多数动画设置包括对渲染上下文的修改，所以这一代码被放在一对 `save/restore` 中。

最后，前面 `set` 函数的结束部分（用于更新分数）检查获胜条件，并（或）转向下一轮，这一部分被划分到 `finishTurn` 函数中。在显示了指定帧数之后，调用此函数。

这些 `paint` 和 `animate` 函数，以及用于处理坐标的附加代码，都是在为应用程序使用 `canvas` 时要考虑的主要权衡因素，比如：`canvas` 在视觉方面提供的灵活性是否抵得上 HTML、CSS 和 DOM 及其事件自动提供或更轻松提供的附加代码？最终，这个问题的答案只能基于各个案例逐一分析。对于我们现在讨论的这个案例研究，你来做评价：你是否认为这个版本的井字棋优于本书之前看到的内容？与增加的代码复杂度相比，这一选择的强大之处决定了所有增加的工作是否值得！

回顾与练习

1. `canvas` 标签/元素的 `width` 和 `height` 属性与 CSS 中的 `width` 和 `height` 属性之间有什么区别？
2. 在增大 Web 浏览器的放大或缩放级别时，`canvase` 元素中的显示内容会发生什么情况？
3. 在基于画布的井字棋案例研究中，`set` 函数的部分被划分到 `finishTurn` 函数中，在结束动画之后调用该函数。为什么有必要这么做？也就是说，`finishTurn` 中的代码为什么不直接放在 `set` 中的 `animate` 调用之后？

9.5 SVG

SVG 是 Scalabe Vector Graphics（可伸缩矢量图片）的缩写，是 Web 页面上的另一个图形技术标准[W3C09b]。

SVG 在 HTML/CSS 和 canvas 元素之间架起了一道桥梁：和 HTML/CSS 一样，它是基于对象的，所以在放大时不会出现“方块”或“锯齿”，但和 canvas 一样，SVG 可以处理的形状和可视元素要比 HTML/CSS 更多。

和 HTML 一样，SVG 也表示为一系列具有相应属性的标签。SVG 图画在源代码级别类似于 HTML，只是特定的标签和属性有所不同。与 HTML 和 canvas 一样，SVG 图画也可以用纯粹的 JavaScript 代码“构建”。最后，SVG 动画与 HTML 动画的相似之处要多于 canvas 动画：因为它是基于对象的，所以 SVG 中的动画是对各个 SVG 元素进行小而频繁的修改，不同于基于像素的 canvas 所需要的绘制/重绘方法。另外，SVG 可以执行声明性动画——某些元素能够声明要生成的动画类型，然后这个动画就“发生了”，不需要任何编程。

9.5.1　在 Web 浏览器中查看 SVG

以下代码清单显示了生成图 9-18 所示 SVG 图画的代码/标签。

```
<svg version="1.1" xmlns="http://www.w3.org/2000/svg">

    <circle cx="100" cy="50" r="40"
        stroke="black" stroke-width="2" fill="blue"/>

    <rect x="20" y="75" width="250" height="100"
        rx="40" ry="20" fill="red" opacity="0.25"/>

    <line x1="100" y1="50" x2="270" y2="175"
        stroke="rgb(255, 255, 80)" stroke-width="10px"
        stroke-linecap="round"/>

</svg>
```

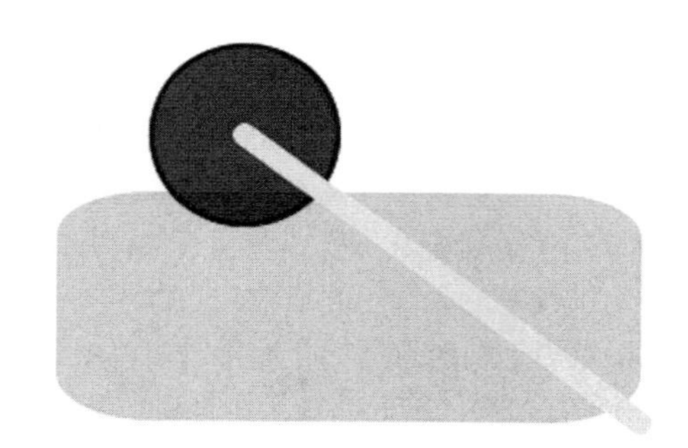

图 9-18　一个简单（抽象）的 SVG 图画

采用以下任一机制，在一个支持 SVG 的 Web 浏览器中显示这一图画。

- SVG 代码可以保存为一个独立的文件（文件扩展名为.svg），然后直接在浏览器中打开。当直接打开.svg 文件时，不会显示其他内容，因为根本就没有其他东西！对于试验或测试，或者当所有必需内容都收集在 SVG 绘画时，这种方法就足够了。
- 也可以在 HTML 文件中使用 iframe 元素引用 SVG 文件。例如，要在一个 Web 页面中包含一个名为 diagram.svg 的 SVG 文件，可以使用以下标签：

  ```
  <iframe src="diagram.svg" width="500" height="500"></iframe>
  ```

  width 和 height 属性是可选的，但大多数情况下可能都会使用它们，以控制 SVG 绘画占用的空间。
- SVG 代码可以直接包含在（也就是内联在）HTML 标签之间；内联 SVG 实际上是最新 HTML 标准规范[W3C08b]的一部分。注意，SVG 元素不被视为 HTML 的一部分。相反，它们被当作嵌入式内容，具有自己的命名空间：

  ```
  <!-- HTML DOCTYPE、html 和 head 放在本行之上。 -->
  <body>
  ```

```
    <!-- 一些 HTML 可以放在这里。 -->
    <svg xmlns="http://www.w3.org/2000/svg" version="1.1"
      viewBox="0 0 100 100" width="400" height="400">
        <linearGradient id="backgroundGradient"
          x1="0%" y1="5" x2="0%" y2="20" gradientUnits=
            "userSpaceOnUse">
            <stop offset="0%" stop-color="rgb(255, 200, 200)" />
            <stop offset="40%" stop-color="red" />
            <stop offset="100%" stop-color="rgb(60, 0, 0)" />
        </linearGradient>
        <rect x="5" y="5" width="20" height="20"
          fill="url(#backgroundGradient)" />
    </svg>
    <!-- 更多的 HTML 可以放在这里。-->
</body>
<!-- 其他结束标签放在本行下面。 -->
```

你可能想知道该代码片段的 SVG 部分是什么样子，如图 9-19 所示。[1]

图 9-19　一个带有渐变的 SVG 矩形

- 也可以使用 JavaScript“凭空”创建一个 SVG 图画。这种方法在结构上与之前看到的方法类似，只有一个例外，那就是 `createElement` 的一个变体 `createElementNS`。这里的“NS”表示“命名空间”。前面曾经提到，严格来说，SVG 并不是 HTML 的组成部分，所以它的元素必须明确符合 SVG 语言。

```
var svgns = "http://www.w3.org/2000/svg";

var svg = document.createElementNS(svgns, "svg");
svg.setAttribute("width", 256);
svg.setAttribute("height", 256);
svg.setAttribute("viewBox", "0 0 50 50");

var shape = document.createElementNS(svgns, "circle");
shape.setAttribute("cx", 25);
shape.setAttribute("cy", 25);
shape.setAttribute("r",  10);
shape.setAttribute("fill", "green");
svg.appendChild(shape);

document.body.appendChild(svg);
```

以上代码没有附图，读者可以在 http://javascript.cs.lmu.edu/runner 中运行它，自行查看结果。还要注意到，在 SVG 标签与 `createElementNS`、SVG 属性与 `setAttribute` 之间具有相当直接的对应关系。这就意味着，给定任一 SVG 绘画，在 SVG 标签与动态创建的 JavaScript 之间来回转换应当不是很复杂。

① 彩色图片请到 www.ituring.com.cn/book/1455 下载。——编者注

你可能已经推测出来了，具体选择哪种机制，最终决定于 Web 页面的结构组织形式及其资产的创建或管理方式。因此，本节后续部分将专注于 SVG 标签和属性本身，不再过多介绍那些仅与 SVG 绘画的链接或内联编写有关的信息。当然，如果某些行为是动态的，那还是应当采用编程方法。

9.5.2 SVG 案例研究：一个贝塞尔曲线编辑器

如果像前面对 HTML/CSS 和 canvas 元素所做的那样，从头体验一遍 SVG 的元素、属性和功能，那可能会非常乏味，因为它们在概念上与这些技术很类似，有一些重叠之处，只是在语法和特定细节方面有所不同。所以这里采用了一种不同方法：我们给出了一个相当完整的案例研究，它演示了 SVG 的许多属性，重点突出了这个案例研究中的关注点。在 Web 上可以轻松找到 SVG 官方规范[W3C09b]和其他一些资源与教程，这些资料应当可以补充我们未讲到的内容，提供具体细节。

我们的案例研究是一个初级的贝塞尔曲线编辑器，它已经被实现为一个.svg 文件。可以在 http://javascript.cs.lmu.edu/curve-editor.svg 获得这一文档（注意后缀）。成功加载后，应当会生成类似于图 9-20①中的内容。

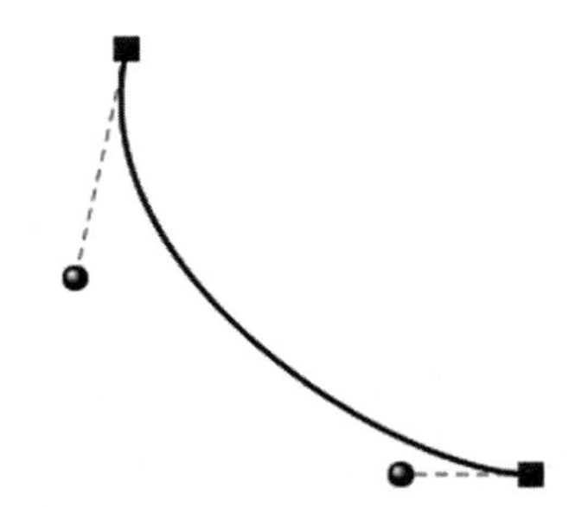

图 9-20　SVG 贝塞尔曲线编辑器

这个编辑器应像 Adobe Illustrator 等绘图程序一样工作：拖动蓝色方块，修改曲线的端点或顶点，而拖动绿色圆则会修改曲线的控制点。曲线本身被赋予了动画，使其显示“发光的”红色；添加这一效果的目的，是为了演示 SVG 的声明性动画功能。灰色虚线将控制点与其相关联的顶点联系在一起。

查看 http://javascript.cs.lmu.edu/curve-editor.svg 处的源代码，会看到一些标签和属性，它们看着相似，但实际不同。下面是其开头：

```
<svg version="1.1" xmlns="http://www.w3.org/2000/svg"
  xmlns:xlink="http://www.w3.org/1999/xlink" onload="editorSetup();">
    <!-- 用于编辑曲线的一般功能。 -->
    <script xlink:href="curve-editor.js" />
```

整个标签（及其元素）是 svg。和 html 一样，这是绘画内容的顶级容器。注意 onload 属性，它指定了在文件加载完成后将要运行的特定代码（明白我们说的“熟悉但不同”的意思了吧？）。稍后将会研究 editorSetup 函数。

SVG 文档中的第一个元素是 script。在 déjàvu 的另一个情况下，这个元素的工作方式与 HTML 的同名元素非常类似。注意这里引用独立文件的 script 元素使用的是一个 xlink:href 属性，而不是 src。后面将研究 curve-editor.js 中有些什么，但现在只要知道这个标签导致的行为与 HTML 的对应标签类似：读取脚本，执行其代码。顶级变量在将来也可以继续使用。

随后的标签说明如何将渐变表示为第一级元素。标识符（id 属性）便于之后在绘画中引用它们。注意与 9.2.3 节 CSS 渐变的所有相似之处——这是故意这么做的。

```
<linearGradient id="vertexGradient" gradientUnits="objectBoundingBox"
  x1="0" y1="0" x2="1" y2="1">
    <stop offset="0%" stop-color="rgb(0, 0, 200)" />
```

① 彩色图片请到 www.ituring.com.cn/book/1455 下载。——编者注

```
    <stop offset="10%" stop-color="blue" />
    <stop offset="100%" stop-color="black" />
</linearGradient>

<radialGradient id="controlGradient" gradientUnits="objectBoundingBox"
  cx="0.5" cy="0.5" r="0.5" fx="0.3" fy="0.3">
    <stop offset="0%" stop-color="white" />
    <stop offset="50%" stop-color="green" />
    <stop offset="100%" stop-color="black" />
</radialGradient>
```

9.5.3 绘画中的对象

这个案例研究中的大多数剩余标签都属于绘画中的对象。为简单起见，注释内容都被忽略，因为我们的关注点是这些元素本身，而不是它在程序中的具体角色。

```
<line id="startConnector" stroke="gray" stroke-dasharray="5,3" />
<line id="endConnector" stroke="gray" stroke-dasharray="5,3" />

<path id="path" fill="none" stroke="black" stroke-width="2">
    <animateColor attributeName="stroke" dur="5s"
      repeatCount="indefinite"
      values="black;rgb(220, 0, 0);black" />
    <animate attributeName="stroke-width" dur="5s"
      repeatCount="indefinite"
      values="2;4;2" />
</path>

<rect id="startVertex" x="40" y="27" width="10" height="10"
  fill="url(#vertexGradient)" />
<rect id="endVertex" x="195" y="195" width="10" height="10"
  fill="url(#vertexGradient)" />
<circle id="startControl" cx="25" cy="122" r="5"
  fill="url(#controlGradient)" />
<circle id="endControl" cx="150" cy="200" r="5"
  fill="url(#controlGradient)" />
```

以上代码清单中的元素表示要在 SVG 绘画中渲染的对象。这些元素是使用一种“油漆匠模型”绘制的；也就是说，一次绘制其中一个对象，然后按绘制顺序显示。后面绘制的元素会部分或全部遮挡之前的元素。因此，`line` 元素最终会出现在绘画的“底部”，`circle` 元素会出现在最上方。

这里显示了四种类型的元素：`line`、`path`、`rect` 和 `circle`。根据 SVG 规范，每个元素都有一些专属于它的属性（例如，`rect` 的 `x`、`y`、`width` 和 `height`，`circle` 的 `cx`、`cy` 和 `r`）。一些属性可以供所有对象使用，比如 `id` 和 `fill`、`stroke` 之类的呈现值。注意，`rect` 和 `circle` 元素的 `fill` 属性如何用 `id` 引用我们先前看到的渐变。

`path` 元素还包含了 `animateColor` 和 `animate` 元素。它演示了 SVG 的*声明性动画*属性。SVG 并不需要明确编写代码来定期改变一个元素的属性，而是接受一段描述，说明这些属性应*如何*随时间变化。剩下的事情就交由浏览器来完成。本例中的标签使 `path` 元素（这种结构在概念上类似于 9.4.4 节的路径）将其画笔颜色在黑、红和黑之间循环（`animateColor`），并将其画笔宽度在 2 和 4 之间振荡（`animate`）。

9.5.4 读写属性

这毕竟是一本程序设计书，所以我们的案例研究不能仅给出一幅静态图，还得允许修改它。前面曾经提到，通过拖动方形或圆形“图柄”可以修改所示贝塞尔曲线，方块控制顶点，圆形链接到控制点。这一功能是通过 curve-editor.js 中包含的代码和.svg 文件末尾的 `script` 元素提供的。

curve-editor.js 中的代码被隔离开，因为它的设计是要与一个文档中的任意贝塞尔曲线路径元素一起使用的。这个文件内部的函数带有参数，使它们没有被连接任何具体的 path、rect、circle 或 line 元素。这一代码所做的唯一假设就是：rect 元素用作顶点“图柄”，circle 元素用作控制点“图柄”，line 元素的存在是为了在视觉上将每个顶点与其对应的控制点连在一起。

这段代码的要点在于 updateCurve 函数，它会根据两个 rect 和 circle 元素对儿的位置来改变一个给定的 path 元素。这个函数还希望有两个 line 元素，更新其端点，使它们连接到相应的 rect 和 circle 元素。

```
var updateCurve = function (startVertexElement, endVertexElement,
  startControlElement, endControlElement,
  startConnectorElement, endConnectorElement, path) {
    // 获取路径需要的数据。
    var startVertex = getCenter(startVertexElement),
        endVertex = getCenter(endVertexElement),
        startControl = getControlCenter(startControlElement),
        endControl = getControlCenter(endControlElement);

    // 生成路径数据字符串。
    var pathData = "M" + startVertex.x + "," + startVertex.y + " ";
    pathData += "C" + startControl.x + "," + startControl.y + " ";
    pathData += endControl.x + "," + endControl.y + " ";
    pathData += endVertex.x + "," + endVertex.y;

    // 将新数据字符串指定给路径。
    path.setAttribute("d", pathData);

    // 更新指示器行。
    updateConnector(startConnectorElement, startVertex, startControl);
    updateConnector(endConnectorElement, endVertex, endControl);
};
```

这个函数首先获取更新曲线所需要的数据：两个顶点和两个控制点。顶点坐标是从顶点元素的中心推导出来的，而控制点坐标则来自控制点元素的中心。顶点元素是 rect，根据 SVG 规范，矩形是通过其左上角（x，y）、width 和 height 描述的。因此，推断其中心需要进行一点数学计算。

```
var getCenter = function (vertex) {
    return {
        x: +vertex.getAttribute("x") + (vertex.getAttribute("width")
             / 2),
        y: +vertex.getAttribute("y") + (vertex.getAttribute("height")
             / 2)
    };
};
```

注意这些中心点是如何以对象形式返回的，其中的坐标存储在 x 和 y 属性中。在井字棋的 canvas 实现的 getCursorPosition 函数中也采用了类似方法（9.4.10 节）。

另一方面，circle 元素是由其中心（cx, cy）和半径 r 定义的。因此，为获得控制点坐标而推导其中心的操作要更简单一些。会返回一个类似的(x, y)对象。

```
var getControlCenter = function (control) {
    return {
        x: control.getAttribute("cx"),
        y: control.getAttribute("cy")
    };
};
```

所需要的坐标被读入 startVertex、endVertex、startControl 和 endControl 变量中，这些值现在可以写到受影响的元素中，具体来说，就是显示实际曲线的 path 和顶点与控制点之间的连接器 line。

我们之前已经看到过路径：从概念上来说，它们与 9.4.4 节看到的路径是相同的。在使用 canvas 元素时，可以通过调用 beginPath 函数来初始化路径。然后，由诸如 moveTo、lineTo、arc、quadraticCurveTo、 bezierCurveTo 等函数生成路径中的点，并以 fill 或 stroke 调用结束。

SVG 中与路径对应的元素具有相同的结构：一个 path 元素声明路径的存在，这个元素包含了一系列最终定义它的“组合”命令。然后使用指定给这个路径的任何呈现或样式属性（或默认值）来绘制路径。

但与 canvas 路径中的一系列函数调用不同，SVG path 元素中的关键信息是用单个可能很大的字符串表示的，这个字符串被指定给一个特定的属性，有一个很简单的名字 d（可以认为是“data”的意思）。这个 d 属性包含路径命令。具体命令由单个字符指定，后面跟着路径命令所需要的参数。表 9-1 列出了可供使用命令。

表 9-1 可以使用的 path 元素命令

字 母	命 令
M	move to（移到）
L	line to（连线至）
H	horizontal line to（连接水平线至）
V	vertical line to（连接垂直线至）
C	curve to（连接曲线至）
S	smooth curve to（连接平滑曲线至）
Q	quadratic Bézier curve to（连接二次贝塞尔曲线至）
T	smooth quadratic Bézier curve to（连接平滑二次贝塞尔曲线至）
A	elliptical arc（椭圆弧）
Z	close path（闭合路径）

许多路径命令参数都包含 2D 坐标，这些坐标可以是绝对的（也就是 SVG 图画内的确定位置），也可以是相对的（也就是相对于上一个点的位移或偏移量）。大写字母表示绝对坐标，小字字母表示相对坐标。

在我们的贝塞尔曲线编辑器中，只需要 M（move to）命令，后面跟一个 C （curve to）命令。在所有情况下，坐标都是绝对的，所以这两个字母是大写的。M 命令取得第一个顶点的坐标，C 命令列出两个控制点，后面是第二个顶点。这一字符串通过简单的串联操作生成。

```
// 生成路径数据字符串。
var pathData = "M" + startVertex.x + "," + startVertex.y + " ";
pathData += "C" + startControl.x + "," + startControl.y + " ";
pathData += endControl.x + "," + endControl.y + " ";
pathData += endVertex.x + "," + endVertex.y;

// 向路径指定新数据字符串。
path.setAttribute("d", pathData);
```

setAttribute 调用将最终的字符串指定给 path 元素的 d 属性，这个属性会自动更新显示。

updateCurve 的其余部分放置两个 line 元素，它们将起始和终止顶点连接到相应的控制点。updateConnector 函数将(x, y)坐标指定给每个 line 元素的适当终点，简单的命名为(x1, y1)和(x2, y2)。

```
var updateConnector = function (connectorElement, vertex, controlPoint)
    {
    connectorElement.setAttribute("x1", vertex.x);
    connectorElement.setAttribute("y1", vertex.y);
    connectorElement.setAttribute("x2", controlPoint.x);
    connectorElement.setAttribute("y2", controlPoint.y);
};
```

一般来说，读写 SVG 元素分别就是调用 getAttribute 和 setAttribute。而这一机制与 HTML 中对属性的直接读取和赋值多少有些不同，其他的行为都是相同的：Web 浏览器使所有这些属性保持更新，使读取过程总能提供当前值，而对其进行设置时，会对所显示的图画进行相应修改。

一个遗漏的细节：如何才能“抓住”要读取或写入的元素呢？其答案与 HTML 时的做法非常类似，也是下一节要讨论的内容。

9.5.5 交互性（事件处理归来）

这个案例研究的最后一部分涉及一些代码，用于将用户操作关联到 SVG 元素的变化，导致对所显示贝塞尔曲线的更新。和前面的 HTML 示例一样，我们通过一个 load 事件处理程序来完成设置。

```
var editorSetup = function () {
    /* 函数和变量定义。*/
    ...

    return function () {
        document.getElementById("startVertex").onmousedown =
            getStartDragHandler(updateVertex);
        document.getElementById("endVertex").onmousedown =
            getStartDragHandler(updateVertex);
        document.getElementById("startVertex").onmouseup =
            endDragHandler;
        document.getElementById("endVertex").onmouseup =
            endDragHandler;
        document.getElementById("startControl").onmousedown =
            getStartDragHandler(updateControl);
        document.getElementById("endControl").onmousedown =
            getStartDragHandler(updateControl);
        document.getElementById("startControl").onmouseup =
            endDragHandler;
        document.getElementById("endControl").onmouseup =
            endDragHandler;
        updateSampleCurve();
    };
}();
```

首先跳到最后，我们看到 load 事件处理程序的最后是一个 updateSampleCurve 调用。这个函数是一个简单的“同步”，确保当前曲线的确对应于顶点和控制点“图柄”的当前位置。它是对 updateCurve 的调用，具体元素在这个 SVG 图画中声明。

```
var updateSampleCurve = function () {
    updateCurve(document.getElementById("startVertex"),
        document.getElementById("endVertex"),
        document.getElementById("startControl"),
        document.getElementById("endControl"),
        document.getElementById("startConnector"),
        document.getElementById("endConnector"),
        document.getElementById("path"));
};
```

load 事件处理程序的剩余部分是一系列事件处理程序赋值，特别是针对特定元素的 mousedown 和 mouseup 事件。在这里看到，访问 SVG 图画中的元素就等价于访问一个 Web 页面中的元素：变量 document 可供 SVG 图画作为整体使用，这个图画有一个 getElementById 函数，它会返回具有给定 ID 的元素。SVG 的确符合“文档对象模型”，所以以编程方式操控 SVG 图画的方式与 HTML 中非常类似。

这些事件处理程序相互协调，支持鼠标拖放：在一个顶点或控制点“图柄”上按下一个鼠标按钮不放，移动该鼠标，在用户确定新位置后，松开按钮。因此，在为 mousedown 事件指定处理程序的表达式中包含“开始拖放”之类的词语是有意义的，而 mouseup 处理程序则引用单个 endDragHandler 函数。

在这个贝塞尔曲线编辑器中，拖放操作的一般序列如下所示。

1. 当按下鼠标按钮不放时，保存此时位于鼠标指针之下的元素——它就是要被拖放的元素。

2. 当移动此元素时（稍后将会看到如何跟踪这一过程），记下新位置，相应更新曲线。
3. 在抬起鼠标按钮时，拖放操作最终“放开”被拖放的元素，并停止鼠标移动更新周期。

因此，在鼠标拖动过程中，需要一个变量来存储当前的“拖放元素”。

```
var dragElement = null;
```

现在来看如何启动拖放过程。在这个曲线编辑器中，有两类元素可以拖放：表示当前顶点的 rect 元素，表示其控制点的 circle 元素。这两个拖放操作之间的唯一区别就是更新曲线状态所需要的一组属性。对于 rect 元素，我们需要访问左上角(x, y)和大小（width 和 height），而对于 circle 元素，只需要中心(cx, cy)。然后将这些行为分别放在独立的 updateVertex 和 updateControl 函数中。每个函数都接受一个 event 参数。这就是在拖放期间捕获的鼠标移动事件。这两个函数都会读取鼠标的位置，并且相应设置被拖放元素的新位置。

```
var updateVertex = function (event) {
    dragElement.setAttribute("x", event.clientX - dragElement.
        getAttribute("width") / 2);
    dragElement.setAttribute("y", event.clientY - dragElement.
        getAttribute("height") / 2);
};

var updateControl = function (event) {
    dragElement.setAttribute("cx", event.clientX);
    dragElement.setAttribute("cy", event.clientY);
};
```

getStartDragHandler 函数在按下鼠标按钮时设置这些函数。

```
var getStartDragHandler = function (moveFunction) {
    return function (event) {
        dragElement = event.target;
        document.onmousemove = function (event) {
            moveFunction(event);
            updateSampleCurve();
        };
    };
};
```

当鼠标按钮被按下时，被按下的元素——event.target 被赋值给 dragElement 变量。随后使用 updateVertex 或 updateControl（或者在 moveFunction 参数中传送的任何内容）来跟踪 mousemove 事件。然后，在鼠标移动并更新了被拖放的元素之后，通过 updateSampleCurve 重新显示曲线。

无论拖放的是哪个元素，释放鼠标按钮的过程都需要相同的操作。因此，endDragHandler 函数并不会返回处理程序函数，它就是事件处理程序本身。

```
var endDragHandler = function (event) {
    document.onmousemove = null;
    dragElement = null;
};
```

换句话说，我们停止跟踪在 SVG 图画上的鼠标移动，并清除了对外传 dragElement 的引用。

9.5.6 其他 SVG 功能

本节前面提到，我们选择通过一个案例研究来重点介绍 SVG 的特定方面，而不是详细地介绍其所有特征和功能。因此，尽管这个案例研究可以让读者感受一下 SVG，但不可能涵盖 SVG 所能做到的一切。下面列出的这些属性可能会激发你继续阅读。

- SVG 支持元素分组，类似于许多绘图程序中的 Group 功能。通过分组，可以将多个元素看作一个整体进行处理。

- 和 canvas 一样，SVG 也支持变换。可以将变换作为各个元素的属性，逐一指定，而且它们也可以实现声明性动画。
- SVG 支持图像处理滤波，允许在像素级别处理绘画中的对象。有模糊、颜色控制和一般卷积等滤波元素可供使用，这些效果中有许多都可以实现声明性动画。
- CSS 可以与 SVG 一起使用，如同与 HTML 一起使用一样：它可以为特定类型或特定群组的元素建立共用的属性值集合或样子集合。和群组一样，利用 CSS 可以更轻松地控制多个元素的外观，不需要单独为每个元素设置属性。

前面曾经提到，官方 SVG 规范提供了完整的细节和许多示例[W3C09b]。其他 SVG 教程、文章和资源也能相当轻松地在网上找到。

回顾与练习

1. 查阅顶级 svg 元素的 width、height 和 viewBox 属性。它们有什么关系？
2. 是否有可能在 SVG 绘图中放入一个 div 元素，或者在 HTML 文档中放入一个 circle 元素？为什么？
3. 阅读有关 SVG g 元素的内容。它在哪些方面与 canvas 元素的 2D 渲染上下文类似？在哪些方面存在不同？

9.6 用 WebGL 实现 3D 图形

理论上，3D 图形算法完全以 2D 图形技术为基础：它们接收 3D 信息，然后计算如何在一个 2D 显示器上呈现，使我们的眼睛和大脑将其解读为 3D 视图。但是，尽管完全有可能仅用软件来实现这些 3D 算法，但在使用诸如 canvas 元素这样的 2D 像素级图形技术时，这些算法超大的计算量和复杂程度使这种方法难以用于一般应用。不过，仍然值得一提的是，如果仅仅为了证明概念的话，那已经用 JavaScript 实现了纯软件 3D 库。OpenJSGL 就是这样一个项目，它用纯粹的 JavaScript 实现了一些 3D 固定功能的 OpenGL 管道，绘制在一个标准的 2Dcanvas 元素之上[Bur08]。其功能是准确无误的，但因为所有计算都以 JavaScript 完成，所以除非是最为基础的 3D 程序，否则都会遭遇性能问题。

因此，用 JavaScript 实现 3D 图形的关键就是尽可能直接地将 JavaScript 功能连接到提供支持的图形硬件。完成这一功能的技术就是 WebGL。由名字可以看出，它将 Web 浏览器连接到 OpenGL 3D 图形标准[Khr09]。这一标准拥有普遍、成熟的硬件支持，在几乎所有的现代平台和设备上，从移动和嵌入式设备，直到最专业的图形工作站和游戏控制器，都可以使用这一标准[Khr10]。

本节将展示并体验一个 WebGL 案例研究，可以在任何支持 WebGL 的浏览器上运行它。但是，由于 3D 程序设计的概念和技术本身超出了本书的范围，所以我们主要关注这个程序如何连接到 HTML 和 JavaScript，而不是关注具体的 3D 代码。可以把它看作一个激发你好奇心的难题：如果你发现自己被它吸引住了，那下一步就是研究一般意义上的计算机图形。其概念都是相同的，与程序设计语言无关。WebGL 使这些技术可以用于 Web 浏览器（从而也可用于 JavaScript），不需要另外使用任何软件或插件。

9.6.1 WebGL 是 3D canvas

在 9.4.2 节曾经暗示过，WebGL 是作为 canvas 元素的 3D 图形渲染上下文实现的。因此，使用 WebGL 的第一步就是在 Web 页面中创建一个 canvas 元素。这一步与 2D 中的步骤相同。

一旦 canvas 元素准备就绪，或者（比如通过 getElementById）提取完毕，就可以调用 getContext，但这时的参数是"webgl"，而不是"2d"，它会返回 3D WebGL 渲染上下文。

```
var gl = canvas.getContext("webgl");
```

这个渲染上下文与 2D 版本完全不同，其概念和函数都完全不一样。事实上，与熟悉 2D `canvas` 程序设计的程序员相比，熟悉 OpenGL 的程序员更更好地识别 3D 渲染上下文。注意用于保存渲染上下文的变量名：`gl` 是表明 WebGL 源于 OpenGL。

WebGL 中与 `canvas` 类似的是事件处理：鼠标和其他事件被报告给 `canvas` 元素，其方式与 2D 中完全相同。因此，为 `mousemove`、`mousedown` 等指定函数的过程也都相同。

了解了这些背景知识，下面开始讨论一个案例研究。

9.6.2 案例研究：谢尔宾斯基三角

在我们的 WebGL 案例研究中，选择渲染一种分形的 3D 版本，这种分形称为谢尔宾斯基三角。这个渲染结果可以在 3D 中旋转，有一个简单的发光模型。这个案例研究可以在 http://javascript.cs.lmu.edu/webgl-sierpinski 处获得；支持 WebGL 的浏览器应当显示类似于图 9-21 中的内容。如果你使用的 Web 浏览器较老，不支持 WebGL，会马上看到一个比较随意的 `alert` 对话框，向你通告这一事实。

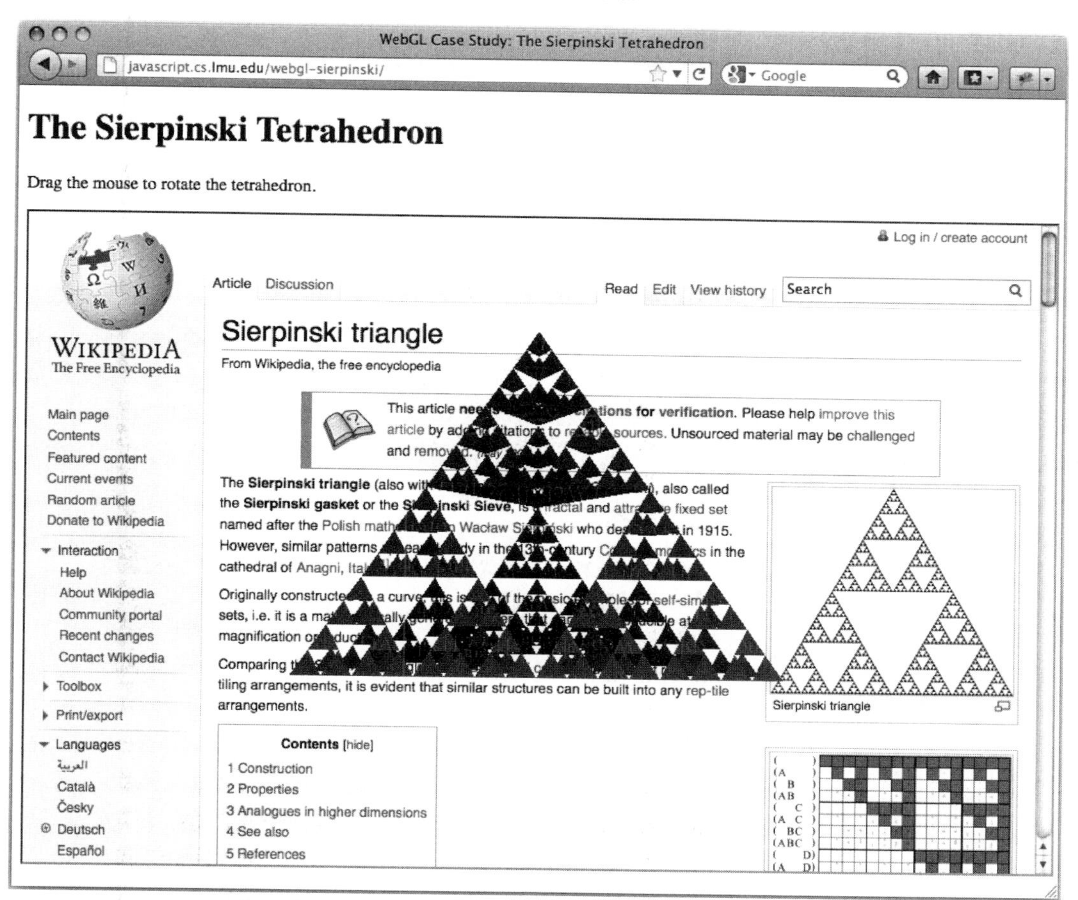

图 9-21 3D 谢尔宾斯基三角，用 WebGL 实现，渲染在维基百科上关于“Sierpinski triangle”的词条文章之上

这个页面的 HTML 相当简单，我们将其全文放在下面：

```
<!DOCTYPE HTML>
<html>
  <head>
    <meta charset="UTF-8"/>
    <title>WebGL Case Study: The Sierpinski Tetrahedron</title>
```

```
    <script src="matrix4x4.js"></script>
    <script src="sierpinski.js"></script>
    <script>
      window.onload = function () {
        // 所有操作都在 startSierpinski 函数内部。
        startSierpinski(document.getElementById("sierpinski"));
      };
    </script>
  </head>
  <body>
    <h1>The Sierpinski Tetrahedron</h1>

    <p>Drag the mouse to rotate the tetrahedron.</p>

    <!-- 一个 HTML/CSS 小窍门，将四面体放在它的维基百科页面之上。 -->
    <div style="position: relative; width: 100%">
      <iframe src="http://en.wikipedia.org/wiki/Sierpinski_triangle"
        style="position: absolute; width: 100%; height: 600px;">
      </iframe>
      <div style="position: absolute; width: 100%; top: 5em;
                  text-align:center;">
        <canvas id="sierpinski" width="512" height="512">
          抱歉，你的 Web 浏览器不支持
          <code>canvas</code>元素!
        </canvas>
      </div>
    </div>
  </body>
</html>
```

注意，在这一级别，页面和代码都与相应的 2D 内容相同。id 为 sierpinski 的 canvas 标签定义了元素，这个元素是通过 getElementById 从 DOM 中提取的。所有其他操作都发生在 startSierpinski 函数中。

startSierpinski 函数可以在 sierpinski.js 中找到。这个 Web 页面引用的另一个文件 matrix4x4.js 是一个由 Mozilla 编写的脚本，它定义了许多非常有用的 3D 图形实用函数。因为我们这里的关注点是 JavaScript 程序设计，而不是计算机图形理论，所以我们主要研究 sierpinski.js。

为便于从头到尾地全面阅读，我们编写了 startSierpinski 函数。但应当注意，“现实生活”中的 3D 图形代码不会是单个 startSierpinski 函数，它会利用各种可重复使用的实用脚本和支持文件。

令人惊讶，这个函数的开头是一个 getContext 调用。一个 null 3D 渲染上下文会触发一个错误对话框，说明 Web 浏览器缺少 WebGL 支持：

```
var startSierpinski = function (canvas) {

    // 获取 WebGL 渲染上下文。
    var gl = canvas.getContext("webgl");
    if (!gl) {
        alert("未找到 WebGL 上下文……抱歉！");

        // 没有 WebGL，没有用处……
        return;
    }
    ...
```

有了 gl 上下文，这个函数随后就开始设置“场景”。这里看到第一个代码块，OpenGL 程序员应当比 2D canvas 程序员更容易识别它。

```
gl.enable(gl.DEPTH_TEST);
gl.clearColor(0.0, 0.0, 0.0, 0.0);
gl.viewport(0, 0, canvas.width, canvas.height);
```

注意 clearColor 函数调用的实参：在 WebGL 中，这个函数设置了背景颜色，3D 场景中任何未被对象占用的部分都将使用此颜色。这个颜色以 RGBA 格式表示，每个分量的取值范围为 0.0 至 1.0。你可能已经想起来了，这种格式中的 A 表示 alpha 通道，也就是透明级别。将 clearColor 的 alpha 通道设置为 0.0，可以得到这个案例研究中将对象浮在顶上的效果。canvas 元素仍然是矩形，但除了呈现 3D 对象的地方之外，都是不可见的。

因为这里不会深入讨论 3D，所以将这些函数的更多细节留给计算机图形或 OpenGL 程序设计书籍讲授。我们抛出这些内容，只是想让你感受一下这个 API 是什么样的。

9.6.3 定义 3D 数据

此程序的下一部分负责定义三角形本身。这一功能的切入点是 divideTetrahedron 函数。

```
var vertices = [];
var normals = [];
divideTetrahedron(vertices, normals,
    [ 0.0, 3.0 * Math.sqrt(6), 0.0 ],
    [ -2.0 * Math.sqrt(3), -Math.sqrt(6), -6.0],
    [ -2.0 * Math.sqrt(3), -Math.sqrt(6), 6.0 ],
    [ 4.0 * Math.sqrt(3), -Math.sqrt(6), 0.0 ],
    5);
```

从概念上来说，3D 谢尔宾斯基三角在开始时是一个四面体（也就是以上代码清单中作为实参传送的四个数组）。这个四面体随后被划分为四个四面体，由原来的四个顶点和这些顶点之间的六个中点组成。随后又以同一方式划分这些新四面体，然后照此无限划分下去。当然不可能这样无限做下去，所以代码中使用了一个 depth 值，说明原四面体应当被划分多少次。在上面的代码清单中，这个深度为 5。

divideTetrahedron 完成后，就在 vertices 变量中得到了构成这个三角的各个三角形，在 normals 变量中得到这些三角形的法向矢量。因为我们跳过了图形理论，所以关于法向矢量就不再多讲了。

随后必须将这些 3D 数据传送给图形卡。在 3D 图形上下文中提供的许多相关函数都支持这一传送操作。

```
var vertexBuffer = gl.createBuffer();
gl.bindBuffer(gl.ARRAY_BUFFER, vertexBuffer);
gl.bufferData(gl.ARRAY_BUFFER, new Float32Array(vertices),
    gl.STATIC_DRAW);

var normalBuffer = gl.createBuffer();
gl.bindBuffer(gl.ARRAY_BUFFER, normalBuffer);
gl.bufferData(gl.ARRAY_BUFFER, new Float32Array(normals),
    gl.STATIC_DRAW);
```

计算机图形的具体细节不作深入讨论，这个代码清单在图形卡中为 3D 数据分配了空间（createBuffer），然后使用 bufferData 将 JavaScript 生成的数组发送给这些缓冲区。Float32Array 是 WebGL 提供的一个支持对象，用于将原生的 JavaScript 数据传送给图形硬件。

9.6.4 着色器代码

在 OpenGL 中，要执行的实际 3D 图形操作是在着色器中指定的。着色器就是一些自定义代码，决定了一个 3D 对象如何在其相关联的 canvas 元素中显示。着色器是用一种称为 GLSL 的专用语言编写的，GLSL 是 GL shading Language（GL 着色语言）的缩写。startSierpinski 中的下一个主要部分必然与这些着色器的设置有关，首先来看它们的源代码：

```
var vertexShaderSource =
    "#ifdef GL_ES\n" +
    "precision highp float;\n" +
    "#endif\n" +
```

```
        "attribute vec3 vertexPosition;" +
        "attribute vec3 normalVector;" +

        "uniform mat4 modelViewMatrix;" +
        "uniform mat4 projectionMatrix;" +
        "uniform mat4 normalMatrix;" +
        "uniform vec3 lightDirection;" +

        "varying float dotProduct;" +

        "void main(void) {" +
        "    gl_Position = projectionMatrix * modelViewMatrix *
             vec4(vertexPosition, 1.0);" +
        "    vec4 transformedNormal = normalMatrix * vec4(
             normalVector, 1.0);" +
        "    dotProduct = max(dot(transformedNormal.xyz,
             lightDirection), 0.0);" +
        "}";

    var fragmentShaderSource =
        "#ifdef GL_ES\n" +
        "precision highp float;\n" +
        "#endif\n" +
        "varying float dotProduct;" +

        "void main(void) {" +
        "    vec4 color= vec4(1.0, 0.0, 0.0, 1.0);" +
        "    float attenuation = 1.0 - gl_FragCoord.z;" +
        "    gl_FragColor = vec4(color.xyz * dotProduct * attenuation,
             color.a);" +
        "}";
```

注意这些着色器本身就是长字符串——毕竟，它们就是一些计算机程序，只不过有点专业化罢了。在实践中，着色器代码会被更严格地隔离开，以便于维护。

着色器源字符串随后由 WebGL 处理，如果在此过程中没有遇到错误，将一直持续下去。还有另外一种“连接世界”的情景，在成功设置着色器后会给出大量变量的定义，用作通过着色器代码变量的“桥梁”。

```
    gl.uniform3f(gl.getUniformLocation(shaderProgram, "lightDirection"),
      0, 1, 1);

    var vertexPosition = gl.getAttribLocation(shaderProgram,
      "vertexPosition");
    gl.enableVertexAttribArray(vertexPosition);
    var normalVector = gl.getAttribLocation(shaderProgram, "normalVector");
    gl.enableVertexAttribArray(normalVector);

    var modelViewMatrixLocation = gl.getUniformLocation(shaderProgram,
      "modelViewMatrix"),
        projectionMatrixLocation = gl.getUniformLocation(shaderProgram,
      "projectionMatrix"),
        normalMatrixLocation = gl.getUniformLocation(shaderProgram,
      "normalMatrix");
```

这一代码清单的第一行不仅通过 `getUniformLocation` 访问着色器变量（`lightDirection`），还会使用 `uniform3f` 为其指定矢量〈0, 1, 1〉。剩余各行代码主要是在 JavaScript 中存储这些变量的“位置”。

9.6.5 绘制场景

在计算并加载了谢尔宾斯基数据之后，现在可以在 `canvas` 元素上显示这个三角了。sierpinski.js 中的下一部分代码就是来处理这些显示的。

```
var modelViewMatrix = new Matrix4x4(),
    projectionMatrix = new Matrix4x4();
    viewerLocation = { x: 0.0, y: 0, z: 20.0 },
    rotationAroundX = 0.0, rotationAroundY = -90.0;

var drawScene = function () {
    // 清空显示。
    gl.clear(gl.COLOR_BUFFER_BIT | gl.DEPTH_BUFFER_BIT);

    // 设置查看视锥(viewing volume)。
    projectionMatrix.loadIdentity();
    projectionMatrix.perspective(45, canvas.width / canvas.height,
      11.0, 100.0);

    // 设置模型视图矩阵。
    modelViewMatrix.loadIdentity();
    modelViewMatrix.translate(-viewerLocation.x, -viewerLocation.y,
      -viewerLocation.z);
    modelViewMatrix.rotate(rotationAroundX, 1.0, 0.0, 0.0);
    modelViewMatrix.rotate(rotationAroundY, 0.0, 1.0, 0.0);

    // 设置正规矩阵。
    var normalMatrix = modelViewMatrix.copy();
    normalMatrix.invert();
    normalMatrix.transpose();
    gl.uniformMatrix4fv(normalMatrixLocation, gl.FALSE,
      new Float32Array(normalMatrix.elements));

    // 显示三角。
    gl.bindBuffer(gl.ARRAY_BUFFER, vertexBuffer);
    gl.vertexAttribPointer(vertexPosition, 3, gl.FLOAT, false, 0, 0);
    gl.bindBuffer(gl.ARRAY_BUFFER, normalBuffer);
    gl.vertexAttribPointer(normalVector, 3, gl.FLOAT, false, 0, 0);
    gl.uniformMatrix4fv(modelViewMatrixLocation, gl.FALSE,
        new Float32Array(modelViewMatrix.elements));
    gl.uniformMatrix4fv(projectionMatrixLocation, gl.FALSE,
        new Float32Array(projectionMatrix.elements));
    gl.drawArrays(gl.TRIANGLES, 0, vertices.length / 3);

    // 全部完成。
    gl.flush();
};
```

这一部分的主要“干货”是 drawScene 函数，它完成谢尔宾斯基三角的实际显示。drawScene 之外的变量（modelViewMatrix、projectionMatrix、viewerLocation、rotationAroundX 和 rotationAroundY）表示共享状态，它也由事件处理程序代码访问。

9.6.6 交互性与事件

案例研究代码的最后一部分处理的是事件。这个程序只有一种交互场景：用户可以在 3D 场景中拖动鼠标，从任意角度查看谢尔宾斯基三角。startSierpinski 函数中的所有事件处理代码都支持这一种场景。

```
var xDragStart, yDragStart,
    xRotationStart, yRotationStart;
var cameraRotate = function (event) {
    rotationAroundX = xRotationStart + yDragStart - event.clientY;
    rotationAroundY = yRotationStart + xDragStart - event.clientX;
    drawScene();
};

canvas.onmousedown = function (event) {
```

```
        xDragStart = event.clientX;
        yDragStart = event.clientY;
        xRotationStart = rotationAroundX;
        yRotationStart = rotationAroundY;
        canvas.onmousemove = cameraRotate;
    };

    canvas.onmouseup = function (event) {
        canvas.onmousemove = null;
    };
```

这一部分为 canvas 元素中的 mousedown 和 mouseup 事件增加了事件处理程序。一个拖动的大概过程如下：当按下鼠标按钮时，其位置被记下，随后将 mousemove 处理程序指定给 canvas。mousemove 事件处理程序是 cameraRotate 函数，这个函数根据鼠标的移动更新当前旋转。更新这些值之后，cameraRotate 调用 drawScene，刷新显示。图 9-22 展示了在一次典型的旋转拖动之后的谢尔宾斯基三角。

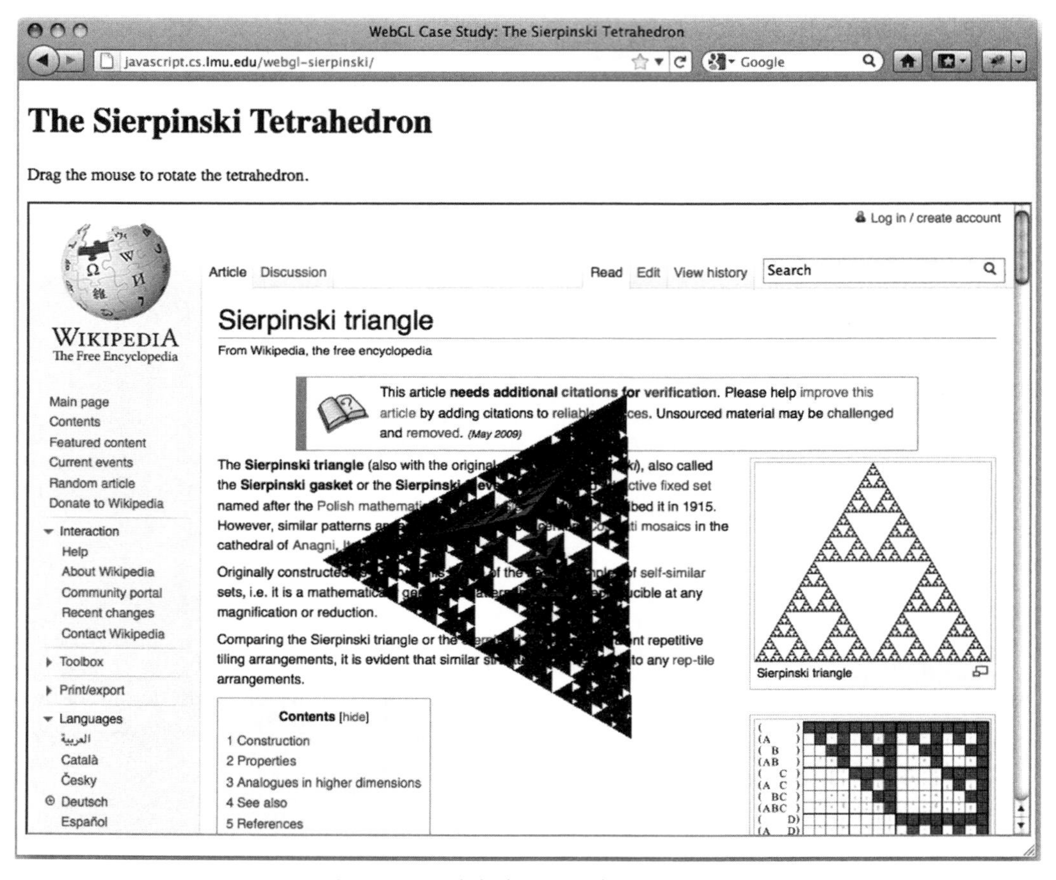

图 9-22　3D 谢尔宾斯基三角，经过旋转

设置了这些事件处理程序并做好准备之后，这个函数的最后是对 3D 场景的初步渲染。注意，到此时为止，之前的所有代码都没有可视效果。

```
drawScene();
```

这一函数调用之后，谢尔宾斯基第一次出现在用户面前，startSierpinski 函数结束。后续活动现在将进入事件处理程序，这些处理程序在每次旋转角度发生变化时，调用 drawScene。

回顾与练习

1. 下载此案例研究文件，试验传送给 `clearColor` 函数中的颜色。除了不可见之外，还可能实现其他哪些背景效果？
2. 将 SVG 案例研究拖放代码与 WebGL 安全研究拖放对比进行比较。它们有哪些相似和（或）不同的地方？
3. 如果删除 `startSierpinski` 函数最后对 `drawScene` 函数的调用，会发生什么情况？当尝试旋转场景时会发生什么情况？

9.7 其他客户端图形技术

这一节主要回顾历史或介绍上下文有关的情况：它描述了许多图形技术，这些技术还不是正式的 Web 标准，但已经被广泛使用。换句话说，许多网站在使用这些技术，将它们放在上下文中是有用的。

9.7.1 Flash

当今最流行的非标准图形技术可能就是 Flash[Ado10]。可能会有很多人反对我们将"非标准"这一标签用于 Flash。许多年以来，Flash 已经被看作 Web 图形与动画的事实标准了。

从体系结构上来说，Flash 是一种 Web 浏览器插件；它是一个单独的软件，自己在 Web 浏览器中注册。`<embed>`或`<object>`之类的 HTML 标签可以识别出准备用 Flash 显示的资源。浏览器下载这些资源中的数据之后，会将其发送给 Flash 插件。

从目录结构上来说，Flash 是一个基于对象/矢量的动画包。利用不同的 Flash 编辑软件，内容创建者可以在一个基于时间的 2D"舞台"上，定义对象、形状和其他对象。在不同帧中移动或修改这些对象，将会利用一些补间内插方法生成所需要的动画，这些方法与 9.3.4 节讨论的方法非常类似。在编辑过程的最后，将原始的"Flash 电影"或.fla 文件导出为一个经过压缩、优化的.swf 文件。Web 浏览器下载和转发给 Flash 插件的就是这些文件。

随着时间的推移，对其应用的发展，Flash 也进行了扩展，包含了其他一些功能，比如视频播放和数据库访问。这些可视化编辑工具补充了它们自己的程序设计语言——ActionScript，它和 JavaScript 一样，也是基于 ECMAScript 标准的。在许多方面，Flash 插件已经变成一种完整的、通用的程序执行环境，包含在 Web 浏览器的原生 HTML/DOM、CSS 和 JavaScript 技术之内，但又与它们保持独立。

9.7.2 Java

严格来说，Java 并不是一种图形技术，它是 Web 浏览器通用程序设计的早期候选者之一。JavaScript 之所以起这样一个名字，事实上就是因为 Java 的早期流行程度，其实 JavaScript 与 Java 本身几乎没有什么相似之处和关联。完整的 Java 平台包括与之齐名的程序设计语言，它的代码被编译为一种特殊的字节代码格式，运行在虚拟机上。虚拟机是一个软件层，它从运行 Java 程序的实际计算机硬件中抽象出来，变成一种标准化的、统一的功能集和规范[LY99]。这个平台包括但不限于基于像素和对象的图形技术，其中许多技术当时的功能都超越了 Web 页面。为此，早期在尝试开发通用的、基于 Web 的计算机图形应用程序时，开始以 Java 作为实现基础。

HTML 的早期版本包含了一个 `applet` 元素，它提供了一些信息，用于将 Java 代码加载到 Web 浏览器中。这个代码是以 Java 程序设计语言编写的，然后编译为上述字节代码格式。Web 浏览器随后将这一代码传送给它们自己的内置 Java 虚拟机执行。

尽管这一机制听起来有些类似于插件方法，但值得注意的是，Java 最初是被看作 Web 浏览器的内置功能的，而不是独立安装的软件包，类似于今天包含 JavaScript 解释器和宿主对象的方式。随着 Java 普及度的下降，它不再是预期的（非插件）Web浏览器功能了，它本身被“移出来”，作为一种插件，其运行与Flash和其他插件功能是“对等”的。

Java 今天主要用作一种通用的而非浏览器的程序设计平台。它特别频繁地与服务器-客户端应用程序一起使用，负责计算与数据访问工作，其输出最终会进入Web页面和应用程序。

9.7.3 VML

VML是Vector Markup Language（矢量标记语言）的缩写，其功能与SVG相当。这里之所以要提起它，是因为在编写本书时，微软的Internet Explorer Web浏览器还没有对SVG提供原生支持，但它是支持VML的。[①]

如果不是一种被称为Raphaël的库[Bar10]，SVG/VML的这种不一致性，往往会让那些希望创建跨浏览器、基于对象图形的Web作者们感到恼怒，但又束手无策。Raphaël将基于对象的图形“封装”在JavaScript函数中，它们在兼容标准的Web浏览器中调用SVG，在Internet Explorer中调用VML，这一过程是透明的。和jQuery一样，Raphaël是有效库设计的另一个例子，它为Web开发节省了宝贵的时间，也免去了很多头痛。

回顾与练习

1. 插件和“内置”Web浏览器技术之间有什么区别？
2. 你是否认为JavaScript的名字起得不恰当？为什么？

9.8 本章小结

- 最新的HTML和CSS Web标准提供了大量可视选项，用于获取自定义的、预先渲染的图形文件：投影、圆角、渐变填充及更多效果。
- 基于时间的事件，特别是由`setInterval`触发的此类事件，再加上对具有可视效果的数据或属性进行精心计划的渐进修改，是所有计算机动画技术的基础。
- `canvas`元素是一种标准Web浏览器技术，用于创建需要像素级控制的图形，非常适于控制和创建浏览器中具有任意内容的图像。
- SVG简化了基于对象图形的创建，这种图形非常适于图表、示意图，或者那些无论放大多少都需要具备最大平滑度或锐度的应用程序。
- WebGL向`cavnas`元素添加3D图形，有效地将JavaScript程序连接到加速硬件，以获得足够好的3D性能。
- 这些最新技术的共同思路都是它们“内置”到现代化兼容标准的浏览器中，可以通过JavaScript实现互操作性。早期技术需要另外增加一些软件或插件，它们与Web页面的集成和互动可能已经有了很大变化。

9.9 练习

1. 找出一种在线颜色拾取工具（比如，http://www.colorpicker.com/），并练习你的颜色转换技巧。“估计”以下颜色的RGB表示，然后用颜色拾取器查看实际的RGB值。
   (a) 棕色
   (b) 橙色
   (c) 紫色

① 等你读到本书时，Internet Explorer可能已经对SVG提供原生支持了。但是，本节对Raphaël的讨论仍然是有意义的。

(d) 紫红色
(e) 栗色
(f) 深绿色
(g) 海军蓝
(h) 金黄色
(i) 淡紫色
(j) 浅灰色

大多数在线颜色拾取工具都采用十六进制#rrggbb 格式，所以做好使用这种符号表示颜色的准备。

2. 用上一题中的同一种颜色工具将 RGB 转换为颜色：将以下十六进制 RGB 表示法指定的颜色以视觉方式展现，然后在颜色拾取器中输入它们，看看与实际颜色有多么接近。
   (a) `#993300`
   (b) `#FF9900`
   (c) `#6600CC`
   (d) `#CC33FF`
   (e) `#990033`
   (f) `#003300`
   (g) `#000099`
   (h) `#FFCC00`
   (i) `#CCCCFF`
   (j) `#F5F5F5`

   如果你的“色觉”不是特别敏感，也不用担心——颜色拾取工具就是干这个用的！
3. 说明以下类型的可视内容最好表示为像素还是对象/矢量。
   (a) 条形图
   (b) 面孔
   (c) 建筑平面图
   (d) 街道图
   (e) 地形图
   (f) 云
   (g) 电路图
   (h) 行星和卫星轨道
   (i) 花岗岩表面
   (j) 数学函数
4. 编写 CSS 选择器，指定以下 Web 页面元素：
   (a) `id` 属性为 `header` 的 Web 页面元素
   (b) `id` 属性为 `sidebar` 的 Web 页面元素
   (c) 一个页面内的所有 `h1` 元素
   (d) 一个页面内的所有 `img` 元素
   (e) `class` 属性为 `selected` 的所有元素
   (f) 一个 `div` 元素内的所有 `p` 元素
   (g) 所有 `span` 或 `label` 元素
   (h) 所有 `input` 元素
   (i) `div` 元素和 `class` 属性为 `block` 的元素

(j) 位于 `id` 属性为 `results` 的元素之内、`class` 属性为 `details` 的元素

5. 图 9-23 中的截图显示了三个 `div` 元素，它们具有完全相同的 `margin`、`padding` 和 `border` CSS 属性。对其进行标记，说明哪些区域构成了 `div` 的边界、内容、边距和补距。

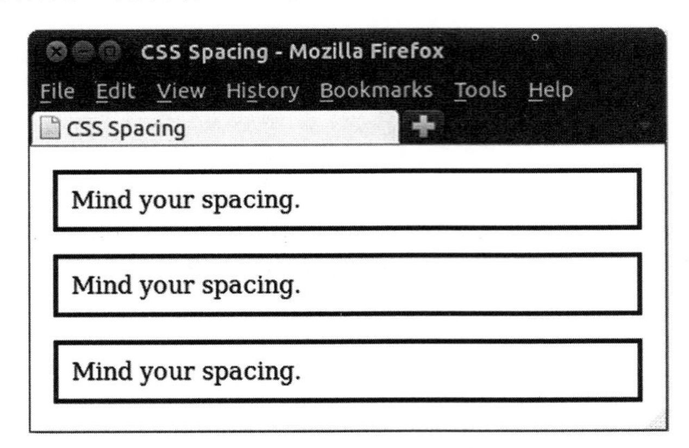

图 9-23　三个 `div` 元素

6. 图 9-24 中的截图显示了九个 `span` 元素，它们具有不同的背景、阴影、边界半径等 CSS 属性。对于每个元素：

(a) 在你自己编写的一个 HTML 文件中，使用 CSS 样式规则，尽可能接近地重复元素的外观；

(b) 在 JavaScript 运行器页面中编写程序，使该页上的 `footer div` 元素与该元素的外观类似。

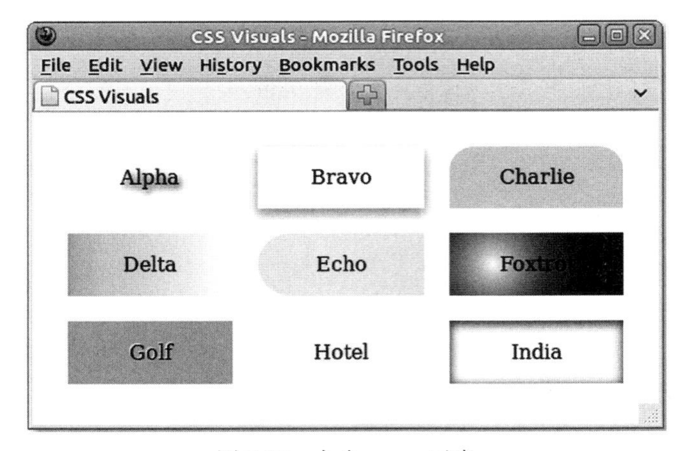

图 9-24　九个 `span` 元素

7. 图 9-25 中的截屏显示了 15 个 `span` 元素，分别具有 7 个特定 CSS 属性与取值的某种组合形式。

(a) 根据该图，推测每个 `span` 元素混用和匹配的七个 CSS 属性。

(b) 在你自己编写的一个 HTML 文件中，使用 CSS 样式规则，尽可能接近地重复每个 `span` 元素的外观。

(c) 在 JavaScript 运行器页面中编写程序，使该页上的 `footer div` 元素与图中的每个 `span` 元素类似。

(d) 利用哪个 HTML 属性（及相应的 CSS 选择器），可以相当轻松地做到图中所示可视内容的混合和匹配？

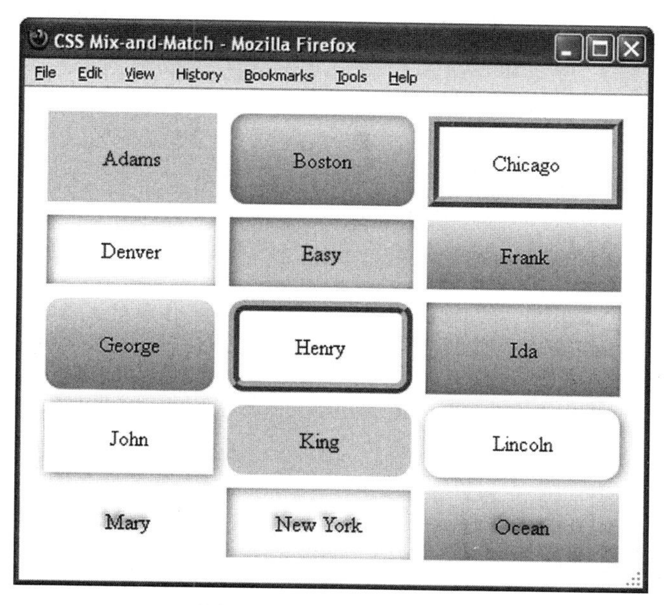

图 9-25 15 个 span 元素

8. 组合使用间隔、边界、绝对位置/大小设定等 CSS 属性，编写 HTML 页面，显示以下对象的合理简化模型。
   (a) 电话键盘
   (b) 钢琴键盘（最少 12 个键）
   (c) 一组多米诺骨牌
   (d) 一个骰子的六个面
   (e) 一个 QWERTY 键盘
   (f) 你最喜欢的控制台游戏控制器（不要操心按钮形状的完全一致；矩形和圆角矩形就可以了。）
9. 荷兰画家皮特・蒙德里安以其与众不同的几何图形创作而知名，其中一些在图 9-26 中给出。组合使用背景、间隔、边界、绝对位置/大小设定等 CSS 属性，编写 HTML 页面，模拟蒙德里安的绘画作品。

图 9-26 皮特・蒙德里安的作品样品

10. 6.7 节介绍的井字棋案例研究本质上是一个很简单的 HTML/CSS 图形显示。使用本节介绍的可视属性（甚至可以使用这里没有明确给出的其他可用属性），提高该程序外观的美感（比如，颜色、边界、阴影）。
11. 对 9.2.5 节中的条形图案例研究做以下修改：
   - ❑ 增加带有对号标记的坐标轴
   - ❑ 为每个条形包含一个数字显示（也就是除了可视显示外，还以数字显示该条形的值）
   - ❑ 将公共可视属性独立出来，作为 CSS 规则

12. 仔细研读 jQuery 的 DOM 和 CSS 处理能力，重新实现条形图和汉诺塔案例研究（分别在 9.2.5 节和 9.2.6 节），使它们使用 jQuery 的函数，而不是“原始的”DOM。例如，9.2.5 节上的代码片断再加上案例研究中的一些后续代码，现在会是下面这个样子的。

```
var chart = $("<div></div>").css({
        position: "relative",
        borderBottomStyle: "solid",
        borderBottomWidth: "1px"
    });
```

   在完成这两个案例研究后，回答问题：给定选择后，你喜欢哪种方法/API，为什么？
13. 查阅汉诺塔玩具的规则（在 10.2.2 节或网上查阅），将汉诺塔案例研究改进为函数版本。可以实现一个拖放手势来移动环，也可以让用户单击一个环，然后单击目标塔（当然要满足玩具中的规则！）。最后，实现一个获胜条件判断器，当所有环都移到一个新塔上时，弹出一条提示，并将玩具复位。
14. 组合使用 HTML、CSS 和 JavaScript，实现一个简单的“方块绘制程序”Web 页面。当用户打开页面时，他应当能够在某个指定的绘画区域内绘制、移动方块，并能调整其大小。（提示：将可绘制区域的 `user-select` CSS 属性设置为 `none`，使鼠标拖放不会被解读为页面选择操作。也可以查阅和使用 `cursor` CSS 属性来提供一些反馈，说明当用户开始在当前位置拖动鼠标时会启动什么操作。）
15. 如果你有一个支持触摸事件的 Web 浏览器，实现一个类似于上题的方块绘制 Web 页面，但它回应的是触摸事件，而不是鼠标事件。
   为了检测你的工作，可能需要有一个 Web 服务器，用来托管你的可触摸方块绘制程序，因为某些装有支持触摸的 Web 浏览器的设备不能打开作为本地文件的 Web 页面。
16. 如果有一个支持多点触摸事件的 Web 浏览器，改进上一题中支持触摸的方块绘制 Web 页面，以便对多个方块进行多点触摸。也就是说，根据用户手指的位置，可以一次绘制、移动多个方块，或同时调整多个方块的大小。
17. 下载 http://javascript.cs.lmu.edu/basicanimation 文件，并为 `millisecondsPerFrame` 变量试验不同取值。当 `millisecondsPerFrame` 取何值时，动画开始显得有方块或锯齿？是否存在这样一个回报递减点，在减小 `millisecondsPerFrame` 时不会再有感受上的差异？
18. 下载 http://javascript.cs.lmu.edu/basicanimation 文件，并修改恒定速度动画示例，使对象沿对角线移动，而不只是沿水平线移动。
19. 修改恒定速度动画示例，使动画对象在其所在元素内反弹，类似于 20 世纪七八十年代的 2D Pong 游戏。
20. 实现一个补间内插函数，根据流逝时间的立方而非平方来移动对象。你如何描述最终移动的特点？
21. 许多动画效果都有一些实用工具，jQuery 库将它们“包装”在简单易用的函数中，比如 `slideUp`、`slideDown`、`fadeIn` 和 `fadeOut`。实现你自己的类似函数（当然不能使用 jQuery），其中每一个都以要实现动画的元素为参数。

```
var mySlideDown = function (element) {
        /* 你的实现在这里。 */
    },

    mySlideUp = function (element) {
        /* 你的实现在这里。 */
    },

    myFadeIn = function (element) {
        /* 你的实现在这里。 */
    },

    myFadeOut = function (element) {
```

```
        /* 你的实现在这里。 */
    };
```

（提示：没错，可以采用 http://javascript.cs.lmu.edu/basicanimation 文件作为起点。）

22. jQuery 动画函数可以接受的可选参数之一是一个缓动函数，就是 9.3.4 节介绍的那种函数。但是，jQuery 函数接受的是函数名，而不是函数本身，从而限制了选择范围，只能是诸如"swing"或"linear"之类的固定集合。

    扩展你在第 21 题编写的具有类似功能的程序，使它们接受实际的 easing 函数。使用 9.3.4 节介绍的函数定义：

```
var myWorkalike = function (element, easingFunction) {
        // 你的实现在这里，easingFunction 的调用如下：
        var position = easingFunction(currentTime, start,
                           distance, duration);
    };
```

    用内联缓动函数对象调用它们，以演示动画函数的灵活性。

23. 根据 setInterval 函数，JavaScript 动画是并发进行的，所以即使动画仍在进行之中时，程序也会马上执行后续内容。我们有时并不希望这样。例如，我们可能希望在某个元素已经完全淡入或淡出之后才发生某个事件。

    为解决这一问题，jQuery 动画函数接受回调——只有在一个特定动画完全结束之后，才会调用该函数。扩展第 21 题中编写的具有类似功能的程序，让它们在参数中接受可选的回调函数：

```
// 如果你已经完成了上题，可以将 easingFunction 参数保留在此处。
var myWorkalike = function (element, callbackFunction) {
        // 你的实现放在这里，在动画完成后，对 callbackFunction 调用如下：
        callbackFunction();
    };
```

24. 向 6.7 节的井字棋添加如下动画效果：
    - 在玩家单击网格时，使 X 和 O “淡入”
    - 在设定新游戏时，使 X 和 O “淡出”
    - 在游戏结束时，显示某种“结束动画”（颜色变化、移动，等等）

    如果你完成了上述任何一个动画练习，可以使用当时编写的程序，让本题变得轻松一些。

25. 编写 JavaScript canvas 短程序，在你选择的 canvas 上绘制以下内容。具体的大小、位置和颜色值由你决定，只要绘制的内容与文字描述合理对应即可。

    (a) 位于 canvas 中心的一个蓝色方块。

    (b) 一个围绕 canvas 周边的黑色边界。

    (c) 一个 50%半透明的红色矩形与一个 50%半透明的绿色矩形重叠。

    (d) 一个橙色的“X”，它的两条线分别连接 canvas 的左上角至右下角、左下角至右上角。

    (e) 一个纯棕色的六边形。

26. 编写 JavaScript canvas 短程序，在你选择的 canvas 上绘制以下内容。具体的大小、位置和颜色值由你决定，只要绘制的内容与文字描述合理对应即可。

    (a) 一个由淡紫色方块组成的网格，填充整个 canvas，方块之间的间隔为一个 canvas 像素（绘制方法不止一种）。

    (b) 一个“方格纸”样子的网格，由淡绿色的直线填充整个画布（绘制方法同样不止一种）。

    (c) 一个蜂窝图案，至少左右三个六边形，上下三个六边形。

    (d) 一个圆点图案，在棕色背后上带有品红色的点。

    (e) 一个简化的数字“8”，由重叠的紫色圆组成。

27. 编写 JavaScript canvas 短程序，在你选择的 canvas 上绘制以下内容。具体的大小、位置和颜色值由你决定，只要绘制的内容与文字描述合理对应即可。
    (a) 一个“伪 3D”绿色立方框，位于 canvas 的右下角。
    (b) 一个“伪 3D”实心立方体，位于 canvas 的上方中心，三个可见面的颜色为变化的灰色阴影。
    (c) 篮球、高尔夫球和乒乓球的合理近似，绘以渐变，以获得 3D 效果。
    (d) 一个黄色的笑脸，带有一种径向渐变，为其赋予一种人造的球形效果。
    (e) 一个环状行星，绘以渐变，以获得 3D 效果。
28. 编写 JavaScript canvas 短程序，在你选择的 canvas 上绘制以下“场景”。具体的大小、位置和颜色值由你决定，只要绘制的内容与文字描述合理对应即可。
    (a) 一个简单的日落场景，一个红太阳嵌在绿色水平线上，位于灰蓝色的天空之下。
    (b) 一个与(a)类似的日落场景，但这次的太阳是嵌在一个深蓝色的“大海”水平线上，在海面上有部分倒影。
    (c) 一个红“球”（也就是一个拥有径向渐变的圆）和第 27b 题中的伪 3D 实心立方体，下面带有可识别的灰色“阴影”。
    (d) 两个线条画人物，一个戴黑帽子，另一个留长发。
    (e) 一个简单的地平线场景，在深蓝色的天空下是黑色的建筑物，窗口中发出黄色的光。（提示：尝试使用循环，自左向右绘制大小和窗口个数随机的建筑物。）
29. 使用 canvas 元素实现一个简单的基于像素的绘图程序。允许用户选择颜色和刷子大小。颜色和刷子大小的选择可以在 canvas 外部实现，可以使用按钮、下拉菜单或其他具有事件处理程序的适当 Web 页面元素。
30. 如果你有一个支持触摸事件的 Web 浏览器，实现一个类似于上题的绘画 Web 页面，但它回应的是触摸事件，而不是鼠标事件。
31. 如果有一个支持多点触摸事件的 Web 浏览器，改进上一题中支持触摸的绘画 Web 页面，多点触摸时会根据用户手指的位置，同时生成多个刷子笔画。
32. 收集你自己、家人或朋友的一些相片，将它们安排在一个 canvas 元素上的相片拼贴画中。与仅使用 HTML 和 CSS 中放在绝对位置的 img 元素相比，这种排列和缩放图像的方法怎么样呢？
33. 许多 2D 游戏依赖于精灵进行显示。精灵就是一个可重复使用的图像，可以根据需要在 2D 游戏场景中移动和绘制。可以替换或消除这些精灵中的图像，以模拟精灵内部的移动，比如一个人物正在行走中的腿，或者一个车辆正在转动的轮子。这一方法类似于传统的胶片动画。

    在网上找出一个字符表情图片库，并使用这些图像在 canvas 元素上实现一个动画的字符面孔。字符图片集非常适合于这种作品（不需要绘制自己的精灵），因为它们的大小类似，而且种类繁多。别忘了，可以使用*切片*或*子图像*，当某个字符表情图片集是作为一个大型图型文件提供时，这种方法非常方便。对于找到的图像，一定要尊重其版权或使用许可（即，未获许可时，不要发布你的作业，供公众使用）。
34. 将第 27 题实现的五个 JavaScript 对象绘制程序打包并调整，使其变成可重复使用的函数，在与变换一起使用时，具有良好表现。演示这些函数的可重复使用属性：在一个程序中重复调用这些函数，这个程序会对当前的活动 canvas 变换进行重要修改，类似于 9.4.8 节所示的内容。
35. 所谓的*实例*变换是计算机图形中非常重要的一种变换。它可以对任意形状进行位置、朝向、大小等任意调整，而且不会对其产生扭曲。事实上，它就是缩放、旋转和平移的“组合”变换（依次顺序）。[①]

    实现一个 instanceTransformation 函数，它可以接受任何表示为函数的 canvas 图形例程，并在绘制之前，使用给定的缩放因子、旋转角度和(x, y)位置，应用实例转换。

---

① 从数学上来说，这些变换是从右向左书写的，$M=TRS$，其中 M 是实例变换，T 是平移、R 是旋转、S 是缩放。如果你感兴趣的话，可以在计算机图形课程中找到所有内容。

```
var instanceTransformation = function (graphicsDrawingFunction,
            scale, rotation, xTranslation, yTranslation) {
        // 缩放，然后旋转，然后平移……
        // ……然后绘制（也就是调用 graphicsDrawingFunction）。
        //
        // 别忘了让这些内容保持你找到它们时的原样！
    };
```

用一系列 instanceTransformation 调用绘制一个“场景”，证明你的实现可以正确工作。

```
instanceTransformation(square, 2, Math.PI / 4, 10, 10);
instanceTransformation(circle, 1, 0, 50, 25);
instanceTransformation(square, 4, 0, 20, 40);
```

36. 重写第 28e 题中实现的地平线场景，整个地平线都通过重复调用同一个 drawBuilding 函数来绘制，由变换来完成位置和大小的调整。
37. 改写第 28 题实现的日落场景之一，使它呈现一幅动画日落：在开始时让太阳出现在天空中的较高位置，然后移动它，直到隐没在地平线之下。为获得全面的效果，可能需要在太阳下落过程中逐渐改变地面和天空的颜色。
38. 实现一个基于 canvas 的“眼睛”程序，它绘制两只卡通眼睛，瞳孔会随鼠标光标在 canvas 元素中移动。两只瞳孔应当独立移动，当光标位于两只眼睛中间时，会产生对眼的效果。

    如果这一描述还不够清晰，请在互联网上查找 xeyes 程序。
39. 实现一个基于 canvas 的模拟时钟程序。这个时钟应当有一个秒针，与计算机的系统时间相对应。在时钟设计及其外观上要富有创造性——这毕竟是一个图形练习！
40. 实现一个基于 canvas 的程序，显示雨滴自上向下掉落。确保它们在掉落过程中会像真实雨滴一样，一直在加速（也就是说，它们的速度以恒定速率增加）。
41. 让第 40 题中编写的雨滴程序变为交互式的：在 canvas 元素内部水平移动鼠标时，会改变雨滴的大小，而垂直移动鼠标时，应当改变它们的下落速度。
42. 实现一个基于 canvas 的“刽子手”游戏。累积起来的“刽子手”图片当然应当在 canvas 元素中完成，但你可能更偏向于使用非 canvas 的 HTML 和 CSS 来实现交互部分，包括字符选择和半成品单词。具体实现选择由你决定。

    毕竟，本章是关于计算机图形的，所以在你的刽子手场景中可以自由发挥自己的创造力。不必将自己局限于线条画人物和线条图画。
43. 针对第 25 题中需要的可视内容，以两种方式编写其基于 SVG 的版本。和之前一样，具体大小、位置和颜色值由你决定，只要绘制的内容与文字描述合理对应即可。

    (a) 声明性 SVG 标签和标记

    (b) 用 JavaScript 以编程方式构建
44. 使用 JavaScript 的编程构造方式，为第 26 题需要的可视内容编写基于 SVG 的版本。和之前一样，具体的大小、位置和颜色值由你决定，只要绘制的内容与文字描述合理对应即可。

    如果有的话，这些可视内容的哪些也可以直接使用 SVG 标签和标记直接声明？描述程序版本和标记版本之间的区别。
45. 针对第 27 题中需要的对象，以两种方式编写其基于 SVG 的版本。

    (a) 声明性 SVG 标签和标记

    (b) 用 JavaScript 以编程方式构建

    和之前一样，具体大小、位置和颜色值由你决定，只要绘制的内容与文字描述合理对应即可。
46. 针对第 28 题中需要的可视内容，以两种方式编写其基于 SVG 的版本（注意唯一的例外）。

    (a) 声明性 SVG 标签和标记（第 28e 题中的地平线例外）

(b) 用 JavaScript 以编程方式构建

和之前一样，具体大小、位置和颜色值由你决定，只要绘制的内容与文字描述合理对应即可。

这些可视内容的 SVG 标记版本与 JavaScript 程序构造的相应版本有什么不同？

47. 实现一个基于 SVG 的模拟时钟程序，其功能类似于第 39 题基于 `canvas` 的时钟。
48. 实现一个基于 SVG 的雨滴程序，其功能类似于第 40 题基于 `canvas` 的版本。
49. 实现一个基于 SVG 的*交互式*雨滴程序，其功能类似于第 41 题基于 `canvas` 的版本。
50. 实现一个基于 SVG 的“刽子手”程序，其功能类似于第 42 题基于 `canvas` 的版本。对于 SVG 版本，在 SVG 中实现字母选择和半成品单词可能会更容易一些，所以如果选择第 42 题的 HTML 元素，应当对它再研究一下。
51. 修改 SVG 案例研究的.svg 文件（9.5.2 节），使它显示两个可编辑的曲线。是否需要修改 curve-editor.js 脚本？需要怎么修改这个案例研究，使它能够显示任意特定数目的贝塞尔曲线？
52. `path` 元素的 `C curve to` 命令可以接受两个以上的控制点和顶点，生成一条具有任意个扭曲和弯转的曲线。修改 9.5.2 节中的 SVG 案例研究，使它显示和编辑一个拥有三个顶点、三个控制点的曲线。需要如何修改这个案例研究，使它显示和编辑具有任意特定数目的顶点和控制点的曲线？
53. 整体来说，2D `canvas` 元素更适用于哪些类型的图形应用程序？哪些图形应用程序更适于用 SVG 完成？
54. 你认为让 WebGL 代替 `canvas` 元素是不是一个好主意？将这一设计决策与下面这种情况进行对比：在一个 Web 页面上，用一个虚拟的完全不同的 `canvas3d` 元素实现 3D 图形。

以下练习全都需要对 9.6.2 节至 9.6.6 节的 WebGL 案例研究进行修改，该案例研究可以在网络上获得，地址为：http://javascript.cs.lmu.edu/webgl-sierpinski。下载后，将其 HTML 和 JavaScript 源代码复制到计算机上，然后再执行以下任务。

55. 修改 WebGL 案例研究的代码，当不能提取 WebGL 上下文时，不再弹出通常的 alert，而是在页面右侧显示一个更友好、破坏性较弱的元素。

    尽管这一任务并不是特别需要 WebGL，但它的确能让你练习一下在发生意外情况时如何显示有用的反馈。确保这个元素既要足够明显，让人注意到，又不会太过烦扰，让人感到无法忍受。对问题做一解释应当是很好的做法；可以使用“三点规则”来提供好的错误消息：描述错误、说明可能是什么原因、说明可能纠正错误的操作（例如，“请使用支持 WebGL 3D 图形的 Web 浏览器”）。

    在已知*不支持* WebGL 的 Web 浏览器上测试你修改后的 WebGL 案例研究，如果没有这种浏览器，那就以编程方式给出一个人造条件，使错误消息元素显示出来。
56. 修改 WebGL 案例研究，使程序显示一个实心的四面体，而不是谢尔宾斯基三角。你可能需要复习 9.6.2 节至 9.6.6 节，回忆 `divideTetrahedron` 函数是如何工作的。
57. WebGL `drawArrays` 函数会最终触发 3D 对象在 `canvas` 元素上的实际显示。它的第一个实参在 WebGL 案例研究中是以 `gl.TRIANGLES` 给出的，它告诉 `drawArrays` 将每三个顶点渲染为一个实心三角。

    (a) 用 `gl.LINES` 代替 `gl.TRIANGLES`。Web 页面上会出现什么内容？

    (b) 除了 `gl.TRIANGLES` 和 `gl.LINES` 之外，`drawArrays` 还接触其他一些值作为其绘制模式，在互联网上搜索相关信息。试用这些值，每次重新运行谢尔宾斯基三角，看看它会为每个取值绘制什么内容。
58. `fragmentShaderSource` 变量中的以下代码行决定了谢尔宾斯基三角的颜色：

    ```
    vec4 color = vec4(1.0, 0.0, 0.0, 1.0);
    ```

    这个颜色以 RGBA 值给出，每个颜色分量的范围为 0.0 至 1.0（必要时可复习 9.1.2 节）。修改此代码，使 3D 对象显示为绿色。
59. 修改 WebGL 案例研究代码，如下所示，使程序直接访问 `vertices` 和 `normals` 变量，并生成一个能够以 3D 旋转的 10×10 方块：

```
var vertices = [
  -5, 5, 5, -5, 5, -5, -5, -5, -5, -5, -5, -5, -5, -5, 5, -5,
   5, 5
];

var normals = [
  -1, 0, 0, -1, 0, 0, -1, 0, 0, -1, 0, 0, -1, 0, 0, -1, 0, 0
];
```

这些数组显得有些冗长，因为 WebGL 案例研究希望以三角形式给出数据。因此，这些“方块”实际上是以两个三角形的形式给出的，一个三角形的顶点是(−5, 5, 5)、(−5, 5,−5)和(−5,−5,−5)，另一个的顶点是(−5,−5,−5)、(−5,−5, 5)和(−5, 5, 5)。这些三角形顶点以相对于三角“正面”的逆时针顺序给出，下面方向与 x 轴的负向相同，也就是矢量 $\langle -1, 0, 0 \rangle$ 的方向。这个矢量必须对于每个三角的每个顶点都要重复一次，其原因我们现在还不能解释，`normals` 数组将 $\langle -1, 0, 0 \rangle$ 重复六次。

(a) 验证对 WebGL 案例研究代码进行修改后的版本现在会绘制上述方块。如果愿意的话，可以删除整个 `divideTetrahedron` 函数。

(b) 外推这些数据，使程序绘制一个以原点为中心的 10×10×10 立方体。（提示：先在一张方格纸上绘制一下。）

60. 为 WebGL 案例研究指定 `mouseover` 和 `mouseout` 事件处理程序，使 WebGL `canvas` 背景在鼠标悬停在其上方时变为不透明的深蓝色；当鼠标离开时，又变回透明。（提示：回忆/复习前面关于 WebGL 上下文 `clearColor` 属性的内容。）

第 10 章

高级主题

作为本书最后一章，本章将介绍程序设计中的一组有趣而重要的主题，之前没有讨论过这些内容。每个主题都在 JavaScript 的上下文中讨论，但大多数内容都具有普遍性，可应用于许多其他语言的程序设计。我们选择了五个主题：正则表达式、递归、缓存、MapReduce 和事件处理程序的动态创建。

本章之所以为“高级主题”，并不是因为这些主题很难（至少，不像之前已经看到的闭包或异步计算那样难），也不是只有经验丰富的程序员才能使用，而是因为它们会大幅提升你的程序设计能力，应当最后学习。学完本章，你会掌握关于这五个主题的知识，并能在自己的脚本中运用它们。

10.1 正则表达式

判断一个程序员是否优秀，除了看他编写的代码之外，还要看他没有编写的代码。在 4.3.4 节我们看到在查询值时，如何使用对象来避免编写 `if` 和 `switch` 语句。在第 6 章，我们看到如何利用 JavaScript 的事件机制，避免编写代码来监听和派发事件。在这些情况下，你只需说明需要什么，或者希望发生什么，而无需指明如何获得数据，或者如何导致某些操作的发生。JavaScript 和大多数现代程序设计语言一样，都有一种功能，让你可以在另一种常见情景中省略控制代码：查找文本中的模式。

10.1.1 正则表达式简介

正则表达式（regular expression，简写为 regex）是一种模式，用来描述一个字符串集合。JavaScript 正则表达式用斜线（`/.../`）界定。首先给出一些示例。

- `/dog|rat|cat/`匹配任何包含“dog”或“rat”或“cat”的字符串，因为字符`|`的含义是*或*。
- `/colou?r/`匹配任意包含“color”或“colour”的字符串，因为问号表示*可选*。
- `/go*gle/`匹配任何包含“ggle”“gogle”“google”“gooogle”“goooogle”等内容的字符串，因为星号表示*零个或多个*。加号与此相关，表示*一个或多个*：`/go+gle/`不会匹配“ggle”，但它会匹配“gogle”“google”，以此类推。
- `/b[aeiou]b/`匹配任何包含“bab”“beb”“bib”“bob”或“bub”的字符串，因为方括号表示*之一*。
- `/^Once/`匹配任何以“Once”*开头*的字符串（用脱字符号^表示）。
- `/ss$/`匹配任何以“ss”*结尾*的字符串（用美元符号表示）。
- `/^dog$/`匹配任何以“dog”开头并结尾的字符串；换句话说，它只会匹配字符串“dog”。
- `/^[A-PR-Y0-9]{10}$/`仅匹配由 10 个字符组成的字符串，每个字符都是大写字母 A 至 P 或 R 至 Y 或十进制数位之一。
- `/^z{3,5}$/`仅匹配“zzz”“zzzz”和“zzzzz”。
- `/[^md5]+/`匹配任何由一个或多个字符组成的字符串，但每个字符都不是“m”“d”或“5”。构造`[^...]`表示不是所列内容的字符。
- `/\d+\D:\u262f/`表示任何符合如下条件的字符串，其中包含一个或多个数位，后面跟有一个非数位、一个冒号和一个阴影图符号（`U+262F`）。具体来说，`\d`（数位）就是`[0-9]`的缩写，`\D`（非数位）就是`[^\d]`。
- `/i..d/`匹配任何以“i”开头、以“d”结束的四字符序列。句点（`.`）表示除换行符（`U+000A`或`\n`）

之外的任意字符。

对正则表达式应用 test 方法，会返回 true 或 false，说明一个正则表达式是否与一个字符串匹配；对字符串应用 search 方法，将会返回字符串中每一个匹配的位置（如果不匹配则返回-1）。

```
/\s+a\s+/.test("one    a day") ⇒ true
/^[0-9]+/.test("U2 - War")     ⇒ false
"JavaScript".search(/[N-Z]/)   ⇒ 4
"Brendan".search(/[Ee]ich/)    ⇒ -1
```

\s（第一个正则表达式示例中）匹配几个空白字符中的任何一个。和\d 和\D 一样，它是正则表达式模式语言中的几个特殊构造之一。表 10-1 中列出了其中一些。

表 10-1　正则表达式模式构造选列

构　造	含　义
\u*hhhh*	代码点为 *hhhh* 的字符
\x*hh*	代码点为 *hh* 的字符
\t	制表符，等同于\u0009
\n	换行符，等同于\u000A
\v	垂直制表符，等同于\u000B
\f	换页符，等同于\u000C
\r	回车符，等同于\u000D
\s	等同于[\t\n\v\f\r\u00A0\u2028\u2029]
\S	等同于[^\s]
\d	等同于[0-9]
\D	等同于[^\d]
\w	等同于[A-Za-z0-9_]
\W	等同于[^\w]

在对字符串执行的 split 和 replace 操作中可以使用正则表达式：

```
"ladedada".split(/ad/)           ⇒ ["l","ed","a"]
"Lots of spaces".split(/\s+/)    ⇒ ["Lots","of","spaces"]
"Hello".replace(/[aeiou]/, "u")  ⇒ "Hullo"
"Aloha".replace(/^/, ">> ")      ⇒ ">> Aloha"
```

这里的第二个操作根据一个或多个空格来划分字符串；第三个生成的字符串与给定字符串几乎一样，只是第一个小写拉丁元音字符用 u 代替；[①]第四个生成一个与给定字符串类似的字符串，在开头增加了“>>”。

回顾与练习

1. 列出由正则表达式/M(rs?|(is)?s)/匹配的字符串。
2. 解释 s.replace(/$/, "!")生成的结果为什么与 s + "!"相同。

10.1.2　捕获

正则表达式 test 和字符串 search 方法只是分别告诉你是否存在匹配结果，以及这个结构在什么位置，但不会告诉你匹配的是文本的哪一部分。为此，可以使用字符串 match 方法或正则表达式 exec 方法。这些方

① 在本节后面将会看到如何执行“全部替换”操作。

法捕获字符串中与正则表达式匹配的部分，以及放在括号中的任意部分。

下面是一个例子。美国邮政编码包括五个数位，后面跟着一个破折号，然后又是四个数位。下面的脚本说明如何分别捕获邮政编码的两个部分：

```
var usZipCode = /(\d{5})-(\d{4})/;
var address = "6233 Hollywood Blvd, Los Angeles, CA 90028-5310 USA";
var result = address.match(usZipCode);
alert(result.length + " matches");  // 提示 3 matches
alert(result[0]);                   // 提示 90028-5310
alert(result[1]);                   // 提示 90028
alert(result[2]);                   // 提示 5310
```

match 方法返回一个数组，它的第一个元素（位于索引 0 处）包含了整个匹配文本。剩余各项（位于 1、2，等等）包含了匹配文中与正则表达式括号中各个部分相对应的部分。索引 k 处的捕获对应于字符串中的第 k 个左括号。以下正则表达式有六个左括号，所以匹配结果位于数组中的位置 0 至 6 处：

```
var regex = /a(((bc)d(e))(f(gh)))i/;
var text = "abcdefghijk";
alert(text.match(regex).join(",")); // abcdefghi,bcdefgh,bcde,bc,e,fgh,
                                    // gh
```

对于正则表达式 r 和字符串 s，调用 r.exec(s)等价于 s.match(r)。如果没有匹配，这两个调用都会返回 null。

捕获过程需要正则表达式引擎完成相当多的工作；当需要括号进行分组而不是捕获时，会对性能产生负面影响。例如，有可能编写一个没有破折号和最终四个数位的美国邮政编码。一个可以匹配这两种形式的正则表达式是：

```
\d{5}(-\d{4})?
```

这里的括号是必需的，因为破折号和四个数位后缀都是可选部分。但这些括号会导致匹配器进行捕获，当存在这一部分时，会记住它——这是一个成本相当高昂的操作。如果不需要知道这一匹配部分，应当使用非捕获分组表达式，(?:...)，比如：

```
\d{5}(?:-\d{4})?
```

回顾与练习

1. 给出一个针对 10 位数字的正则表达式，允许捕获前三个数位。
2. 对于正则表达式/(\d{5})(?:-(\d{4}))?/，给出在与(a) 90069 和(b) 90045-2659 进行匹配后的结果数组。

10.1.3　数量词

符号?、*和+称为数量词，因为它们可以匹配特定的次数：

- a?匹配零个或一个 a
- a*匹配零个或多个 a
- a+匹配一个或多个 a

这些数量词会贪婪地匹配；也就是说，它们会匹配尽可能多的字符。如果要匹配尽可能少的字符，也就是勉强地匹配，应当使用??、*?和+?：

```
"aaaaaah".match(/a+/)    ⇒  "aaaaaa"
"aaaaaah".match(/a+?/)   ⇒  "a"
"aaaaaah".match(/a*/)    ⇒  "aaaaaa"
```

```
"aaaaaah".match(/a*?/)   ⇒  ""
"aaaaaah".match(/a?/)    ⇒  "a"
"aaaaaah".match(/a??/)   ⇒  ""
```

回顾与练习

1. 对以下表达式求值：

   (a) "zoooom".match(/o+m/)

   (b) "zoooom".match(/o+?m/)

   解释结果中的不同之处。

2. 对以下表达式求值：

   (a)"<a><b></b></a>".match(/<.*>/)

   (b) "<a><b></b></a>".match(/<.*?>/)

   解释结果中的不同之处。

10.1.4　向后引用

我们可以使用\1 至\9 的形式，在同一个正则表达式的后面引用所捕获的/。需要用一个例子来解释：

```
var regex = /(\S+)\s+\1/;
var text ="I think that that was okay";
alert(text.match(regex)[0]);    // 提示 that that。
```

\1 引用\S+匹配的任意内容。所以我们的正则表达式定义了一个模式，它包括一个或多个非空格字符，后面是一个或多个空格字符，然后是之前找到的同一个非空格字符序列。也就是说，它找到了重复单词。

回顾与练习

1. 正则表达式/(.)(.)\2\1/描述的是什么？给出它所匹配字符串的例子。
2. 描述正则表达式/<[A-Za-z]+>[^<]*<\/\1>/的含义。

10.1.5　正则表达式修饰符

正则表达式中可以附加修饰符，以改变其行为。JavaScript 有三个这样的修饰符：

- i（表示 ignoreCase，忽略大小写）
- g（表示 global，全局）
- m（表示 multiline，多行）

以下示例重复提示用户输入“truth”或“dare”，用 i 修饰符来匹配大小写字母的任意组合（例如，“trUTh”“DarE”）：

```
while (!prompt("Truth or dare?").match(/^(truth|dare)$/i)) {
    alert('Just "truth" or "dare" please.');
}
alert("Thanks --- interesting choice!");
```

g 修改符会使正则表达式全局适用，也就是它所匹配的所有地方。下面这个例子说明了这个修饰符对 replace 操作的影响。没有 g 时，只有第一个匹配被替换；有了 g，所有匹配都将被替换：

```
"Rascally rabbit".replace(/[LlRr]/, "w")     ⇒ "wascally rabbit"
"Rascally rabbit".replace(/[LlRr]/g, "w")    ⇒ "wascawwy wabbit"
```

```
"Aloha Nui".replace(/[aeiou]/g, "*")          ⇒ "Al*h* N**"
"Lots    of     spaces".replace(/\s+/g, " ") ⇒ "Lots of spaces"
"(800) 555-1212".replace(/\D/g, "")          ⇒ "8005551212"
```

修饰符也可以合并：

```
"Rascally rabbit".replace(/[LR]/gi, "w") ⇒ "wascawwy wabbit"
```

m 修饰符改变了^和$标记的行为属性。通常，它们会匹配整个字符串的开头和结尾。但有了 m，它们还会匹配紧挨着换行符前后的部分。给读者留一个例子：

```
"pig\npup\nrap\npot".replace(/^p/g, "b")  ⇒ "big\npup\nrap\npot"
"pig\npup\nrap\npot".replace(/^p/gm, "b") ⇒ "big\nbup\nrap\nbot"
```

回顾与练习

1. 编写一个正则表达式，其含义与/truth|dare/i 完成相同，但没有使用 i 修饰符。
2. 编写一个表达式（包含正则表达式），将所有 w 用 v 代替，所有 v 用 w 代替。

10.1.6　RegExp 构造器

符号/.../是 new RegExp("...")的缩写。[①]如果模式依赖的数据要等到运行脚本时才能知晓，那就需要一个显式的 RegExp 构造器。下面将一些用户输入转换为供后面使用的模式：

```
var name = prompt("What's your name?");
var pattern = new RegExp("^" + name + "$");
```

回顾与练习

1. 在本节例子中，为什么将模式定义为/^name$/是错误的？
2. 表达式 RegExp.prototype.isPrototypeOf(/abc/)的求值结果是 true 还是 false？为什么？

10.1.7　正则表达式的更多内容

关于 JavaScript 中对正则表达式支持的简要介绍到此结束。我们当然没有涵盖所有应当知道的内容——你最终还是需要自己熟悉整套参考资料，比如：https://developer.mozilla.org/en/JavaScript/Guide/Regular_Expressions，或者 ECMAScript 参考资料本身，但希望已经让你了解了正则表达式能够做些什么。本章最后的练习会为你提供一些机会，来运用其他正则表达式概念，比如先行断言。

花点时间学习正则表达式是会得到回报的；你会发现自己可以将 100 行文本处理代码缩减至不到 10 行。和所有程序设计构造一样，正则表达式也可能会被滥用。有许多编写正则表达式的方法可以让匹配过程慢得无法忍受。正则表达式的性能问题超出了本书的讨论范围，但关于这一主题有很多非常出色的参考资料。

10.2　递归

下面将要介绍的这种程序设计技术，有时你会觉得离开它就很难活下去，那就是递归。

① 应当说“近似是它的缩写”，这是因为，一些在/.../符号内可以直接书写的字符，在定义字符串的双引号内就必须进行转义。

10.2.1 什么是递归

一般来说，当某个东西引用它自己的“较小”副本，或者说由其自己的“较小”副本组成时，就发生*递归*，比如图 10-1 中的三角就是如此。这个三角由它自己的三个副本组成，每个副本在 x 和 y 方向上缩小为原来的二分之一。[①]

图 10-1 递归图形

除了递归图形之外，我们还经常会看到：

- *递归定义*，某个术语的定义中用到了它自己；
- *递归数据类型*，一个数据类型的实例中，有一些字段的类型就是它自己；
- *递归函数*，函数体中包含了对自己的调用。

递归定义不同于循环定义。后者是没有用的，因为它定义了一个与它自己完全相同的术语，比如：

quux 就是 quux。

而在一个正确的递归定义中，除了某一部分依赖于之前定义的对象之外，至少有一部分（称为*基础*）是不依赖于自我引用的。基础部分提供了一个起点，用于构建满足该定义的项目集合（往往是无限的）。下面是一些例子。

*自然数*或者是 0，或者是一个自然数的后续数字。

*回文*或者是长度为 0 的字符串，或者是长度为 1 的字符串，或者是 cpc 形式的字符串，其中 c 是一个字符，p 是一个回文。

一个人 p 的*后代*或者是 p 的孩子，或者是 p 的一个孩子的后代。

在计算机科学和程序设计中，递归数据类型和递归函数很常见。我们以一个实例开始，但从简单处着手还是有好处的。现在将从经典递归入手。

① 这个形状的递归定义表明它要多于一维曲线，但又小于二维平面；事实上，这个特定图形的维度是 ln 3/ln 2 ≈ 1.5849625。

回顾与练习

1. 找出上述每个递归定义中的基础部分。
2. 给出一个涉及整数加减乘除的算术表达式的递归定义，也允许使用括号。

10.2.2　递归经典示例

1. 阶乘

计算机科学领域的标志性递归示例之一就是阶乘函数。一个正数的阶乘可计算如下：

$$\text{factorial}(n) = 1 \times 2 \times 3 \times \cdots \times (n-1) \times n$$

而任何非正整数的阶乘就是 1。现在注意：

$$\text{factorial}(n) = \underbrace{1 \times 2 \times 3 \times \cdots \times (n-1)}_{\text{factorial}(n-1)} \times n$$

所以：

$$\text{factorial}(n) = \begin{cases} 1 & (x \leqslant 1) \\ \text{factorial}(n-1) \times n & (x > 1) \end{cases}$$

在 JavaScript 中，可以写为以下代码：

```
/*
 * 返回 n 的阶乘。先决条件：n 为一个非负整数。
 */
var factorial = function (n) {
    return n <= 1 ? 1 : factorial(n-1) * n;
};
```

这是一个正确的非循环递归定义。它有一个基础——一种无需递归调用就能返回值的方式，并以某些实参进行递归调用，逐步向基础靠近。

这个函数的递归定义要短于另一种替换方法：使用 `for` 循环、一个循环变量、一个保存最终答案的变量；但是，它的效率也要低得多。看一看它必须完成的工作量：

$$\begin{aligned} \text{factorial}(4) &= \text{factorial}(3) \times 4 \\ &= \text{factorial}(2) \times 3 \times 4 \\ &= \text{factorial}(1) \times 2 \times 3 \times 4 \\ &= 1 \times 2 \times 3 \times 4 \\ &= 2 \times 3 \times 4 \\ &= 6 \times 4 \\ &= 24 \end{aligned}$$

函数调用的代价可不低。对于这个函数，坚持使用较简单的迭代版本就好。

回顾与练习

1. 编写阶乘函数的非递归版本。
2. 假定你的朋友正在编写递归阶乘函数，函数体如下：在调用 `factorial(4)`时会发生什么情况？为什么？这里违反了正确递归函数的哪些属性？

```
return n<= 1 ? 1 : factorial(n) * n;
```

2. 最大公约数

现代密码学严重依赖于几个数学函数。其中之一就是两个整数 a 和 b 的最大公约数（GCD），也就是能够同时整除 a 和 b 的最大正整数（见图 10-2）。如何编写这个函数呢？

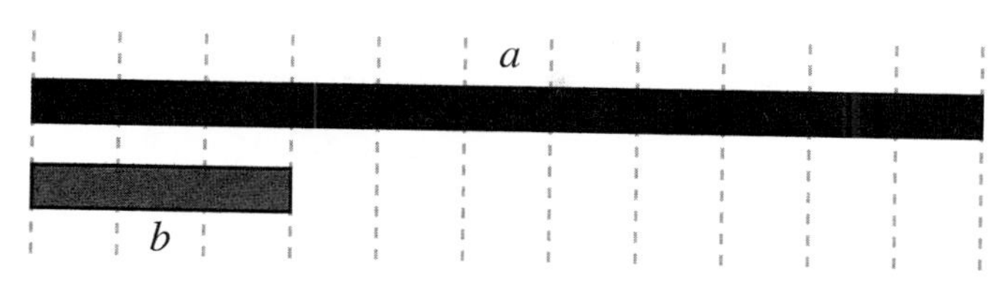

图 10-2 a 和 b 的 GCD 能整除 a 和 b

最直接的方法是首先确保 b 小于 a（必要时可以交换它们的取值），然后检查：

(1) b 能否整除 a 和 b？

(2) b–1 能否整除 a 和 b？

(3) b–2 能否整除 a 和 b？

以此类推，一直降到 1。只要得到了肯定的答案，那就完成了。但这种方法仅适用于较小的数字，因为它一次只执行一步。如果针对数值 5×10^{15} 和 $5\times10^{15}+1$ 运行这一算法，那你永远看不到它结束的那一刻（至少在普通计算机上是这样的）。如何想一种更聪明点的算法呢？

图 10-3 表明，的确存在一种更好的算法。一个值要能整除 a 和 b，它也必须能整除 a–b。事实上，计算 gcd(a,b)（其中 a>b）的问题可以化简为 gcd(a–b, b)。（这个图形应当已经向你表明了这一事实是成立的，但如果你表示怀疑，可以在数学教科书中找到证明。）注意，如果 b>a，这一思想仍然适用：将 gcd(a, b)化简为 gcd(a, b–a)。如果 a=b 怎么办呢？那很容易，gcd 就是 a（或 b）。看到了吧？这就是递归的基础。下面是其 JavaScript 实现：

```
/*
 * 返回 a 和 b 的最大公约数。先决条件：
 * a 和 b 都是非负整数。
 */
var gcd = function (a, b) {
    if (a === b) {
        return a;
    } else if (a < b) {
        return gcd(a, b-a);
    } else {
        return gcd(a-b, b);
    }
};
```

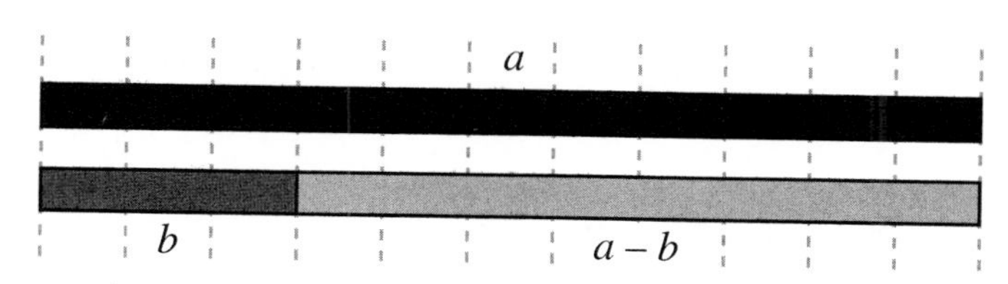

图 10-3 a 和 b 的 GCD 与 b 和 a–b 的 GCD 相同

如果喜欢使用条件表达式，可以用单行程序来完成：

```
/*
 * 返回 a 和 b 的最大公约数。先决条件：
 * a 和 b 都是非负整数。
 */
var gcd = function (a, b) {
    return a === b ? a : a < b ? gcd(a, b-a) : gcd(b, a-b);
};
```

让我们看看这个改进后的算法是如何工作的：

$$
\begin{aligned}
gcd(140, 21) &= gcd(119, 21) \\
&= gcd(98, 21) \\
&= gcd(77, 21) \\
&= gcd(56, 21) \\
&= gcd(35, 21) \\
&= gcd(14, 21) \\
&= gcd(14, 7) \\
&= gcd(7, 7) \\
&= 7
\end{aligned}
$$

这样好了一点。我们向下缩减到 7，而不是 1，但你有没有注意到我们一次又一次地减去 21 的？能不能对此进行改进呢？可以的，图 10-4 显示了改进方式。一个值要能整除 a 和 b（a>b），它还必须能整除（a÷b）的余数，也就是 a mod b（因为它能整除所有 b）。因此，当 a>b 时，gcd(a, b) = gcd(b, a mod b)。

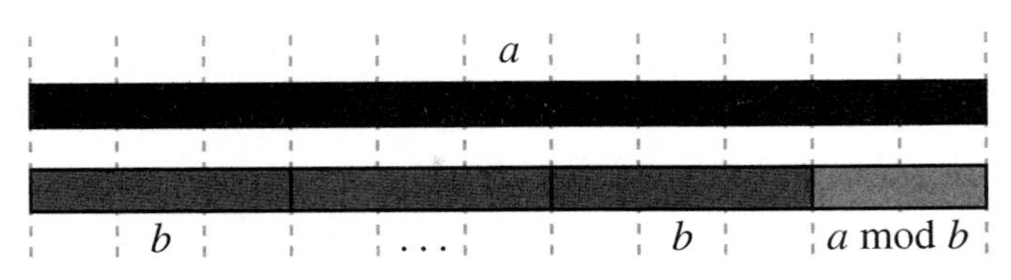

图 10-4　a 和 b 的 GCD 与 a 和 a mod b 的 GCD 相同

看看这一算法是如何进行的：

$$
\begin{aligned}
gcd(140, 21) &= gcd(21, 7) \\
&= gcd(7, 0) \\
&= 7
\end{aligned}
$$

哇！我们得到答案的速度快多了。而且发现了这个递归的基础应当是什么。当取得 a÷b 的余数时，如果得数为 0，就意味着 b 能被 a 整除。如果 b 得到 0，那答案就是 a：

```
/*
 * 返回 a 和 b 的最大公约数。先决条件：
 * a 和 b 都是非负整数。
 */
var gcd = function (a, b) {
    return b === 0 ? a : gcd(b, a % b);
};
```

等等，如果 a<b 该怎么办呢？这个函数仍然能够正常工作！下面这个具体例子应当能说服你：

$$
\begin{aligned}
gcd(21, 140) &= gcd(140, 21 \bmod 140) \\
&= gcd(140, 21)
\end{aligned}
$$

当 a<b 时，第一个递归步骤就是交换实参。这一效果好得出奇。

在章末练习中，会有多次机会来探讨这个基于模的算法与前两种算法的性能对比。

顺便说一句，你可能乐意知道，这个算法的出现已经有相当长时间了，称为欧几里得算法，因欧几里得而得名，他在其著名的作品《原本》中描述了这一算法，这本书写于大约公元前 300 年，而且欧几里得之前的人们很可能已经用过这一算法了。

回顾与练习

1. 使用本节的三种算法（尝试所有约数、基于减法、基于模），给出 gcd(25, 2)的推导过程。
2. 根据本节的三种算法，推导出 gcd(1, 30)。

3. 汉诺塔

在前 10 大典型计算机科学模因中，与 2 的幂、斐波那契数一起排在最前面的是汉诺塔问题。在图 10-5 中，一位玩家正在以中间栈为存储，将六个盘子从左栈移到右栈。游戏规则禁止小盘子出现在大盘子的下方。

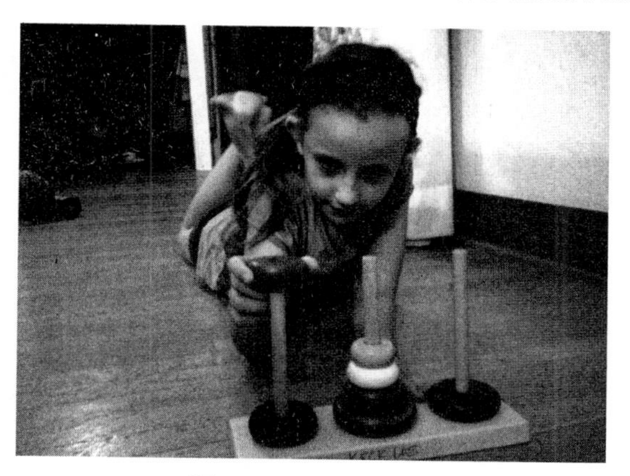

图 10-5 汉诺塔游戏

如果采用递归，可以编写一个脚本，十分轻松地玩这个游戏。考虑一下如何将 6 个盘子从左栈移到右栈。首先将上面的 5 个盘子由左栈移到中间栈，然后将底下的盘子移到右栈，然后再将 5 个盘子由中间栈移到右栈。参见图 10-6。如何移动那 5 个盘子呢？可以先移动 4 个。要移动 4 个，必须首先移动 3 个。需要记住的是，当这个数字减小到 0 时，就不要再递归了。

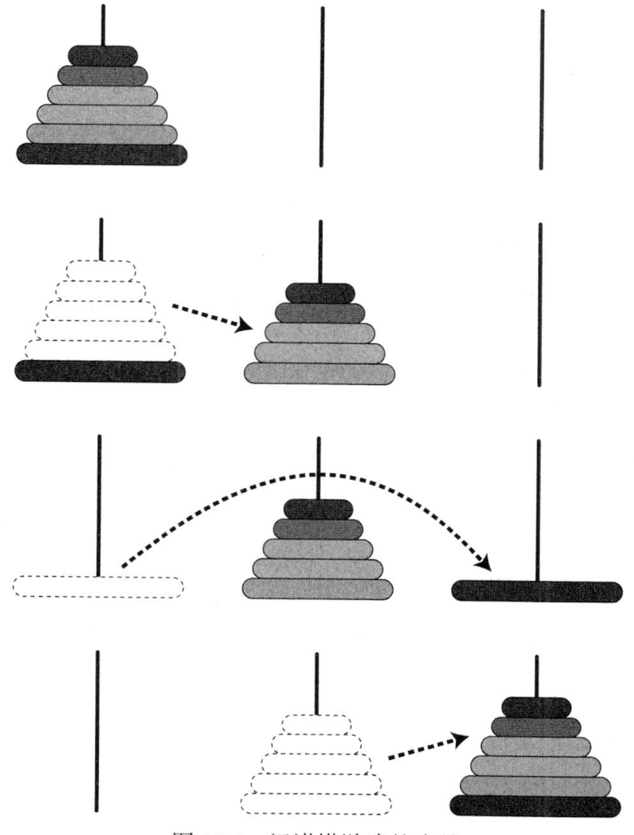

图 10-6 汉诺塔游戏的步骤

一般地说，要将 n 个盘子从栈 A 移到栈 B，需要首先将 n–1 个盘子移到临时栈（称之为栈 C），然后将底下的盘子由 A 移到 B，最后再将 n-1 个盘子由 C 移到 B。程序函数就是这一规则的直接翻译，当然，必须包含一个基础，确保这个函数能够完成：

```
/*
 * 显示完成以下任务的 HTML 指令，以塔 a 为临时存储位置，
 * 将 n 个盘子由塔 a 移到塔 b。
 * 先决条件：n 是整数，a，b，c 为不同的字符串。
 */
var hanoi = function (n, a, b, c) {
    if (n !== 0) {
        hanoi(n - 1, a, c, b);
        document.write("Move from " + a + " to " + b + "<br />");
        hanoi(n - 1, c, b, a);
    }
};
```

要在一个实现盘子动画的图形应用程序中使用这个函数，可以用你选择的动画逻辑来代替 `document.write` 调用。

稍想一下，如果不使用递归，你会怎么编写这个函数呢。好像不是一下子就能想到的。只是为了有趣，这里给出这样一个解决方案。假定所有盘子开始时都在 0 号塔上，最终在哪儿就是哪儿——你不能选择目标位置。它采用了一种很少使用的移位、二进制逻辑乘和二进制逻辑加运算符。这一过程很美，但很难理解，我们就不再解释了。

```
var hanoi = function (n) {
    for (var t = 1; t < 1 << n; t += 1) {
       document.write("Move from " + ((t & t - 1) % 3) + " to " +
                (((t | t - 1) + 1) % 3) + "<br />");
    }
};
```

回顾与练习

1. 是什么让汉诺塔成为一个非常有意义的递归案例研究？
2. 重写递归移动函数，使它不再是当 n=0 时跳过整个函数体，而是在每个递归调用之前都增加一个检测 n>1 的测试。你更喜欢哪一种形式？

4. 二分搜索

如果你曾经用过纸质的电话簿，就知道可以很轻松地找到某个人的电话号码，但如果要找出一个给定号码属于哪个人，那花费的时间就得不偿失了。因为电话簿是按名字排序的，所以可以首先翻到电话簿的中部，查找一个特定的名字 n；如果在这里看到的名字就是 n，任务完成。如果根据字母顺序大于 n，那就（递归）查找前半部分；否则查找后半部分。这种方法称为**二分查找**，因为在每一“步”都会将搜索问题简化为搜索原列表的二分之一。

让我们看看如何用这一思路来搜索 JavaScript 数组。图 10-7 给出了在数组中查找数值 42 采取的步骤。每个步骤都是首先查看中点 $\lfloor (m+n)/2 \rfloor$，然后查看区域 $[m, n)$（也就是包含 m 在内，但不含 n）。下面是其代码（注意先决条件）：

```
/*
 * 返回数值 x 在数组 a 中的索引位置。若 x 不在 a 中，则返回-1。
 * 先决条件：数组 a 是有序的。
 */
var binarySearch = function (a, x) {
```

```
    /*
     * 返回数值 x 在数组 a 中的索引位置，
     * 介于索引 first（含）和 last（不含）之间。
     */
    var search = function (first, last) {
        // 基础：如果范围为空，就是未找到
        if (first >= last) {
            return -1;
        }

        // 查找中点，必须时进行递归
        var mid = Math.floor((first + last) / 2);
        if (a[mid] === x) {
            return mid ;
        } else if (a[mid] < x) {
            return search(mid + 1, last);
        } else {
            return search(first, mid);
        }
    };

    // 在整个 a 中查找 x
    return search (0, a.length);
}
```

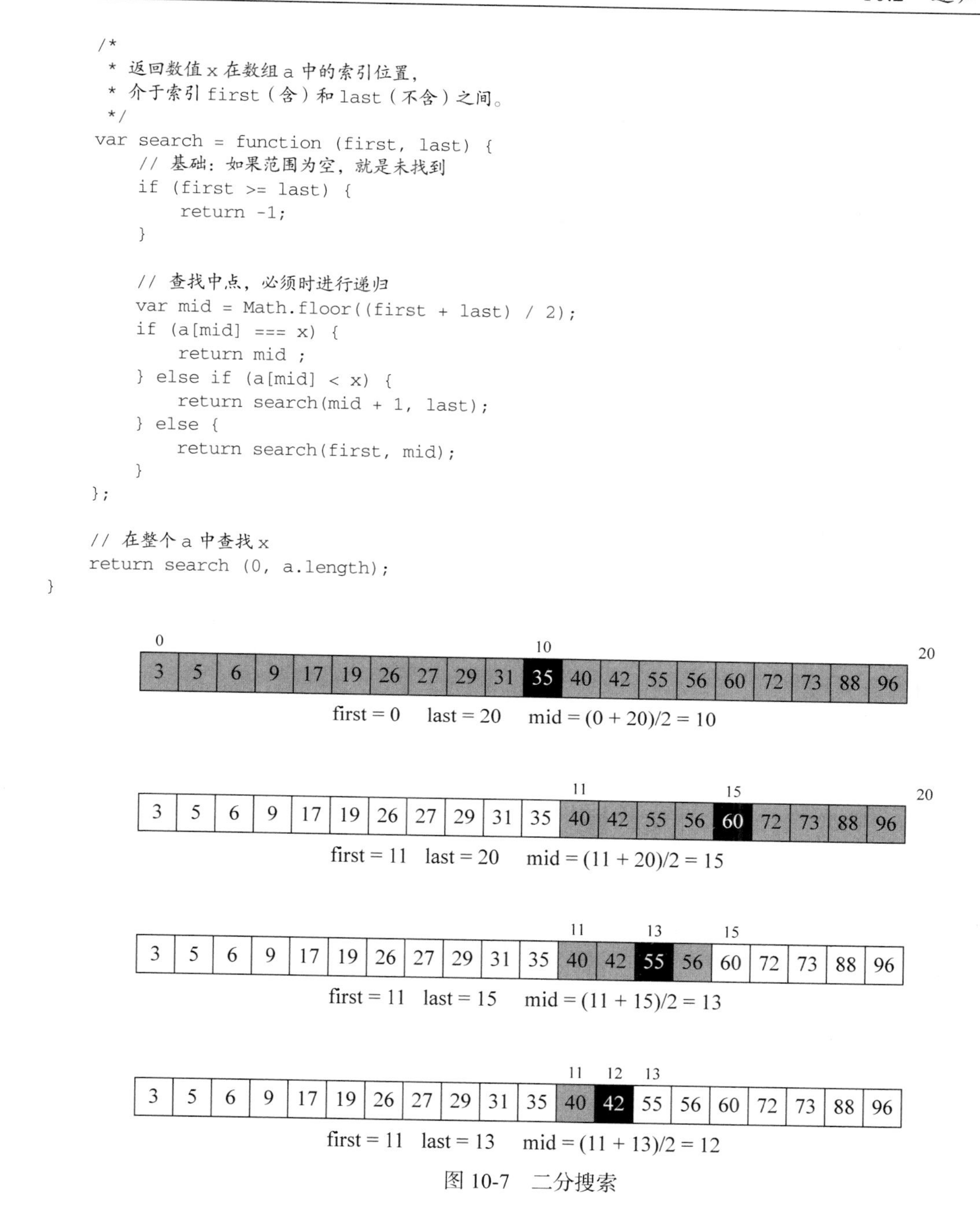

图 10-7 二分搜索

这个函数有点长了，在没有进行单元测试的情况下，绝不应当使用这样的代码。测试内容应当涵盖数值存在及不存在的情景，不存在的情景需要包含所有不同原因。下面是我们使用的 QUnit 测试脚本：

```
$(document).ready(function () {

    module("Binary Search");

    // 检测空数组
    test("Empty array", function () {
        ok(binarySearch([], 100) === -1);
    });
```

```
    // 检测只有一个元素的数组
    test("One-element array", function () {
        ok(binarySearch([5], 5) === 0);
        ok(binarySearch([5], 8) === -1);
    });

    // 检测在每个位置的所有值都可以找到，
    // 对于低于、介于之间、高于所有位置的值，会得到-1。
    test("Larger array", function () {
        var a = [0, 10, 20, 30, 40, 50, 60, 70, 80, 90, 100];
        for (var i = 0; i < a.length; i += 1) {
            ok(binarySearch(a, a[i]) === i, "Found " + a[i]);
        }
        for (var x = -5; x <= 105; x += 10) {
            ok(binarySearch(a, x) === -1, x + " should be missing");
        }
    });
});
```

回顾与练习

1. 给出图 10-7 中数组的轨迹，说明在二分搜索中是如何没有找到数值 63 的。
2. 在对一个大小为 1000 的数组执行二分搜索时，递归调用的次数最大为多少？

10.2.3　递归与家族树

现在来看一些例子，在这些例子中，递归方法得出的解决方案要比相应的迭代方法简单得多，效率也很高。我们将创建家族树，为人们定义对象。每个人都有一个名字、一位母亲和一位父亲。在现实生活中，人们可能还有生日、身份证号和其他属性，但这里只是为了展示递归，不需要这些属性。让我们用一个构造器引入新类型：

```
var Person = function (name, mother, father) {
    this.name = name;
    this.mother = mother;
    this.father = father;
}
```

图 10-8 给出一个家庭例子。注意，其中用 `null` 表示未知。现在，让我们编写一个函数来判断一个人是否是另一个人的祖先。函数是这样开始的：

```
var Person.prototye.isAncestorOf = function (p) {
    // ……代码在这里……
}
```

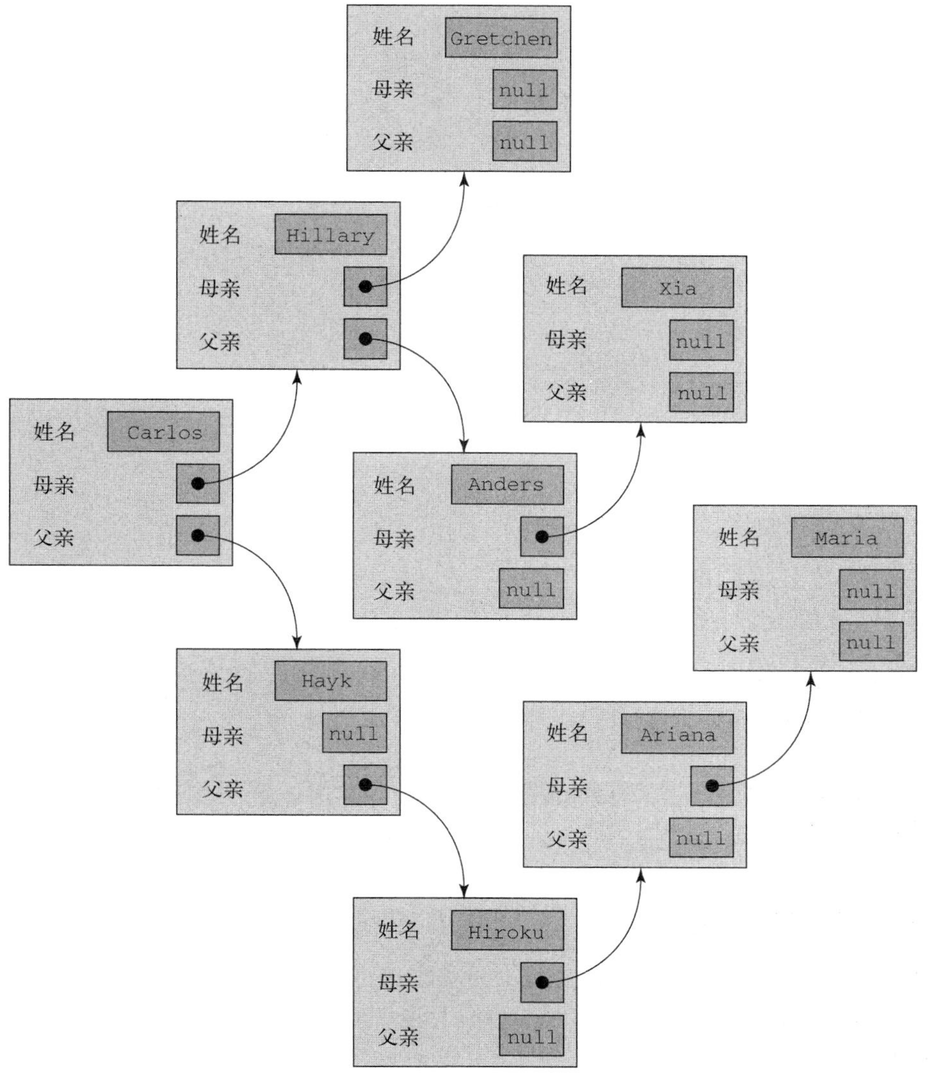

图 10-8 对象的家族树

接下来呢？许多程序员新手会直接开始编写循环。它们可能会首先查看 p 的母亲，然后 p 的母亲的母亲，然后是 p 的母亲的母亲的母亲，以此类推，但随后他们意识到还得检查父亲。他们很快发现并不是编写一个母亲循环和一个父亲循环的事情，而是有许多许多“路径”需要考虑。可以怎样浏览这样一棵树呢？

这时就可以让“祖先”的递归定义来救场了：

> 当且仅当 q 是 p 的母亲或者 p 的父亲，或者是 p 的母亲的一个祖先，或者是 p 的父亲的一位祖先时，就说 q 是 p 的一位祖先。

这是一个很好的递归定义，但它的准确程度还不足以直接转换为代码：程序员必须处理 null！幸运的是，只需要多费一点点力气：任何人都不能是 null 的祖先。函数就变为：

```
/*
 * 如果它是p的祖先，则返回true，否则返回false。
 * 先决条件：必须妥善构建了家族树，其中仅包含人员对象
 * 或null，不存在循环。
 */
var Person.prototype.isAncestorOf = function (p) {
```

```
    return p != null &&
            (this === p.mother ||
            this === p.father ||
            this.isAncestorOf(p.mother) ||
            this.isAncestorOf(p.father));
}
```

这里对 null 的检查非常重要。建议你尝试运行一下没有这一检查的代码。输入构造器和 `isAncestorOf` 函数（没有 null 检查），并尝试以下脚本：

```
var xia = new Person("Xia", null, null);
var maria = new Person("Maria", null, null);
var ariana = new Person("Ariana", Maria, null);
var anders = new Person("Anders", xia, null);
var gretchen = new Person("Gretchen", null, null);
var hillary = new Person("Hillary", gretchen, anders);
var hiroku = new Person("Hiroku", ariana, null);
var hayk = new Person("Hayk", null, hiroku);
var carlos = new Person("Carlos", hillary, hayk);
alert(ariana.isAncestorOf(hillary));
```

将 null 检查放回去，应当看到脚本会提示 `false`。

回顾与练习

1. 为什么你认为这个祖先函数在没有递归时会很难编写？
2. 如果实现没有 null 检查的祖先函数，并使用两个你认为会让函数返回 false 的人来调用它，会发生什么情况？
3. 违反祖先函数先决条件的一种方式就是创建一个“循环”，也就是说，让一个人成为他自己的祖父母。你预计函数在这种情况下会做些什么？

10.2.4 什么时候不用递归

有些时候，编写递归函数得到的代码要比相同功能的非递归函数简洁得多、短得多。（尝试在不使用递归的情况下对家族树编写祖先和后代函数！）但在有些时候，递归方式会造成浪费。我们已经看到，阶乘的递归版本所需要的计算量要多于相应的迭代版本。但是，存在一种情况，会使这一额外工作达到极限。回想之前在正文中看到的斐波那契序列。前两个值是 0 和 1，其余每个值都是前两个值之和：

0, 1, 1, 2, 3, 5, 8, 13, 21, 34, 55, 89, 144, 233, . . .

查找第 k 个斐波那契值（起始索引值为 0）的递归函数为：

$$\mathrm{fib}(k)=\begin{cases}k & (x=0\text{或}x=1)\\ \mathrm{fib}(k-2)+\mathrm{fib}(k-1) & \end{cases}$$

直接翻译为 JavaScript 后，得到：

```
/*
 * 计算第 k 个斐波那契数的恶魔函数。先决条件：k 是小于 75 的非负整数。
 * （超过第 75 个斐波那契数之后，其数值将超出 JavaScript 能够准确表示
 * 的连续整数范围。
 */
var fib = function (k) {
    return (k <= 1) ? k : fib(k - 1) + fib(k - 2);
}
```

为什么说这是一个恶魔函数呢？让我们跟踪 JavaScript 引擎在计算 `fib(5)`时的操作：

```
fib(5) = fib(4) + fib(3)
       = fib(3) + fib(2) + fib(3)
       = fib(2) + fib(1) + fib(2) + fib(3)
       = fib(1) + fib(0) + fib(1) + fib(2) + fib(3)
       = 1 + fib(0) + fib(1) + fib(2) + fib(3)
       = 1 + 0 + fib(1) + fib(2) + fib(3)
       = 1 + 1 + fib(2) + fib(3)
       = 2 + fib(1) + fib(0) + fib(3)
       = 2 + 1 + fib(0) + fib(3)
       = 3 + 0 + fib(3)
       = 3 + fib(2) + fib(1)
       = 3 + fib(1) + fib(0) + fib(1)
       = 3 + 1 + fib(0) + fib(1)
       = 4 + 0 + fib(1)
       = 4 + 1
       = 5
```

计算 `fib(5)`的值需要进行 15 次函数调用！但更糟糕的是：计算 `fib(10)`需要 177 次调用，`fib(20)`需要 21 891 次调用，`fib(30)`需要 250 万次调用，`fib(50)`需要超过 400 亿次。如果将以上脚本输入一个 shell 程序，并尝试计算 `fib(70)`，你的浏览器要么会崩溃，要么给出一个提示框，说明“脚本需要的时间过长”。

由这一推导可以看出，问题在于这些调用中有许多都是冗余的。在调用 `fib(5)`时，`fib(4)`调用了一次，`fib(3)`两次，`fib(2)`三次，`fib(1)`五次，`fib(0)`三次。下一节将会看到为每个实参仅调用一次的方法。或者，可以使用旧的迭代方法（尽管它不可能用一行代码来实现！）：

```
/*
 * 返回第 k 个斐波那契数。先决条件：
 * k 是不大于 75 的非负整数。
 */
var fib = function (k) {
    if (k <= 1) {
        return k ;
    }
    var a = 0;
    var b = 1;
    for (var i = 2; i <= k; i += 1) {
        var old_a = a;
        a = b;
        b = old_a + b;
    }
    return b ;
}
```

回顾与练习

1. 用这个恶魔函数计算 `fib(50)`需要 40 730 022 147 次调用。如果某一 JavaScript 引擎每秒可以执行 100 万次调用，这一计算需要多长时间才能完成？
2. 实现这个恶魔斐波那契函数，并以实参 70 运行它。在各个浏览器上尝试。会发生什么情况？

10.3 缓存

在设计高效程序时，一个很好的经验法则就是：如果刚刚执行了大量计算，而且后面很可能还会用到这些计算，那就将结果保存起来（最常见的是保存在变量中）。下一次需要计算时，直接返回保存的结果即可。将这种用于已计算数据的存储称为缓存。

可以缓存哪些种类的东西呢？函数结果是很好的例子。[1]可以将函数结果缓存在什么地方呢？由于函数就是对象，为什么不让缓存成为函数对象的一个属性呢？下面是一个带有缓存的质数函数：

```
/*
 * 判断 n 是否为质数。仅考虑 1 至 100 亿范围内的整数值，
 * 如果实参不在此范围内，则抛出一个异常。
 */
var isPrime = function (n) {
    if (n < 2 || n > 1e10 || n % 1 !== 0) {
        throw new Error("I don't feel like testing that value");
    }

    // 如果之前进行过这一计算，则返回缓存的值。
    if (isPrime.cache[n] !== undefined) {
        return isPrime.cache[n];
    }

    // 否则，计算它。开始时假设为 true……
    var answer = true;
    for (var test = 2; test <= Math.sqrt(n); test += 1) {
        if (n % test === 0) {
            // 找到一个约数，它是合数。停止查看。
            answer = false;
            break;
        }
    }

    // 将答案保存在缓存中，并返回。
    isPrime.cache[n] = answer;
    return answer;
}
isPrime.cache = {}
```

这个函数的单元测试可以包含一些测试，用来检测缓存是否已经填充：

```
$(document).ready(function () {

    module("Primes");

    test("Known primes", function () {
        ok(isPrime(2), "2 is prime");
        ok(isPrime(3), "3 is prime");
        ok(isPrime(5), "5 is prime");
        ok(isPrime(7), "7 is prime");
        ok(isPrime(11), "11 is prime");
        ok(isPrime(3571), "3571 is prime");
        ok(isPrime(433494437), "433494437 is prime");
    });

    test("Known composites", function () {
        ok(!isPrime(2345346438), "A big even number is composite");
        ok(!isPrime(3553), "3553 is composite");
        ok(!isPrime(9901 * 9901), "9901^2 is composite");
    });

    test("Checking the cache", function () {
        ok(isPrime.cache[2345346438] === false, "2345346438 got
           cached");
        ok(isPrime.cache[3553] === false, "3553 got cached");
        ok(isPrime.cache[11] === true, "11 got cached");
```

① 有些时候，当设置一个函数，使用之前计算结果的缓存时，会看到“记忆化”一词。

```
        ok(isPrime.cache[13] === undefined, "13 wasn't cached");
    });
});
```

缓存似乎就是来对付那些重复执行计算的恶魔递归函数的——比如上一节的斐波那契函数：

```
/*
 * 判断n是否为质数。仅考虑1至100亿范围内的整数值，
 * 如果实参不在此范围内，则抛出一个异常。
 */
var fib = function (k) {
    // 如果之前已经计算了fib(k)，则使用缓存结果
    if (fib.cache[k] !== undefined) {
        return fib.cache[k];
    }

    var answer = k;
    if (k > 1) {
        answer = fib(k - 1) + fib(k - 2);
    }

    // 缓存答案并返回
    fib.cache[k] = answer;
    return answer;
}
fib.cache = {}
```

你应当试验这个函数。它可以马上计算出 `fib(70)`，而未缓存版本从来不会在合理时间内完成。但这个功能也有一个风险：缓存可能会被填满。对一个具有记忆的函数进行数百万次的不同调用，会占用越来越多的内存。我们鼓励你考虑处理这一问题的方法。

缓存在大规模分布式系统中是极其重要的，特别是在使用数据库的系统中。查询一个数据库并提取数据是相当昂贵的，所以应当定期设置缓存来保存频繁查询的结果。在这些情况下，不仅要操心缓存会不会填满，还必须考虑当缓存仍在活动期间时，数据库中会发生的数据变化；因此，要对某些缓存设置一个过期时间。具体细节超出了本书的讨论范围，但这肯定是一个重要的软件设计领域，你很可能会在某一天遇到它。

回顾与练习

1. 如果在本节第一个例子中没有包含 `isPrime.cache` 的赋值，会发生什么情况？
2. 实现并测试本节改进后的斐波那契函数。

10.4 MapReduce

一个极为重要的计算研究领域就是对海量数据存储的处理和分析，这种存储中会包含数万亿字节的数据。这种规模的数据绝对不可能存储在一个数据库中，也不可能在一台计算机上进行处理；必须将处理任务分散在由数百个或数千个计算节点组成的群集中。

谷歌是处理“大数据”的公司之一，它引入了一种名为MapReduce[DG04]的软件框架，用于进行分布式计算。MapReduce的名字来自两个著名的函数 `map` 和 `reduce`。在这样短短一章内，不可能涵盖大规模分布式计算的所有细节，但会详细研究这两个函数，以及它们的同类函数 `filter`，因为是它们激发了这一流行框架诞生的灵感。

10.4.1 使用 `map`、`filter` 和 `reduce`

首先给出一些简短、直接的定义。

- Map 向数组中的每个元素应用特定的操作。例如：

$$map(square, [3, 4, 10, -5, 8]) \Rightarrow [9, 16, 100, 25, 64]$$

- Filter 仅保存那些满足特定条件的数组元素。例如：

$$filter(odd, [3, 6, 9, -11, 4]) \Rightarrow [3, 9, -11]$$

- Reduce 通过向数组元素重复应用一个二元运算符来计算单个结果。例如：

$$reduce(plus, [3, -8, 1, 20]) \Rightarrow 3 + (-8) + 1 + 20 = 16$$

在 ECMAScript 5 中，map、filter 和 reduce 都是 Array.prototype 的属性。下面用三个例子来说明（在章末练习还会有更多例子）。

例 1　计算一个数组中所有奇元素的平方和：

```
var square = function (x) {return x * x;};
var odd = function (x) {return x % 2 === 1;};
var plus = function (x, y) {return x + y;};

[3, 5, 2, 0, 9, 8, 6, 1].filter(odd).map(square).reduce(plus);
```

例 2　给出一个单词列表，返回一个字符串，其中包含了所有三字母单词的大写形式，并用连词符串在一起：

```
var capitalize = function (s) {return s.toUpperCase();};
var isThreeLetterWord = function (s) {return s.length === 3;};
var addHyphen = function (s, t) {return s + "-" + t;};

["the","really","old","cat","is","home"].
    filter(isThreeLetterWord).
    map(capitalize).
    reduce(addHyphen);
```

例 3　给定一个单词列表，返回最常出现的单词（不考虑大小写情况），以及它的出现次数：

```
var count = {};
var alwaysTrue = function (s) {return true ;}
var record = function (s) {
    s = s.toLowerCase();
    if (count[s]) count[s] += 1; else count[s] = 1;
    return [s, count[s]];
};
var moreFrequent = function (p, q) {return p[1] > q[1] ? p : q};

["the","rAT", "A","car","bat","rat","the","rat","Rat","a"].
    filter(alwaysTrue).
    map(record).
    reduce(moreFrequent);
```

这些例子具有一种共同的结构。让我们来看看这种共通性：

```
/*
 * 给定数组 a，用函数 f 进行筛选，然后用函数 m 映射，
 * 然后用 r 进行归约。
 */
var mapreduce = function (a, f, m, r) {
    return a.filter(f).map(m).reduce(r);
}
```

注意 filter 和 map 返回数组，但 reduce 返回的是通过合并数组元素得到的值。在对空数组进行操作时，filter 和 map 可以返回空数组，但 reduce 会做些什么呢？回答：除非你提供了一个第二个实参——所谓的“默认值”，以在数组为空时返回，否则，reduce 会抛出 TypeError。严格来说，增加的这个实参不只是空数

组返回值：它用作第一次归约调用的第一个实参。正式来说：

$$[a_1, a_2,\cdots,a_n].\text{reduce}(f, x) = f(f(f(x, a_1), a_2),\cdots)$$

或者使用一个具体例子：

$$[7, 6, 10].\text{reduce}(plus, \mathbf{3}) = \mathbf{3} + 7 + 6 + 10$$

当数组为空时，没有数组元素可用默认值归约，所以这个调用就返回默认值。

回顾与练习

1. 用自己的语言解释映射、筛选和归约操作都做些什么。
2. 用 map 编写一个函数，接受一个包含数组（这个数组中的元素是一个包含两个元素的数组），并返回一个新的数组，其元素与原数组相同，只是颠倒了顺序。例如，给定[[4,3], [9,1], [2,6]]，这个函数应当生成[[3,4], [1,9], [6,2]]。
3. 编写一个函数，使用 reduce，取得一个字符串数组，将每个字符串元素的第一个字符连接成一个字符串，并返回。

10.4.2 实现

希望你明白使用 map、reduce 和 filter 非常简单，但前提是你必须自己实现这些函数。可能是因为你安装的 JavaScritp 中没有这些函数，也可能是你正在从头生成自己的 JavaScript 引擎。我们可以自行将这三个函数添加到 array.prototype 中。下面是第一次尝试添加 map：

```
/*
 * 第一次尝试 Array.prototype.map
 */
if (!Array.prototype.map) {
    Array.prototype.map = function (f) {
        var result = [];
        for (var i = 0; i < this.length; i += 1) {
            result.push(f(this[i]));
        }
        return result;
    };
}
```

这段代码在 map 属性不存在时，为其指定一个映射函数。这种实现的效率不高。每次调用 push 时，都必须分配新空间，以扩张结果数组。我们可以做得更好一些，预先分配空间，直接使用 array 构造器：

```
/*
 * 第二次尝试 Array.prototype.map
 */
if (!Array.prototype.map) {
    Array.prototype.map = function (f) {
        var result = new Array(this.length);
        for (var i = 0; i < this.length; i += 1) {
            result[i] = f(this[i]);
        }
        return result;
    };
}
```

结果表明，它距离真实的专业级实现还相去甚远！有多种情况需要处理：(1) 给这个函数传送了一个 length 属性破坏的对象，(2) 参数 f 不是函数，(3) 有人删除了一个数组属性。我们可以稍微加快一点速度：预先计算数组的长度，这样就不用再多次使用它了。现在的代码变为：

```
/*
 * 第三次尝试 Array.prototype.map
 */
if (!Array.prototype.map) {
    Array.prototype.map = function (f) {
        var len = this.length >>> 0;
        if (typeof fun != "function") {
            throw new TypeError();
        }
        var result = new Array(len);
        for (var i = 0; i < len; i += 1) {
            result[i] = f(this[i]);
        }
        return result ;
    };
}
```

真正的 `Array.prototype.map` 要比这里开发的版本更为通用；具体细节可在 ECMAScript 5 规范中找到，在 Mozilla 的 Developer Center JavaScript 页面上提供了 `map`、`filter` 和 `reduce` 的完整实现。

回顾与练习

1. 在 `map` 的代码中有表达式 `this.length >>> 0`，试确定其含义（通过网络搜索应当可以得到答案）。
2. 如果本节的 `map` 实现中没有包含 `typeof` 检查，而且传送了一个非函数，会发生什么情况？

10.4.3 大规模数据处理中的 MapReduce

这些函数为什么非常重要呢？首先，它们是对整个数组进行操作——我们不用再编写代码，用循环来单独处理各个数组元素。第二，在本章开头已经提到，MapReduce 编程风格经常用于处理海量数据集：创建大的搜索索引，执行搜索、排序、分析文件、计算分析，等等。其中的原因之一就是 `map` 和 `filter` 操作在本质上是并行操作；也就是说，给定一个包含 2000 万项目的集合进行处理，可以将数据集分发给比如 2000 台机器，每台机器处理自己分得的 10 000 项。整个任务的运行速度要比原任务快（近乎）2000 倍——也就是说，一项需要 33 个小时的任务可以在 1 分钟内完成。如果拥有更多机器，速度提升还可以更为明显。

回顾与练习

1. 进行一些研究，判断哪些种类的 MapReduce 任务可以在 Google 上运行。
2. 开源项目 Hadoop（http://hadoop.apache.org）包含自己的 MapReduce 框架（尽管与谷歌的框架不同）。进行一些研究，了解一下可以用 Hadoop 运行哪些有意义的任务。

10.5 动态创建事件处理程序

我们用一个案例研究来结束本章，介绍一种常见的程序设计错误。希望你能跟随执行，也许在我们指出之前，你已经能够找到 bug 了。

具体场景是：在页面上放了大量用户界面元素，索引为 $0\cdots n-1$，在触发其中一个元素时，会显示被触发元素特有的一些信息。例如，有一张地图，具有带有标号的关注点，如图 10-9 所示，当鼠标悬停在这些点的图标上方时，弹出一个弹出框。

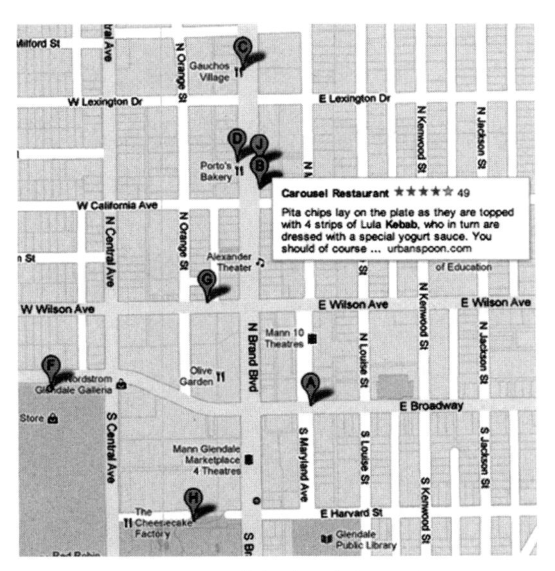

图 10-9　带有关注点的地图

为了介绍这一场景背后的基础知识，又不用大量呈现前面几章已经介绍的图形与混搭的细节，我们将创建一个简单页面，它的“标记”是编有号码的按钮，每个按钮代表澳大利亚的一个州。单击按钮时，将会提示这个州的全名，如图 10-10 所示。

图 10-10　带有触发类似事件按钮的应用程序

HTML 页面将引用两个脚本：一个定义数据，一个定义交互。

```
<!doctype html>
<html>
  <head><title>AustralianStates </title></head>
  <body>
    <script src="australian_states.js"></script>
    <script src="australian_states_ui.js"></script>
  </body>
</html>
```

在现实应用程序中，数据可能存储在服务器上，根据需要使用 Ajax 调用取回。为使这个应用程序保持可管理状态，将数据嵌入 australian states.js 脚本中，如下所示：

```
var states = [
    "New South Wales",
    "Queensland",
    "South Australia",
    "Tasmania",
    "Victoria",
    "Western Australia"
];
```

现在来考虑用户界面。对于我们的第一次尝试，将为每个按钮附加独立的事件处理程序。每个处理程序就是一个函数，希望它能提示正确的州名字：

```
/*
 * 一次失败的尝试，创建标有 0 至 5 的按钮，每个按钮在
 * 被单击时，分别提示一个澳大利亚州的名字。
 */
onload = function () {
    for (var i = 0; i < states.length; i += 1) {
        var button = document.createElement("button");
        button.appendChild(document.createTextNode(i));
        button.onclick = function () {alert(states[i]);};
        document.body.appendChild(button);
    }
}
```

在继续阅读后面内容之前，研究一下上述脚本，尝试预测会发生什么情况。然后执行脚本并单击每个按钮，看看你的预测是否正确。

为什么每次单击按钮都会提示 undefined 呢？让我们逐步跟踪这个脚本，尝试找出原因。第二行说明需要为 states 数组中的每个元素做些事情。第一次执行循环时，创建一个编号为“0”的按钮，并附加一个单击处理程序，其操作就是提示 states[i]的值。但这里要注意：我们还没有计算 state[i]的值！执行该循环：创建按钮，并为 states 数组中的其余各项指定单击处理程序。到文档加载完毕时，则渲染页面，一个人准备单击按钮，i 的值为 6。states[6]为 undefined。

如果真的希望每个按钮都有自己的事件处理程序，知道要提示什么内容，可以将每个处理程序创建为闭包，向它传送供新封闭变量使用的值：

```
/*
 * 一个脚本，提供标有 0 至 5 的按钮，每个按钮在
 * 被单击时，会分别提示一个澳大利亚州的名字。
 * 每个事件处理程序是一个闭包。
 */
onload = function () {
    for (var i = 0; i < states.length; i += 1) {
        var button = document.createElement("button");
        button.appendChild(document.createTextNode(i));
        button.onclick = function (i) {
            return function () {alert(states[i]);};
        }(i);
        document.body.appendChild(button);
    }
};
```

尽管这个基于闭包的解决方案很有意义，但你可能已经注意到一种更为简单的解决方案。我们可以创建单个函数，而不是为每个按钮都指定一个独立的函数对象（相对来说，函数的创建成本要更高一些）；但是，这个函数必须在单击时获得数组索引，而不是在函数创建时获得。如何做到呢？别忘了按钮就是对象，对象可以拥有任意属性。只要为每个按钮创建一个属性，用来保存数组索引即可。在调用处理程序时，this 表达式将引用该按钮，所需要的索引是查询属性的一种方式：

```
/*
 * 一个脚本，提供标有 0…5 的按钮，每个按钮
 * 在被单击时会提示一个澳大利亚州的名字。
 */
onload = function () {
    var showInfo = function () {
        alert(states[this.stateIndex]);
    }
    for (var i = 0; i < states.length; i += 1) {
        var button = document.createElement("button");
        button.appendChild(document.createTextNode(i));
        button.stateIndex = i;
        button.onclick = showInfo;
        document.body.appendChild(button);
    }
};
```

回顾与练习

1. 绘制一张图片，给出本节基于闭包的脚本中的所有对象。
2. 重写本节基于闭包的脚本，不再向事件处理程序生成器传送 `i`，而是传送要提示的字符串。

10.6 本章小结

- 正则表达式描述了文本的模式。对于正则表达式有一些功能强大的操作，利用这些操作，可以大幅减少为进行文本处理而编写的代码量。
- 递归现象是指一些对象是由它们自己的“较小”副本组成的。我们可能会遇到递归定义、递归数据类型和递归函数。
- 正确的递归函数必须包含一个“基础”（一种不需要进行递归调用的返回方式），而且每次递归调用后，都必须更接近上述基础情景。
- 不应用递归替换小的循环，当递归会导致重复进行特定调用时，也不应当使用递归。
- 缓存技术是存储第一次计算的结果，然后在后续需要相同计算时，直接查询保存的结果。
- 使用高阶数组函数 `map`、`filter` 和 `reduce` 可以简化许多常见操作的编写过程。这些函数激发了现代大数据处理系统的灵感。
- 有些时候，必须创建一些事件处理程序，使用运行时才能知道的数据。闭包是这种情况下常用的简洁方案。

10.7 练习

1. 编写一个函数，接受一个字符串 `s`，返回 `s` 中是否至少包含以下字符串之一：`"dog"`、`"cat"`或`"rat"`。
2. 给出一个正则表达式，匹配一个后面跟有四个十进制数位的拉丁字母（大写或小写）。
3. 给出匹配以下字符串的正则表达式（每种实例中的“数位”是指基本的十进制数位 0-9）。
   (a) 由 16 个数位组成的字符串，开头为 51、52、53、54 或 55。
   (b) 由 13 个或 16 个十进制数位组成的字符串，开头为 4。
   (c) 由 15 个数位组成的字符串，开头为 300~305、36 或 38。
   (d) 由 16 个数位组成的字符串，开头为 6011 或 65。
4. 编写一个函数，删除一个字符串的所有基本拉丁元音（基本拉丁字母是指代码点范围从 `U+0000` 至 `U+007F` 的字符）。例如：

```
removeLatinVowels("Argentina") ⇒ rgntn
```

5. 你认为以下两个函数中的哪一个更好一些？为什么？

```
var isAllDigits = function (s) {
    return /^\d*$/.test(s);
}

var isAllDigits = function (s) {
    return ! /\D/.test(s);
}
```

6. 正则表达式`/(.)\1(.)\2(.)\3/i` 会匹配什么？你能否想出任何可以由这个正则表达式匹配的英语单词？
7. 编写一个函数，接受一个字符串数组，并输出另一个字符串数组，与输入数组类似，只是(1) 空字符串或者完全由空格组成的字符串都被删除，(2) 以#开头的所有字符串都被删除。请使用 `replace` 方法和正则表达式。
8. 下面是另一个质数函数。注意先决条件：

```
/*
 * 返回 n 是否为质数。先决条件：
 * n 是大于 1 的正整数。
 */
var isPrime = function (n) {
    return ! /^1?$|^(11+?)\1+$/.test(new Array(n+1).join("1"));
};
```

在运行器页面或 shell 上测试此函数，以确定它能正常工作。（使用小于 100 000 的数字）尝试解释它是如何工作的。当输入值为数百万或数十亿时，会发生什么情况呢？这个函数中使用的正则表达式应当归功于程序员 Abigail。通过网络搜索 Abigail 工作的其他实例。*附注*：示例大部分使用 Perl 语言；尝试将其中一些导入到 JavaScript 中。

9. 有一种未在本章讨论的正则表达式形式——`(?=)`形式，称为*向前正向匹配*。具体来说，`X(?=Y)`（对于子字符串 X 和 Y）当且仅当后面跟有 Y 时才会匹配 X。用通用术语解释下面这个脚本会做什么：

```
var pattern = /Hillary(?=\s+Clinton)/g;
var text = "Once Hillary Clinton was talking about Sir\n" +
    "Edmund Hillary to Hillary Makasa and then Hillary\n" +
    "Clinton had to run off on important business.";
alert(text.replace(pattern, "Secretary"));
```

是否有其他方法可以完成同样的事情？

10. 另外一种未在本章讨论的正则表达式形式是*向前负向匹配*——`X(?!Y)`匹配后面未跟有 Y 的 X。用这一形式编写一个函数，在给定一个字符串时，返回有多少个 q 的后面未跟有 u。
11. 对 JavaScript `eval` 函数的魔鬼本性做一点研究。对于一个未对 `eval` 的输入进行净化处理的 Web 页面，可以执行哪些攻击？
12. 你在向 `eval` 发送 JSON 字符串时是否有什么问题？例如，进入 http://search.twitter.com/search.json?q=uruguay，并查看结果。这个字符串能否安全地传送给 `eval`，计算结果能否指定给一个变量？为什么？如果你认为这里不应当使用 `eval`，那应当在这个位置使用什么？
13. 给出奇整数的一个递归定义。（*提示*：以 1 为基础。）
14. 给出图 10-1 中所示形状的递归定义。
15. 以下四种定义不符合正确递归定义的形式，但它们也不一定是循环定义。对于每一定义，判断它们定义的是什么数集：

$x =_{\text{def}} \cos(x)$

$x =_{def} x$

$x =_{def} x + 1$

$x =_{def} 6 - x^2$

16. 下面是阶乘函数的另一种递归版本：

```
/*
 * 返回n的阶乘。先决条件：n是非负整数
 */
var factorial = function (n) {
    var f = function (i, a) {
        return i === n ? a : f(i + 1, a * (i + 1));
    };
    return f(0, 1);
}
```

跟踪 factorial(6)的计算。下面列出了开头的计算：

```
factorial(6) = f(0, 1)
             = f(1, 1)
             = . . .
```

它与使用经典递归公式的推导相比如何？

17. 给出欧几里得 GCD 算法的迭代实现。可以将“两个实参必须为非负数”作为先决条件。
18. 使用以下三种算法，计算 611953 和 611951 的 GCD 需要进行多少次递归调用？(a) 原始递归算法，(b) 使用减法的算法，(c) 使用求模的算法。
19. 使用以下三种算法，计算 611953 和 2 的 GCD 需要进行多少次递归调用？(a) 原始递归算法，(b) 使用减法的算法，(c) 使用求模的算法。
20. 使用以下三种算法，计算 611953 和 305477 的 GCD 需要进行多少次递归调用？(a) 原始递归算法，(b) 使用减法的算法，(c) 使用求模的算法。
21. 要在汉诺塔玩具中合法地移动 3 个盘子，需要多少次移动？5 个盘子呢？10 个呢？n 个呢？
22. 编写一个不使用递归的二分搜索函数。
23. 假定有一个包含 1000 个元素的有序数据，要对其执行二分搜索。如果幸运的话，要搜索的元素刚好出现在数组中间；在这种情况下，只需要一次查找就能找到项目。要找到数组中的一个元素（或者确定数组中没有要找的项目），最多需要多少次查找？假定数组中有 10 亿个元素。现在最多需要多少次查找？
24. 另一个长期受到喜爱的递归算法是最少需要多少枚硬币才能凑够指定的钱数。例如，欧元中的硬币面值有 1，2，5，10，20，50，100，200 和 500 欧分；因此，要凑够 9.84 欧元，最少需要八枚硬币（一个 5 欧元，两个 2 欧元，一个 50 欧分，一个 20 欧分，一个 10 欧分和两个 2 欧分）。
    (a) 编写一个函数，接受一个欧元的分数，然后返回为凑出该数量所需要的最少硬币数。
    (b) 假定你的硬币分值为 1、9、15 和 19 分。要凑齐 18 分最少需要多少枚硬币？45 分呢？
    (c) 修改(a)中的算法，使其处理硬币面值为 1、9、15、19 的情况。
    (d) 编写一个函数，接受一个由硬币面值组成的数组，和一个钱数，返回凑出给定钱数最少需要的硬币数。
25. 另一种构建家族树的方法是在每个人的对象中存储孩子，而不是父母：

```
var Person = function (name) {
    this.name = name;
    this.children = [];
}
Person.prototype.addChild = function (child) {
    this.children.push(child);
}
```

（在 Person.prototype 中）编写以下方法，用于计算：

一个人已知的祖先个数

一个人已知的后代个数

一个人是否是另一个人的兄弟姐妹

一个人是否是另一个人的后代

可以设定先决条件："已经成功地建立了人员树"。

26. 编写一个递归函数，判断一个家族树中的一个人有多少个（已知）祖先。
27. 尝试编写一个针对家族树的祖先或后代函数，不使用递归。为什么这一任务要比编写二分搜索的非递归版本难得多？
28. 在使用本章的恶魔斐波那契函数计算第 100 个斐波那契数时，执行了多少次函数调用？
29. 将本章斐波那契函数使用的缓存技术应用于阶乘函数。
30. 将本章斐波那契函数使用的缓存技术应用于 GCD 函数。
31. 如果使用本章的 mapreduce 函数来执行一个有映射器、归约器但没有筛选器的操作？如果没有映射器会怎么样呢？没有归约器呢？
32. 使用本章的 mapreduce 函数，对数组 *a* 实现以下每个操作。

    (a) 将 *a* 中所有长度至少为 2 的字符串颠倒顺序，然后串联在一起，返回生成的字符串。

    (b) 返回 *a* 中的元素个数。（提示：映射器只会生成 1，筛选器什么也不做，归约器就是普通的+。）

    (c) 返回 *a* 中的最大偶数。

    (d) 返回 *a* 的逆序。
33. 阅读一两篇有关 MapReduce 当今用法的文章。查阅一些文章，其中不仅要介绍 MapReduce 在 Google 的应用，还要介绍该框架的开源版本，比如 Hadoop。
34. 扩展本章关于澳大利亚州的小例子，如下所示。

    (a) 创建一个 HTML 页面，背景图像是澳大利亚地图。

    (b) 在地图上放置一些标有数字（0…5）的小方块，分别以每个州为中心。

    (c) 当鼠标悬停在一个方块之上时，给出该州的一个信息框，其中包含州的名字、首府、区域、人口。自由选择使用 jQuery 或任何其他库，帮助创建美好的用户界面效果。
35. 假定你的弟弟或妹妹为本章的澳大利亚州示例提供了以下方法。你会告诉他（她）什么？

```
onload = function () {
    for (var i = 0; i < states.length; i += 1) {
        var button = document.createElement("button");
        button.appendChild(document.createTextNode(i));
        button.stateIndex = i;
        button.onclick = function () {
          alert(states[this.stateIndex]);
        };
        document.body.appendChild(button);
    }
};
```

36. 本章给出的基于闭包的事件处理示例不符合 JSLint 的编码约定。它似乎认为带有循环的函数非常草率。找出这样做的原因（通过网络搜索应该可以找到答案），并根据 JSLint 的建议重写此脚本。
37. 高德纳曾经写道："计算机程序设计是一门艺术，因为它会向这个世界运用我们积累的知识，因为它需要技能和天份，还特别因为它会生成美的对象。一个在下意识中将自己看作艺术家的人会欣赏他做的事情，而且会做得更好。"还有一种观点认为，好的软件是以工程方法创建的，必须遵守特定的标准。这种观点与高德纳的上述引文如何协调一致？

JavaScript 语言参考

本附录选择了一些 JavaScript 参考信息提供给读者。它列出了完整的保留字、数据类型、运算符和语句，概述了原生对象和 Web 程序设计中用到的一些宿主对象。本附录的目的是提供一些简短、便于查阅的表格和列表，无意于解释这些材料，当然，在某些情况下，会提供非常简短的示例来说明如何使用某一功能。

A.1 JavaScript 的版本

JavaScript 1.0 由 Brendan Eich 在 1996 年创建。随着时间推移，这一语言发展到 1.1、1.2 及更新的版本，其中也添加了越来越多的功能。严格来说，“JavaScript”是一个品牌，是官方标准化 ECMAScript [ECM99，ECM09] 语言的一个分支。[①]在非常流行的 Internet Explorer 浏览器中，其脚本语言的正式名称为 JScript，但人们也将其称为 JavaScript。

粗略地说，当今所有主流浏览器都支持 ECMAScript 的第三个版本（ECMAScript 3）。本质上，JavaScript 和 JScript 就是 ECMAScript 3 加上一些宿主对象，用以支持 Web 程序设计。许多浏览器支持 ECMAScript 较新的第五版本（有关对 ECMAScrpt 5 支持的细节，请参阅 http://kangax.github.com/es5-compat-table/）。ECMAScript 是一门发展中的语言，所以可以预期未来的 JavaScript 版本将包含许多新的功能。

在以下各节的参考信息中，首先给出 ECMAScript 标准中定义的保留字、运算符、语句、原生对象。我们将使用上标 E5 来标识那些出现在 ECMAScript 5 中但未在 ECMAScript 3 中出现的功能。然后将选择大多数 JavaScript Web 安装中都存在的宿主对象，给出其参考材料。

A.2 保留字

JavaScript 将以下单词指定为保留字。保留字不能用作变量名，在 ECMAScript 3 中，如果将保留字用作属性名，必须将其放在对象直接量中，不能与点标记法一起使用。

```
abstract  boolean    break       byte      case          catch   char
class     const      continue    debugger  default       delete  do
double    else       enum        export    extends       false   final
finally   float      for         function  goto          if      implements
import    in         instanceof  int       interface     long    native
new       null       package     private   protected     public  return
short     static     super       switch    synchronized  this    throw
throws    transient  true        try       typeof        var     void
volatile  while      with
```

A.3 数据类型

JavaScript 中有六种数据类型：布尔、数字、字符串、未定义、null 和对象。表 A-1 中给出了每种类型的示例值。有三种对象具有特殊语法，即数组、函数和正则表达式。

① ECMAScript 也是其他一些语言的基础，包括为 Adobe Flash 提供动力支持的 ActionScript。

表 A-1　JavaScript 数据类型

类　型	示例值
未定义	undefined
null	null
布尔	false
	true
数字	8
	7.3342
	6.02e23
	0xffd32a
	Infinity
	NaN
字符串	"hello"
	"She said 'nyet'"
	'x = "4"'
	"one\ntwo\nthree"
	"Olé"
	"Ol\xe9"
	"\u043d\u0435\u0442"
	"Buy some Chanel \u2116 5"
对象	{ }
	{name:"Spike", age:6, breed:"terrier"}
	[ ]
	[1, true, [1,2], {x:5, y:6}, "Hi"]
	function (x,y) {return 2 * x + y;}
	/^hello,? world$/i

A.4　运算符

表 A-2 列出了所有 JavaScript 运算符，按优先级的高低排列。

表 A-2　JavaScript 运算符

运算符	结　合	说　明
.	左	成员
[]		成员
()	N/A	调用
new		创建实例
++ --	N/A	后缀递增，后缀递减
!	右	逻辑否
~		按位补
- +		一元负，一元加
++ --		前缀递增，前缀递减
typeof		类型名
void		求值并返回未定义
delete		删除
* / %	左	乘、除、求模
+ -	左	加，减

（续）

<table>
<tr><th>运算符</th><th>结　合</th><th>说　明</th></tr>
<tr><td><<
>>
>>></td><td>左</td><td>左移位
算术右移
逻辑右移</td></tr>
<tr><td>< <=
> >=
in
instanceof</td><td>左</td><td>小于，小于或等于
大于，大于或等于
具有属性
具有类型</td></tr>
<tr><td>== !=
=== !==</td><td>左</td><td>相等，非==
相等，且同类型，非===</td></tr>
<tr><td>&</td><td>左</td><td>按位与</td></tr>
<tr><td>^</td><td>左</td><td>按位异或</td></tr>
<tr><td>|</td><td>左</td><td>按位或</td></tr>
<tr><td>&&</td><td>左</td><td>AND-ALSO（捷径逻辑“与”）</td></tr>
<tr><td>||</td><td>左</td><td>OR-ELSE（捷径逻辑“或”）</td></tr>
<tr><td>?:</td><td>右</td><td>条件</td></tr>
<tr><td>= += -=
*= /= %=
<<= >>= >>>=
&= ^= |=</td><td>右</td><td>赋值</td></tr>
<tr><td>,</td><td>左</td><td>逗号</td></tr>
</table>

A.5　语句

下面是 JavaScript 语句的一份列表，其中还给出了一些使用模式示例。使用模式仅做参考；官方语法请查阅[ECM09]。

- **空语句**不产生后果。

  `;`

- **表达式语句**对一个表达式求值，但忽略结果。表达式可能不是以单词 `function` 开头。

  expression;

- **变量声明语句**，声明一个或多个变量，并指定初始值。如果不存在初始值设定项，相应变量的取值将为 `undefined`。

  `var` *name;*

  `var` *name, name;*

  `var` *name = expression;*

  `var` *name = expression, name, name = expression;*

- **`if` 语句**根据条件执行代码。

  `if` (*expression*) *statement*

  `if` (*expression*) *statement* `else` *statement*

- **迭代语句**重复执行代码。

while (*expression*) *statement*

do (*statement*) while *expression*;

for (*expression*; *expression*; *expression*) *statement*

for (*variable* in *object*) *statement*

- **continue 语句**直接跳到具有给定标记名称的循环的下一次迭代开头，如果没有给出标记名，则跳到当前循环下一次迭代的开头。

  continue;

  continue *labelname*;

- **break 语句**立即退出具有给定标记名称的循环，如果没有给出标记名，则退出当前执行的循环。

  break;

  break *labelname*;

- **return 语句**立即退出当前函数，返回给定的表达式，如果没有提供表达式，则返回取值 undefined。

  return;

  return *expression*;

- **with 语句**不应使用。

  with (*expression*) *statement*

- **带有标记的语句**为一条语句指定名字。一般来说，循环会带有标记，以便在 break 和 continue 语句中引用。

  labelname : *statement*

- **switch 语句**跳到第一个与给定表达式===的标记。

  switch (*expression*) *case-clauses*

  每个 case-clause 都是以下两种形式之一：

  case *expression* : *statement*

  default : *statement*

  只能出现一个 default 子句。

- **throw 语句**抛出一个值，打乱当前的控制流。

  throw *expression*;

- **try 语句**执行一个代码块，但如果在这个代码块中抛出了任何东西，而且存在一个 catch 子句，那在执行捕获时会将被抛出的对象绑定到名字。如果存在 finally 代码块，无论是否捕获东西都会执行它。

  try *block* catch (*name*) *block*

  try *block* finally *block*

  try *block* catch (*name*) *block* finally *block*

- **代码块语句**顺序执行其语句。

  { *sequence-of-statements* }

A.6　函数声明

脚本是由语句和函数声明组成的序列。一个函数声明会声明一个具有给定名称的变量，并指定一个函数值。它只能出现在一个脚本或函数主体的顶级。在不同浏览器中，对函数声明的处理并不一致。我们建议避免使用它们。

function *name* (*parameters*) *block*

A.7 原生对象

本节列出 JavaScript 的原生对象及其属性名。在某些情况下，我们会对一些属性进行一般性描述，说明这些属性可以如何使用。这些属性描述可能不够完整；缺失细节请查阅 ECMAScript 语言规范。

A.7.1 全局对象

ECMAScript 语言规定，全局变量需要包含以下属性：

对　象	属　性
全局变量	NaN Infinity undefined eval parseInt parseFloat isNaN isFinite encodeURI encodeURIComponent decodeURI decodeURIComponent Object Array Function Math JSON [E5] Number Boolean String Date Error EvalError RangeError ReferenceError TypeError SyntaxError URIError

ECMAScript 的一种具体实现，比如 JavaScript，可以向全局对象中增加更多属性。当 JavaScript 在 Web 环境中使用时，全局对象就是一个窗口对象。窗口对象稍后介绍。

A.7.2 Array

Array 对象是所有数组的构造器。

对　象	属　性
Array	length prototype isArray [E5]
Array 实例	length
Array.prototype	constructor toString toLocaleString concat join pop push reverse shift slice sort splice unshift indexOf [E5] lastIndexOf [E5] every [E5] some [E5] forEach [E5] map [E5] filter [E5] reduce [E5] reduceRight [E5]

下面汇总了一些更为常见的数组操作。前面曾经提到，为简短起见，省略了一些技术细节和高级功能。对于一个任意表达式 e、数组 a、字符串 s、函数 f 和数字 i, j, n。

- Array.isArray(e)在 e 为数组时生成 true，否则生成 false。
- a.toString()生成的结果与 a.join(",")相同。
- a.concat($a_1, a_2, \cdots, a_n$)生成一个新数组，其中包含了 a 中的元素，后面跟着 a_1 中的元素，再后面是 a_2 中的元素，以此类推。
- a.join(s)生成一个字符串，其中包含了 a 中的所有元素，以 s 隔开。如果 s 是 undefined，则以","分隔符。
- a.pop()移除并返回 a 中的最后一个元素。
- a.push($e_1, e_2, \cdots, e_n$)将每个 e_i 添加到 a 的最后，并返回 a 的新长度。
- a.reverse()将 a 本身的顺序颠倒，并返回 a。
- a.shift()移除并返回 a 的第一个元素。
- a.slice(i,j)生成一个新数组，其中包含了 a 中从索引 i（含）到 j（含）的元素。i 和 j 可以为负数，在这种情况下，它们是指相对于数组末端的位置（−1 是指最后一个位置，−2 是指倒数第二个，以此类推）。

- a.sort(f)根据对比函数f对数组 a 进行排序。如果f为 undefined，则将 a 中的元素看作字符串。
- a.splice($i, n, e_1, \cdots, e_n$)用 $e_1, \cdots, e_n$替换 a 中自索引 i 处算起的 n 个元素。
- a.unshift($e_1, \cdots, e_n$)将 e_i添加到 a 的前面，返回 a 的新长度。
- a.indexOf(e)生成 e 在 a 中首次出现的索引（用===检测关系），如果 e 在 a 中不存在，则返回-1。a.indexOf(e, i)从 a 中索引 i 处开始查找 e 首次出现的索引。
- a.lastIndexOf(e)的工作方式类似于 indexOf，但它返回的是从数组末端反向查找时，e 出现时的第一个位置。a.lastIndexOf(e, i)从位置 i 处向前搜索。
- a.every(f)在 $f(x)$对于 a 中所有元素都为真时返回 true，否则返回 false。对于 a 中的元素依次进行检测，只要有一个检测结果为 false，则停止检测。
- a.some(f)在 $f(x)$对于 a 中至少一个元素 x 为真时，返回 true，否则返回 false。对于 a 中的元素依次进行检测，只要有一个检测结果为真，则停止检测。
- a.forEach(f)对于 a 中的每个元素 x，依次调用 $f(x)$。
- a.map(f)生成$[f(a_0), f(a_1), f(a_2), f(a_3), \cdots]$。
- a.filter(f)生成一个新数组，其中包含了 a 中每一个使 f(x)为真的元素 x。
- a.reduce(f, x)生成$f(x, f(a_0, f(a_1, f(a_2, f(a_3, \cdots)))))$。如果没有提供第二个元素，该调用将生成$f(a_0, f(a_1, f(a_2, f(a_3, \cdots))))$，但若 a 为空，则抛出 TypeError。

A.7.3 Boolean

用 Boolean 构造器创建的对象中封装了原始的布尔值。使用布尔对象绝对不是好主意。不要使用这个构造器。

对　象	属　性
Boolean	length prototype
Boolean 实例	none
Boolean.prototype	constructor toString valueOf

A.7.4 Date

Date 构造器创建表示时间实例的对象。这些实例只能用预期的格里历描述，没有针对闰秒进行调整。

对　象	属　性
Date	length prototype parse UTC now^{E5}
Date 实例	none
Date.prototype	constructor toString toDateString toTimeString toLocaleString toLocaleDateString toLocaleTimeString valueOf getTime getFullYear getUTCFullYear getMonth getUTCMonth getDate getUTCDate getDay getUTCDay getHours getUTCHours getMinutes getUTCMinutes getSeconds getUTCSeconds getMilliseconds getUTCMilliseconds getTimezoneOffset setTime setFullYear setUTCFullYear setMonth setUTCMonth setDate setUTCDate setDay setUTCDay setHours setUTCHours setMinutes setUTCMinutes setSeconds setUTCSeconds setMilliseconds setUTCMilliseconds setTimezoneOffset toGMTString toISOString^{E5} toJSON^{E5}

A.7.5 错误对象

用 Error、EvalError、RangeError、ReferenceError、SyntaxError、TypeError 或 URIError 构造的对象是用来被抛出的。

对　　象	属　　性
Error	length prototype
Error.prototype	constructor name message toString
EvalError	length prototype
EvalError.prototype	constructor name message toString
RangeError	length prototype
RangeError.prototype	constructor name message toString
ReferenceError	length prototype
ReferenceError.prototype	constructor name message toString
SyntaxError	length prototype
SyntaxError.prototype	constructor name message toString
TypeError	length prototype
TypeError.prototype	constructor name message toString
URIError	length prototype
URIError.prototype	constructor name message toString

A.7.6　Function

Function 对象是所有函数的构造器。

对　　象	属　　性
Function	length prototype
Function 实例	length prototype
Function.prototype	constructor toString apply call bind ^{E5}

对于函数 f、数组 a、对象 x 和表达式 a_i:

- ❑ f.toString()生成 f 的文本描述。
- ❑ f.apply(x, a)在表达式 this 求值结果为 x 的上下文中调用 $f(a_0, a_1, a_2, \cdots)$，其中 a 是一个数组。
- ❑ f.call($x, a_0, a_1, a_2, \cdots$)在表达式 this 求值结果为 x 的上下文中调用 $f(a_0, a_1, a_2, \cdots)$。
- ❑ f.bind($x, a_0, a_1, a_2, \cdots$)生成一个新函数，其操作类似于 $f(a_0, a_1, a_2, \cdots)$，对这个调用内的表达式 this 求值后，结果为 x。

A.7.7　JSON

JSON 对象包含两个函数，用于在 JavaScript 对象与其文本表示之间来回变换。

对　　象	属　　性
JSON^{E5}	parse ^{E5} stringify ^{E5}

- ❑ JSON.stringify(o)生成对象 o 的（文本）描述。
- ❑ JSON.parse(s)生成字符串 s 描述的对象。

A.7.8　Math

Math 对象包含了大量数学常量和函数。

对　　象	属　　性
Math	E PI SQRT1_2 SQRT2 LN2 LN10 LOG2E LOG10E abs sin cos tan acos asin atan atan2 exp log ceil floor min max pow random round sqrt

下面是这些属性的基本描述。注意，在以 NaN 作为操作数时，其结果将是 NaN。此外，既使对于有限的实

参，结果也可能是 `Infinity` 和 `NaN`，例如，`Math.acos(2)` ⇒ `NaN`。

值	含　义
`Math.E`	e 值，≈ 2.718281828459045
`Math.PI`	π 值，≈ 3.141592653589793
`Math.SQRT1_2`	$\sqrt{\frac{1}{2}}$ 的值，≈ 0.7071067811865476
`Math.SQRT2`	$\sqrt{2}$ 的值，≈ 1.4142135623730951
`Math.LN2`	ln 2 的值，≈ 0.6931471805599453
`Math.LN10`	ln 10 的值，≈ 2.302585092994046
`Math.LOG2E`	$\log_2 e$ 的值，≈ 1.4426950408889634
`Math.LOG10E`	$\log_{10} e$ 的值，≈ 0.4342944819032518
`Math.abs(x)`	x 的绝对值，$\lvert x \rvert$
`Math.sin(x)`	x 弧度的正弦
`Math.cos(x)`	x 弧度的余弦
`Math.tan(x)`	x 弧度的正切
`Math.acos(x)`	0…π（弧度）范围内余弦为 x 的角度
`Math.asin(x)`	−π/2…π/2（弧度）范围内正弦为 x 的角度
`Math.atan(x)`	−π/2…π/2（弧度）范围内正切为 x 的角度
	注意，`Math.atan(+∞)` ⇒ π/2，`Math.atan(-∞)` ⇒ −π/2
`Math.atan2(y, x)`	正 x 轴到向量〈x,y〉的角度，用−π…π 之间的弧度值表示
`Math.exp(x)`	e^x
`Math.log(x)`	$\ln x$
`Math.ceil(x)`	大于或等于 x 的最小整数
`Math.floor(x)`	小于或等于 x 的最大整数
`Math.min(x, y, ...)`	给出的 0 个或多个操作数中的最小值。如果没有给出操作数，则为−∞。如果有任何一个操作数为 `NaN`，则结果为 `NaN`
`Math.max(x, y, ... )`	给出的 0 个或多个操作数中的最大值。如果没有给出操作数，则为+∞。如果有任何一个操作数为 `NaN`，则结果为 `NaN`
`Math.pow(x, y)`	x^y
`Math.random()`	一个大于或等于 0 但小于 1 的随机数
`Math.round(x)`	最接近 x 的整数。如果 x 与两个不同整数的距离相等，则等于这两者的最小者
`Math.sqrt(x)`	（$\sqrt{x}$）

A.7.9　数字

用 `Number` 构造器创建的对象，包含原始数字值。数字对象是从来不需要显式创建的；只要由 $n.p$ 形式的表达式（其中 n 是原始数字，p 是一个属性）将会隐式生成一个包含 n 的对象。

对　象	属　性
`Number`	`length prototype MAX_VALUE MIN_VALUE NaN NEGATIVE_INFINITY POSITIVE_INFINITY`
`Number` 实例	none
`Number.prototype`	`constructor toString toLocaleString valueOf toFixed toExponential toPrecision`

对于数字 n、k 和 r：

- Number.MAX_VALUE 是最大的有限 JavaScript 值，$(2-2^{-52})\times 2^{1023} \approx 1.7977\times 10^{308}$。
- Number.MIN_VALUE 是所能表示的大于 0 的最小值，$2^{-1074} \approx 5\times 10^{-324}$。
- Number.NEGATIVE_INFINITY 为$-\infty$。
- Number.POSITIVE_INFINITY 为 ∞。
- Number.NaN 为 NaN。
- *n*.toString(*r*)以基数 *r* 为 *n* 生成字符串。如果 *r* 缺失，则默认为 10。如果 *r*36，将会抛出 RangeError。
- *n*.toLocaleString()使用当前语言中的格式约定为 *n* 生成字符串。
- *n*.valueOf()生成 *n*。
- *n*.toFixed(*k*)生成 *n* 的字符串，小数点后有 *k* 位数字。
- *n*.toExponential(*k*)生成 *n* 的字符串，小数点之前有一位，之后有 *k* 位。
- *n*.toPrecision(*k*)生成 *n* 的字符串，或者以十进制形式，或者以指数形式，保留 *k* 位精度。

A.7.10 Object

对于所有以对象直接量创建的对象都会调用 Object 构造器。

对　象	属　性
Object	length prototype getPrototypeOf ^E5^ getOwnPropertyDescriptor ^E5^ getOwnPropertyNames ^E5^ create ^E5^ defineProperty ^E5^ defineProperties ^E5^ seal ^E5^ freeze ^E5^ preventExtensions ^E5^ isSealed ^E5^ isFrozen ^E5^ isExtensible ^E5^ keys ^E5^
Object 实例	none
Object.prototype	constructor toString toLocaleString valueOf hasOwnProperty isPrototypeOf propertyIsEnumerable

对于对象 *x* 和 *y*，及字符串 *p*：

- Object.getPrototypeOf(*x*)给出 *x* 的原型。
- Object.getOwnPropertyDescriptor(*x*, *p*)生成 *x* 中自有属性 *p* 的属性描述符，如果 *p* 不是 *x* 的自有属性，则返回 undefined。
- Object.getOwnPropertyNames(*x*)生成一个数组，其中包含了 *x* 全部自有属性的名称。
- Object.keys(*x*)生成一个数组，其中包含 *x* 所有可枚举自有属性的名称。
- Object.preventExtensions(*x*) 使 *x* 成为不可扩展的。如果 *x* 可扩展 Object.isExtensible(*x*)生成 true，否则生成 false。不可扩展的对象不能添加新属性。
- Object.seal(*x*)密封 *x*，Object.isSealed(*x*)判断 *x* 是否被密封。被密封的对象是不可扩展的，它的每个属性都是不可配置的。
- Object.freeze(*x*) 冻结 *x*，Object.isFrozen(*x*)判断 *x* 是否被冻结。被冻结的对象是密封的，其所有属性值都不可更改；它是真正不可变的。
- Object.create(*proto*)返回一个新创建的空对象，原型为 *proto*。Object.create(*proto*, *specs*)返回一个新创建的对象，原型为 *proto*，属性设置与调用了 Object.defineProperties(*x*, *specs*)一样。
- Object.defineProperty(*x*, *p*, *d*)将属性 *p* 添加到对象 *x*，描述符为 *d*，如果 *p* 已经是 *x* 的自有属性，则将其描述符改为 *d*（*x* 不能被密封和冻结）。
- Object.defineProperties(*x*,{p_1:d_1,⋯,p_n:d_n})实际上就是针对每个 *i*，调用 Object.defineProperty

(x, p_i, d_i)。

- `x.toString()`生成 x 的一个字符串表示，结果类似于"[object Object]"和"[object Math]"；这个方法是希望用户进行重写的。
- `x.valueOf()`生成 x 的一种原始表示（通常是字符串或数字）；这个方法是希望用户进行重写的。
- `x.hasOwnProperty(p)`在 p 是 x 的原型时生成 `true`，否则生成 `false`。
- `x.isPrototypeOf(y)`在 y 是 x 的原型时生成 `true`，否则生成 `false`。
- `x.propertyIsEnumerable(p)`在 p 是 x 的自有属性，并且可枚举时，生成 `true`，否则生成 `false`。

A.7.11 **RegExp**

`RegExp` 对象是所有正则表达式对象的构造器。

对　象	属　性
RegExp	length prototype
RegExp 实例	source global ignoreCase multiline lastIndex
RegExp.prototype	constructor toString exec test

对于正则表达式 r 和字符串 s：

- `r.exec(s)`查找 r 在 s 的匹配内容，成功时返回匹配数组，不匹配则返回 `null`。匹配数组在索引 0 处包含整个匹配内容，属性 1、2 等（如果有的话）包含了每一个捕获内容。
  这个数组还包含了属性 `index`（匹配内容在 s 中的起始索引）和 `input`（它的值就是 s 的值）。它还会更新 r 中的属性，比如 `lastIndex`。
- `r.test(s)`在 s 包含 r 的匹配时生成 `true`，否则生成 `false`。
- `r.toString()`生成正则表达式的某种表示。
- `r.source` 生成模式的文本。
- `r.global`，如果要针对字符串中的所有可能匹配进行测试，则返回 `true`；如果最多匹配一个，则返回 `false`。
- `r.ignoreCase`，如果在进行匹配时应当忽略大小写，则返回 `true`；如果不应忽略，则返回 `false`。
- `r.multiline`，如果应当将一个多行字符串看作多个字符串（也就是说，允许^和$匹配这些行的开头和结尾），则返回 `true`，否则返回 `false`。
- `r.lastIndex` 返回下一个开始查找匹配的索引（只有在 `global` 为 `true` 时设置）。

A.7.12 **string**

用 `String` 构造器创建的对象“封装”原始字符串值。我们不需要显式创建字符串对象；只要对一个 $s.p$ 形式的表达式进行求值（s 是一个原始字符串，p 是一个属性），就会隐式创建一个包含 s 的对象。

对　象	属　性
String	length prototype fromCharCode
String 实例	length
String.prototype	constructor toString valueOf charAt charCodeAt concat indexOf lastIndexOf
String.prototype	localeCompare match replace search slice split substring toLowerCase toLocaleLowerCase toUpperCase toLocaleUpperCase trim ^{E5}

下面是一些更为常见的字符串操作。和通常一些，为简洁起见，忽略了技术细节；可以在 ECMAScript 参考中找到更多信息。

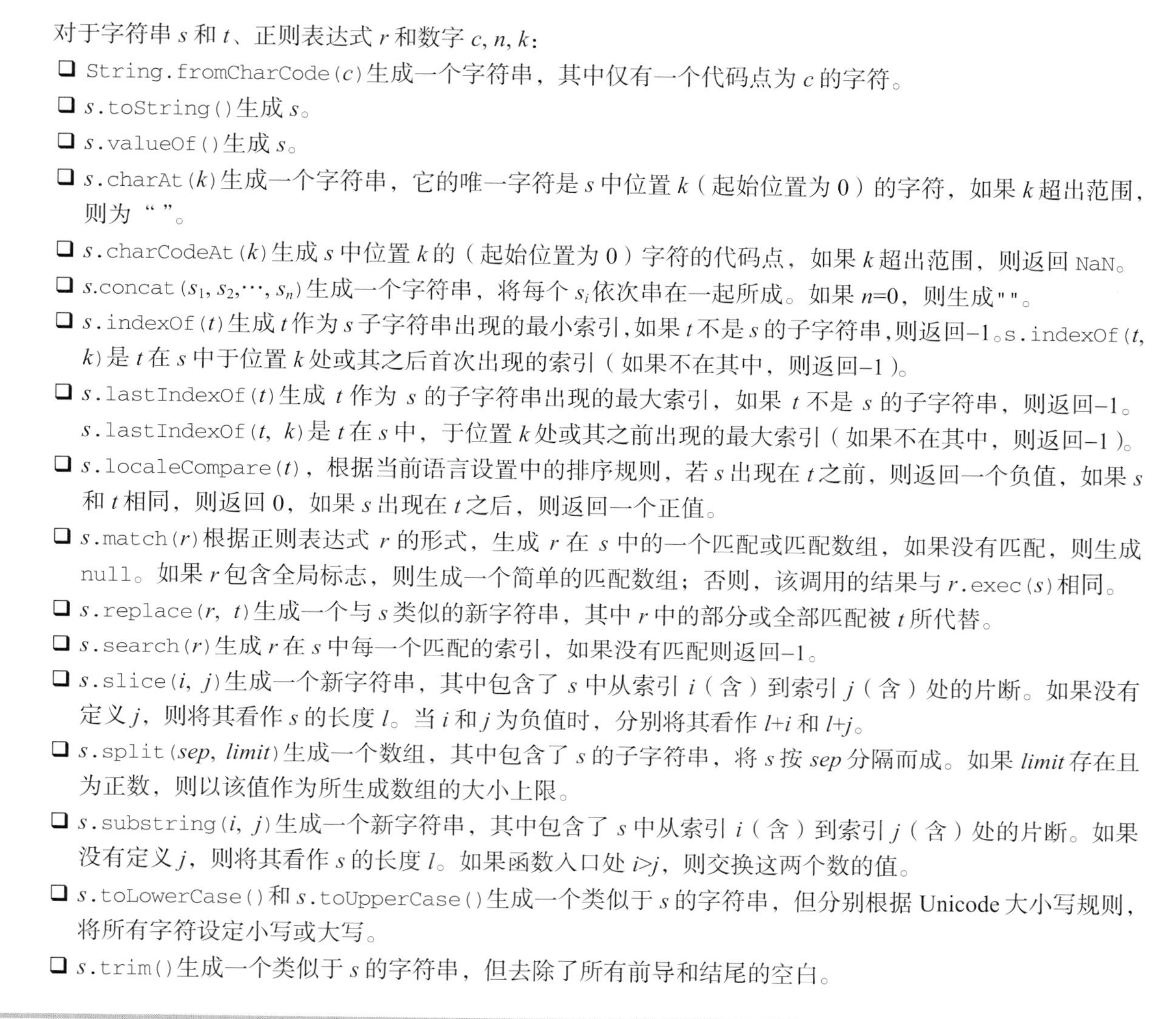

对于字符串 *s* 和 *t*、正则表达式 *r* 和数字 *c*, *n*, *k*：

- `String.fromCharCode(`*c*`)`生成一个字符串，其中仅有一个代码点为 *c* 的字符。
- *s*`.toString()`生成 *s*。
- *s*`.valueOf()`生成 *s*。
- *s*`.charAt(`*k*`)`生成一个字符串，它的唯一字符是 *s* 中位置 *k*（起始位置为 0）的字符，如果 *k* 超出范围，则为“ ”。
- *s*`.charCodeAt(`*k*`)`生成 *s* 中位置 *k* 的（起始位置为 0）字符的代码点，如果 *k* 超出范围，则返回 `NaN`。
- *s*`.concat(`$s_1, s_2, \cdots, s_n$`)`生成一个字符串，将每个 s_i 依次串在一起所成。如果 *n*=0，则生成`""`。
- *s*`.indexOf(`*t*`)`生成 *t* 作为 *s* 子字符串出现的最小索引，如果 *t* 不是 *s* 的子字符串，则返回−1。*s*`.indexOf(`*t*, *k*`)`是 *t* 在 *s* 中于位置 *k* 处或其之后首次出现的索引（如果不在其中，则返回−1）。
- *s*`.lastIndexOf(`*t*`)`生成 *t* 作为 *s* 的子字符串出现的最大索引，如果 *t* 不是 *s* 的子字符串，则返回−1。*s*`.lastIndexOf(`*t*, *k*`)`是 *t* 在 *s* 中，于位置 *k* 处或其之前出现的最大索引（如果不在其中，则返回−1）。
- *s*`.localeCompare(`*t*`)`，根据当前语言设置中的排序规则，若 *s* 出现在 *t* 之前，则返回一个负值，如果 *s* 和 *t* 相同，则返回 0，如果 *s* 出现在 *t* 之后，则返回一个正值。
- *s*`.match(`*r*`)`根据正则表达式 *r* 的形式，生成 *r* 在 *s* 中的一个匹配或匹配数组，如果没有匹配，则生成 `null`。如果 *r* 包含全局标志，则生成一个简单的匹配数组；否则，该调用的结果与 *r*`.exec(`*s*`)`相同。
- *s*`.replace(`*r*, *t*`)`生成一个与 *s* 类似的新字符串，其中 *r* 中的部分或全部匹配被 *t* 所代替。
- *s*`.search(`*r*`)`生成 *r* 在 *s* 中每一个匹配的索引，如果没有匹配则返回−1。
- *s*`.slice(`*i*, *j*`)`生成一个新字符串，其中包含了 *s* 中从索引 *i*（含）到索引 *j*（含）处的片断。如果没有定义 *j*，则将其看作 *s* 的长度 *l*。当 *i* 和 *j* 为负值时，分别将其看作 *l*+*i* 和 *l*+*j*。
- *s*`.split(`*sep*, *limit*`)`生成一个数组，其中包含了 *s* 的子字符串，将 *s* 按 *sep* 分隔而成。如果 *limit* 存在且为正数，则以该值作为所生成数组的大小上限。
- *s*`.substring(`*i*, *j*`)`生成一个新字符串，其中包含了 *s* 中从索引 *i*（含）到索引 *j*（含）处的片断。如果没有定义 *j*，则将其看作 *s* 的长度 *l*。如果函数入口处 *i*>*j*，则交换这两个数的值。
- *s*`.toLowerCase()`和 *s*`.toUpperCase()`生成一个类似于 *s* 的字符串，但分别根据 Unicode 大小写规则，将所有字符设定小写或大写。
- *s*`.trim()`生成一个类似于 *s* 的字符串，但去除了所有前导和结尾的空白。

A.8　Web 宿主对象

JavaScript 宿主对象通常都有原型和构造器，所以本附录列举了每“种”宿主对象的属性。

A.8.1　浏览器对象

浏览器窗口通常具有以下属性（还有更多，但这些是更为常用的部分）：

类　型	属　性
`Window`	`screen location history navigator window self parent top document length frames name status defaultStatus closed innerWidth innerHeight outerWidth outerHeight pageXOffset pageYOffset screenX screenY screenLeft screenTop opener alert blur clearInterval clearTimeout close confirm createPopup focus moveBy moveTo open print prompt resizeBy resizeTo scrollBy scrollTo setInterval setTimeout`

当 JavaScript 用于控制 Web 浏览器时，它的全局变量本身就是该浏览器窗口的表示。这个对象将包含一个常规窗口对象的所有属性、ECMAScript 所要求的所有全局属性（`Math`、`parseInt` 等），以及一个特殊属性 `window`，它引用了自己。

下面是浏览器本身最常见的类型、当前位置与历史、以及其依托的显示屏幕：

类　型	属　性
`Screen`	`width height availWidth availHeight` `colorDepth pixelDepth`
`Location`	`href protocol host hostname pathname port` `search hash assign reload replace`
`History`	`length go back forward`

`Navigator`	`appName appCodeName appVersion platform`
	`userAgent cookieEnabled javaEnabled`
	`taintEnabled`

A.8.2　DOM 节点

JavaScript Web 实现为 DOM 公开了宿主对象，DOM 是由节点组成的。节点具有如下属性：

类　型	属　性

`Node`	`nodeName nodeValue nodeType parentNode childNodes`
	`firstChild lastChild previousSibling nextSibling`
	`attributes ownerDocument namespaceURI prefix`
	`localName insertBefore replaceChild removeChild`
	`appendChild hasChildNodes cloneNode normalize`
	`isSupported hasAttributes`

`Node` 的“子类型”包含了所有上述属性，还可能包含一些自有属性：

类　型	属　性

`Document`	`doctype implementation documentElement`
	`title referrer domain URL body images`
	`applets links forms anchors cookie`
	`createElement createDocumentFragment`
	`createTextNode createComment createCDATASection`
	`createProcessingInstruction createAttribute`
	`createEntityReference getElementsByTagName`
	`importNode createElementNS createAttributeNS`
	`getElementsByTagNameNS getElementById open close`
	`write writeln getElementsByName`

`Element`	`tagName getAttribute setAttribute removeAttribute`
	`getAttributeNode setAttributeNode`
	`removeAttributeNode getElementsByTagName`
	`getAttributeNS setAttributeNS removeAttributeNS`
	`getAttributeNodeNS setAttributeNodeNS`
	`getElementsByTagNameNS hasAttribute hasAttributeNS`

`Attr`	`name specified value ownerElement`
`Text`	`data length substringData appendData insertData` `deleteData replaceData splitText`
`Comment`	`data length substringData appendData insertData` `deleteData replaceData`
`CDATASection`	`data length substringData appendData insertData` `deleteData replaceData splitText`
`Processing-Instruction`	`target data`

（续）

类　型	属　性
DocumentType	name entities notations publicId systemId internalSubset
Document-Fragment	none
Notation	publicId systemId
Entity	publicId systemId notationName
Entity-Reference	none

A.8.3 HTML 对象

HTML 文档中的每个元素都具有 Node 和 Element 属性，再加上如下属性：

类　型	属　性
HTMLElement	className clientHeight clientWidth dir id innerHTML lang offsetLeft offsetParent offsetTop onblur onclick ondblclick onfocus onkeydown onkeypress onkeyup onmousedown onmousemove onmouseout onmouseover onmouseup onresize scrollHeight scrollLeft scrollTop scrollWidth style title

某些 HTML 元素会将它们自己的属性添加到从 Node、Element 和 HTMLElement 继承而来的属性中，这里列出了其中许多属性及其自有属性。省略了现代 HTML 中不再使用的元素和属性，因为它们的功能最好是用 CSS 处理。我们还省略了那些只是从 HTMLElement 继承了属性的元素。

元　素	属　性
<a>	accessKey charset coords href hreflang name rel rev shape tabIndex target type blur focus
<area>	accessKey alt coords href noHref shape tabIndex target
<base>	href target
<blockquote>	cite
<button>	accessKey disabled form name tabIndex type value
<del>	cite dateTime
<fieldset>	form
<form>	elements length name acceptCharset action enctype method target submit reset
<frame>	frameBorder longDesc marginHeight marginWidth name noResize scrolling src contentDocument
<frameset>	cols rows
<head>	profile
<iframe>	frameBorder height longdesc marginHeight marginWidth name scrolling src width contentDocument
<img>	alt height isMap longDesc name src useMap width
<input>	defaultValue defaultChecked form accept accessKey alt checked disabled macLength name readOnly size src tabIndex type useMap value blur focus select click
<ins>	cite dateTime
<label>	form index htmlFor
<legend>	form accessKey
<link>	disabled charset href hreflang media rel rev target type
<map>	areas name
<meta>	content httpEquiv name scheme
<object>	code archive codeBase codeType data declare height name standby tabIndex type useMap width contentDocument
<optgroup>	disabled label
<option>	defaultSelected disabled form index label selected text value

（续）

元　素	属　性
<param>	name type value valueType
<q>	cite
<script>	text htmlFor event charset defer src type
<select>	type selectedIndex value length form options disabled multiple name size tabIndex add blur focus
<style>	disabled media type
<table>	caption tHead tFoot rows tBodies border cellPadding cellSpacing frame rules summary width createTHead deleteTHead createTFoot deleteTFoot createCaption deleteCaption insertRow deleteRow
<tbody>	align ch chOff vAlign rows insertRow
<tfoot>	align ch chOff vAlign rows insertRow
<thead>	align ch chOff vAlign rows insertRow
<td>	cellIndex abbr align axis ch chOff colSpan headers rowSpan scope vAlign
<textarea>	defaultValue form accessKey cols disabled name readOnly rows tabIndex type value blur focus select
<th>	cellIndex abbr align axis ch chOff colSpan headers rowSpan scope vAlign
<title>	text
<tr>	rowIndex sectionRowIndex cells align ch chOff vAlign insertCell

A.8.4　事件

在浏览器中发生的事件是 Event“类型”的对象，它们具有下述属性。标有星号的属性 Internet Explorer 浏览器不支持。标有上标 M 的属性出现在移动浏览器中。

类　型	属　性
Event	altKey bubbles* button cancelable* clientX clientY ctrlKey currentTarget* metaKey relatedTarget screenX screenY shiftKey target* timestamp* touches[M*] type

A.8.5　样式

最后，每个样式对象都有大量属性。这里有一些注意事项。

- 一些属性是“速记”属性，将多个“原子”属性合并到单个属性表达式中。如果一个属性名还可以作为其他属性名的前缀出现，比如 background-attachment、background-color、background-image 等的 backgroud，那这个属性名很可能是一种速记属性。
- 许多属性还会根据方向分解：top、left、bottom 和 right。对于这些属性，它们的速写方式可以将所有这些属性设置为相同值，可以单独设置每一个，也可以单独设置每一维度（水平、垂直）。
- 当 CSS 中带有连词符的属性被 JavaScript 访问时，要重写为 camel 大小写形式（例如，CSS 中的 border-color 就是 JavaScript 中的 borderColor。
- 一些属性只能在 CSS 的特定版本或级别中使用。由于当前的大多数 Web 浏览器都是最新版本，所以我们选择不再针对这些版本来区分属性。但当较早的 Web 浏览器出现问题时，注意这一点仍然是有用的。这些浏览器可能根本就不支持某个较新的属性，或者也可能给属性加上前缀，比如-moz-或-webkit-。
- 下表并不全面；一如既往，最终权威是 W3C 的最新官方规范。

类　型	属　性
Style	background background-attachment background-clip background-color background-image background-origin background-position background-repeat background-size border border-bottom border-bottom-color border-bottom-left-radius border-bottom-right-radius border-bottom-style border-bottom-width border-collapse border-color border-image border-image-outset border-image-repeat border-image-slice border-image-source border-image-width border-left border-left-color border-left-style border-left-width border-radius border-right border-right-color border-right-style border-right-width border-spacing border-style border-top border-top-color border-top-left-radius border-top-right-radius border-top-style border-top-width border-width bottom box-decoration-break box-shadow caption-side clear clip color content cursor direction display empty-cells float font font-family font-size font-size-adjust font-stretch font-style font-variant font-weight hanging-punctuation height left letter-spacing line-height list-style list-style-image list-style-position list-style-type margin margin-bottom margin-left margin-right margin-top marquee-direction marquee-play-count marquee-speed marquee-style max-height max-width min-height min-width opacity outline outline-color outline-style outline-width overflow overflow-style padding padding-bottom padding-left padding-right padding-top position quotes right table-layout text-align text-align-last text-decoration text-emphasis text-indent text-justify text-outline text-shadow text-transform text-wrap top unicode-bidi vertical-align visibility white-space white-space-collapse width word-break word-spacing word-wrap z-index

A.8.6　画布

一个 canvas 元素的两维渲染上下文具有以下属性和函数：

类　型	属　性
函数属性	arc arcTo beginPath bezierCurveTo clearRect clip closePath createImageData createLinearGradient createPattern createRadialGradient drawFocusRing drawImage fill fillRect fillText getImageData isPointInPath lineTo measureText moveTo putImageData quadraticCurveTo rect restore rotate save scale setTransform stroke strokeRect strokeText transform translate
非函数属性	canvas fillStyle font globalAlpha globalCompositeOperation lineCap lineJoin lineWidth miterLimit shadowBlur shadowColor shadowOffsetX shadowOffsetY strokeStyle textAlign textBaseline

附 B 录 数值编码

本附录解释了在计算机系统中表示与编码数字的各种方式，以及 JavaScript 中的相应具体方式，涵盖了二进制、十进制和十六进制数字，非整数值的表示，以及 JavaScript 所认为的 0.1+0.2≠0.3 背后的细节。

B.1 位值

数值（number）是量的抽象，数字（numeral）是数值的表示。例如，数值七十六可以表示为罗马数字 LXXVI、印度–阿拉伯二进制数字 76、印度–阿拉伯十六进制数字 4C，或者印度–阿拉伯二进制数字 1001100。

印度–阿拉伯数制将数字表示为一个数位（digit）序列，可能还带有小数点。这一系统中的数位个数称为基；例如，如果一个系统的数位集合为{0, 1, 2, 3, 4, 5, 6, 7, 8, 9}，那它的基就是 10。数字中的每个数位都在一个索引位置上，小数点左边的索引位置为 0，每向左移动一次，则索引增 1。例如：

3	2	1	0		−1	−2	−3
8	7	0	4	.	1	7	9

索引位置 p 的位值就是基的 p 次幂。要计算一个数字的数值，可以将每个数位乘以其索引位置的位值。对于前面的数字，有：

$$8 \times 10^3 + 7 \times 10^2 + 0 \times 10^1 + 4 \times 10^0 + 1 \times 10^{-1} + 7 \times 10^{-2} + 9 \times 10^{-3} = 8704.179$$

B.2 二进制数和十六进制数

二进制（基数为 2）和十六进制（基数为 16）数制在计算中很常见。二进制的数位就是 0 和 1，它们被称为二进制数位，简称为位（bit）。下面是一些二进制数：

$$1101.1 = 1\times 2^3 + 1 \times 2^2 + 0 \times 2^1 + 1 \times 2^0 + 1 \times 2^{-1} = 13.5$$

$$1.101 = 1\times 2^0 + 1 \times 2^{-1} + 1 \times 2^{-3} = 1.625$$

$$100001.001 = 2^5 + 2^0 + 2^{-3} = 33.125$$

$$10000000 = 2^7 = 128$$

十六进制数位为{0 , 1, 2, 3, 4, 5, 6, 7, 8, 9, A, B, C, D, E, F}，示例包括：

$$\text{A4C.8} = 10\times 16^2 + 4 \times 16^1 + 12 \times 16^0 + 8 \times 16^{-1} = 2636.5$$

$$2.48 = 2 \times 16^0 + 4 \times 16^{-1} + 8 \times 16^{-2} = 2.28125$$

$$\text{CAFE53} = 12\times 16^5 + 10 \times 16^4 + 15 \times 16^3 + 14 \times 16^2 + 5 \times 16^1 + 3 \times 16^0 = 13303379$$

在 JavaScript 中，只能用十六进制数表示整数。为此，在数字前面添加前缀 `0x`，例如，`0x2c9`、`0xa`、`0x7fff`。

JavaScript 解释器可能将以 0 开头的整数看作是八进制数（基数为 8）。为此，除非要写出数字 0，建议永远不要在整数前面带有前导 0。

B.3　JavaScript 中的数字

二进制在计算中非常常见，因为可以很轻松地制造出一些硬件元件（通常是电子元件），使其处于两种状态之一。例如，一个高电压可以表示 1，低电压可以表示 0。所有数字，无论是数字还是文本（或任何其他内容），最终都是以二进制位的序列进行存储或传送的。JavaScript 将数字存储为由 64 位组成的序列，并将该序列分为三部分，如下所示：

这里的 s 表示符号，e 表示指数，f 表示小数部分。由于 e 是一个 11 位字段，所以可以将它看作 0…2047 范围内的一个值，f（52 位）可以看作 $0\cdots2^{52}-1$（大约为 4.5×10^{15}）之间的一个数值。存储的数值由以下算法计算。

1. 若 e=0，则存储的数字为$(-1)^s \times f \times 2^{-1074}$。
2. 若 $1 \leqslant e \leqslant 2046$，它就是$(-1)^s \times (1 + f \times 2^{-52}) \times 2^{e-1023}$。
3. 若 e=2047 且 f=0，它就是$(-1)^s \times \infty$。
4. 若 e=2047 且 $f \neq 0$，它就是 `NaN`。

说$(-1)^s$ 其实就是很有技巧地表达了：s=0 意味着这个数字为正数，s=1 意味着这个数字为负数。看一个例子。“负四十九加上三百七十五个千分之一”（十进制的–49.375）可以编码如下。

1. 十进制的 49 就是二进制的 110001。
2. 0.375 是三个八分之一，也就是二进制的 0.011。
3. 49.375 于是就是 $110001.011_2\times2^0$。
4. 它也可以写作 $1.10001011_2\times2^5$。小数部分 10001011 将填充 f 字段的左部分，我们选择一个 e，使 e –1023=5。所以 e =1028。
5. 这个数为负数，所以 s =1。

将其写出来，就是：

1 10000000100 1000101100000000000000000000000000000000000000000000

这个过程看起来相当复杂，你可能会手工计算给定数字的表示，但一般的程序员从来不需要这样做。处理这种算法的工作，以及开发硬件来实现编码及对这些表示进行算术运行的任务，通常都是由计算机工程师来完成。JavaScript 程序员需要了解这种编码方案的后果，也就是对数值大小和精度的限制。

因为位串可能会变得非常长，所以人们喜欢以十六进制来书写它们。在二进制到十六进制之间有一种很简单的映射：每组 4 个二进制位映射为一个十六进制位（0000 → 0, 0001 → 1, 0010 → 2, …1111 → F)。因此，每个 64 位序列可以写为一个包含 16 个十六进制数位的序列。–49.375 的编码可以写为 C048B00000000000。

B.4　大小与精度限制

数字要被填充在固定大小的器件中，这意味着：

- 存在一个最小的可表示数
- 存在一个最大的可表示数
- 可表示数字集合中存在缝隙

我们可以判断 JavaScript 能够表示的最大和最小有限数。欲求最大有限数，可将 f 字段放到最大，并为 e 字段使用 2046（因为 2047 会被特殊处理）。这些位将是：

0 01111111111 1111111111111111111111111111111111111111111111111111

如果喜欢十六进制，那就是 7FFFFFFF。看看能否用以下规则确定二进制表示。

大于 0 的最小数为：

0 00000000000 0000000000000000000000000000000000000000000000000001
也就是十六进制的 00000001。根据我们已经讨论过的规则，可以知道这个数字是 2^{-1074}。

除了由于存储位置为固定大小所导致的数字大小限制之外，还存在精度限制：并不是每个数字都能精确表示。你可能已经熟悉了这一现象。假定你在进行算术运算时，小数点后面只有五位。要用固定数目的可用数位来表示十进制的 2/3，就必须“舍入”，写为 0.66667。

B.5　舍入误差

在近似计算时会导致舍入误差。在我们的假设条件（小数点后面有五位）将 2/3 与 2/3 相加：

$$\begin{array}{r} 0.66667 \\ +\ 0.66667 \\ \hline 1.33334 \end{array}$$

我们希望结果为 1.33333。在 JavaScript 中会发生类似情况。JavaScript 非常擅长表示 2 的幂，但不擅长表示 10 的幂。具体来说，十分之一在二进制中表示为重复的小数。考虑：

```
0.1 → 3FB999999999999A
0.2 → 3FC999999999999A
0.3 → 3FD3333333333333
```

要存储 0.1 和 0.2，必须将最后一位由 9 舍入为 A。这意味着 0.1+0.2=3FD3333333333334，用十进制表示就是 0.30000000000000004。在以固定大小的二进制表示法处理数字时，这种误差是不可避免的。当你的程序需要更大的数字和更高的绝对精度时，需要开发自己的软件（或使用别人的软件）。例如，我们可以将大得出奇的数字表示为一个老式的 JavaScript 数组，每个元素是 0…9 中的一个整数。加减计算需要根据我们在小学学到的方法来处理“数位”。你的代码可能会比原生 JavaScript 算术运算慢上数百倍，但其大小和精度仅受限于 JavaScript 环境可用内存的多少。

Unicode

本附录概述 Unicode 字符集，它是 JavaScript 语言的原生字符集。由于 Unicode 包含了 100 000 多个字符，而且还在持续增加，所以我们不可能列出每个字符，而是介绍一些有关代码字、块、类别、编码和解码的基础知识。本附录的目的是提供足够的资料，可以让读者有效地使用该字符集的许多功能。

C.1 基本概念

字符就是一个有名字的符号，比如 LATIN SMALL LETTER C WITH CEDILLA（带有变音符号的小写拉丁字母 C）、GURMUKHI SIGN ADAK BINDI（果鲁穆奇符号 Adak Bindi）或 SOUTH WEST BLACK ARROW（西南黑箭头）。不要将字符与字形（GLYPH）混淆，字形只是一个字符的图形。例如，字形 Σ 可以用于表示 GREEK CAPITAL LETTER SIGMA（希腊大写字母 SIGMA），也可以表示 SUMMATION SIGN（求和符号）。

字符集就是一组字符，称为它的字符表（repertoire），其中每个字符都被指定了一个独有的整数，称为它的代码点。今天的常见字符集包括 ASCII（一个拥有 128 个字符的集合）；ISO8859-1，也称为 Latin-1（256 个字符）；Windows-1252（也是 256 个字符）；Unicode（超过 100 000 个字符，而且还在增加）。

每个字符集都以自己的方式为字符指定代码点；因此，同一个字符在不同字符集中可能具有不同代码点。例如，字符 LEFT DOUBLE QUOTATION MARK（左双引号）在 Unicode 中的代码点为 `201C`（十六进制），但在 Windows-1252 中为 `93`（十六进制）。

C.2 Unicode 字符举例

下面是任意选择的一些 Unicode 字符。在 http://unicode.org/可以找到完整的字符表和字符映射。我们遵循 Unicode 的约定，将字符写为四字符或六字符的十六进制数字，并带有前缀 U+：

```
U+0025    PERCENT SIGN（百分号）
U+002B    PLUS SIGN（加号）
U+0054    LATIN CAPITAL LETTER T（大写拉丁字母 T）
U+005D    RIGHT SQUARE BRACKET（右方括号）
U+00B0    DEGREE SIGN（度数符号）
U+00C9    LATIN CAPITAL LETTER E WITH ACUTE（标有尖音符的大写拉丁字母 E）
U+02AD    LATIN LETTER BIDENTAL PERCUSSIVE（拉丁字母双齿敲击音）
U+039B    GREEK CAPITAL LETTER LAMDA（希腊大写字母 Lamda）
U+0446    CYRILLIC SMALL LETTER TSE（西里尔文小写字母 TSE）
U+0543    ARMENIAN CAPITAL LETTER CHEH（亚美尼亚文大写字母 CHEH）
U+05E6    HEBREW LETTER TSADI（希伯来文字母 TSADI）
U+0635    ARABIC LETTER SAD（阿拉伯文字母 SAD）
U+0784    THAANA LETTER BAA（塔纳文字母 BAA）
U+094A    DEVANAGARI VOWEL SIGN SHORT O（梵文元音符号短 O）
U+09D7    BENGALI AU LENGTH MARK（孟加拉文 Au 音长标志）
U+0BEF    TAMIL DIGIT NINE（泰米尔语数字 9）
U+0D93    SINHALA LETTER AIYANNA（僧伽罗文字母 AIYANNA）
U+0F0A    TIBETAN MARK BKA- SHOG YIG MGO（藏语标志 BKA- SHOG YIG MGO）
U+11C7    HANGUL JONGSEONG NIEUN-SIOS（朝鲜文终声 NIEUN-SIOS）
U+1293    ETHIOPIC SYLLABLE NAA（埃塞俄比亚文音节 NAA）
```

U+13CB CHEROKEE LETTER QUV（切罗基文字母 QUV）
U+2023 TRIANGULAR BULLET （三角加重号）
U+20A4 LIRA SIGN（里拉符号）
U+2105 CARE OF（由...转交）
U+213A ROTATED CAPITAL Q（旋转的大写字母 Q）
U+21B7 CLOCKWISE TOP SEMICIRCLE ARROW（顺时针上半圆箭头）
U+2226 NOT PARALLEL TO（不平行于）
U+2234 THEREFORE（所以)
U+265E BLACK CHESS KNIGHT（国际象棋中黑色棋子的马）
U+01D122 MUSICAL SYMBOL F CLEF（音乐符号 F 音谱号）
U+01D34A TETRAGRAM FOR EXHAUSTION（太玄经中穷尽的四象符号）

在设计程序时，经常需要查阅所需字符的代码字。可以为此进行标准 Web 搜索，搜索一个特定的网站，比如 http://www.fileformat.info/info/unicode/，或者使用类似于 gucharmap 的应用程序。一些程序员使用代码表，下面是它的一些例子：

20-2f		!	"	#	$	%	&	'	(	)	*	+	,	-	.	/
30-3f	0	1	2	3	4	5	6	7	8	9	:	;	<	=	>	?
40-4f	@	A	B	C	D	E	F	G	H	I	J	K	L	M	N	O
50-5f	P	Q	R	S	T	U	V	W	X	Y	Z	[	\	]	^	_
60-6f	`	a	b	c	d	e	f	g	h	i	j	k	l	m	n	o
70-7f	p	q	r	s	t	u	v	w	x	y	z	{	|	}	~	

a0-af		¡	¢	£	¤	¥	¦	§	¨	©	ª	«	¬		®	¯
b0-bf	°	±	²	³	´	µ	¶	·	¸	¹	º	»	¼	½	¾	¿
c0-cf	À	Á	Â	Ã	Ä	Å	Æ	Ç	È	É	Ê	Ë	Ì	Í	Î	Ï
d0-df	Ð	Ñ	Ò	Ó	Ô	Õ	Ö	×	Ø	Ù	Ú	Û	Ü	Ý	Þ	ß
e0-ef	à	á	â	ã	ä	å	æ	ç	è	é	ê	ë	ì	í	î	ï
f0-ff	ð	ñ	ò	ó	ô	õ	ö	÷	ø	ù	ú	û	ü	ý	þ	ÿ

400-40f	Ѐ	Ё	Ђ	Ѓ	Є	Ѕ	І	Ї	Ј	Љ	Њ	Ћ	Ќ	Ѝ	Ў	Џ
410-41f	А	Б	В	Г	Д	Е	Ж	З	И	Й	К	Л	М	Н	О	П
420-42f	Р	С	Т	У	Ф	Х	Ц	Ч	Ш	Щ	Ъ	Ы	Ь	Э	Ю	Я
430-43f	а	б	в	г	д	е	ж	з	и	й	к	л	м	н	о	п
440-44f	р	с	т	у	ф	х	ц	ч	ш	щ	ъ	ы	ь	э	ю	я
450-45f	ѐ	ё	ђ	ѓ	є	ѕ	і	ї	ј	љ	њ	ћ	ќ	ѝ	ў	џ
460-46f	Ѡ	ѡ	Ѣ	ѣ	Ѥ	ѥ	Ѧ	ѧ	Ѩ	ѩ	Ѫ	ѫ	Ѭ	ѭ	Ѯ	ѯ
470-47f	Ѱ	ѱ	Ѳ	ѳ	Ѵ	ѵ	Ѷ	ѷ	Ѹ	ѹ	Ѻ	ѻ	Ѽ	ѽ	Ѿ	ѿ

2600-260f	☀	☁	☂	☃	☄	★	☆	☇	☈	☉	☊	☋	☌	☍	☎	☏
2610-261f	☐	☑	☒	☓	☔	☕	☖	☗	☘	☙	☚	☛	☜	☝	☞	☟
2620-262f	☠	☡	☢	☣	☤	☥	☦	☧	☨	☩	☪	☫	☬	☭	☮	☯
2630-263f	☰	☱	☲	☳	☴	☵	☶	☷	☸	☹	☺	☻	☼	☽	☾	☿
2640-264f	♀	♁	♂	♃	♄	♅	♆	♇	♈	♉	♊	♋	♌	♍	♎	♏
2650-265f	♐	♑	♒	♓	♔	♕	♖	♗	♘	♙	♚	♛	♜	♝	♞	♟
2660-266f	♠	♡	♢	♣	♤	♥	♦	♧	♨	♩	♪	♫	♬	♭	♮	♯
2670-267f	♰	♱	♲	♳	♴	♵	♶	♷	♸	♹	♺	♻	♼	♽	♾	♿
2680-268f	⚀	⚁	⚂	⚃	⚄	⚅	⚆	⚇	⚈	⚉	⚊	⚋	⚌	⚍	⚎	⚏

c760-c76f	읠	읡	읢	읣	읤	읥	읦	읧	읨	읩	읪	읫	읬	읭	읮	읯
c770-c77f	읰	읱	읲	읳	이	익	읶	읷	인	읹	읺	읻	일	읽	읾	읿
c780-c78f	잀	잁	잂	잃	임	입	잆	잇	있	잉	잊	잋	잌	잍	잎	잏
c790-c79f	자	작	잒	잓	잔	잕	잖	잗	잘	잙	잚	잛	잜	잝	잞	잟
c7a0-c7af	잠	잡	잢	잣	잤	장	잦	잧	잨	잩	잪	잫	재	잭	잮	잯
c7b0-c7bf	잰	잱	잲	잳	잴	잵	잶	잷	잸	잹	잺	잻	잼	잽	잾	잿

1d300-1d30f	𝌀	𝌁	𝌂	𝌃	𝌄	𝌅	𝌆	𝌇	𝌈	𝌉	𝌊	𝌋	𝌌	𝌍	𝌎	𝌏
1d310-1d31f	𝌐	𝌑	𝌒	𝌓	𝌔	𝌕	𝌖	𝌗	𝌘	𝌙	𝌚	𝌛	𝌜	𝌝	𝌞	𝌟
1d320-1d32f	𝌠	𝌡	𝌢	𝌣	𝌤	𝌥	𝌦	𝌧	𝌨	𝌩	𝌪	𝌫	𝌬	𝌭	𝌮	𝌯
1d330-1d33f	𝌰	𝌱	𝌲	𝌳	𝌴	𝌵	𝌶	𝌷	𝌸	𝌹	𝌺	𝌻	𝌼	𝌽	𝌾	𝌿
1d340-1d34f	𝍀	𝍁	𝍂	𝍃	𝍄	𝍅	𝍆	𝍇	𝍈	𝍉	𝍊	𝍋	𝍌	𝍍	𝍎	𝍏
1d350-1d356	𝍐	𝍑	𝍒	𝍓	𝍔	𝍕	𝍖									

代码表有一个很严重的局限性：它们只显示了字形，没有字符名。事实上，许多 Unicode 字符都没有可见的字形，在图表中显示为空白！在上面的图表中显示了四个这种没有字形的字符：`U+0020` SPACE（空格），`U+007F` DELETE（删除），`U+00A0` NO-BREAK SPACE（无间断空格）和 `U+00AD` SOFT HYPHEN（软连词符）。在 http://unicode.org/charts/处可以找到一个格式精美的代码表，其中给出了整个 Unicode，还有一个字符名的列表。

C.3　Unicode 区块

Unicode 的设计者将可用代码点的空间划分为区块，将类似字符聚在一起。下面是区块的一个小例子；如需完整集合（一共大约有 200 个区块），可查看 http://unicode.org/Public/UNIDATA/Blocks.txt。

```
0000..007F      Basic Latin（基本拉丁字母）
0080..00FF      Latin-1 Supplement（拉丁字母-1 补充）
0250..02AF      IPA Extensions（IPA 扩展）
0400..04FF      Cyrillic（西里尔字母）
0900..097F      Devanagari（梵文）
0E80..0EFF      Lao（老挝语）
16A0..16FF      Runic（卢恩文）
1700..171F      Tagalog（塔加拉文）
1B80..1BBF      Sundanese（巽他文）
20A0..20CF      Currency Symbols（货币符号）
2200..22FF      Mathematical Operators（数学运算符）
2600..26FF      Miscellaneous Symbols（杂项符号）
2800..28FF      Braille Patterns（盲文图案）
30A0..30FF      Katakana（片假名）
4E00..9FFF      CJK Unified Ideographs（中日韩统一表意文字）
ABC0..ABFF      Meetei Mayek（曼尼普尔文）
12000..123FF    Cuneiform（楔形文字）
1D100..1D1FF    Musical Symbols（音乐符号）
1F000..1F02F    Mahjong Tiles（麻将牌）
100000..10FFFF  Supplementary Private Use Area-B（补充专用区域 B）
```

在 Unicode 每个新版本的指令表中都会增加新的区块和新的字符。Unicode 的设计是仅使用 0...10FFFF 范围内的代码点，保证有 66 个代码点从来不会被指定给任意字符。（永远都不会指定的代码点为 FDD0-FDEF, FFFE, FFFF, 1FFFE, 1FFFF, 2FFFE, 2FFFF, 3FFFE, 3FFFF, 4FFFE, 4FFFF, 5FFFE, 5FFFF, 6FFFE, 6FFFF, 7FFFE, 7FFFF, 8FFFE, 8FFFF, 9FFFE, 9FFFF, AFFFE, AFFFF, BFFFE, BFFFF, CFFFE, CFFFF, DFFFE, DFFFF, EFFFE, EFFFF, FFFFE, FFFFF, 10FFFE, 10FFFF。）这意味着共有 1 114 046 个字符的空间，尽管到了 Unicode 5.2 版中，只分配了大约 100 000 个字符。

C.4 Unicode 类别

每个字符都是一个特定字符类别的成员。每个类别都有一个两字符编码。Unicode 类别如下：

代码	名称	举例
Lu	Letter—uppercase（字母—大写）	1041B DESERET CAPITAL LETTER ETH
Ll	Letter—lowercase（字母—小写）	161 LATIN SMALL LETTER S WITH CARON
Lt	Letter—titlecase（字母—标题大小写）	1F2 LATIN CAPITAL LETTER D WITH SMALL LETTER Z
Lm	Letter—modifier（字母—修饰符）	2B2 MODIFIER LETTER SMALL J
Lo	Letter—other（字母—其他）	62F ARABIC LETTER DAL
Nd	Number—decimal digit（数字—十进制数位）	9EE BENGALI DIGIT EIGHT
Nl	Number—letter（数字—字母）	2168 ROMAN NUMERAL NINE
No	Number—other（数字—其他）	F30 TIBETAN DIGIT HALF SEVEN
Pc	Punctuation—connector（标点—连接符）	203F UNDERTIE
Pd	Punctuation—dash（标点—破折号）	2013 EN DASH
Ps	Punctuation—open（标点—左）	28 LEFT PARENTHESIS
Pe	Punctuation—Close（标点—右）	29D9 RIGHT WIGGLY FENCE
Pi	Punctuation—initial quote（标点—左引号）	2018 LEFT SINGLE QUOTATION MARK
Pf	Punctuation—final quote（标点—右引号）	2E03 RIGHT SUBSTITUTION BRACKET
Po	Punctuation—other（标点—其他）	55A ARMENIAN APOSTROPHE
Sm	Symbol—math（符号—数学）	D7 MULTIPLICATION SIGN

（续）

代码	名　称	举　例
Sc	Symbol—currency（符号—货币）	0AF1 GUJARATI RUPEE SIGN
Sk	Symbol—modifier（符号—修饰符）	1FFD GREEK OXIA
So	Symbol—other（符号—其他）	2105 CARE OF
Me	Mark—enclosing（标记—封闭）	20DD COMBINING ENCLOSED CIRCLE
Mc	Mark—spacing combining（标记—空格合并）	110B8 KAITHI VOWEL SIGN AU
Mn	Mark—nonspacing（标记—无间隔）	1D17C MUSICAL SYMBOL COMBINING STACCATO
Zs	Separator—space（分隔符—空格）	20 SPACE A0 NO-BREAK SPACE 2003 EM SPACE
Zl	Separator—line（分隔符—线）	2028 LINE SEPARATOR
Zp	Separator—paragraph（分隔符—段落）	2029 PARAGRAPH SEPARATOR
Cc	Other—control（其他—控制）	08 BACKSPACE 0A LINE FEED
Cf	Other—format（其他—格式）	200F RIGHT TO LEFT MARK 2062 INVISIBLE TIMES
Cs	Other—surrogate（其他—代理项）	U+D800...U+DFFF 中的所有字符
Co	Other—private use（其他—专用）	专用区块中的所有字符
Cn	Other—not assigned（其他—未指定）	（此类别没有字符）

一些程序设计语言（JavaScript 不属于其中）有一种机制，用于在一个给定类别中匹配其正则表达式中的字符。关于按类别查阅字符的推荐参考资料为：http://www.fileformat.info/info/unicode/category/。

C.5　字符编码

当数据存储在内存中、存储在文件中，或者通过网络传送时，所有硬件看到的都是原始的二进制位。我们需要某种上下文来判断这些二进制位表示的是文本、数字、对象、代码，还是其他什么东西。以二进制位表示高级信息的过程称为*编码*；将二进制位解读为高级数据的过程称为*解码*。在附录 B 中，我们看到 JavaScript 中是如何对数字编码的；这里将研究字符数据的编码。关于 Unicode 文本的编码有三种基本策略：UTF-32、UTF-16 和 UTF-8。为了说明这些策略，我们来看看它们是如何对以下示例字符串进行编码的：

```
m 𐤹 א ♢
```

这个字符串由四个字符组成，依次为：

```
U+006D  小写拉丁字母 m
U+010939  吕底亚字母 c
U+05D0  希伯来语字母 alef
U+2662  white diamond suit
```

在 UTF-32 中，我们用 32 位（4 字节）来描述每个字符，直接将每个字符的代码字（依次）放到 32 位中。上述示例字符串的编码如下：①

```
00 00 00 6D 00 01 09 39 00 00 05 D0 00 00 26 62
```

UTF-32 很容易理解，而且因为它是*定长编码*（也就是说每个字符的编码长度都具有相同的字节数），所以很轻松就能找出字符串中第 k 个字符的内存地址。（你知道如何查找吗？）但是，UTF-32 会占用大量内存。而

① 为简单起见，我们省略了对结尾的讨论；感兴趣的读者可以在 http://unicode.org/faq/utf_bom.html 获得全部细节。

另一种编码方式 UTF-16，对于 `U+0000...U+FFFF` 范围内的字符仅使用 16 位，对于其他字符则仍然使用 32 位。因为绝大多数文本交换使用的都是低代码点字符，所以 UTF-16 编码占用的空间几乎总是相应 UTF-32 编码空间的一半。

下面是 UTF-16 编码算法。要对代码点 c 的字符进行编码：

1. 若 $0 < c < \text{FFFF}$，则编码结果就是 c 的 16 位表示；
2. 否则，因为 Unicode 的最大代码点为 10FFFF，所以我们知道 10000 < c < 10FFFF。令 $x = c - 10000$（十六进制）。这样就保证它是一个 20 位数字。（你可能需要自己去验证。）将 x 的这 20 位分散到一个 32 位字中，如下所示：

   110110*bbbbbbbbbb* 110111*bbbbbbbbbb*

将这一算法应用于我们的示例字符串，得到：

```
00 6D D8 02 DD 39 05 D0 26 62
```

你可能会感到奇怪，字符 `U+010939` 被编码为 `D8 02 DD 39`；那它在解码时为什么不会变成两个字符呢？也就是 `U+D802` 和 `U+DD39`。在某种方式下的确会这样，但 Unicode 映射方法将 `U+D800` 至 `U+DFFF` 范围内的所有字符都划分为代理字符。代理项并不是"真正的"字符——它只是代表其他字符。UTF-16 尽力用这一范围内的字符对表示 `U+010000` 至 `U+10FFFF` 范围内的字符（后者范围要大得多）。

因为 UTF-16 为一些字符使用 2 个字节，为其他字符使用 4 个字节，所以它是一种变长编码方案。另一种变长编码方案为 UTF-8。根据这一方案：

- ❑ `U+0000...U+007F` 被编码为 1 个字节
- ❑ `U+0080...U+07FF` 被编码为 2 个字节
- ❑ `U+0800...U+FFFF` 被编码为 3 个字节
- ❑ `U+010000...U+10FFFF` 被编码为 4 个字节

编码方式如下。直到 `7F` 的代码点需要 7 位；在 UTF-8 中，这 7 位被打包为一个字节，如下所示：

0*bbbbbbb*

直到 `7FF` 的值需要 11 位，它们被分配到 2 个字节中，如下所示：

110*bbbbb* 10*bbbbbb*

直到 `FFFF` 的值占用 16 位，分布如下：

1110*bbbb* 10*bbbbbb* 10*bbbbbb*

最后，直到 Unicode 最大值 `10FFFF` 的值需要 21 位：

11110*bbb* 10*bbbbbb* 10*bbbbbb* 10*bbbbbb*

尽管 UTF-8 看起来可能非常复杂，但别忘了，编码和解码都是在软件库中完成的，所以不用在我们自己的脚本中进行处理。但是，手工练习一下编码和解码可能是件好事——这种方式非常适于真正学习和理解一种真实的、非常成功的编码方案！可以首先尝试对我们的示例字符串进行编码。如果编码正确，应当得出如下结果：

```
6D F0 90 A4 B9 D7 90 E2 99 A2
```

在实践中，UTF-8 是一种优秀的英文文本编码方案，因为所有英文字符都占用 `00` 至 `7F` 的代码点，因此只需要 1 个字节进行编码。其他许多现代语言的字符占用了 `80` 至 `7FF` 的代码点，在 UTF-8 中需要 2 个字节。但 CJK（中文、日文、韩文）字符主要占用 `3000` 至 `A4CF` 的代码点，在 UTF-8 中需要 3 个字节。

C.6 字符解码

为进行存储或传输而进行编码的文本需要在将来进行解码。例如，在 Web 应用程序中，客户端（Web 浏览器）需要有一个页面，其中包含来自服务器的文本。服务器将其文本编码为字节流，并将此字节流传送给客户端，还会传送一些信息，说明客户端应当如何解读这些字节。在图 C-1 中，Web 浏览器对页面的请求由服务器完成，还有一些元数据，说明这些字节是用 UTF-8 编码的。浏览器接收这一信息，并以 UTF-8 字节流解码，根据预期显示页面。

如果编写服务器应用程序的程序员忘了将自己使用的编码方案告诉客户端，客户端就必须猜测此方案。尽管其难度并非总是很大，但为客户端增加这一负担还是不好的，所以服务器程序员应当负责通知客户端，自己选择了哪些编码方案。

许多 Web 浏览器甚至还允许人类用户选择编码方法，这样可以得到非常有趣的结果。在图 C-2 中，一位 Firefox 用户进入 View→ Character Encoding 菜单项，选择了 ISO-8859-1。

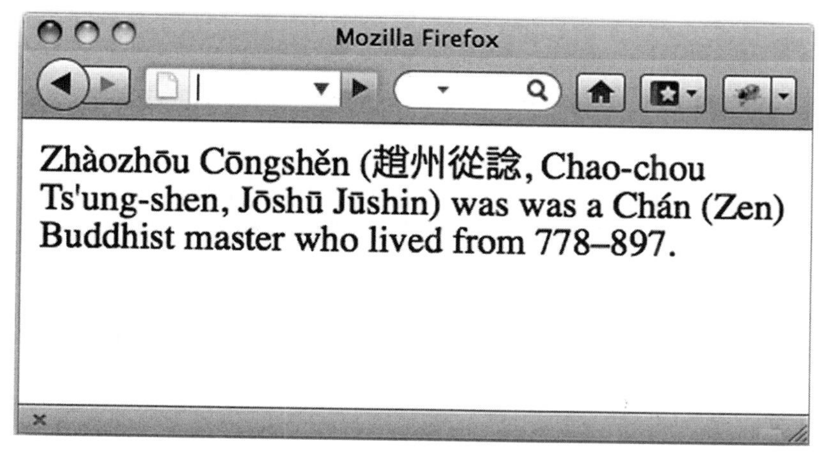

图 C-1 用正确解码方式查看的 Web 页

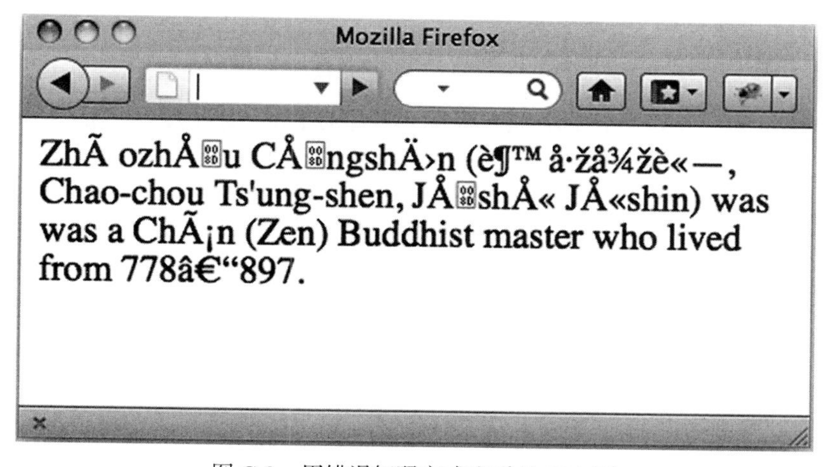

图 C-2 用错误解码方式查看的 Web 页

C.7 Unicode 字符转义

避免编解码不匹配的一种有效方法就是完全使用 `00...7F` 范围内的字符，并使用字符转义。①我们将向您

① 当今使用的大多数字符集，包括 ASCII、ISO8859-1 至 ISO8859-15、Windows-1252 和 Unicode，都在这一范围内包含相同的字符映射。

说明如何在 XML、HTML 和 JavaScript 中完成这一点。其他文档类型和程序设计语言都有某种转义方式，但这里不作介绍。

在 XML 和 HTML 中，直接将所需字符代码点的十进制表示放在`&#`和`;`之间即可，或者将其十六进制表示放在`&#x`和`;`之间。例如，要在 XML 或 HTML 中显示如下文本：

```
E ∝ m
```

我们注意到 PROPORTIONAL TO（成比例）符号的代码点为 `221D`（十六进制）或 `8733`（十进制）。因此，可以写出：

```
E&#x221d;m
```

或者

```
E&#8733;m
```

在 JavaScript 中，我们使用`\u`，后面跟有准确的四位十六进制数位，这意味着我们的示例文本将写为：

```
E\u221dm
```

只有 4 位？那如何处理大于 `FFFF` 的代码点呢？考虑字符 `U+01D13E` MUSICAL SYMBOL EIGHTH REST（音乐符号，第八个休止符）。在 HTML 或 XML 中，我们直接写为`𝄾`。但是，JavaScript 中的`\u1d13e` 渲染为两个字符：LATIN SMALL LETTER SIDEWAYS O WITH STROKE（带粗线的拉丁文小写字母侧倾 O），后面跟着 LATIN SMALL LETTER E（小写拉丁字母 E）。你知道为什么吗？

事实上，JavaScript 中的字符串并不是真正的字符序列，而是 UTF-16 编码的 16 位片断组成的序列！因此，要表示吕底亚语的单词𐤠𐤭𐤬，可以写为：

```
var s = "\ud802\udd20\ud802\udd2d\ud802\udd2c";
```

尽管这个字符串只有三个字符，但 UTF-16 编码却由 6 个 16 位部分组成，这是 JavaScript 真正关心的东西。因此：

```
s.length     ⇒ 6 （不是 3）
s.charAt(2)  ⇒ "\ud802" （不是“。”）
```

因此，当 JavaScript 计算字符的个数时，它会将代理项作为单独字符计数。它实际上不应当这么做的，但这门语言并不完美，而且，除非你使用 `U+010000...U+10FFFF` 范围内的字符，否则根本不会注意到这一差别。尽管如此，我们仍需要知道这一区别。

术 语 表

Ajax 一种 Web 程序设计样式，向服务器发出请求后，在不离开当前 Web 页面的情况下，于稍后某一时间再处理其响应（可能采用 XML，但并非一定如此）。（这个术语是 Asynchronous JavaScript and XML 的缩写。）

bug 编写程序时发生的错误，可能会导致程序无法正确执行。

Canvas Web 页面元素，用于创建和显示基于像素的计算机图形。WebGL 还以 `canvas` 作为硬件加速 3D 图形输出的目标元素。

CSS 用于 Web 页面的可视化、格式设计与呈现技术标准。Cascading Style Sheets 的缩写。

DOM 将一个文档的结构和内容（通常是一个 Web 页面）表示为一个对象。SVG（可伸缩矢量图形）绘画也遵守 DOM。Document Object Model 的缩写。

DYR 从多个代码片断中清除基本上表示同一内容的代码。Don't Repeat Yourself 的缩写。

hack 为某个编码问题快速编写的解决方案，可能很丑陋，但“刚好能使用”；或者是某个编码问题的一种特别机敏的解决方案，使用了一种不太明显的技术，它既能非常出色地工作，又能给其他程序员留下深刻印象。

Hex hexadecimal（十六进制）的缩写。一种以 16 为基数的数字表示系统。这些数字通常是 0, 1, 2, 3, 4, 5, 6, 7, 8, 9, A, B, C, D, E, F。前缀 hexa-是希腊语；通常不使用拉丁前缀。

HTML 一种用于表示结构化文档的标记语言。Hypertext Markup Language 的缩写，尽管 HTML 文档中包含的不只是文本。

HTTP 一种通用的、无状态的、应用程序级别的数据传输协议，因为对超媒体的支持而最为知名。它是万维网的主要协议。Hypertext Transfer Protocol 的缩写。

JSON 一种用于描述结构化数据的符号方式，包括对象（键值对的集合）、数组（简单列表）、数字、字符串、布尔和取值 `null`。它比 XML 更为紧凑。JavaScript Object Notation 的缩写。

Magic 一种复杂但非常有用的行为，它可以自行发生，也可能由一些看起来不相关的简单代码触发。

SVG 一种标准标记语言，用于创建基于对象或基于矢量的计算机图形。Scalable Vector Graphics 的缩写。

Unicode 一个国际标准化字符集，包含了数十万个字符。它是 JavaScript 的原生字符集。

WebGL 一种用于将 JavaScript 代码和 HTML `canvas` 元素连接到硬件加速 3D 图形的桥接技术。它的名字来自 OpenGL，这是一种流行的 3D 图形技术标准。

XML 一种用于描述结构化数据的语言。Extensible Markup Language 的缩写。

YAML 一种用于描述结构化数据的语言，强调人类的可读性。YAML Ain't Markup Language 的缩写。

保留字 不能用作变量名称的单词或标识符。

崩溃 一个程序预期之外的永久终止。

闭包 一个表达式，其中包含了变量和向这些变量提供值的上下文。在 JavaScript 中，闭包是嵌套函数，其中包含了对外围函数中变量的引用。

编码　以替代方式表示信息的系统，通常遵守特定的约束、规则或准则。例子包括用于字符数据的UTF-8和用于浮点数的IEEE 754。

变量　一个值的具名容器。可以向一个变量指定新值，以更新它。

标签　标记语言中的核心表达式。标签分隔一个标记文档中的特定部分或元素（表示其开头和结尾）。**开始标签**是放在尖括号（<>）中的名字和属性，而结束标签则在第一个尖括号之后包含了一个正斜线（</ >），然后仅包含标签名。

表达式　一个代码片断，可以对其求值。

补间内插　在指定开始与结束状态后，自动计算中间状态。广泛用于计算机动画中，避免逐帧进行重定位或修改。

不可变　一个对象的特性，其任何特性不能以任何方式增加、删除或重新配置，也不能修改任何属性值。

布尔　`true`和`false`之一。也可能是指包含取值`true`或`false`的类型。

超媒体　媒体元素的集合，它们的链接方式使得可以由某一代理在它们之间来加导航。

单元测试　一些代码，在几种情景下运行其他代码，将实际行为与预期行为进行比较。单元测试框架将运行一整套单元测试，报告实际行为与预期行为不一致的次数（也就是测试失败的次数）。

动画　创建和显示一个静态图像序列的过程，这些图像的变化量很小，但变化频率非常高，从而使人产生运动的感觉。

对象　在JavaScript中，一个由具名特性组成的值。

恶魔　一些代码，其中一处或多处严重（通常很明显地）违反了正确的编码实践。

二元（二进制）　恰有两个基本组成部分。比如，二进制数字系统中恰有两个数位——0和1。

服务器　一个持续运行的程序，会响应来自其他程序的请求。这个术语也可以用于表示运行服务器程序的机器。

构造器　一个创建新对象的函数。在JavaScript中，这一术语通常用于那些设计用来与`new`运算符一起使用的函数。

函数　可以被调用的代码，调用时通常带有实参。

回调　一种函数，在异步请求期间，“于稍后某一时间”执行。

集合　一个数据项，数据由数据项组成。

脚本　一个准备作为一个整体单元执行的语句序列。也称为程序。

垃圾　一些内存，之前被分配用于保存脚本中的信息，但由于之前引用该空间的变量已经不再引用，所以导致该内存不能再被使用。

类型　一个特定的值集。JavaScript中的所有值都属于六种类型之一：`undefined`、`null`、布尔、数字、字符串或对象。

乱麻　复杂到无法理解的代码。

面向对象　一种关注数据而不是关注算法或过程的代码。根据需要，其内涵可能包括对分类层级、信息隐藏的支持。

沙盒　一种用于运行非信任代码的环境，避免对整个系统的完整性造成不利影响。

实参　在调用中传送给函数的表达式。

事件　一种操作，比如页面加载、按下按钮、敲动键盘或触摸等，脚本可能希望对其作出反应。时间的流逝、数据通过网络的抵达，尽管不是严格的“操作”，但会进行类似于事件的处理。

事件驱动　一种程序设计范例，其中的代码分布在多个事件中，在程序的生存周期内，不能顺序（从头至尾）读取，而是根据可能“触发”的事件读取。

数字 一个数值的表示。JavaScript允许使用十进制（例如，`76`）数字和十六进制（例如，`0x4C`）数字，尽管十六进制表示只能用于整数。

数组 带有索引的取值集合。在 JavaScript 中，数组以起始值为 0 的整数作为索引。一个真正的JavaScript数组有一个 `length` 特性，如果由脚本为其赋值，将会相应地扩展或收缩该集合。

算法 一种一定能结束的计算过程，由有限个步骤组成。

特效 增加用户体验的视觉或听觉效果，比如通过淡入淡出实现滑动或隐藏可显示文本或图像。有时缩写为“fx”。

同步 一种通信方式，相关各方在交换信息时会主动协调，相互等待。

同源策略 一种安全策略，其中的脚本只能同下载该脚本的宿主进行通信。

违反 根据规范无法正常工作。

形参 函数中的一个变量，在调用该函数时，该变量被初始化为其相应实参的值。

循环 一个重复执行的代码块，一般（但不一定）要等到某一条件为真才执行。

异步 一种通信方式，其中的客户端发出请求，并不等候服务器完成此请求。

异常 一种被抛出的对象，用于表示发生了不常见的、异常的或出乎意料的情景。抛出异常会中断脚本的正常控制流。

用户代理 以某位用户（通常是人类用户）名义工作的软件。它通常就是表示一个Web浏览器。

语句 脚本中的一个执行单元。JavaScript语句是空语句、变量声明、表达式求值、块、`if`、`for`、`while`、`continue`、`break`、`return`、`with`、`switch`、`throw` 和 `try`。

原型 一种对象，包含了准备由众多类似对象共享的特性。在 JavaScript 中，通过向函数应用 `new` 运算符而创建的每个对象，在默认情况下都将具有相同原型。

整数 “可数数字”的集合之一——{…− 3,−2,−1, 0, 1, 2, 3, … }。JavaScript 可以准确地表示−9 007 199 254 740 992… 9 007 199 254 740 992 范围内的所有整数；在此范围之外，可以表示其中一些整数，但肯定不能表示全部。

正则表达式 一种准备在查找或替换操作中进行匹配的文本模式。在程序设计语言中，正则表达式不是一种任意模式，而是来自一个受限制的基本样式集。也称为 regex 或 regexp；有时也会使用其复数形式 regexen。

字符 有名字的符号，比如 PLUS SIGN、MUSICAL SYMBOL F CLEF、CHEROKEE LETTER QUV 或 WHITE CHESS KNIGHT。不要将字符与字形混淆，后者是字符的图形。例如，两个不同的字符 LATIN CAPITAL LETTER P 和 CYRILLIC CAPITAL LETTER ER 都用字形 P 表示；同样，不同的字符 GREEK CAPITAL LETTER SIGMA 和 N-ARY SUMMATION 都可以用字形 Σ 表示。

字符串 一个文本值。字符串可以看作由符号或字符组成的序列。因此，它们具有长度，字符串中的各个字符可以由一个以 0 为起始值的数字索引访问。

字符集 由字符组成的集合，其中每个字符都由一个独一无二的整数作为标记，称为*代码点*。例如，在 Unicode 字符集中，字符 CYRILLIC SMALL LETTER YU 的代码点为 2116（也就是十六进制的 44E）。今天使用的流行字符集有 Unicode、ASCII 和 ISO-8859-1。

作用域 程序文本的范围，在此范围内，一个特定的名字引用一个特定的变量。

参考文献

[Ado10] Adobe Systems Inc. Flash home page. http://www.adobe.com/products/flash/, 2010. Accessed on June 30, 2010.

[App11] Apple, Inc. Safari web content guide. http://developer.apple.com/library/safari/#documentation/AppleApplications/Reference/SafariWebContent/Introduction/Introduction.html, 2011. Accessed on January 2, 2011.

[Bar10] Dmitry Baranovskiy. Raphaël—JavaScript library. http://raphaeljs.com, 2010. Accessed on June 21, 2010.

[Bec02] Kent Beck. *Test-Driven Development: By Example*. Addison-Wesley Professional, 2002.

[BLFM05] Tim Berners-Lee, Roy Fielding, and Larry Masinter. Uniform resource identifier (URI): Generic syntax. http://tools.ietf.org/html/rfc3986, January 2005. Accessed on July 7, 2010.

[Bra07] Brad Bird, screenwriter *Ratatouille*. Pixar Animation Studios, 2007.

[Bur08] Andrés Buriticá. OpenJSGL. http://sourceforge.net/projects/openjsgl/, 2008. Accessed on June 28, 2010.

[Che10] Ben Cherry. JavaScript: Better and faster. http://www.bcherry.net/talks/, 2010. Accessed on August 11, 2010.

[Cri70] Francis H. C. Crick. "Central dogma in molecular biology." *Nature*, 227:561-563, 1970.

[Cro01] Douglas Crockford. Javascript: The world's most misunderstood programming language. http://javascript.crockford.com/javascript.html, 2001. Accessed on May 24, 2008.

[Cro08a] Douglas Crockford. *JavaScript: The Good Parts*. O'Reilly Media, Inc., 2008.

[Cro08b] Douglas Crockford. JavaScript: The world's most misunderstood programming language has become the world' s most popular programming language. http://javascript.crockford.com/popular.html, 2008. Accessed on May 24, 2008.

[Cro10] Douglas Crockford. "Really, JavaScript?" In *JSConf US 2010*, Washington, D.C., April 2010.

[CSS09a] CSS Working Group. CSS animations module level 3. http://www.w3.org/TR/css3-animations, 2009. Accessed on March 26, 2011.

[CSS09b] CSS Working Group. CSS transitions module level 3. http://www.w3.org/TR/css3-transitions, 2009. Accessed on March 26, 2011.

[Den07] PeterJ. Denning. "Computing is a natural science." *Communications of the ACM*, 50(7):13-18, 2007.

[DG04] Jeffrey Dean and Sanjay Ghemawat. "Mapreduce: Simplified data processing on large clusters." In OSDI ' 04: *Sixth Symposium on Operating System Design and Implementation*, San Francisco, 2004.

[ECM09] ECMA. *Standard ECMA-262, ECMAScript Language Specification, 5th Edition*. Ecma International, December 2009. http://www.ecma-international.org/publications/files/ECMA-ST/ECMA-262.htm.

[ECM99] ECMA. *Standard ECMA-262, ECMAScript Language Specification, 3rd Edition*. Ecma International, December 1999. http://www.ecma-international.org/publications/files/ECMA-ST-ARCH/ECMA-262, %203rd %20edition,%20December%201999.pdf.

[Fie00] Roy Fielding. "Architectural Styles and the Design of Network-Based Software Architectures." PhD dissertation, University of California, Irvine, 2000.

[Fow03] Martin Fowler. UML *Distilled: A Brief Guide to the Standard Object Modeling Language*. Addison Wesley, Reading, Massachusetts, 3rd edition, September 2003.

[Fuc09] Thomas Fuchs. Extreme JavaScript performance. http://www.slideshare.net/madrobby/extreme-javascript-performance, 2009. Accessed on August 9, 2010.

[Goo11] Google, Inc. Android Developers home page. http://developer.android.com, 2011. Accessed on January 2, 2011.

[ISO04] ISO. ISO *8601:2004—Data elements and interchange formats—Information interchange—Representation of dates and times*. International Standards Organization, 2004.

[Khr09] Khronos Group. WebGL—OpenGL ES 2.0 for the web. http://www.khronos.org/webgl, 2009. Accessed on June 28, 2010.

[Khr10] Khronos Group. OpenGL 4.0. http://www.khronos.org/opengl, 2010. Accessed on June 28, 2010.

[Knu74] Donald E. Knuth. "Structured programming with go to statements." *Computing Surveys*, 6(4):261-301, December 1974.

[Lon10] Jarod Long. A JavaScript prototypal inheritance pattern that doesn't suck. http://www.iokat.com/posts/2/, 2010. Accessed on January 1, 2011.

[LY99] Tim Lindholm and Frank Yellin. *The Java Virtual Machine Specification*. Prentice Hall, 2nd edition, 1999.

[Mac09] Bruce J. MacLennan. Computation and nanotechnology: Toward the fabrication of complex hierarchical structures. http://www.cs.utk.edu/~mclennan/papers/CAN-TR.pdf, 2009. Accessed on February 7, 2009.

[Moz09] Mozilla Developer Center. Canvas tutorial. https://developer.mozilla.org/en/canvas_tutorial, 2009. Accessed on June 7, 2010.

[MS03] Robin Milner and Susan Stepney. Nanotechnology—computer science opportunities and challenges. http://www -users.cs.york.ac.uk/~susan/bib/ss/nonstd/rsrae03.htm, 2003. Accessed on February 7, 2009.

[New99] Joseph M. Newcomer. Optimization: Your worst enemy. http://www.flounder.com/optimization.htm, 1999. Accessed on August 16, 2011.

[Nor01] Peter Norvig. Teach yourself programming in ten years. http://norvig.com/21-days.html, 2001. Accessed on August 16, 2011.

[Ope02] Open Source Initiative. The open source definition. http://www.opensource.org/docs/osd, 2002. Accessed on May 24, 2010.

[Pen06] Robert Penner. Robert Penner's easing equations. http://www.robertpenner.com/easing, 2006. Accessed on March 21, 2010.

[Pil10] Mark Pilgrim. *Dive into HTML 5*. http://diveintohtml5.org, 2010. Accessed on June 17, 2010. Available on paper as *HTML5: Up and Running*. O'Reilly Media, 2010.

[PL07] Alfred S. Posamentier and Ingmar Lehmann. *The Fabulous Fibonacci Numbers*. Prometheus Books, Amherst, NY, 2007.

[Rok09] RokerHRO (Wikimedia contributor). textposcolorcube.pov. http://roker.dingens.org/wikipedia/colorcube, 2009. Accessed on May 26, 2010.

[Spo06] Joel Spolsky. Can your programming language do this? http://www.joelonsoftware.com/items/2006/08/01.html, 2006. Accessed on May 31, 2008.

[Twe10] Tweener Developers. Tweener. http://code.google.com/p/tweener, 2010. Accessed on March 22, 2010.

[W3C02] W3C. XHTML 1.0 The Extensible Hypertext Markup Language (Second Edition). http://www.w3.org/TR/xhtml1/, 2002. Accessed on August 16, 2011.

[W3C08a] W3C. Extensible Markup Language (XML) 1.0 (Fifth Edition). http://www.w3.org/TR/REC-xml, 2008. Accessed on August 16, 2011.

[W3C08b] W3C SVG Working Group. Inline SVG in HTML5 and XHTML. http://dev.w3.org/SVG/proposals/svg-html/svg-html-proposal.html, 2008. Accessed on August 16, 2011.

[W3C09a] W3C. Cross-origin resource sharing. http://www.w3.org/TR/cors,2009. Accessed on July 17, 2010.

[W3C09b] W3C. Scalable VectorGr aphics (SVG) 1.1 specification. http://www.w3.org/TR/SVG, 2009. Accessed on June 21, 2010.

[W3C10a] W3C. Cascading style sheets. http://www.w3.org/Style/CSS, 2010. Accessed on May 29, 2010.

[W3C10b] W3C. HTML5: A vocabulary and associated APIs for HTML and XHTML. http://www.w3.org/TR/html5/, 2010. Accessed on August 16, 2011.

[W3C10c] W3C Geolocation Working Group. DeviceOrientation event specification. http://dev.w3.org/geo/api/spec-source-orientation.html, 2010. Accessed on January 2, 2011.

[W3C11a] W3C Geolocation Working Group. W3C Geolocation Working Group home page. http://www.w3.org/2008/geolocation, 2011. Accessedon January 2, 2011.

[W3C11b] W3C Web Events Working Group. W3C Web Events Working Group home page. http://www.w3.org/2010/webevents, 2011. Accessed on January 2, 2011.

[W3C99] W3C. HTML 4.01 specification. http://www.w3.org/TR/html4/, 1999. Accessed on August 16, 2011.

[WW10] W3C and Web Hypertext Application Technology Working Group(WHATWG). The canvas element. http://dev.w3.org/html5/spec/the-canvas-element.html#the-canvas-element, 2010. Accessed on June 7, 2010.

[Zak09a] Nicholas Zakas. Speed up your JavaScript. http://www.youtube.com/watch?v=mHtdZgou0qU, 2009. Accessed on August 9, 2010.

[Zak09b] Nicholas Zakas. Writing efficient JavaScript. http://www.slideshare.net/nzakas/writing-efficient-javascript, 2009. Accessed on August 9, 2010.

[Zim80] Hubert Zimmermann. "OSI reference model—The ISO model of architecture for open systems interconnection." *IEEE Transactions on Communication*, 28(4):425-432, April 1980.

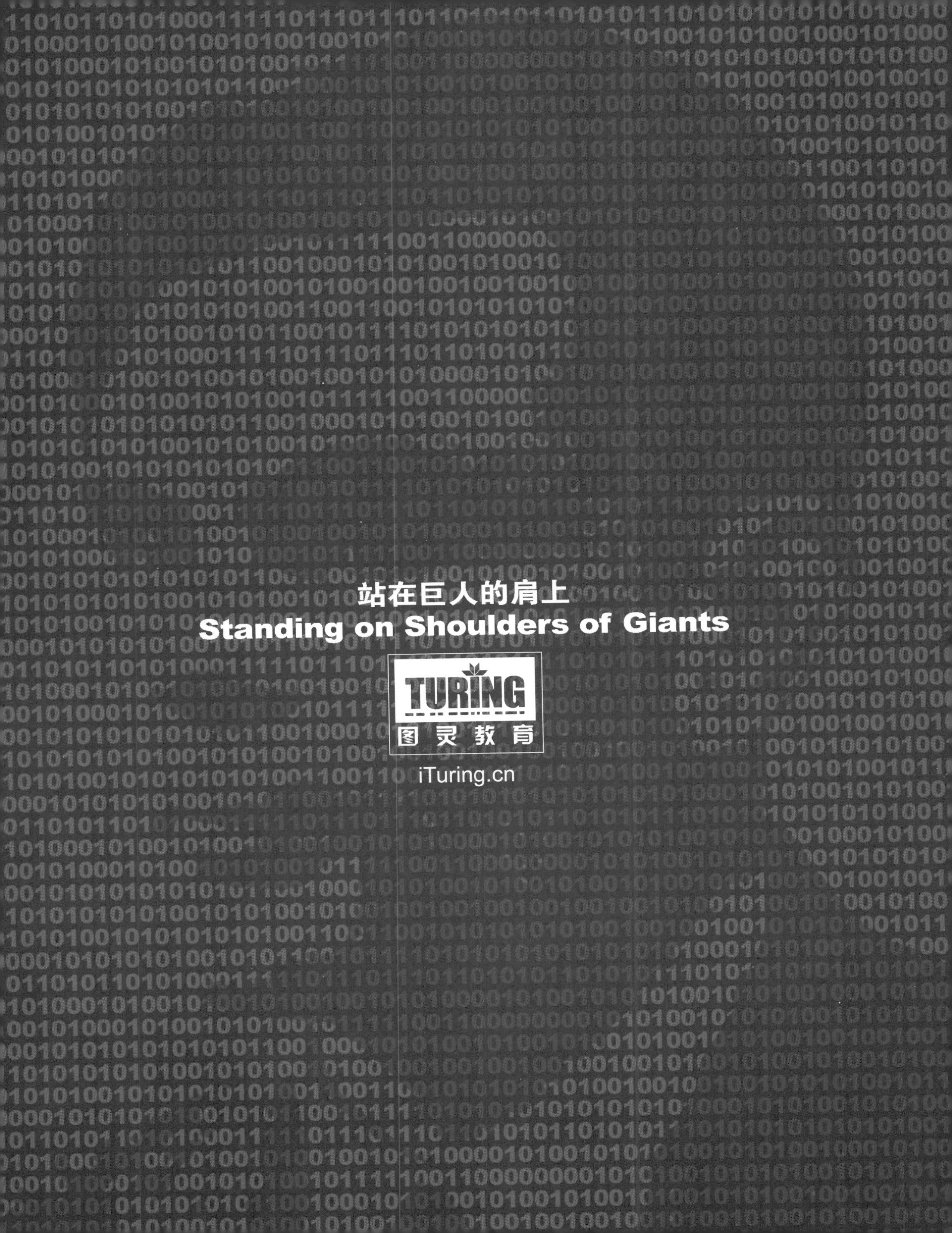
站在巨人的肩上
Standing on Shoulders of Giants
TURING
图灵教育
iTuring.cn

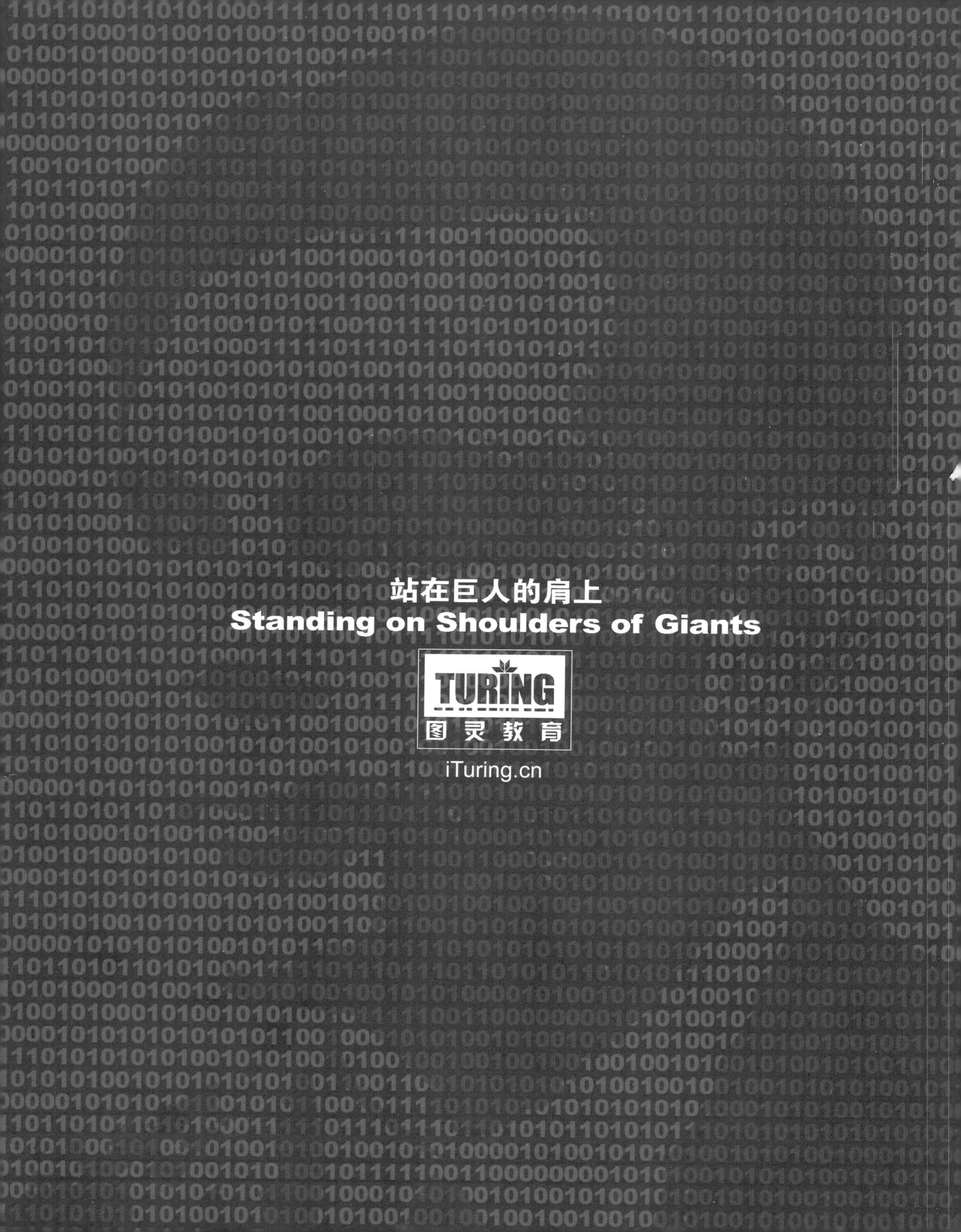
站在巨人的肩上
Standing on Shoulders of Giants
TURING
图灵教育
iTuring.cn